测绘地理信息科技出版资金资助

资源环境承载力与国土空间开发适宜性评价指标体系研究

Evaluation Indicator System for Resource and Environmental Carrying Capacity and Territory Spatial Development Suitability

杜清运　任福　唐旭　胡石元　程洋 编著

U0274179

测绘出版社

·北京·

内容简介

本书以可持续发展为引,以理论和实践支撑为目标,分动因、框架、对象、关系、容量、潜力、决策、应用及技术九个部分对双评价进行了介绍。以我国自然资源管理形势与需求为背景阐述了双评价的实践地位,基于系统思维对双评价体系框架进行了抽象归纳,按照业务逻辑对自然资源与环境特征、自然资源开发利用的适宜性特征、区域自然资源环境的承载能力和承载压力,以及国土空间开发适宜性等的概念内涵、数据关系、评价过程和结果表达进行了梳理,从业务数据衔接角度概括了双评价成果在自然资源环境监测、国土空间规划等领域的应用,总结了双评价的信息技术需求,并以实例介绍了双评价信息系统的设计开发与应用。

本书可作为从事自然资源相关领域的科研工作者或教学人员参考用书。

图书在版编目(CIP)数据

资源环境承载力与国土空间开发适宜性评价指标体系研究 / 杜清运等编著. — 北京 :测绘出版社,2020.6
ISBN 978-7-5030-4277-5

Ⅰ. ①资… Ⅱ. ①杜… Ⅲ. ①自然资源—环境承载力—适宜性评价—研究—中国②国土规划—适宜性评价—研究—中国 Ⅳ. ①X372②F129.9

中国版本图书馆 CIP 数据核字(2020)第 096080 号

| 责任编辑 | 巩　岩 | 封面设计 | 谷通佳雨 | 责任校对 | 石书贤 | 责任印制 | 吴　芸 |

出版发行	测绘出版社	电　　话	010—83543965(发行部)
地　　址	北京市西城区三里河路 50 号		010—68531609(门市部)
邮政编码	100045		010—68531363(编辑部)
电子信箱	smp@sinomaps.com	网　　址	www.chinasmp.com
印　　刷	北京华联印刷有限公司	经　　销	新华书店
成品规格	169mm×239mm		
印　　张	27.5	字　　数	533 千字
版　　次	2020 年 6 月第 1 版	印　　次	2020 年 6 月第 1 次印刷
印　　数	0001—1000	定　　价	78.00 元

书　　号	ISBN 978-7-5030-4277-5

本书如有印装质量问题,请与我社门市部联系调换。

序

随着世界城市化进程的加快,实现经济、社会和环境的协调发展,已成为全球可持续发展的核心目标。中国是世界上最大的发展中国家,改革开放以来,社会经济发展取得了巨大进步。但与此同时,快速的工业化、城镇化进程带来了资源约束趋紧、环境污染严重、生态系统退化等一系列问题,已经成为制约我国可持续发展的关键因素。中国共产党的十八大报告首次提出"大力推进生态文明建设,提高生态文明水平,建设美丽中国"。中国共产党的十九大报告把生态文明建设和生态环境保护又提升到新的战略高度,开启了生态文明建设的新篇章。

国土是生态文明建设的空间载体,将绿色发展理念贯穿构建国土空间开发保护新格局的全过程是时代新要求。2019年5月,中共中央国务院印发了《关于建立国土空间规划体系并监督实施的若干意见》,将主体功能区规划、土地利用规划、城乡规划等空间规划融合为统一的国土空间规划。此次规划体系的变革,为构建国土空间开发保护新格局提供了体制、机制保障,为践行绿色发展理念厘清了科学路径。

资源环境承载能力评价与国土空间开发适宜性评价(简称"双评价")是国土空间规划的前提和基础,是形成经济发展与资源环境相协调的国土空间开发格局的重要科学依据。自然资源部就"双评价"的适用范围、评价目标、评价原则和主要工作流程等内容发布了相关指南,并进行了框架化规定。在实际工作中,需要进一步对"双评价"指标体系进行系统化的理论与方法研究。

本书凝聚了编写团队的大量心血与智慧。他们结合国家国土空间规划相关文件和规范指南的要求,广泛参考、借鉴国内外学术成果,对"双评价"的内容体系、逻辑框架、数据指标、模型方法和信息系统开发等内容进行了全面、深入的研究,是一次引领性的成功探索。

本书对于我国正在实施的国土空间规划工作具有重要的科学参考价值和实践指导意义,可作为相关专业研究生和行业工程技术人员的参考书。"双评价"仍然是一个开放的研究领域,需要持续深入的探索。通过本书的出版,希望吸引更多学者展开对"双评价"的研究,培养和造就一大批国土空间规划专业人才,为我国生态文明建设和自然资源管理发展做出贡献。

二〇二〇年五月

前　言

自然资源与生态环境是人类赖以生存与永续发展的基础。要践行"绿水青山就是金山银山"绿色发展观,落实节约自然资源和保护环境基本国策,推动"山水林田湖草"生命共同体综合治理,实现我国"山清水秀,天蓝宜居,山川秀美,江山如画"的生态文明建设愿景,需要应对我国快速工业化和城镇化过程中社会经济持续发展面临的自然资源环境压力,不断开拓生产发展、生活富裕、生态良好的文明发展道路。在中国共产党的十八大报告提出的"五位一体"总体布局的方针指导下,建立全国统一、责权清晰、科学高效的国土空间规划体系,成为加快形成绿色生产方式和生活方式、推进生态文明建设、建设美丽中国的关键举措。

国土空间规划是国家空间发展的指南和可持续发展的空间蓝图,是各类开发保护建设活动的基本依据。资源环境承载能力和国土空间开发适宜性评价(简称"双评价")与国土空间规划具有"认知世界"和"改造世界"的辩证统一关系。自然资源不仅是人类活动的基本生产资料,也是生态系统的重要基础要素。以自然资源实物为对象、自然资源产品为目的的国土空间开发活动,一方面影响生态环境的健康稳定,另一方面也受到生态环境的制约。如何在尊重自然、顺应规律、保护环境的基本前提下,谋划国土空间开发保护的整体格局,科学布局生产空间、生活空间、生态空间,需要综合考虑人口分布、经济布局、国土利用、生态环境保护等因素。以摸清自然资源禀赋和生态环境本底、显化自然资源开发利用与生态环境保护之间矛盾与冲突、决策区域国土空间开发适宜方向为内容的双评价则是国土空间规划编制的工作基础。

双评价涉及土地、农业、城建、水利、地矿、海洋、环境等诸多国土空间开发相关领域,是一项具有对象类型多、关系维度多、空间层次多、目标约束多等特征的复杂系统工程。这对在自然资源管理部门职能整合背景下,多专业知识融合人才的可持续培养提出了新的要求。自我国提出开展该工作以来,自然资源部发布了系列相关指南,就双评价的适用范围、评价目标、评价原则和主要工作流程等内容进行了框架化规定。国内以樊杰、王红旗、李瑞敏、张志峰、周文生等为代表的学者出版了系列优秀著作,在双评价的指标、方法和技术等方面进行了广泛研究。双评价的任务内容与业务逻辑、评价指标与数据体系、评价方法与模型框架等内容,在系统化的理论诠释与逻辑框架集成方面仍有探讨与研究的空间。致力于双评价工作的科学探究和该领域专业知识的传播乃本书编写的初衷。

本书力求构建科学、完备的双评价体系框架,引导读者基于物质思维认知自然资源与环境的系统特征、基于关系思维认知自然资源开发利用与生态环境相互作用的机理、基于系统思维确定理解评价目标与方法准则,最终实现专业理论与实践应用的知识融合。全书按照动因、框架、对象、关系、容量、潜力、决策、应用和技术九个部分进行章节组织。第 1 章以自然资源管理与可持续发展的国内外形势为背景阐述了双评价的实践地位;第 2 章基于系统科学思维对双评价体系框架进行抽象归纳与理论诠释;第 3 章至第 7 章按照业务逻辑分别对自然资源实物性状与环境特征、自然资源开发利用适宜性特征、区域自然资源与环境承载能力、区域自然资源与环境承载压力、区域国土空间的开发适宜方向五个环节相关的概念内涵、数据关系、评价过程及结果表达进行了系统化的梳理;第 8 章从数据衔接角度对双评价成果在前趋的自然资源环境监测工作、后继的国土空间规划编制工作及其他自然资源管理工程的应用进行了概括;第 9 章总结了双评价工作的信息技术需求,用实例介绍了双评价信息系统的设计与软件开发及应用实施。

　　本书由杜清运教授确定整体结构,由任福、唐旭、胡石元、程洋负责具体撰写,武雪玲老师及博士生吴尚、梁燕、贺晶,硕士生周扬、陈卉、朱梦圆等进行了分章节的资料收集、文字编辑和插图绘制工作。

　　本书结合了国家国土空间规划相关文件和规范指南的要求,参考借鉴了国内外大量学术著作的研究成果。双评价的指标体系、信息系统建设部分得到了上海数慧系统技术有限公司的项目支持及同仁们的大力协助。在此谨代表研究团队向所有为本书做出贡献和提供帮助的朋友、同仁及相关机构表示衷心的感谢!

　　由于时间有限,疏漏难免,不当之处敬请读者批评指正。

编者于珞珈山

二〇二〇年五月

目　录

CONTENTS

第1章　动因:自然资源管理与可持续发展

地球,不是从祖先那里继承的,而是从子孙那里借用的。地球上可供人类消耗的自然资源是有限的。全球人口急剧增长和对传统工业文明的追求与自然资源供给能力、环境承载能力之间的矛盾日益尖锐。随着现代化进程的不断推进,可持续发展已成为全球人类文明发展的必然路径。如何实现经济、社会、环境的协调发展,已成为全球可持续发展目标的核心。基于此,本章首先分析了可持续发展的全球化形势和我国自然资源管理面临的挑战和我国生态环境治理的严峻形势;其次介绍了中国落实可持续发展的目标要求、我国生态文明建设的总体布局,生态文明体制改革的战略目标;最后概括阐述了国土空间规划的发展历程、体系框架、决策需求和双评价工作背景。

§1.1　可持续发展的全球化背景

自然资源与生态环境给予人类的支持是有限的。随着科学技术的不断进步,人类逐渐开始失去对自然的敬畏之心,认为自身可以凌驾于自然之上。随意地开发自然资源及不顾后果地向环境排放污染物的现象不断发生,资源遭到了过度的消耗,生态环境受到了严重影响,进而引发了一系列生态灾难(Ward et al,1983),使本就脆弱的地球生态系统更加不堪重负。面对逐渐恶化的自然资源环境现状,从政府到学界、从组织到个人,都逐渐认识到人类社会文明的进步不应依靠急功近利的粗放型发展,可持续发展应当成为人类在这个"有限"世界中的出路。

1.1.1　经典著作唤起全球对环境关注

18 世纪至 19 世纪,以煤炭驱动蒸汽机代替人力的第一次工业革命大幅提升了人类对煤的利用能力;19 世纪至 20 世纪,第二次工业革命以内燃机、电力进一步替代了落后产能,使人类能够对石油资源进行高效使用。工业革命推动了社会全方位进步,使地球能够养活更多的人口。以工业革命最早兴起的英国为例,至 20 世纪 20 年代,其人口增长率一度高达 16%(Deane,1980)。人口的剧增迫使人类必须进一步加大开发利用资源环境的强度以满足物质生活需要。经过长期的循环积累,人类不计成本地过度利用资源并向自然环境排放污染物,对自然环境产生了严重的破坏,使各种灾难性环境事件频频发生。其中,以美国多诺拉镇烟雾事件(1948 年 10 月)、伦敦烟雾事件(1952 年 12 月)及日本水俣病事件(1952 年至

1972 年间断发生）为代表的"八大公害"不仅震惊了整个世界，更是给全人类敲响了生态环境保护的警钟（胡紫薇，2015）。

自 18 世纪以来，诸多经典著作就环境破坏现象进行了抨击，唤起了人们对美好自然环境的追求和全球对环境保护的关注。

1. 梭罗《瓦尔登湖》(1854)

早在普罗大众认识到环境危机的破坏性前，美国作家梭罗便已经从第一次工业革命带来的"为追求过度享受而'透支'资源环境的风气"中窥见了潜在的危机。为此，他通过在瓦尔登湖旁的原生态木屋生活，向人们宣扬回归自然、与自然和谐共生的重要理念，并将自己的亲身生活经历著成闻名后世的《瓦尔登湖》。梭罗借描绘瓦尔登湖的优美风光，表达了保护自然环境的美好愿望，抨击了商业开发对自然之美的无情破坏，有力地宣传了环境保护的重要性，引发了后世的强烈共鸣，并为现代环保思想的启蒙奠定了基础。

2. 利奥波德《沙乡年鉴》(1949)

伴随着第二次工业革命中汽车生产工艺的大幅改进，汽车在美国的普及度大幅提升。在"美国新环境理论创始者"利奥波德生活的农场附近，原本和谐静谧的生态环境不断受到驱车前来的户外爱好者的冲击，促使利奥波德从生态环境破坏、荒野数量减少的角度分析了人类活动与自然环境的关系，并从哲学与认知的角度明确了"土地伦理"概念，以此形成了他的代表作——《沙乡年鉴》。利奥波德在该书中提出了"人类应当将自身视为资源与环境的附属品，从而以敬畏之心面对自然环境"的观点。这种反对破坏自然环境、尊重与保护生命共同体的生态伦理思想引发了人们的深刻反思，并为现代环保思潮确定了进步的基调。

3. 卡逊《寂静的春天》(1962)

第二次世界大战期间，为在短期内使农作物快速增产，几乎对所有害虫有效的农药——双对氯苯基三氯乙烷（DDT，也称为滴滴涕）的使用范围持续扩大。但到了 20 世纪 60 年代，科学家们研究发现，DDT 在环境中十分难以降解，其通过食物链进入动物脂肪并逐渐蓄积，对人类健康产生了极大的威胁。这引起了美国海洋生物学家卡逊的忧虑，她怀疑 DDT 进入食物链是导致一些食肉鸟类接近灭绝的主要原因。1962 年，卡逊在总结其平生工作和研究成果的基础上，发表了在近代环保领域影响深远的著作——《寂静的春天》。该书用大量事实揭露了技术滥用对人类自身及地球生态系统全体生命造成的危害，就当时环境问题的严重性向全世界敲响了警钟。该书也积极地推动了世界各国禁止生产和使用 DDT 的决策制定。

以《寂静的春天》为代表的一系列著作以丰富多彩的形式表达了可持续发展的进步思想，促使着越来越多的人意识到环境保护的紧迫性与重要性。一时间全球各地纷纷成立各类民间环境保护组织，以更响亮的呼声将环保思想传遍全社会。在官方层面，以美国环境保护署为代表的各个政府机构也应时而生，进一步认可了环保思想的价值,促使环境保护理念逐步发展成为民众接受、官方认可的主流思想。

1.1.2　科学研究揭示全球性资源危机

20 世纪中期,人口爆炸性增长、工业化不断加速等现象使发生全球性资源危机的阴云笼罩在人类社会上空。以罗马俱乐部为代表的科研团体,为提高公众的全球意识,敦促国际组织和各国有关部门采取必要的社会和政治行动,改善全球管理,使人类摆脱所面临的困境,开始就全球性资源危机问题展开研究。

1. 增长的极限

"增长的极限"(limits to growth)项目(1970 年至 1972 年)是最著名的可持续发展研究项目,由罗马基金会委托美国麻省理工学院进行。在系统动力学专家杰伊・福雷斯特和丹尼斯・米都斯教授的带领下,负责该项目的团队在 World Ⅲ 模型的基础上,将人口增长、粮食供应、资本投资、环境污染和能源消耗作为基本的指数增长变量,构建了人类与地球交互作用的系统动力学模型。"增长的极限"项目分别在"资源消耗速率无增长下的当前资源储备""资源消耗速率以指数型增长下的当前资源储备"与"资源消耗速率以指数型增长下的当前资源储备的 5 倍"的场景下,对资源可供消耗的剩余年数进行了推测,得出在当时的资源储备下,若以指数增长的速率进行消耗,资源将被耗尽的结论(表 1.1)。

表 1.1　"增长的极限"项目研究推测的几种主要资源耗尽的年数

资源	消耗年增率/%	无增长—目前储备/年	指数增长—目前储备/年	指数增长—目前储备 5 倍/年
铬	2.6	420	95	154
金	4.1	11	9	29
铁	1.8	240	93	137
石油	3.9	31	20	50

"增长的极限"项目团队认为,由于地球资源的有限性,增长是存在着极限的。在研究过程中,团队发现,全球系统中的 5 个因子是按照不同的方式发展的。人口和经济是按照指数方式发展的,属于无限制的系统;人口、经济所依赖的粮食、资源和环境却是按照线性方式发展的,属于有限制的系统。但如果按照当时(20 世纪70 年代)社会环境下 5 个因子均以指数方式持续增长的情况,那么在地球上生产粮食的土地、可供开采的资源和容纳环境污染能力有限的条件下,即将到来的人口爆炸、经济失控必然会引发和加剧粮食短缺、资源枯竭和环境污染等问题,从而反向限制人口和经济的发展。

2. 石油峰值的研究

在"增长的极限"项目的启发下,针对资源消耗的研究与预警层出不穷,其中较有名的是石油峰值的研究,即对全球石油产量达到最高水平的时间点展开的研究,通过求取这一时间点可进一步对石油资源枯竭时间进行预测。2009 年，英国能源研究中心发布了一份名为《全球石油消耗报告》(Sorrell et al,2009)的研究成果，通过对多项已有研究成果和数据进行综合比对，分析得出人类社会很可能在 2030 年前后迎来石油利用峰值的结论，这为石油资源开发利用敲响了警钟。

3. 人口上限的预警

来自联合国人口基金的世界人口仪表板显示，从 1950 年至今，全球人口总数由约 26 亿增长至现在的 77.95 亿。预计，世界人口将在今后 30 年里再增加 20 亿，并在 2100 年达到 110 亿的峰值。快速的人口增长使人们开始关注"地球到底能够养活多少人"的问题。20 世纪中后期发表的《生存之路》《世界人口危机》《人口爆炸》《世界的未来》等人口爆炸论代表作认为：世界面临着人口爆炸危机，人口危机引发的能源危机、粮食危机、生态危机等将使人类面临如原子弹、氢弹爆炸那样的毁灭性灾难。那么地球的人口容纳能力到底是多少呢？联合国人口署分析人口的总和、出生率、死亡率和国际人口移动值数据，得出地球的人口承载上限大概在 100 亿的结论。而生态学家根据地球总生产能力与人均占有量数据的测算结果表明：按照印度人全球生产力的消耗水平，地球可以容纳 150 亿人；按照英国人全球生产力的消耗水平，地球只能容纳 25 亿人；而按照美国人全球生产力的消耗水平，地球仅仅只能承载 15 亿人。可见，不论地球的理论人口承载限值是多少，如何利用有限的资源养活更多的人口，都应该是各国政府和学界必须关注的问题。

4. 粮食安全的研究

伴随着世界人口的爆炸式增长，人类开始担忧现有的地球粮食生产能力能否满足持续增长的粮食需要，人类是否会像面临石油危机那样面临粮食危机，成为各方普遍关注的问题。联合国粮农组织及世界粮食计划署等 5 个联合国机构发布的《2019 年世界粮食安全和营养状况报告》表明，全球粮食供应缺口依然庞大，2018 年全球面临食物不足的人口达到 8.2 亿，占到了全球人口的 10% 以上，如图 1.1 所示(据《2019 年世界粮食安全和营养状况报告》获得)。报告指出，全球食物不足发生率自 2015 年结束了稳步下降的趋势，连续 3 年保持在略低于 11% 的水平上，人类面临的粮食危机有进一步加剧的风险，这对 2030 年实现可持续发展的零饥饿目标提出了严峻挑战。报告认为，在考虑人口持续增长的背景下，若国际社会依旧希望到 2030 年实现消除世界性的饥饿与粮食不足的目标，就有必要从现在开始采取更多行动(粮农组织 等,2019)。

以"增长的极限"项目为代表的科学研究，以严谨、细致的科研成果揭示了全球性资源危机的严重性，使越来越多的人认识到人类能够利用的资源是有限的。若长期持续采用不计后果的粗暴式资源开发，将极有可能对人类的生存和发展造成难以估量的威胁。因此，人们意识到人类社会若要有长久的发展，必须创新资源开发利用技术，提高资源开发利用效率，同时要积极开展环境保护和资源节约方面的倡议活动，提升人们的可持续发展意识。

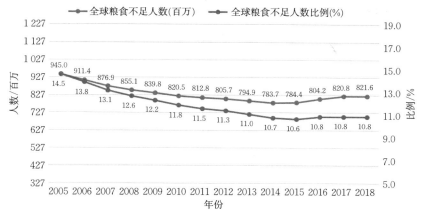

图 1.1　2005 年至 2018 年全球粮食不足人数及其比例

1.1.3　可持续发展引起国际持续关注

大量科学研究表明，人类若持续按照传统的开发利用模式消耗资源，将加剧资源枯竭危机，导致环境污染和生态灾难。在此共识下，人们意识到人类社会的发展应当是可持续的，也必须是可持续的。可持续发展不仅是人类对发展理念的全新认知，更是社会、资源、环境、生态、科技与人文层面的国际性关注焦点。

1. 国际会议关注

随着世界各国对可持续发展关注程度的日益提升，1972 年斯德哥尔摩人类环境会议召开。会议明确了人类发展与自然环境之间的密切联系，在《人类环境会议的宣言》与《世界自然保护大纲》中将"可持续发展"明确地作为国际性概念提出，并制定了多项切实可行的对策，对于促进国际环境保护与可持续发展具有重要推动作用。此后，以联合国千年首脑会议（2000）、联合国可持续发展峰会（2015）为代表的可持续发展会议陆续召开（图 1.2），为各国探讨可持续发展的关键问题搭建了国际性平台，有力推动了可持续发展理念的不断完善。历次会议达成的《里约环境与发展宣言》《21 世纪议程》等国际性协议文本为探索可持续发展指明了对策与方向（表 1.2），有效深化了各方在绿色经济、可持续发展和消除贫困上的国际化合作，有力地巩固、落实了包括社会进步、经济发展与环境保护在内的可持续发展"三大支柱"。

图 1.2　联合国可持续发展相关国际性会议

表 1.2　历次主要可持续发展国际会议成果与参与情况

时间	会议	议题	成果	参与度
1972	斯德哥尔摩人类环境会议	人类活动、环境保护、可持续发展	《人类环境会议的宣言》（又称为《斯德哥尔摩宣言》）、《人类环境行动计划》	113 国
1987	第八次世界环境与发展委员会	"持续发展"（会议纲领）	《我们共同的未来》	—
1992	联合国环境与发展大会	生态环境、人类社会发展	《里约环境与发展宣言》（又称为《地球宪章》）及《21 世纪议程》《联合国气候变化框架公约》《联合国生物多样性公约》	183 国，70 个组织
2000	联合国千年首脑会议	环保与更好的发展水平等	《联合国千年宣言》、联合国千年发展目标	189 国
2012	联合国可持续发展大会	可持续发展体制框架、绿色发展、消除贫困等	提出设立可持续发展目标	—
2015	联合国可持续发展峰会	可持续发展、国际合作、消除贫困	《2030 年可持续发展议程》、联合国可持续发展目标	193 国

2. 国际宣传关注

　　为更好地推动各项可持续发展会议成果的落实,促进民众广泛参与全球可持续发展事业,各国政府、国际组织、社会团体纷纷动用自身力量,通过设立可持续发展相关主题纪念日的方式,大力向民众宣传可持续发展的必要性,促使可持续发展理念逐渐深入人心。据统计,自 20 世纪 60、70 年代开始,已有至少 30 项与可持续发展相关的主题纪念日确立(表 1.3),相关的纪念活动吸引了民众的广泛参与,有效凝聚了政府、组织团体与社会民众共同推动可持续发展的合力。

表 1.3　可持续发展相关主题纪念日

时期	可持续发展主题纪念日
20 世纪 70 年代前	世界动物日(10.4,1931)、世界气象日(3.23,1960)
20 世纪 70 年代	世界地球日(4.22,1970)、世界湿地日(2.2,1971)、世界森林日(3.21,1972)、世界发展信息日(10.24,1972)、世界环境日(6.5,1974)、中国人口日(6.11,1974)、中国植树节(3.12,1979)、世界粮食日(10.16,1979)
20 世纪 80 年代	非洲环境保护日(4.10,1984)、世界人居日(10 月第 1 个星期一,1985)、世界人口日(7.11,1989;全球 50 亿,1987)、中国 11 亿人口日(4.14,1989)、非洲工业化日(11.20,1989)
20 世纪 90 年代	国际减轻自然灾害日(10 月第 2 个星期三,1990)、全国土地日(6.25,1991,中国)、世界水日(3.22,1993)、世界清洁地球日(9 月第 3 个周末,1993)、国际消除贫困日(10.17,1993)、国际臭氧层保护日(9.16,1994)、中国 12 亿人口日(2.15,1995)、世界防治荒漠化和干旱日(6.17,1995)、国际建筑日(7.1,1985,10 月第 1 个星期一,1996)、世界无车日(9.22,1998)、世界 60 亿人口日(10.12,1999)

续表

时期	可持续发展主题纪念日
21 世纪	国际生物多样性日(5.22,2001)、保护母亲河日(3.9,2002,中国)、世界居住条件调查日(2 月最后一天,2003)、中国第 13 亿人口日(1.6, 2005)、世界勤俭日(10.31,2006)、世界海洋日(6.8,2009)、世界厕所日(11.19,2013)、世界土壤日(12.5,2014)

3. 学术研究关注

国际社会对可持续发展的广泛关注向学术界提出了新的知识需求。从 1972 年斯德哥尔摩人类环境会议正式提出可持续发展概念以来,越来越多的研究人员投身至相关领域的科学研究,创造了丰硕的科研成果,从科学角度为社会经济的发展、资源环境的有序开发利用提供了指导,有力地推动了"产学研"结合。基于 Web of Science 核心数据库科学引文索引与社会科学引文索引系统对"可持续发展"与"环境保护"等主题进行检索,发现相关文献数量总体呈现递增趋势,表明科学界对可持续发展的关注度一直保持着良好的增长势头(图 1.3)。

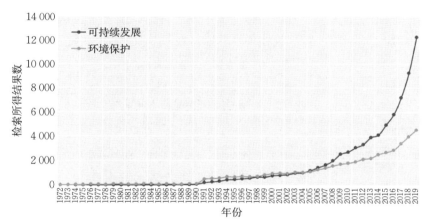

图 1.3　关于"可持续发展"与"环境保护"研究的文献统计

在各国政府、国际组织、民间团体及学界研究团体的推动下,可持续发展逐渐成为全球性共识,并促使人类开始更积极主动地探索符合实际需要的可持续发展模式。全球协作机制的成功,也证明了唯有合作方可实现全球共赢,全人类的可持续发展才是真正意义上的可持续发展。

1.1.4　联合国的可持续发展战略目标

1945 年,联合国各缔约国在《联合国宪章》中申明,联合国之宗旨为:维持世界各地和平;发展国家之间的友好关系;帮助各国共同努力,改善贫困人民的生活,战胜饥饿、疾病和扫除文盲,并鼓励尊重彼此的权利和自由;成为协调各国行动、实现上述目标的中心。70 多年来,联合国积极履行了其维护世界和平、缓和国际紧张局势、解决地区冲突、协调国际经济关系、促进世界各国经济和科学文化的合作与交流等职能,为团结各国进行和平发展做出了积极的贡献,在全球范围内积累了极高的声望。当人类面临可持续发展目标问题时,联合国为了发挥自身价值,通过各种方式和不同渠道,积极推动国际交流与合作,共同制定了"发展十年战略"和"千年发展战略"等一系列战略目标,为各国指明了符合自身发展实际的可持续发展道路。其中,尤以千年发展目标(millennium development goals,MDGs)与可持续发展目标(sustainable development goals,SDGs)最为引人瞩目。

1. 2000 年至 2015 年的千年发展目标

为向 21 世纪人类可持续发展事业提供明确的目标导向,在 2000 年 9 月召开的联合国千年首脑会议上,世界各国领导人就消除贫穷、饥饿、疾病、文盲、环境恶化和对妇女的歧视等核心议题进行了协商。189 个国家和地区一致通过了《联合国千年宣言》,承诺建立一个以消除贫困和可持续发展为最优先目标的世界,并通过了一项旨在将全球贫困水平在 2015 年之前降低一半(以 1990 年的水平为标准)的行动计划,即联合国千年发展目标。千年发展目标共设置了包括消灭极端贫困和饥饿在内的 8 项目标,每项目标都有具体目标与其对应(表 1.4)。

表 1.4 联合国千年发展目标

目标	具体目标
消灭极端贫穷和饥饿	1990 年至 2015 年间,将每日收入低于 1 美元的人口比例减半;使包括妇女和青年人在内的所有人都享有充分的生产性就业和合适的工作
普及小学教育	1990 年至 2015 年间,将挨饿人口的比例减半;确保到 2015 年,世界各地的儿童,不论男女,都能完成小学全部课程
促进男女平等并赋予妇女权力	争取到 2005 年消除小学教育和中学教育中的两性差距,最迟于 2015 年在各级教育中消除此种差距
降低儿童死亡率	1990 年至 2015 年间,将 5 岁以下儿童死亡率降低 2/3
改善产妇保健	1990 年至 2015 年间,将产妇死亡率降低 3/4;到 2015 年实现普遍享有生殖保健
与艾滋病病毒/艾滋病、疟疾和其他疾病做斗争	到 2015 年遏制并开始扭转艾滋病病毒/艾滋病的蔓延;到 2010 年向所有需要者普遍提供艾滋病病毒/艾滋病治疗;到 2015 年遏制并开始扭转疟疾和其他主要疾病的发病率增长
确保环境的可持续性	将可持续发展原则纳入国家政策和方案,并扭转环境资源的损失;减少生物多样性的丧失,到 2010 年显著降低丧失率;到 2015 年将无法持续获得安全饮用水和基本卫生设施的人口比例减半;到 2020 年使至少 1 亿贫民窟居民的生活明显改善

续表

目标	具体目标
制定促进发展的全球伙伴关系	进一步发展开放的、有章可循的、可预测的、非歧视性的贸易和金融体制，包括在国家和国际两级致力于善政、发展和减贫的承诺；满足最不发达国家的特殊需要，包括对其出口免征关税、不实行配额，加强重债穷国的减债方案，注销官方双边债务，向致力于减贫的国家提供更慷慨的官方发展援助；满足内陆发展中国家和小岛屿发展中国家的特殊需要；通过国家和国际措施全面处理发展中国家的债务问题，使债务可以长期持续承受；与制药公司合作，在发展中国家提供负担得起的基本药物；与私营部门合作，普及新技术，特别是信息和通信的利益

在联合国千年发展目标中，环境的可持续性作为一项重要的指标被明确提出，表达了联合国对于可持续发展这一世纪命题的关切。此外，消灭贫穷、饥饿，以及抗击艾滋病、疟疾等多项目标的提出，展现了以提高人的生存质量、实现发展的延续性的需求，是可持续发展中以人为本思想的重要体现。2014 年，联合国秘书长在"2015 年后发展议程"关于"水、卫生和可持续的能源"大会主题辩论的讲话中，将可持续发展解读为消除贫困等优先事项的主要指导，进一步论证了可持续发展和资源环境保护在解决人类发展的核心问题中的重要地位。在各国的通力协作与不懈努力下，2015 年 9 月，联合国宣布全球在千年发展目标的 8 个方面取得了巨大成功，千年发展目标得以顺利达成。

千年发展目标是对 21 世纪人类发展进行的极其富有前瞻性的规划，尤其强调全球范围内的广泛参与，进一步明确了可持续发展的内涵，更强调以人为本的人本主义思想，并十分关注与可持续发展密切相关的环境保护、疾病抗争与全球伙伴关系等议题，进一步推动了可持续发展理念的落实。

2．2015 年至 2030 年可持续发展目标

千年发展目标到期后，为能够及时总结和继承以往成功经验，并更好地推动各国坚持可持续发展的方针政策，实现所有人更美好和更可持续的未来蓝图，在 2015 年召开的联合国可持续发展峰会上，193 个国家和地区正式通过了联合国可持续发展目标。可持续发展目标包含 17 个方面（表 1.5），旨在从 2015 年到 2030 年间以综合方式彻底解决经济、社会、环境、文化和安全等多个维度的发展问题，全力突破粮食安全与健康状况改善难题，保障能源、资源的长效利用，同时争取实现生态安全和环境友好，使全球更好地转向可持续发展道路。

在继承千年发展目标的基础上，可持续发展目标在发展理念和目标上进行了进一步的深化，重点关注了贫困与饥饿、人民健康、生态环境保护、个人发展、公正平等与合作共赢等具体发展问题。17 项目标均是对可持续发展中某个重要维度的实现，其中清洁饮水和卫生设施、廉价和清洁能源、可持续城市和社区、气候行

动、水下生物、陆地生物 6 项目标对各方普遍关切的资源和环境问题给出了更明确的指导意见,表现了 3 点明显的进步。其一为连续性,在承接千年发展目标的基础上,涵盖了气候变化、可持续消费等生态环境保护与可持续发展的新领域;其二为社会性,将消除一切形式的贫困列为实现可持续发展必不可少的要求;其三是全面包容性,强调多行为体、多层面的通力协作,并采用更具创新力的理论框架分析发展问题(韩柯子 等,2018)。

表 1.5　联合国可持续发展目标

目标	具体含义
无贫穷	在全世界消除一切形式的贫困
零饥饿	消除饥饿,实现粮食安全,改善营养状况和促进可持续农业
良好健康与福祉	确保健康的生活方式,促进各年龄段人群的福祉
优质教育	确保包容和公平的优质教育,让全民终身享有学习机会
性别平等	实现性别平等,增强所有妇女和女童的权能
清洁饮水和卫生设施	为所有人提供水和卫生设施并对其进行可持续管理
廉价和清洁能源	确保人人获得负担得起的、可靠和可持续的现代能源
体面工作和经济增长	促进持久、包容和可持续的经济增长,促进充分的生产性就业和人人获得体面工作
产业、创新和基础设施	建造具备抵御灾害能力的基础设施,促进具有包容性的可持续工业化,推动创新
减少不平等	减少国家内部和国家之间的不平等
可持续城市和社区	建设包容、安全、有抵御灾害能力和可持续的城市和人类社区
负责任消费和生产	采用可持续的消费和生产模式
气候行动	采取紧急行动应对气候变化及其影响
水下生物	保护和可持续利用海洋和海洋资源以促进可持续发展
陆地生物	保护、恢复和促进可持续利用的陆地生态系统,可持续管理森林,防治荒漠化,制止和扭转土地退化,遏制生物多样性的丧失
和平、正义与强大机构	创建和平、包容的社会以促进可持续发展,让所有人都能诉诸司法,在各级建立有效、负责和包容的机构
促进目标实现的伙伴关系	加强执行手段,恢复可持续发展全球伙伴关系的活力

总体而言,千年发展目标与可持续发展目标均是联合国在 21 世纪为解决人类发展基本问题而制定的目标明确的行动纲领,为各国进行"调结构、促发展"的转变指明了方向,对可持续发展理念的落地具有积极的推动作用。我国作为联合国的重要一员,与各国共同签署了《联合国千年宣言》,并在消除饥饿贫困、促进妇女权利平等及推进卫生和教育等 8 项千年发展目标上成绩斐然。此外,我国还与其他192 个国家联合签署了联合国可持续发展目标倡议,同时积极响应联合国开发计划署发起的"中国全球目标联盟",全方位推动了 17 项可持续发展目标在中国的落地实施。

§1.2 我国自然资源环境的挑战

1.2.1 我国千年发展目标的实施总结

中国作为联合国常任理事国和世界上最大的发展中国家，有着庞大的人口基数，对千年发展目标的实现有较大的推动作用。2015 年 7 月下旬，中国外交部与联合国驻华系统共同发布了《中国实施千年发展目标报告》（以下简称《报告》）。《报告》指出中国已经实现或基本实现了 8 项千年发展目标的 13 项具体计划指标，得到世界范围的肯定。

1. 我国落实千年发展目标的举措

我国始终高度重视落实千年发展目标。2000 年至 2015 年的 15 年间，我国在消除贫困与饥饿、普及初等教育、促进性别平等、保障妇幼健康、防控疾病、保护环境等多方面取得了巨大进展，千年发展目标成就显著。在推动千年发展目标的进程中，我国的主要举措（中华人民共和国外交部 等，2015）有：①坚持发展是第一要务，立足国情不断创新发展理念；②制定并实施中长期国家发展战略规划，将千年发展目标作为约束性指标全面融入国家规划；③建立健全的法律和制度体系，调动社会各界广泛参与；④大力加强能力建设，在经济方面开展实验示范；⑤大力加强对外发展合作，促进发展经验互鉴。这些举措使我国在落实千年发展目标期间能够立足国情、积极探索、勇于实践，2015 收官之年在经济、社会、环境等多领域取得的理想成绩。

2. 我国落实千年发展目标的成绩

《报告》展示了我国落实千年发展目标的总体进展，用精确详细的数字、内容丰满的案例全面描绘了我国在 2000 年至 2015 年间执行可持续发展目标的情况和相关经验，以及对未来发展战略思路的展望。我国落实千年发展目标的总体进展有：①经济快速发展，农业综合生产能力稳步提升，在消除贫困与饥饿领域取得巨大成就；②九年制免费义务教育全面普及，就业稳定增长，基本实现了教育与就业的性别平等；③医疗卫生服务体系不断健全，儿童与孕产妇死亡率显著下降，在遏制艾滋病、肺结核等传染病蔓延方面取得积极进展；④扭转了环境资源持续流失的趋势，获得安全饮水的人口增加 5 亿多，保障性安居工程全面启动；⑤在南南合作框架下，为 120 多个发展中国家实现千年发展目标提供力所能及的支持和帮助。

在我国政府不懈的努力、各界广泛参与及国际社会的大力支持下，我国成功将千年发展目标整合进本国发展规划，并取得了前所未有的转型和发展。我国千年发展目标的实现情况如表 1.6 所示。

表 1.6　中国实施千年发展目标的实现情况

具体目标	实现情况
目标 1:消除极端贫困与饥饿	
目标 1A:1990 年至 2015 年,将日收入不足 1.25 美元的人口比例减半	已经实现
目标 1B:让包括妇女和青年在内的所有人实现充分的生产性就业和体面工作	基本实现
目标 1C:1990 年至 2015 年间,将饥饿人口的比例减半	已经实现
目标 2:普及初等教育	
目标 2A:2015 年前确保所有儿童,无论男女,都能完成全部初等教育课程	已经实现
目标 3:促进两性平等和赋予妇女权利	
目标 3A:争取到 2005 年在中、小学教育中消除两性差距,最迟于 2015 年在各级教育中消除此种差距	已经实现
目标 4:降低儿童死亡率	
目标 4A:从 1990 年至 2015 年将 5 岁以下儿童死亡率降低 2/3	已经实现
目标 5:改善孕产妇保健	
目标 5A:1990 年至 2015 年,将孕产妇死亡率降低 3/4	已经实现
目标 5B:到 2015 年使人人享有生殖健康服务	基本实现
目标 6:与艾滋病病毒/艾滋病、疟疾和其他疾病做斗争	
目标 6A:到 2015 年,遏制并开始扭转艾滋病病毒和艾滋病的蔓延	基本实现
目标 6B:到 2010 年,实现为所有需要者提供艾滋病病毒/艾滋病的治疗	基本实现
目标 6C:到 2015 年,遏制并开始扭转疟疾和其他主要疾病的发病率	基本实现
目标 7:确保环境的可持续性	
目标 7A:将可持续发展原则纳入政策和计划,扭转环境资源损失趋势	基本实现
目标 7B:降低生物多样性丧失,到 2010 年显著降低生物多样性丧失的速度	没有实现
目标 7C:到 2015 年将无法持续获得安全饮用水和基本环境卫生设施的人口比例降低 1/2	已经实现
目标 7D:到 2020 年,明显改善约 1 亿棚户区居民的居住条件	很有可能

我国落实上述目标的总体成绩可以用人类发展指数(human development index,HDI)进行反映。我国的人类发展指数从 1990 年低于世界平均水平到 2015 年高于世界平均水平(图 1.4),反映了我国经济、社会、生态可持续发展水平的显著和持续提升。

3. 我国落实千年发展目标存在的问题

《报告》赞扬了我国在落实千年发展目标中取得的成就,但也指出了我国在生态资源与环境形势等方面存在的挑战。

我国自然生态系统十分脆弱,生态资源总量严重不足。今后仍然面临生态改善与生态退化并存的格局,特别是在工业化、城镇化发展过程中,人民群众的生态需求与生态保护之间的矛盾仍然十分突出,遏制生态恶化的任务依然任重道远。我国环境形势依然十分严峻。当前和今后一个时期,以煤为主的能源结构仍难以得到根本改变,大部分地区的主要污染物排放量仍将超过环境承载能力,水体、土壤等污染依然严重,固体废物、汽车尾气、持久性有机物等污染仍呈增加态势,环境风险也日益突出,环境保护任务十分艰巨。

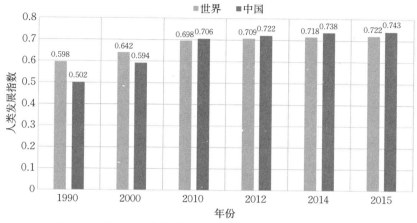

图 1.4　联合国开发计划署公布的 1990 年至 2015 年中国与世界平均人类发展指数变化情况

我国生物多样性丧失问题也不容忽视。尽管我国是世界上生物多样性最丰富的 12 个国家之一,但受威胁的动植物物种比例仍较高。截至 2015 年,无脊椎动物受威胁(极危、濒危和易危)的比例为 34.7%,脊椎动物受威胁的比例为 35.9%;受威胁植物有 3 767 种,约占高等植物评估总数的 10.9%。遗传资源丧失问题也非常突出。根据第二次全国畜禽遗传资源调查结果,全国有 15 个地方畜禽品种资源未发现,超过一半的地方品种的群体数量呈下降趋势。生物多样性保护地区大多处于偏远、经济欠发达的地区,保护与发展经济之间的矛盾将长期存在,保护的压力有可能进一步加大。

4. 我国可持续发展的国际挑战

随着千年发展目标的到期,我国和世界再次站在新的历史转折点。基于实施千年发展目标所取得的成功经验,我国和世界各国携手通过了《2030 年可持续发展议程》,继续探索可持续的发展道路。可持续发展是人类发展史上一次重大的变革机遇,对于任何政府而言都是极其复杂的政策挑战。无论是实现经济发展、社会包容,还是环境的可持续性,都相当困难,当同时兼顾 3 个目标,并要在 15 年的政策实施周期内共同完成这一全球性任务,各国面临的国际挑战均是前所未有的(Sachs,2012)。

我国可持续发展面临的国际挑战主要集中在减排领域。工业生产带来的大量碳排放使全球平均气温逐年上升,加剧了极端天气事件的发生频率,并导致海水面升高,严重威胁沿海地区和一些岛屿国家居民的生存与发展。直至今天,气候变化已经不是单纯的自然科学问题,而是一个与资源、粮食、能源、生态都紧密相关的经济问题,更涉及环境治理及国际合作等方面。

2009年12月,哥本哈根世界气候大会召开,美国等发达国家和中国等发展中国家就减排问题展开激烈交锋。发达国家希望发展中国家承担尽可能多的减排义务,却绝口不提本国的历史排放量;发展中国家认为发展经济、继续增长是各国的基本权利,并且认为发达国家把碳排放"外包"给了发展中国家,即发展中国家通过替发达国家的购买者进行大量碳密集型的生产制造而被转嫁责任。哥本哈根世界气候大会最终未能出台一份具有法律约束力的减排协议文本,但我国承诺到2020年,单位国内生产总值(GDP)二氧化碳排放比2005年下降40%~45%。2019年,《中国应对气候变化的政策与行动2019年度报告》发布,报告内容涵盖我国积极参与全球气候治理的各种层面的举措,展示了我国应对气候变化的成效。报告指明,2018年我国单位国内生产总值二氧化碳排放下降4.0%,比2005年累计下降45.8%,相当于减排52.6亿吨二氧化碳,非化石能源占能源消费总量比重达到14.3%,基本扭转了二氧化碳排放快速增长的局面。

然而2019年11月26日,联合国环境规划署发布的最新报告却再次拉响了气候变化的警报。报告指出,如果全球温室气体的排放量在2020年至2030年间不能以每年7.6%的水平下降,世界将失去实现1.5℃温控目标的机会。报告指出,全球的整体减排力度须在现有水平上至少提升5倍,才能在未来10年中达成1.5℃目标所要求的碳减排量。就此问题,我国需要持续加强国际合作,与相关国家一起分担减排责任,争取达成1.5℃的温控目标。

我国可持续发展面临的另一国际挑战来源于多国合作产生的执行问题。"一带一路"是我国为实现全方位开放而实施的重要举措,包括交通、能源、电信三大优先领域的基础设施互联互通(丘兆逸 等,2015)。由于"一带一路"沿线主要为发展中国家,发展中国家对跨境基础设施的需求和相应的资金缺口尤为巨大,单靠沿线国家政府的管理和财力无法完成跨境基础设施建设,仅靠我国提供的官方发展援助也远远不能满足需求。这就需要各国共同开拓融资渠道,吸引社会资本广泛参与,提高资金使用效率。此外,对于困扰国际社会的全球治理问题,包括具有明显国际外部性的社会、经济和民生问题,也是通过以往的民间谈判机制难以解决的(薛澜 等,2017)。

鉴于上述可持续发展问题与挑战的存在,我国需要进行深入研究并做出细致化的政策应对。我国应推动国际社会一道建立相应的合作和管理机制来承担"共同但有区别的责任",为全球可持续发展铺平道路。

1.2.2   我国自然资源管理面临的挑战

1. 我国自然资源禀赋现状

我国自然资源禀赋及其利用的基本特征是资源总量丰富但人均资源量少,资源分布不均,部分资源的禀赋较差,资源利用率低且浪费严重。我国长期沿用以追求增长速度、大量消耗资源为特征的粗放型发展模式,导致自然资源的消耗量大幅度上升,使非再生资源呈绝对减少趋势,可再生资源也呈现出明显的衰弱态势。最直观的表征就是,在城镇化过程中自然资源供需矛盾日益突出。土地资源、水资源、矿产资源和海洋资源是我国自然资源管理的主要对象,下面对其禀赋现状进行说明。

1)土地资源

我国土地资源主要有以下 4 个特点:

(1)土地利用类型齐全。我国国土南北横跨近 50 个纬度,受水热条件差异与复杂地形地质影响,土地资源类型多样。根据《土地利用现状分类》(GB/T 21010—2017),我国的土地资源利用类型可分为 12 个一级类、73 个二级类。第三次全国国土调查工作又将上述分类标准中的"湿地"调整为一级地类,与耕地、林地、草地等一级地类并列。土地利用类型的多样性使我国的土地分类体系相对于国际土地分类更细化、更复杂。

(2)土地资源总量丰富,人均占有量少。我国现有陆地面积居世界第 3 位,但人均土地资源面积仅在 0.8 公顷左右,不及世界人均土地面积的 1/2。我国人均耕地面积与英国相比差距不大,但与美国、法国等国相比,明显处于低位(图 1.5)。

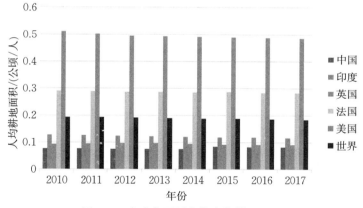

图 1.5　全球主要国家的人均耕地面积

(3)耕地少,难利用土地多,后备耕地不足。据粗略估算,我国山地、高原、丘陵的面积约占国土总面积的 69%,平原和盆地约占 31%。耕地在我国陆域国土总面积中的比例约为 12%,远低于美国、英国、法国、印度等主要国家的占比,仅略高于世界平均水平 1~2 个百分点(图 1.6)。同时,难以利用的土地在陆域国土总面积中占比高达 15.72%。客观上讲,我国耕地后备资源严重不足且严重分布不均,总体上呈现出西多东少的特点。

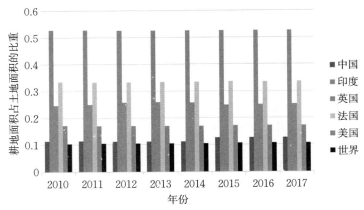

图 1.6 全球主要国家的耕地与土地面积占比

(4)各类土地资源分布不均,土地质量不容乐观。我国东南部季风区土地生产力较高,集中了全国 92% 左右的耕地与林地,是我国重要的农区与林区;西北内陆区干旱少雨,水源少,沙漠、戈壁、盐碱地面积大,土地自然生产力低,不利于农业利用。我国土地资源质量也不容乐观,就耕地资源来说,截至 2019 年底,全国耕地质量平均等级为 4.76 等(中华人民共和国生态环境部,2020a)。全国耕地评定总面积中,一等至三等耕地面积为 6.32 亿亩,占 31.24%;四等至六等耕地面积为 9.47 亿亩,占 46.81%;七等至十等耕地面积为 4.44 亿亩,占 21.95%。中低等级的耕地面积占比较大。

总体来看,我国土地资源呈现出总量大、人均占有量少、总体质量不高、空间分布严重失衡等客观事实,对我国自然资源管理与可持续发展提出了挑战。

2)水资源

随着我国城镇化进程的加快和人民生活水平的提高,人们对于洁净水的需求日益增加。我国水资源分布南多北少的格局使水资源供给与需求之间存在空间上的不平衡。据水利部统计,2005 年,全国 669 个城市中有 400 个供水不足,110 个严重缺水;在 32 个百万人口以上的特大城市中,有 30 个长期受缺水困扰;在 46 个重点城市中,45.6% 的水质较差;14 个沿海开放城市中有 9 个严重缺水。尽管近年来大型水利基础设施的建设从一定程度上缓解了城市缺水问题,但局部地区的城市缺水现象仍时有发生。

2010 年至 2017 年,我国水资源总量及人均指标走势如图 1.7 所示(国家统计局,2018)。2017 年我国水资源总量大约占全球水资源 6%,人均水资源量仅为 2 074.5 立方米,约为世界人均水量的 1/4。就人均水资源量区域分布而言,全国各省市之间"贫富差距"更明显。2017 年,西藏地区人均水资源量为 142 311.3 立方米,居全国之首,而河北、宁夏、上海、北京、天津等地区人均水资源量不足 200 立方米,其中天津地区人均水资源量仅为 83.4 立方米。我国水资源主要集中在西南地区,西北、华北地区水资源匮乏现象严重。2017 年底,西南地区水资源总量为 11 127.20 亿立方米,占同期我国水资源总量的 38.69%;华南地区水资源总量为 4 558.50 亿立方米,水资源占比为 15.85%;华东地区水资源总量为 5 043.40 亿立方米,水资源占比为 17.54%(智研咨询集团,2019)。

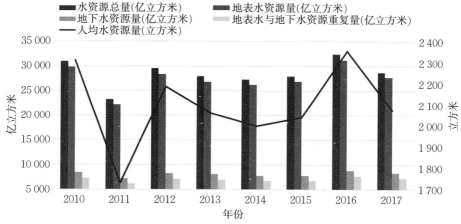

图 1.7 2010 年至 2017 年我国水资源总量及人均指标走势

3)矿产资源

新中国成立以来,我国矿业发展突飞猛进。截至 2018 年底,全国已发现 173 种矿产,其中,能源矿产 13 种,金属矿产 59 种,非金属矿产 95 种,水气矿产 6 种。2018 年,我国天然气、铜矿、镍矿、钨矿、铂族金属、锂矿、萤石、晶质石墨和硅灰石等矿产查明资源储量增长比较明显(表 1.7)(中华人民共和国自然资源部,2019a)。全国新发现矿产地 153 处,其中大型 51 处,中型 57 处,小型 45 处。探明地质储量超过亿吨的油田 3 处、超过 3 000 亿立方米的天然气田 1 个。尽管我国矿产资源数量和储量丰富,但通过对 EPS 数据平台世界能源数据库的统计数据进行分析可知,我国主要矿产资源人均占有量不足世界平均水平的一半。此外,我国矿产资源存在三个突出问题:一是支柱性矿产(如石油、天然气、富铁矿等)后备储量不足,储量较多的是部分用量不大的矿产(如钨、锡、钼等);二是小矿床多、大型特大型矿床少,支柱性矿产贫矿和难选冶矿多、富矿少,开采利用难度很大;三是矿产资源分布很广但非常不均衡,如煤炭 60% 以上的探明储量集中于山西和内蒙古两个省区,而稀土矿在内蒙古的储量占全国探明总量的 97%。

表 1.7　部分中国主要矿产资源储量

矿产	单位		2017 年	2018 年	增减变化/%
煤炭	亿吨		16 666.73	17 085.73	2.5
石油	亿吨		35.42	35.73	0.9
天然气	亿立方米		55 220.96	57 936.08	4.9
铜矿	金属	万吨	10 607.75	11 443.49	7.9
镍矿	金属	万吨	1 118.07	1 187.88	6.2
钨矿	三氧化钨	万吨	1 030.42	1 071.57	4.0
铂族金属	金属	吨	365.30	401.00	9.8
硫铁矿	矿石	亿吨	60.60	63.00	4.0
锂矿	氧化物	万吨	967.38	1 092.00	12.9
萤石	矿物	亿吨	2.42	2.57	6.4
晶质石墨	矿物	亿吨	3.67	4.37	19.0
硅灰石	矿石	亿吨	1.70	2.29	35.2
石膏	矿石	亿吨	984.72	824.86	−16.2
石棉	矿物	万吨	9 545.85	9 259.19	−3.0
膨润土	矿石	亿吨	30.62	29.96	−2.2
铬铁矿	矿石	万吨	1 220.24	1 193.27	−2.2
锰矿	矿石	亿吨	18.46	18.16	−1.6
钾盐	氯化钾	亿吨	10.27	10.16	−1.1

我国矿产资源的需求量巨大,矿产资源供给形势不容乐观。一方面,我国将在 2030 年前后迎来人口高峰,对矿产品的应用需求将不断拓展;10 年内我国仍将是全球经济增长的主要中心,对矿产资源总量的需求还会保持在较高水平上。另一方面,我国生态环境保护政策加强了对矿产资源开发的约束,进一步加剧了由资源禀赋差产生的矿产品供应压力。多数矿产特别是关系到国民经济和国防安全的大宗矿产,供不应求的情况未来可能会持续加剧,如石油和铁矿石目前的进口依存度均达 70% 以上,早已超过了警戒线,油气进口额约占我国矿产品贸易进口总额的 40%,要长期通过进口来满足需求(郭娟 等,2020)。科学评价我国矿产资源的承载能力、承载压力,制定合理的开发保护规划战略,对于我国的可持续发展意义重大。

4)海洋资源

我国是一个海洋资源大国,拥有渤海、黄海、东海和南海四大海域,海岸带纵跨热带、亚热带和温带 3 个气候带,东部和南部大陆海岸线长为 1.8 万多千米,内海和边海的水域面积约 470 万平方千米,海洋面积相当于陆地面积的 1/2(张志锋 等,2019)。我国海洋资源种类繁多,包括海洋生物资源、海洋油气资源、沿海港口资源、海底固体矿产资源、海洋动力资源和滨海旅游资源等。鉴于我国海洋资源巨大的可开发利用潜力,海洋作为重要的"蓝色"国土,已成为我国经济社会发展和生态文明建设的重要领域,是化解资源瓶颈、拓展生态空间的重要保障。如图 1.8 所示,近年来我国海洋生产总值不断攀升，2019 年海洋生产总值达到 89 415 亿元，同比增长 6.2%，占沿海地区生产总值的 17.1%（中华人民共和国自然资源部，2020a）。

图 1.8　2015 年至 2019 年全国海洋生产总值情况

在利用海洋资源的同时，海洋资源无序、过度开发导致的海洋生态环境恶化问题都不同程度地显露出来，主要表现为：①近岸典型生态系统健康状况下降；②珊瑚、海草、文昌鱼等生物种群出现退化；③近海与海岸湿地面积萎缩，自然岸线丧失严重；④近岸局部海域污染依然严重，部分海域海洋沉积环境受石油、持久性有机污染物和重金属污染的程度加重；⑤陆源排污压力未得到有效控制，长江、闽江、珠江和黄河等入海污染物总量大；⑥海洋溢油、危险品泄漏风险加剧。由此可见，不合理的开发方式使我国海洋生态愈加脆弱，近岸局部海洋环境污染严重，这些问题反过来制约了海洋资源的可持续利用。

2. 我国自然资源需求趋势

改革开放以来，我国经济持续快速增长，《中华人民共和国 2019 年国民经济和社会发展统计公报》数据显示，国内生产总值自 1979 年的 4 062.6 亿元增长至 2019 年的 990 865.1 亿元，增长了 240 多倍。从经济发展水平、产业结构、消费结构和城镇化率等基础性指标看，我国已开始由生存型社会步入发展型社会，而经济的快速发展伴随了自然资源的快速消耗（图 1.9）。但我国主要自然资源人均占有量不及世界人均量的一半，耕地紧张，水资源短缺，主要矿产资源后备储量不足且资源品位不高，能源尤其是油气资源十分紧缺，已经严重制约了经济社会的可持续发展。目前，我国已经是世界最大的石油、天然气进口国，油气对外依存度高，能源安全面临油（气）价、油（气）源、通道、政治四大风险（董锁成 等，2010）。从能源使用模式上看，2019 年我国煤炭消费占能源消费总量的 57.7%，石油消费占 18.9%，天然气消费占 8.1%，水电、核电、风电等清洁能源消费占 15.3%，煤炭等非清洁能源仍然是我国能源消费体系的主体。这种依靠煤炭、石油等非清洁能源消耗拉动的经济增长无疑会对自然资源和生态环境造成不可估量的损害。要扭转这样的能源消费现状,不仅需要对自然资源进行集约开发和利用,更需要进行科学的管理和规划。

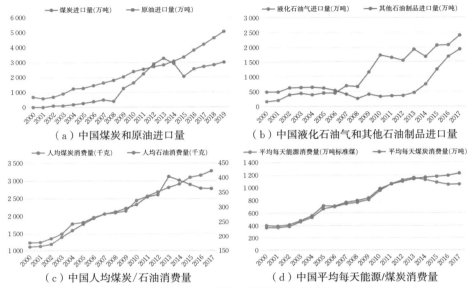

（a）中国煤炭和原油进口量　　　　　（b）中国液化石油气和其他石油制品进口量

（c）中国人均煤炭/石油消费量　　　　（d）中国平均每天能源/煤炭消费量

图 1.9　我国部分自然资源需求趋势

3. 我国自然资源管理格局

长期以来,我国根据产业发展需求对各种自然资源进行精细分类,分别由国土、水利、林业、农业、环保等政府主管部门负责相应门类的资源管理。其中,海洋、林业、草原、湿地资源实行多部门交叉管理,水资源实行单门类统一管理,土地、矿藏资源则实行相对集中的统一管理。理论上,分类、分散管理的模式可很好地实现自然资源的专门化管理,也能将管理工作效率发挥到极致,在一定时期发挥了其优势。但自然资源空间统一的特性决定了各类自然资源的开发利用相互影响、相互制约。由于不同管理部门对于自身管理资源的开发、利用和保护等本位工作的理解存在分异,以及对部门效益的追求不同,故容易导致自然资源的开发、利用和保护等工作缺乏协调,产生冲突,甚至造成自然资源所有权主体虚位(张维宸,2018)。通过统筹各类资源相关的空间规划,实现自然资源开发利用的统一管理,是解决资源分散管理模式积弊的必然途径。

2018 年 3 月,第十三届全国人民代表大会第一次会议表决通过了关于国务院机构改革方案的决定,批准成立中华人民共和国自然资源部。自然资源部的职能是整合国土资源部、国家发展和改革委员会、住房和城乡建设部、水利部、农业部、国家林业局、国家海洋局等部委的自然资源相关职责,统一行使全民所有自然资源资产所有者职责,统一行使所有国土空间用途管制和生态保护修复职责,着力解决自然资源所有者不到位、空间规划重叠等问题,实现山水林田湖草整体保护、系统修复、综合治理。自然资源部整合原国家机构分散的资源管理及规划职能,遵循自然资源整体性、系统性的特征,实现对自然资源的集中统一管理(图 1.10)。

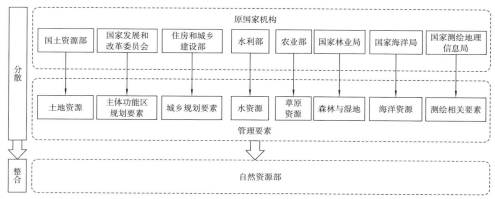

图 1.10　2018 年机构改革后我国自然资源管理格局

4．我国自然资源管理挑战

我国新成立的自然资源部实现了自然资源行政管理体制的顶层设计与改革。通过将归属于原国土资源部、水利部、国家海洋局、住房和城乡建设部等部门的具体职能、运行机制及专业规范的全面梳理和整合,以及全国一盘棋统筹的自然资源统一登记、国土空间规划等工作的倒逼,我国的自然资源已经逐步由多头管理向综合管理、分散管理向系统统筹转变。尽管如此,我国的自然资源管理仍然面临不少挑战:一是我国自然资源人均水平普遍低,相对于高速发展的经济需求,供给能力短缺的矛盾突出,自然资源的集约、节约利用政策需要进一步深化加强;二是我国自然资源的分布与目前区域经济发展的重心存在空间错位,供需不均衡,开发利用难度大,生产运输成本高;三是自然资源的产权管理应进一步加强,自然资源的统一登记、综合评价、有偿使用、动态监管等管理制度与相应的技术规则也亟待整合和完善;四是与生态补偿、生态修复、生态绩效相关的法律制度和管理政策需进一步探索、完善,应力求从制度上解决经济发展与资源环境保护之间的矛盾和冲突;五是落实可持续发展的基本国策要求,需根据国民经济发展需求,通过供给侧改革,实现自然资源的开发利用与区域产业发展规划布局的空间耦合协调,走高质量的可持续发展道路。搞清楚我国自然资源的数量、质量、空间分布及开发利用现状是解决上述问题的认知基础。

1.2.3　我国生态环境治理的严峻形势

长期粗放式的发展不仅导致了自然资源的短缺和浪费,也在一定程度上对我国的生态环境造成了破坏。中华民族自古以来就追求人与自然和谐共生的天人合一理念，在意识到无序的、过度的开发活动对我们赖以生存的空间产生了难以估量的影响后，从政策、法律等多个方面进行了生态环境修复的努力。截至2019年，土壤、大气、水等主要生态环境在积极稳妥的环境防治举措下，关键指标持续改善，出现稳中向好趋势，但成效并不稳固，稍有松懈就有可能出现反复。

1. 我国土壤环境状况

2014年发布的《全国土壤污染状况调查公报》显示，全国土壤总的调查点位超标率为16.1%，污染类型以无机型为主，有机型次之，复合型污染比重较小，其中无机物超标点位数占全部超标点位数的82.8%。从污染分布情况看，南方土壤污染重于北方；长江三角洲、珠江三角洲、东北老工业基地等部分区域土壤污染问题较为突出，西南、中南地区土壤重金属超标范围较大；镉、汞、砷、铅4种无机污染物含量分布呈现从西北到东南、从东北到西南方向逐渐升高的态势。有机污染物主要有六氯环乙烷、双对氯苯基三氯乙烷、多环芳烃3类，其点位超标率均在2%以下。具体土壤无机污染物和有机污染物的污染状况如表1.8所示。

表1.8　2013年全国土壤污染状况　　　　单位：%

污染物类型	污染物类型	点位超标率	不同程度污染点位比例			
			轻微	轻度	中度	重度
无机污染物	镉	7.0	5.2	0.8	0.5	0.5
	汞	1.6	1.2	0.2	0.1	0.1
	砷	2.7	2.0	0.4	0.2	0.1
	铜	2.1	1.6	0.3	0.15	0.05
	铅	1.5	1.1	0.2	0.1	0.1
	铬	1.1	0.9	0.15	0.04	0.01
	锌	0.9	0.75	0.08	0.05	0.02
	镍	4.8	3.9	0.5	0.3	0.1
有机污染物	六氯环乙烷	0.5	0.3	0.1	0.06	0.04
	双对氯苯基三氯乙烷	1.9	1.1	0.3	0.25	0.25
	多环芳烃	1.4	0.8	0.2	0.2	0.2

生态环境部发布的《2019中国生态环境状况公报》显示，全国农用地土壤环境状况总体稳定，影响农用地土壤环境质量的主要污染物是重金属，其中镉为首要污染物。农用地土壤污染情况趋于稳定，表明农用地的质量没有出现明显降低，通过后续治理能够进一步提高土壤的质量。但从整体来看，我国土壤污染防治形势依然十分严峻。当前，农用地污染面广、量大，工矿企业场地土壤与地下水污染问题突出，流域性或区域性土壤污染态势突显，土壤污染风险增大，威胁我国农产品质量安全、人居环境安全和生态环境安全（骆永明 等，2020）。在污染物类型上，农用地土壤以重金属为主，包括镉、砷、汞、铬、铅、铊、锑等；工矿场地，除重金属外，常出现有机污染物，

包括苯系物、卤代烃、石油烃、持久性有机污染物等。有的土壤还存在病原菌、病毒等生物性污染，有的则存在爆炸物、化学武器残留物、放射性核素、抗生素及抗性基因、塑料及微塑料等污染物。这些污染物在土壤中以不同的赋存形态、含量、污染方式及污染程度存在，具有不同的释放性、迁移性、有效性和风险性（骆永明，2017）。

2. 我国大气环境状况

2020 年 4 月，中国气象局发布的《大气环境气象公报（2019 年）》指出，自 2000 年以来，我国大气环境整体呈现前期转差、后期向好趋势。尽管 2019 年全国大气污染扩散气象条件偏差，但大气环境继续改善。全国平均霾日数、霾天气过程影响面积均较 2018 年减少，其中京津冀等区域霾日数和细颗粒物（$PM_{2.5}$）浓度持续下降，2019 年也成为自 1992 年有观测记录以来酸雨污染状况最轻的一年。《2019 中国生态环境状况公报》显示，在主要大气环境指标方面，全国 337 个地级及以上城市中，城市环境空气质量达标比例为 46.6%，较 2018 年度的 35.8% 明显提高；2019 年城市平均优良天数比例为 82.0%（图 1.11），较 2018 年度上涨 2.3 个百分点；主要空气污染物中仅有臭氧（O_3）浓度较 2018 年上涨 6.5 个百分点，其余重点监测的空气污染物均呈下降或持平态势（中华人民共和国生态环境部，2020a）。生态环境部通报 2020 年 1 月至5 月全国环境空气质量状况显示，全国 337 个地级及以上城市平均优良天数比例为84.9%，同比上升 4.6 个百分点；145 个城市环境空气质量达标，同比增加 27 个；$PM_{2.5}$ 浓度为 39 微克/立方米，同比下降 11.4%；PM_{10} 浓度为 63 微克/立方米，同比下降 16.0%；臭氧浓度为 135 微克/立方米，同比上升 2.3%；二氧化硫浓度为 11 微克/立方米，同比下降 15.4%；二氧化氮浓度为 24 微克/立方米，同比下降 14.3%；一氧化碳浓度为 1.4 毫克/立方米，同比下降 6.7%。

尽管我国的大气环境总体态势向好，但整体上还有超过一半城市的空气质量达不到标准。在很多相对落后的地区，污染物排放较多的粗放型发展方式仍具有市场，在重点污染物控制方面常出现零星反弹，有必要继续推进工业炉窑等重点行业挥发性有机物、毒害气体的治理，以及加强"散乱污"企业及集群的综合整治，对重点污染物排放量大的化工企业进一步开展全面监测。我国的大气环境污染防治仍任重道远，大气环境质量监管体系仍然有待健全，"打赢蓝天保卫战"仍是今后一定时期内我国大气环境综合治理的主要需求。

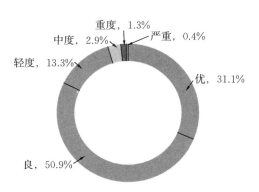

图 1.11　2019 年全国 337 个地级及以上
城市各级别天数比例

3. 我国水环境状况

《2019中国生态环境状况公报》显示,2019年全国地表水监测的1 931个水质断面(点位)中,Ⅰ~Ⅲ类水质断面点位占74.9%,比2018年上升3.9个百分点;劣Ⅴ类占3.4%,比2018年下降3.3个百分点。地表水主要污染指标为化学需氧量、总磷和高锰酸盐指数。2019年,全国10 168个国家级地下水水质监测点中,Ⅰ~Ⅲ类水质监测点占14.4%,比2018年上升0.6个百分点;Ⅳ类占66.9%,下降3.8个百分点;Ⅴ类占18.8%,上升3.3个百分点。全国2 830处浅层地下水水质监测井中,Ⅰ~Ⅲ类水质监测井占23.7%,比2018年下降0.2个百分点;Ⅳ类占30.0%,上升0.8个百分点;Ⅴ类占46.2%,下降0.7个百分点。地下水超标指标为锰、总硬度、碘化物、溶解性总固体、铁、氟化物、氨氮、钠、硫酸盐和氯化物。在全国地级及以上城市集中式生活用水水源方面,2019年监测的902个在用集中式生活用水水源断面点位中,830个全年均达标,占92.0%。其中,地表水水源监测断面点位590个,565个全年均达标,占95.8%,主要超标指标为总磷、硫酸盐和高锰酸盐指数;地下水水源监测点位312个,265个全年均达标,占84.9%,主要超标指标为锰、铁和硫酸盐,主要是由天然背景值较高所致。

全国地表水和地下水水质有所改观的事实表明,我国比较成功地控制住了水污染程度的进一步加剧,在水资源与水环境治理方面取得了一定的进步。但同时也应意识到,我国水环境恶化趋势尚未得到根本扭转,水环境治理的成果相对还比较有限,水污染的防控形势依然比较严峻。在今后一段时间内,水资源与水环境的保护工作仍需常抓不懈。

4. 我国土地覆盖状况

荒漠化、沙化和石漠化是当今世界关注的十大环境问题之一,被喻为"地球癌症"。2015年发布的第五次全国荒漠化和沙化监测结果显示,我国荒漠化土地面积为261.16万平方千米,占国土总面积的27.20%;沙化土地面积为172.12万平方千米,占国土总面积的17.93%。荒漠化和沙化土地主要分布在新疆、内蒙古、西藏、青海、甘肃5个典型省(自治区)。2018年发布的岩溶地区第三次石漠化监测结果显示,我国岩溶地区现有石漠化土地面积为10.07万平方千米,占岩溶面积的22.3%,占该区域国土面积的9.4%,涉及湖北、湖南、广东、广西、重庆、四川、贵州和云南8个省(自治区、直辖市)的457个县(市、区)。

我国是世界上受荒漠化、沙化和石漠化危害最严重的国家之一,素有"南石北沙"之称,积极进行水土流失的综合治理是政府防治国土荒漠化、沙化和石漠化工作的核心。自1979年植树节设立以来,我国组织动员全社会力量推进大规模国土绿化行动,国土绿化事业取得了显著成绩。全国共完成造林7.067万平方千米、森林抚育7.733万平方千米、种草改良草原3.147万平方千米、防沙治沙2.26万平方千米、保护修复湿地0.093万平方千米,为推进水土流失治理、维护国土生态安全做出了巨大贡献。

5．治理需求措施

近几年，我国持续开展生态环境领域的制度改革，依法依规推动环境监督评价与绩效考核等政策，落实环境保护、生态修复等保障措施，在环境污染防治、生态脆弱区保护与修复等重点领域取得了积极的成果，生态环境有所好转。然而有的地方、有的领域环境治理的意识还很淡薄；生态环境保护队伍还要加强建设，尤其是基层专业人员缺乏；受自然条件变化影响较大，生态环境质量持续改善的基础还不稳固。未来，我国生态环境的形势依然严峻，要全面实现人民对美好生态环境的需求，仍需完善相关治理措施：一是坚决打赢蓝天保卫战；二是持续打好碧水保卫战；三是扎实推进净土保卫战；四是积极主动服务"六稳"（稳就业、稳金融、稳外贸、稳外资、稳投资、稳预期）；五是大力开展自然生态保护、修复与监管；六是深入推进生态环境保护督察；七是严格依法依规监管；八是落实生态环境领域改革举措；九是防范化解生态环境风险；十是强化生态环境保护支撑保障措施。

§1.3　生态文明建设的战略要求

1.3.1　中国落实可持续发展目标要求

1．可持续发展目标参与背景

作为世界上最大的发展中国家之一，我国社会经济发展虽取得了巨大进步，但随着工业化、城镇化的快速推进，资源约束趋紧、环境污染严重、生态系统退化等问题越来越严重地制约着我国的可持续发展进程。鉴于此，早在 2012 年，中国共产党的十八大报告就首次提出了"大力推进生态文明建设"的战略决策，将"美丽中国"作为生态文明建设的宏伟目标及实现中华民族永续发展的战略构想。"美丽中国"等生态文明建设目标与联合国可持续发展目标要求不谋而合。2015 年 9 月，习近平出席联合国可持续发展峰会，与各国领导人一致通过《2030 年可持续发展议程》（以下简称"可持续发展议程"），开启了人类可持续发展事业新纪元。可持续发展议程涵盖的 17 项可持续发展目标为各国发展指明了方向，为全球发展描绘了宏伟蓝图。我国高度重视可持续发展目标的落实工作，出台了适应本国国情的目标计划和实施举措。

2．我国的可持续发展目标计划

2016 年 9 月 19 日，李克强总理在纽约联合国总部主持召开"可持续发展目标：共同努力改造我们的世界——中国主张"座谈会，并宣布发布《中国落实2030 年可持续发展议程国别方案》（以下简称《国别方案》）。《国别方案》回顾了我国落实联合国千年发展目标的成就和经验，分析了我国推进落实可持续发展议程面临的机遇和挑战,提出了我国可持续发展的目标计划。在《国别方案》中,我国将17项可持续发展目标和169个具体目标纳入国家中长期发展总体规划,并转化为经济、社会、环境等领域的具体任务。其中,关于环境、生态的可持续发展是我国可持续发展目标计划的重要内容。例如,要求落实《水污染防治行动计划》,大幅度提升重点流域水质优良比例、废水达标处理比例、近岸海域水质优良比例;构建国家生态安全框架,保护和恢复与水有关的生态系统,对地下水超采问题较严重的地区开展治理行动;严格控制城市开发强度,保护城乡绿色生态空间等。

3. 我国的可持续发展目标实施举措

我国加快推进联合国可持续发展目标的国内落实工作,不断出台相关政策措施,将落实工作与《国民经济和社会发展第十三个五年规划》等中长期发展战略有机结合,已在多个可持续发展目标上实现突破和进展。我国对接联合国可持续发展目标的实施举措如表1.9所示(中华人民共和国外交部,2019)。

表1.9　我国可持续发展目标的实施举措

联合国可持续发展目标	我国可持续发展目标实施举措
目标1:在全世界消除一切形式的贫困	实施精准扶贫、精准脱贫基本方略;完善社会保障制度;全面保障发展权利;深化减贫南南合作
目标2:消除饥饿,实现粮食安全,改善营养状况和促进可持续农业	夯实粮食生产能力基础;深化农业供给侧结构性改革;发展生态友好型农业;实施多项营养行动计划;加快发展现代种植业,建立国家农作物种质资源和畜禽遗传资源管理、保护与利用体系;加强农业国际合作,提升受援国农业技术水平和能力
目标3:确保健康的生活方式,促进各年龄段人群的福祉	实施母婴安全五项制度,充分保障妇女儿童生存权、健康权和发展权;健全医疗卫生服务体系;艾滋病、结核病、疟疾、乙肝等传染性疾病的防治工作以预防为主、综合施策;实施慢性病综合防控战略,加强全民身心健康;控制健康社会影响因素,建设健康的生产、生活环境;积极推动全球卫生合作,为构筑全球公共卫生安全屏障贡献"中国力量"
目标4:确保包容和公平的优质教育,让全民终身享有学习机会	加大教育资源投入,推进义务教育均衡高质量发展;坚持公益普惠学前教育方向,保障适龄幼儿接受公平而有质量的学前教育;实施高中阶段教育普及攻坚计划,大幅提升高等教育和职业教育水平;强化政策和资源引导,确保各类特殊群体普遍享有受教育权益;加强教育信息基础设施建设,促进信息技术与教育教学深度融合;加强教育国际交流合作,促进其他发展中国家教育事业的发展
目标5:实现性别平等,增强所有妇女和女童的权能	营造两性平等发展的环境,建立法规政策性别平等评估机制;保障妇女政治权利,提高妇女参与决策和管理比例;保障妇女平等经济权力,促进妇女就业创业;保障妇女教育健康权利,关注女性生存发展;提升政策执行能力,多措并举维护妇儿权益

续表

联合国可持续发展目标	我国可持续发展目标实施举措
目标6：为所有人提供水和卫生设施并对其进行可持续管理	执行最严格水资源管理制度，全面推进水资源可持续利用；着力提升城乡供水能力，保障城乡用水安全；加强水污染防治，深入开展环境卫生行动；完善节水体制机制建设，提升用水效率；完善综合水资源管理体系，持续推进水生态恢复；积极开展南南合作，帮助其他发展中国家提高水资源管理能力
目标7：确保人人获得负担得起、可靠和可持续的现代能源	消除能源贫困，全面解决无电人口用电问题；大力开发利用可再生能源，进一步优化能源结构；坚持节约优先发展战略，积极提高能效；加大投入，推动清洁能源装备制造技术不断升级；加强能源国际交流合作，为其他发展中国家提供支持
目标8：促进持久、包容和可持续经济增长，促进充分的生产性就业和人人获得体面工作	创新和完善宏观调控，保持经济平稳运行；加快供给侧结构性改革，不断发展壮大新动能；实施就业优先政策，平稳推进重点群体就业；强化政策实施和执法工作，确实保障劳动者合法权益；推进国际合作，帮助其他发展中国家更好地融入多边贸易体制
目标9：建造具备抵御灾害能力的基础设施，促进具有包容性的可持续工业化，推动创新	持续加大投入，全面提升全国基础设施网络性能；加快工业转型升级，不断增强其包容性与可持续性；推动创新发展战略的实施，进一步提升持续创新能力；推动"一带一路"国际产能合作，为国际产能与基础设施联通做出积极贡献；深化南南合作，帮助其他发展中国家提高工业化、信息化水平
目标10：减少国家内部和国家之间的不平等	推动城乡居民稳定增收，进一步收窄城乡居民收入差距；完善制度保障，促进社会公平，加强法治建设，确保机会均等；推动完善全球经济治理，为发展中国家发展创造良好的国际环境
目标11：建设包容、安全、有抵御灾害能力的及可持续的城市和人类住区	不断推进保障性安居工程，持续提高城乡居民居住条件；实施公共交通优先发展战略，进一步加强城市设施包容性；多措并举推进城乡绿色发展，进一步加强城市韧性；加强城市治理能力，进一步减少人均负面环境影响；加强南南合作，为其他发展中国家实现相关可持续发展目标提供支持
目标12：采用可持续的消费和生产模式	强化政策落实，逐步形成低碳产业结构；促进节粮减损，有效减少粮食生产消费各环节的损失浪费；多措并举，推进资源全面节约和循环利用；政府先行，推动形成可持续消费模式
目标13：采取紧急行动应对气候变化及其影响	加强防灾、减灾、救灾工作，不断增强气候变化适应能力；坚持低碳发展，控制温室气体排放；加强气候变化和低碳发展理念宣传，有效提升全社会应对气候变化的参与度；积极参与全球气候治理，推动和加强气候变化国际合作，为全球应对气候变化贡献中国方案
目标14：保护和可持续利用海洋和海洋资源以促进可持续发展	建立健全的法律法规和管理制度体系，积极推进海洋可持续管理；加强海洋环境保护修复和资源可持续开发利用；推动水产养殖业绿色发展，进一步加强水生生物资源养护；开展蓝色经济合作，为最不发达国家和小岛屿发展中国家海洋产业可持续发展提供支持

联合国可持续发展目标	我国可持续发展目标实施举措
目标 15：保护、恢复和促进陆地生态系统的可持续利用，可持续地管理森林，防治荒漠化，制止和扭转土地退化，遏制生物多样性的丧失	持续加大投入力度，加大对湿地、林地、草地、淡水水体的保护；持续推进防沙治沙工程，完善自然保护区建设；做好生物多样性保护工作，加强有害生物入侵风险管控；积极开展双、多边合作，全面提高履约交流水平
目标 16：创建和平、包容的社会以促进可持续发展，让所有人都能诉诸司法，在各级建立有效、负责和包容的机构	依法严惩各类犯罪，有效保障人民生命财产安全；制止对妇女儿童进行一切形式的暴力和拐卖行为，有效保护妇女儿童权益；加强法律援助服务，初步形成遍布城乡的公共法律服务网络；持续深入推进党风廉政建设，进行反腐败斗争；全面推进依法行政，建设法治政府；深化国际执法安全合作，严厉打击跨国犯罪和各类新型犯罪
目标 17：加强执行手段，恢复可持续发展全球伙伴关系的动力	推进"一带一路"国际合作，促进共建国家可持续发展；推动构建开放型世界经济，优化国际发展环境；建立广泛的发展伙伴关系，推动形成可持续发展合力；深化南南合作，助力其他发展中国家的可持续发展

我国作为一个负责任的大国，坚持"共同但有区别的责任原则"，积极推进全球环境治理和 2030 可持续发展目标。我国落实 2030 可持续发展目标最大的经验就是发展，并且是全面、充分和可持续的发展。可持续发展目标强调不让任何国家掉队，要最终实现全人类共同的目标。而要实现全人类的可持续发展，我国给出的实施方案就是：构建人类命运共同体，实现共赢共享。

1.3.2　我国生态文明建设的总体布局

1. 决策背景与历程

资源短缺和生态破坏已成为世界各国在发展中普遍面临的问题。2012 年，中国共产党的十八大明确提出大力推进生态文明建设，将我国社会主义现代化建设总体布局更明确地由经济建设、政治建设、文化建设、社会建设"四位一体"发展为包含生态文明建设的"五位一体"总体布局（图 1.12）。2013 年 11 月，十八届三中全会通过了《中共中央关于全面深化改革若干重大问题的决定》（以下简称《决定》），提出要深化生态文明体制改革，加快生态文明制度建设，用制度保护生态环境。2015 年 5 月，《中共中央 国务院关于加快推进生态文明建设的意见》把健全生态文明制度体系作为重点，凸显建立长效机制在推进生态文明建设中的基础地位。同年 9 月发布的《生态文明体制改革总体方案》阐明了我国生态文明体制改革的指导思想、理念、原则、目标及实施保障，这无疑是生态文明探索的重大突破。2017 年 10 月，中国共产党的十九大报告将生态文明列为社会主义现代化新征程的重要组成部分,要求加快生态文明体制改革,建设"美丽中国",开启了生态文明建设的新篇章。2018 年 3 月,十三届全国人大一次会议第三次全体会议表决通过了《中华人民共和国宪法修正案》,生态文明被历史性地写入了庄严的《中华人民共和国宪法》,具有了更高的法律地位,拥有了更强的法律效力。生态文明建设作为我国创造性回答经济发展与资源环境关系问题的最新理论成果,是我国勇于直面资源环境问题、正视当前严峻的生态矛盾、切实保障生态安全和人民群众的生态权益、努力构建资源节约型和环境友好型社会而采取的重大举措。

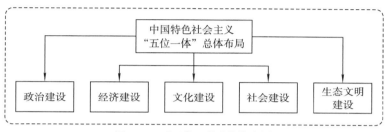

图 1.12　"五位一体"总体布局

2．"五位一体"总体布局

中国共产党的十八大报告指出:必须更加自觉地把全面协调可持续作为深入贯彻落实科学发展观的基本要求,全面落实经济建设、政治建设、文化建设、社会建设、生态文明建设"五位一体"总体布局,促进现代化建设各方面相协调,促进生产关系与生产力、上层建筑与经济基础相协调,不断开拓生产发展、生活富裕、生态良好的文明发展道路。"五位一体"总体布局的提出标志着我国对中国特色社会主义的科学内涵和可持续发展战略的认识达到了一个新高度,尤其体现在把"生态文明建设"提到了前所未有的高度。"五位一体"总体布局是一个相互联系、相互促进、相互影响的有机整体,其中经济建设是根本,政治建设是保证,文化建设是灵魂,社会建设是条件,生态文明建设是基础。生态文明建设既是经济建设、政治建设、文化建设、社会建设的前提条件,也是促进经济建设、政治建设、文化建设、社会建设的根本保障和动力源泉,为中国社会整体文明进步奠定坚实的自然基础(方世南,2013)。在"五位一体"总体布局的指引下,我国进一步深化可持续发展战略实施,加强生态文明建设,就人与自然和谐发展的现代化建设新格局的形成进行了系统部署;同时,实施了污染防治攻坚战等一系列专项行动,在资源能源、生态环境、公共安全、绿色技术、低碳经济等相关领域启动实施了一大批重点研发项目,并取得了重要技术突破。在此基础上,我国生态环境质量持续好转,出现了稳中向好的趋势,可持续发展能力明显得到了提升。

3．生态文明建设的理念

我国总体上缺林少绿、生态脆弱,加强生态环境保护,把我国建设成为生态环境良好的国家,是功在当代、利在千秋的事业。我国生态文明建设理念内涵十分丰富,吸收了传统文化中的生态思想,指明了人类摆脱发展困境的方向,是人类优秀文化成果丰厚积淀和交流融合的结晶。生态文明建设的理念概括起来如下(田学斌,2016):

(1)尊重自然、顺应自然,这是人与自然和谐相处的理念。我国传统文化要求人与自然进行交流时要顺应天地、保持自然而然的状态。自然为人类提供了生命活动的外部环境,人类因此离不开自然。人类应该"像保护眼睛一样保护生态环境,像对待生命一样对待生态环境"。

(2)发展和保护内在统一、相互促进的理念。要平衡好发展和保护的关系,控制开发强度,调整空间结构,给子孙后代留下天蓝、地绿、水净的美好家园,实现发展与保护的内在统一、相互促进。

(3)增值自然价值和自然资本的价值理念。绿水青山就是金山银山。自然是有价值的,保护自然就是增值自然价值和自然资本的过程,也是保护和发展生产力的过程,应该得到合理回报和相应的经济补偿。

(4)资源承载和环境容量保持空间均衡的理念。要把握人口、经济、资源、环境之间的平衡点,人口规模、产业结构、经济增长不能超出水土资源承载能力和环境容量。

(5)"山水林田湖草"是一个生命共同体的理念。要按照生态系统的整体性、系统性及其内在规律,统筹考虑自然生态各要素、山上山下、地上地下、陆地海洋及流域上下游,进行整体保护、系统修复、综合治理,增强生态系统循环能力,维护生态平衡。

1.3.3　生态文明体制改革与战略目标

改革开放以后,党和国家的工作重心转移到了经济建设上。在经济快速发展的同时,环境污染、能源危机等问题逐渐暴露。我国学习和借鉴世界各国生态环境保护的经验,与时俱进地展开了对生态文明建设的理论探索和实践创新。进入21 世纪后,在认真研判新世纪经济社会发展的阶段性特征、充分总结改革开放以来生态环境建设理论成果的基础上,我国提出要建设生态文明,生态文明体制改革不断深化。中国共产党的十八大以来,我国提出了一系列关于生态文明建设与体制改革的新理念、新思想,陆续推出一批具有标志性、支柱性的改革举措。当前时期,也是我国生态文明体制改革推进最快、力度最大、成效最多的时期(陈映,2019)。

1. 机构改革举措

生态文明体制改革的机构改革举措涉及国家和地方两个层面:一个是国家层面有序推进资源环境监管机构改革,另一个是地方层面配套推动机构改革的实践探索。

　　（1）国家层面。组建自然资源部、生态环境部等资源环境监管机构。组建自然资源部着力解决自然资源所有者不到位、空间规划重叠等问题，实现"山水林田湖草"整体保护、系统修复、综合治理；组建生态环境部对分散的生态环境保护职责进行整合，以便统一行使生态和城乡各类污染排放监管与行政执法职责，加强环境污染治理，保障国家生态安全，建设"美丽中国"。

　　（2）地方层面。深化生态环境保护综合行政执法改革，整合组建生态环境保护综合执法队伍。生态环境保护综合执法队伍以本级生态环境部门的名义，依法统一行使污染防治、生态保护、核与辐射安全的行政处罚权，以及与行政处罚相关的行政检查、行政强制权等执法职能。省级生态环境部门负责省级执法事项和重大违法案件调查处理，加强对市、县两级生态环境保护综合执法队伍的业务指导、组织协调和稽查考核；执法事项主要由市、县两级生态环境保护综合执法队伍承担，设区的市生态环境保护综合执法队伍还承担所辖区域内执法业务指导、组织协调和考核评价等职能。

2．制度改革举措

　　生态文明体制改革的制度改革举措是指构建包括自然资源资产产权制度、国土空间开发保护制度、空间规划体系、资源总量管理和全面节约制度、资源有偿使用和生态补偿制度、环境治理体系、环境治理和生态保护市场体系、生态文明绩效评价考核和责任追究制度在内的产权清晰、多元参与、激励约束并重的生态文明制度体系（图 1.13），推进生态文明领域国家治理体系和治理能力现代化。

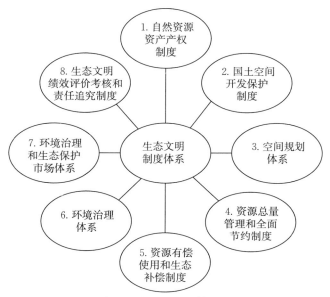

图 1.13　中国生态文明制度体系（八项制度）

自然资源资产产权制度着力解决自然资源所有者不到位、所有权边界模糊等问题;国土空间开发保护制度要求以空间规划为基础、以用途管制为主要手段,着力解决因无序开发、过度开发、分散开发导致的优质耕地和生态空间占用过多、生态破坏、环境污染等问题;空间规划体系以空间治理和空间结构优化为主要内容,着力解决空间性规划重叠冲突、部门职责交叉重复、地方规划朝令夕改等问题;资源总量管理和全面节约制度着力解决资源使用浪费严重、利用效率不高等问题;资源有偿使用和生态补偿制度着力解决自然资源及其产品价格偏低、生产开发成本低于社会成本、保护生态得不到合理回报等问题;环境治理体系要求以改善环境质量为导向,着力解决污染防治能力弱、监管职能交叉、权责不一致、违法成本过低等问题;环境治理和生态保护市场体系着力解决市场主体和市场体系发育滞后、社会参与度不高等问题;生态文明绩效评价考核和责任追究制度着力解决发展绩效评价不全面、责任落实不到位、损害责任追究缺失等问题(董战峰 等,2015)。

3. 战略目标概述

进入 21 世纪后,我国愈发重视生态文明建设在经济社会发展过程中的基础性作用。2015 年《中共中央 国务院关于加快推进生态文明建设的意见》的出台,从顶层设计角度点明了 2020 年生态文明建设的目标愿景。中国共产党的十九大报告进一步将生态文明建设目标与"两阶段""两步走"的历史任务有机结合,明确了 2035 年和 21 世纪中叶两大历史节点的生态文明建设目标(庄贵阳 等,2020)。

(1)到 2020 年,资源节约型和环境友好型社会建设取得重大进展,主体功能区布局基本形成,经济发展质量和效益显著提高,生态文明主流价值观在全社会得到推行,生态文明建设水平与全面建成小康社会目标相适应。2020 年生态文明建设目标主要设立 9 项数字指标,如图 1.14 所示(新华社,2015)。

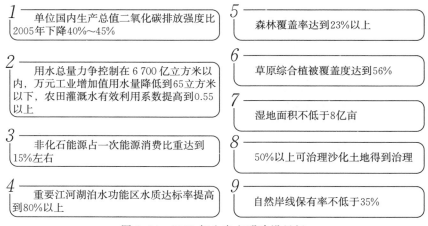

1 单位国内生产总值二氧化碳排放强度比 2005 年下降40%～45%

2 用水总量力争控制在 6 700 亿立方米以内,万元工业增加值用水量降低到65立方米以下,农田灌溉水有效利用系数提高到0.55以上

3 非化石能源占一次能源消费比重达到 15%左右

4 重要江河湖泊水功能区水质达标率提高到80%以上

5 森林覆盖率达到23%以上

6 草原综合植被覆盖度达到56%

7 湿地面积不低于8亿亩

8 50%以上可治理沙化土地得到治理

9 自然岸线保有率不低于35%

图 1.14   2020 年生态文明建设目标

（2）到 2035 年，基本形成节约资源和保护环境的空间格局、产业结构、生产方式和生活方式，生态环境质量根本好转，基本实现生态环境领域国家治理体系建设和治理能力现代化的目标，基本实现"美丽中国"目标。2035 年生态文明建设的目标导向性强，其主线是要把生态文明理念贯穿文化、经济、政治、社会发展等各个领域，实现生态文明建设的制度化、常态化，最终表现为我国生态文明建设没有生态赤字的增长，环境民生和经济福祉达到中等发达国家水平。

（3）到 2050 年，全面形成绿色发展方式和生活方式，实现人与自然和谐共生，全面实现生态环境领域国家治理体系建设和治理能力现代化的目标，建成美丽中国。与 2035 目标相比，这一目标是对社会主义现代化强国的展望。到 2050 年，我国全面建成生态繁荣的文明社会，引导生态文明时代的人类命运共同体建设；实现污染零排放，污染存量被去除，恢复自然本原状态；生态系统更具生态韧性，生态红利持续释放，人与自然均衡和谐，实现生态繁荣。

§1.4　国土空间规划的评价支撑

国土空间规划是以自然资源调查评价为基础，以动态演化的国土空间为对象，以协调人与自然共生为主线，以优化空间结构、提升空间效率和提高空间品质为核心，对土地利用、设施布局、开发秩序、资源配置等全要素所做的整体性部署和策略性安排，并将之付诸实施和进行治理的过程性活动（吴次芳 等，2019）。强化国土空间规划对各专项规划的指导约束作用、推进"多规合一"、实现自然资源统一管理是十九大后我国自然资源和生态环境管理体制改革的重要需求。双评价是国土空间规划的前提和基础，理解国土空间规划的发展历程、决策需求对理解双评价系统的关系具有重要意义。

1.4.1　国土空间规划的发展历程

总体上看，我国国土空间规划经历了新中国成立初期夯实资源基础、改革开放初期逐步繁荣成型、国土资源部时期试点探索、自然资源部成立后有所突破的曲折发展过程（张晓玲 等，2017）。

1. 阶段 1：新中国成立初期

新中国成立初期，我国制定了国民经济发展的第一个 5 年计划，为配合"一五"期间 156 个重点工程项目的实施，政府在西安、太原、兰州、包头、洛阳、成都、武汉和大同 8 大重点城市组织开展城市规划编制试点，开启了我国空间规划的历程。这时候的规划全面学习苏联模式，重发展规划而轻空间布局，出发点是"优先发展重工业，建立战略防御型经济布局"，主要形式是采取联合选厂、成组布局的方法，对功能分区较为注重。也是在这一时期，政府组织开展了大规模的自然资源科学调查与综合考察工作,初步掌握了自然条件的基本状况和自然资源的数量、质量与分布规律,夯实了当时空间规划的资源数据基础。

2．阶段 2：改革开放初期

在改革开放初期,国内科学界和决策部门就已经深刻认识到合理利用自然资源、加强生态环境建设的重要性。20 世纪 80 年代初,在总结新中国成立以来国土资源开发利用正、反两方面经验教训的基础上,我国借鉴日本、德国、法国等发达国家在国土资源开发整治方面的成功经验,开始开展国土规划和国土整治工作(黄征学 等,2019)。1984 年 7 月,原国家计委出台《关于进一步搞好省、自治区、直辖市国土规划试点工作的通知》。同年,在吉林松花湖区、浙江宁波地区、湖北宜昌地区、新疆巴音郭楞蒙古自治州、河南豫西地区和焦作经济区、内蒙古呼伦贝尔地区和云南滇西地区开展国土规划试点。1987 年,国家出台《国土规划编制办法》,这是我国第一部关于国土规划的行政法规,确定了国土规划的主要任务。国土空间规划在这一时期逐步繁荣成型。

3．阶段 3：国土资源部时期

1998 年,国务院机构改革,国土规划的职能由原国家计委调整到原国土资源部。进入 21 世纪后,原国土资源部先后下发了《关于国土规划试点工作有关问题的通知》《关于在新疆、辽宁开展国土规划试点工作的通知》等文件,在深圳、天津、新疆、辽宁、广东等地开展国土规划编制试点工作,并相继形成了系列成果。2009 年,我国又启动了福建、重庆、山东、浙江、上海、贵州等省(区、市),以及河南中原城市群、广西北部湾经济区、湖南长株潭经济区等 9 个省、区、市或经济区的国土规划编制工作。2010 年,《全国主体功能区规划》(2011—2020)发布,主体功能区规划立足区域资源禀赋,区分主导功能,为国土空间规划工作提供了有益探索。在总结地方试点经验的基础上,原国土资源部继续积极开展全国国土规划纲要的编制,并于 2017 年正式颁布《全国国土规划纲要(2016—2030 年)》。

4．阶段 4：自然资源部时期

2018 年 3 月,国务院机构改革,编制国土空间规划的职能被赋予新组建的自然资源部门。同年 11 月,中共中央、国务院颁布《关于统一规划体系更好发挥国家发展规划战略导向作用的意见》,要求"建立以国家发展规划为统领,以空间规划为基础,以专项规划、区域规划为支撑,由国家、省、市县各级规划共同组成,定位准确、边界清晰、功能互补、统一衔接的国家规划体系"。2019 年 5 月,《中共中央 国务院关于建立国土空间规划体系并监督实施的若干意见》(以下简称《若干意见》)公开发布,搭建起了国土空间规划体系的"四梁八柱"。为了贯彻《若干意见》精神,自然资源部发布了《关于全面开展国土空间规划工作的通知》。至此,新时代的国土空间规划体系框架基本明确,相关制度建设和规划编制工作全面启动。

1.4.2 国土空间规划的体系框架

国土空间规划实施范围广,涉及国家、省、市、县、乡五个行政层面,涵盖土地、生态、环境、气候等各类学科知识,因此其体系框架的构建显得尤为重要。我国国土空间规划的体系框架主要包含规划要素体系和层次体系两方面的内容。

1. 国土空间规划的规划要素体系

国土空间规划要素体系主要包括社会、资源、环境三大类要素。国土空间规划的编制、实施、监管涉及众多政府部门、技术单位和社会公众,既要考虑区域资源禀赋,又要兼顾资源环境变化、人口流动、产业发展等时空动态信息。在生态文明建设和机构体制改革的双重背景下,国土空间规划须统筹"山水林田湖草"等自然资源,考虑自然环境对人类活动的影响,融合人、地、房等社会要素,构建全域全要素的空间管控。因此,国土空间规划是全要素管控的空间规划,即规划管理对象为全要素,包括土地、矿产、森林、草原、水、湿地、海域海岛等资源要素,土壤、大气、地质、地形地貌等环境要素,以及人、车、路、房等社会要素。

2. 国土空间规划的层次体系

《若干意见》的发布,标志着国土空间规划体系顶层设计和"四梁八柱"的基本形成。"四梁八柱"归纳为"五级三类四体系"的国土空间规划层次体系。

(1)从规划运行方面来看,国土空间规划包括"四个体系"(图 1.15),即规划编制审批体系、实施监督体系、法规政策体系、技术标准体系。编制审批体系、实施监督体系对规划流程进行了规范,包括从编制、审批、实施、监测、评估、预警、考核、完善等完整闭环的规划及实施管理流程。法规政策体系、技术标准体系是支撑规划运行角度的两个技术性体系。上述四个子体系共同构成了国土空间规划体系,着力改善了规划编制审批的环节,同时特别加强了规划的实施监督。

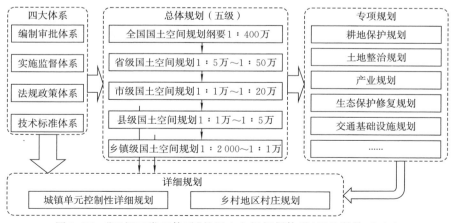

图 1.15 "五级三类四体系"的国土空间规划体系(国地科技,2020)

(2)从规划层级来看,国土空间规划分为"五级"(图1.15)。"五级"对应国家级、省级、市级、县级、乡镇级的行政管理体系。不同层级规划的侧重点和编制深度是不一样的。国家级规划侧重于战略性,对全国和省级国土空间格局做出全局安排,提出对下层级规划约束性要求和引导性内容;省级规划是对全国国土空间规划的落实,指导市、县级国土空间规划编制,侧重于协调性;市、县级规划作为落实国家、省级规划战略部署的关键节点,具有承上启下的作用,侧重于传导性;乡镇级规划侧重于实施性,实现各类管控要素精准落地。对于跨省、省内跨市和县的情况,则补充了区域性国土空间规划来满足区域一体化发展的规划需求。

(3)从规划内容类型来看,国土空间规划分为"三类"(图1.15)。"三类"指规划类型,分为总体规划、详细规划、专项规划。总体规划强调的是规划的综合性,是对一定区域涉及的国土空间保护、开发、利用、修复做全局性的安排。一般来说,在国家、省、市、县编制国土空间总体规划,各地结合实际编制乡镇国土空间规划。详细规划强调实施性,一般是在市、县以下组织编制,是对具体地块用途和开发强度等做出的实施性安排,是开展国土空间开发保护活动、实施国土空间用途管制、核发城乡建设项目规划许可、进行各项建设等的法定依据。专项规划面向耕地保护规划、土地整治规划、产业规划、生态保护修复规划和交通基础设施规划等领域,强调专门性,一般由自然资源管理部门或相关部门组织,可在国家级、省级、市级、县级层面进行编制。

1.4.3　国土空间规划的决策需求

1. 区域自然资源性状的认知需求

区域自然资源性状的认知需求是国土空间规划最基本的摸底需要。国土空间规划一方面要保护好生态环境,加强对自然资源资产和国土空间用途的有效管控;另一方面要在自然资源全民所有和国土用途有效管控的要求下,高标准、高质量、高效率地利用好国土空间(吴唯佳 等,2019)。为落实上述需求,需要摸清地理国情"家底",全面把控各类资源、生态、环境、经济要素的空间分布等地理国情信息的变化,明晰区域自然资源性状特征,识别资源开发利用优势与劣势。

2. 社会经济发展的资源利用需求

国土空间规划是满足社会经济发展资源利用需求、确保实现资源合理开发利用的科学指引。自然资源不仅是人们赖以生存和发展的物质基础,也是人类生产活动的主要投入要素,作为国民经济社会发展不可缺少的基础资源,其禀赋直接影响国民经济社会发展与布局。国土空间规划根据社会经济发展的资源利用需求,综合考虑人口分布、经济布局、国土利用、生态环境保护等因素,科学进行生产、生活、生态空间布局,对国家治理体系与治理能力现代化具有重要意义。

3. 生态环境保护的资源利用约束

只有国土空间的生态环境保护属性优先于其发展属性，才能保障国土空间的用态和优序(刘贵利 等,2019)。人类生存和发展离不开生态环境,生态环境的可持续性是决定人类社会是否能够可持续发展的重要因素。以往粗放型的发展方式导致了一系列生态环境问题,严重约束了自然资源的开发利用,也对国土空间治理和管控提出了挑战。为加快形成绿色生产生活方式,推进生态文明建设,实现"在保护中开发,在开发中保护",国土空间规划将不再是以追求经济发展为目标,而是以生态环境保护为其重要规划内容。国土空间规划体系中含有多重生态环境保护的内涵,主要包括生态安全底线、生态保护红线、生态修复任务和目标、资源环境承载能力等内容。无论是横向的重大专项设计,还是纵向的五级(全国、省、市、县、乡镇)规划工作内容,每个环节都与生态环境密切相关。

4. 区域资源开发优化的决策需求

提升区域开发活动的科学性、合理性和协调性,形成结构科学、集约高效、功能互补的区域国土空间格局,是区域资源开发优化的决策需求。区域发展不免存在诸多短板,国土空间规划通过聚焦重点、突破难点、打造亮点的方式,明确区位发展定位,优化空间布局、产业布局和生态布局。在这一过程中,需要以资源开发利用活动为抓手,科学编制国土空间规划,将国土空间管控落到实处。

1.4.4　国土空间规划双评价工作

资源环境承载能力是一定国土空间内自然资源、环境容量和生态服务功能对人类活动的综合支撑水平。资源环境承载能力评价是对自然资源禀赋和生态环境本底的综合评价,能确定国土空间在生态保护、农业生产、城镇建设等不同功能指向下的承载能力等级。国土空间开发适宜性是指国土空间对城镇建设、农业生产等不同开发利用方式的适宜程度。国土空间开发适宜性评价是在资源环境承载能力评价的基础上,评价其进行城镇建设、农业生产的适宜程度。资源环境承载能力评价与国土空间开发适宜性评价(后文简称"双评价"),是国土空间规划的前提与基础。双评价的提出是生态文明新时代坚持生态优先、绿色发展的重要前提,是摸清资源利用上限与环境质量底线的重要举措,更是划定"三区三线"、优化国土空间格局的基本依据(吕红亮 等,2019)。通过双评价,对国土空间功能区域进行划分,将其作为优化空间布局的重要技术方法,能够增强空间规划的环境合理性和协调性。

1. 双评价的工作背景

1) 政策背景

双评价的政策背景最早可以追溯到 2010 年,如图 1.16 所示。2010 年 12 月《国务院关于印发全国主体功能区规划的通知》,明确了根据资源环境承载能力开发的理念,提出必须根据资源环境中的"短板"因素确定可承载的人口规模、经济规模及适宜的产业结构;明确了根据自然条件适宜性开发的理念,提出必须尊重自然、顺应自然,根据不同国土空间的自然属性确定不同的开发内容。

政策

● 2010年12月21日

《国务院关于印发全国主体功能区规划的通知》,明确了根据资源环境承载能力开发的理念,提出必须根据资源环境中的"短板"因素确定可承载的人口规模、经济规模及适宜的产业结构;明确了根据自然条件适宜性开发的理念,提出必须尊重自然、顺应自然,根据不同国土空间的自然属性确定不同的开发内容。

● 2015年4月25日

《中共中央 国务院印发关于加快推进生态文明建设的意见》,在严守资源环境生态红线中明确提出,树立底线思维,设定并严守资源消耗上限、环境质量底线、生态保护红线,将各类开发活动限制在资源环境承载能力之内。

● 2015年9月21日

国务院印发《生态文明体制改革总体方案》,在创新市县空间规划编制方法中明确要求,规划编制前应当进行资源环境承载能力评价,以评价结果为规划的基本依据。

● 2016年12月27日

中共中央办公厅、国务院办公厅印发《省级空间规划试点方案》(以下简称《方案》)。《方案》提出,开展陆海全覆盖的资源环境承载能力基础评价和针对不同主体功能定位的差异化专项评价,以及国土空间开发网格化适宜性评价,为划定"三区三线"奠定基础。

● 2017年3月24日

原国土资源部印发《自然生态空间用途管制办法(试行)》,明确要求市县级及以上地方人民政府在系统开展资源环境承载能力和国土空间开发适宜性评价的基础上,确定城镇、农业、生态空间,划定生态保护红线、永久基本农田、城镇开发边界,科学合理编制空间规划,作为生态空间用途管制的依据。

● 2017年3月24日

原国土资源部印发《国土资源部关于加强城市地质工作的指导意见》,明确提出要增强国土空间开发的适宜性。以城市地质调查成果为基础,开展以地质资源、环境、生态、安全及土地利用等为主要内容的国土空间开发适宜性评价,合理确定生态功能保障基线、环境质量安全底线、自然资源利用上线,优化国土空间开发布局,完善土地利用规划与空间规划,促进城市的开发建设与国土空间开发适宜性相协调,加快形成绿色发展方式及生活方式。

● 2017年9月20日

中共中央办公厅、国务院办公厅印发《关于建立资源环境承载能力监测预警长效机制的若干意见》,在建立监测预警评价结论统筹应用机制中明确提出,编制空间规划,要先行开展资源环境承载能力评价,根据监测预警评价结论,科学划定空间格局、设定空间开发目标任务、设计空间管控措施,并注重开发强度管控和用途管制。

● 2019年5月23日

中共中央办公厅、国务院印发《关于建立国土空间规划体系并监督实施的若干意见》,明确了资源环境承载力和国土空间开发适宜性在国土空间规划中的基础性作用,要求"坚持节约优先、保护优先、自然恢复为主的方针,在资源环境承载能力和国土空间开发适宜性评价的基础上,科学有序统筹布局生态、农业、城镇等功能空间,划定生态保护红线、永久基本农田、城镇开发边界等空间管控边界及各类海域保护线,强化底线约束,为可持续发展预留空间"。

图 1.16 双评价工作开展历程

2015 年 4 月,《中共中央 国务院印发关于加快推进生态文明建设的意见》,在严守资源环境生态红线中明确提出,树立底线思维,设定并严守资源消耗上限、环境质量底线、生态保护红线，将各类开发活动限制在资源环境承载能力之内。同年9月，《生态文明体制改革总体方案》出台，在创新市县空间规划编制方法中明确要求，规划编制前应当进行资源环境承载能力评价，以评价成果为规划的基本依据。

2016年12月，中共中央办公厅、国务院办公厅印发《省级空间规划试点方案》（以下简称《方案》）。《方案》提出，开展陆海全覆盖的资源环境承载能力基础评价和针对不同主体功能定位的差异化专项评价，以及国土空间开发网格化适宜性评价，为划定"三区三线"奠定基础。

2017年3月，原国土资源部印发《自然生态空间用途管制办法（试行）》，明确要求市县级及以上地方人民政府在系统开展资源环境承载能力和国土空间开发适宜性评价的基础上，确定城镇、农业、生态空间，划定生态保护红线、永久基本农田、城镇开发边界，科学合理编制空间规划，作为生态空间用途管制的依据。同期发布的《国土资源部关于加强城市地质工作的指导意见》，明确提出要增强国土空间开发的适宜性。以城市地质调查成果为基础，开展以地质资源、环境、生态、安全及土地利用等为主要内容的国土空间开发适宜性评价，合理确定生态功能保障基线、环境质量安全底线、自然资源利用上线，优化国土空间开发布局，完善土地利用规划等空间规划，促进城市的开发建设与国土空间开发适宜性相协调，加快形成绿色发展方式及生活方式。同年9月，中共中央办公厅、国务院办公厅印发《关于建立资源环境承载能力监测预警长效机制的若干意见》，在建立监测预警评价结论统筹应用机制中明确提出，编制空间规划，要先行开展资源环境承载能力评价，根据监测预警评价结论，科学划定空间格局、设定空间开发目标任务、设计空间管控措施，并注重开发强度管控和用途管制。

2019年5月，中共中央办公厅、国务院办公厅印发《关于建立国土空间规划体系并监督实施的若干意见》（以下简称《若干意见》），明确了资源环境承载能力和国土空间开发适宜性在国土空间规划中的基础性作用，要求"坚持节约优先、保护优先、自然恢复为主的方针，在资源环境承载能力和国土空间开发适宜性评价的基础上，科学有序统筹布局生态、农业、城镇等功能空间，划定生态保护红线、永久基本农田、城镇开发边界等空间管控边界及各类海域保护线，强化底线约束，为可持续发展预留空间"。

由此可见，从2010年至今，作为优化国土空间格局的基本依据和编制国土空间规划的前提条件，双评价的重要性日益凸显。

2）技术背景

随着国家对双评价的逐渐重视，一系列评价规程相继出台。2016年7月，原国土资源部办公厅印发《国土资源环境承载力评价技术要求（试行）》，分土地与地质两部分进行承载能力评价，前者以土地资源为基础评价，以水资源和生态环境为修正评价，后者以地质承载能力为核心，包含了地下水和矿产资源（岳文泽 等，

2018)。同年9月，国家发改委会同原环境保护部等13部委，联合下发《资源环境承载能力监测预警技术方法（试行）》，要求从基础评价、专项评价和预警评价三方面展开资源环境承载能力评价工作，其中基础评价要求做陆域、海域全覆盖的全域评价，专项评价则针对特定的主体功能区展开。从2019年3月开始，多个版本的双评价技术指南陆续推出，推动学界和相关行业对双评价工作进行全方位探讨，表明双评价的技术体系仍在持续探索之中，对双评价理论机制的理解也在稳步推进。2020年1月，《资源环境承载能力和国土空间开发适宜性评价技术指南》发布，从适用范围、术语和定义、评价目标、评价原则、工作流程、成果要求、成果应用等方面，为各地开展双评价工作做出指导，以保证评价成果的科学、规范、有效。至此，我国双评价领域有了明确的技术指引。

3）学术背景

为响应国家政策，从理论层面厘清双评价的运行机制，从逻辑层面勾画双评价的体系框架，从业务层面指导双评价的现实开展，国内学者相继出版了涉及多领域、多尺度的双评价专著，为双评价工作的落地描绘了科学的蓝图。

2016年，樊杰主编的《鲁甸地震灾后恢复重建：资源环境承载能力评价与可持续发展研究》出版。该书根据云南鲁甸灾后资源环境承载能力的变化特点，遴选资源环境承载能力评价的主控因子、重要因子和参考因子，依据区域受损程度对其进行不同精度的评价，提出了鲁甸灾区重建分区方案，确定了灾区可承载人口规模，为鲁甸地震灾后恢复重建提供了科学的规划方案，并进行了可持续发展的有益探索（樊杰 等，2016）。

2017年，王红旗等撰写的《中国重要生态功能区资源环境承载力评价指标研究》出版。该书在总结分析资源环境承载能力概念的定义与特点及资源环境承载能力评价指标体系结构的基础上，从资源环境承载能力研究的要素识别角度，提出了把表征生态系统的生态支撑力和衡量经济社会系统的社会经济压力作为判定资源环境承载能力的两个层面，从而构建了重要生态功能区（森林生态型、草地生态型、湿地生态型、复合型）资源环境承载能力的评价指标体系，并选取了典型地区进行实证研究，为实现我国重要生态功能区资源环境承载能力的研究及应用提供了重要的学术参考（王红旗 等，2017）。

2019年，樊杰主编的《资源环境承载能力预警技术方法》及《资源环境承载能力和国土空间开发适宜性评价方法指南》出版。前者重点阐述了资源环境承载能力预警的技术流程、指标体系、指标算法和参考阈值、集成方法和类型划分等技术要点，还就成因解析及政策预研、成果表达形式等进行了扼要阐释（樊杰，2019a）。后者重点阐述了在省级空间规划试点工作中研制的省级层面的"双评价"方法，以及在市县"多规合一"试点工作中研制的市县层面的"双评价"方法，主要包括评价原则与技术流程、单项评价及指标算法、集成评价与综合方法等技术要点（樊杰，

2019b)。

2019 年,李瑞敏主编的《资源环境承载能力评价方法探索与实践》出版。该书在梳理国内外资源环境承载能力研究进展的基础上,根据全国国土规划纲要编制的需求,提出了一套适应我国国情的资源环境承载能力评价指标体系,并开展了单要素评价方法和综合集成评价方法研究,包括土地资源、矿产资源、水资源、海洋资源、地质环境、生态环境、水环境、气候环境八类关键资源环境要素(李瑞敏 等,2019)。

作为"十三五"国家重点出版物出版规划项目,2019 年,张志锋等撰写的《海洋资源环境承载能力评价预警技术与实践》出版。近年来,我国十分重视对海洋资源环境的开发和保护,在进行了海洋资源环境承载能力监测预警技术研究及试点的基础上,我国逐步形成了一套科学有效的监测预警支撑技术系统体系。该书是海洋资源环境承载能力监测预警技术研究专家组对近年来开展的技术研究及试点评价工作成果的总结和凝练,对推进海洋资源环境承载能力监测预警长效机制的建设具有重要意义(张志峰 等,2019)。

2. 双评价的工作地位

国土空间规划是空间治理的工具。国家对空间治理的要求直接决定了国土空间规划的目标、层次、体系,也从根本上决定了国土空间规划中双评价的地位和作用。双评价是国土空间规划编制的前提和基础。双评价工作要分析区域资源环境禀赋条件,研判国土空间开发利用问题和风险,识别生态系统服务功能极重要和生态极敏感空间,明确农业生产、城镇建设的最大合理规模和适宜空间,为完善主体功能区布局,划定生态保护红线、永久基本农田、城镇开发边界,优化国土空间开发保护格局,科学编制国土空间规划,实施国土空间用途管制和生态保护修复等,提供技术支撑。通过双评价工作,要倒逼形成以生态优先、绿色发展为导向的高质量发展新路子,建设美丽中国和以人民为中心的美好家园。双评价成果可以支撑国土空间格局优化,支撑生态保护红线、永久基本农田、城镇开发边界划定,支撑规划目标指标的确定和分解,支撑重大决策和重大工程安排,支撑海岸带、自然保护地、生态保护修复、文物保护利用等专项规划编制。在双评价阶段,国土空间用途管制的多种可能性及其矛盾可以得到部分协调和解决。基于单项评价结果,要开展"集成评价",以优先识别生态系统服务功能极重要和生态极敏感空间,并基于一定经济技术水平和生产生活方式,确定农业生产适宜性和承载规模、城镇建设适宜性和承载规模;同时,依据评价结果,开展资源环境禀赋分析、问题和风险识别、潜力分析、情景分析等"综合分析"工作(武廷海 等,2019)。

3. 双评价的工作需求

1)评价基础数据方面

开展双评价工作的前提是摸清自然资源家底,明确资源环境禀赋。双评价基础数据来源于自然资源环境调查成果。因此,开展全域全要素自然资源现状数据建设,整合资源分类,形成自然资源"一张图""一套数",不仅能够推进双评价工作的顺利进行,对于推进自然资源调查监测、国土空间规划编制等同样具有重要意义。新时期,随着国土、地矿、海洋、林业与测绘等部门的重组,自然资源部相关职责由分散转向集中,各类资源调查数据的共享和整合将不存在体制上的障碍。然而长期以来,自然资源调查工作分头组织,调查内容和周期有差异,调查专业性和适用性不同,使数据整合工作中面临着很多困难。在统一的管理框架下,须推进各类自然资源信息整合,完成土地、耕地、林业、草地、湿地、海洋等调查数据的标准衔接和格式统一,须研制适用于全要素自然资源数据的整合技术(洪武扬 等,2019)。

2)评价成果应用方面

双评价的评价成果是构建国土空间基本战略格局、实施功能分区的科学基础,为主体功能区降尺度传导、国土空间结构优化、国土开发强度管制等提供一系列重要参数(王亚飞 等,2019)。双评价在国土空间规划领域的上述应用情境,从根本上要求其评价范围应与国土空间规划范围相衔接,采取国家级、省级、市级、县级、乡镇级的五级行政区划体系。双评价的评价技术方法和路径均应体现层层传导的特征,以满足不同层级国土空间规划之间联系性和协调性的要求。此外,参考双评价成果,以及"科学有序统筹布局生态、农业、城镇等功能空间,划定生态保护红线、永久基本农田、城镇开发边界等空间管控边界"的国土空间核心管控需要,要求参与上述边界划定的评价要素应在双评价要素体系中得到集中体现。

第2章 框架:双评价的系统认知及体系框架

本章借鉴土地资源评价的系统分析思维(唐旭,2017),对双评价进行系统认知并构建体系框架。双评价与国土空间规划的本质关系是认知世界与改造世界的关系。从基础认知思维出发,对双评价的系统框架进行深入认知,是厘清评价任务内容与业务逻辑、建立评价系统要素与数据体系、掌握评价基本方法与模型框架的基础。基于此,本章首先从基于哲学思维的系统认知框架、基于物质思维的评价系统认知、基于关系思维的评价系统认知、基于系统思维的评价方法准则四个方面阐述了评价系统的基础认知思维;其次分析了双评价的工作目标、主要任务内容、业务逻辑框架、评价系统要素与数据体系;最后探讨了双评价关系分析的基本方法和双评价指标的分类度量方法、评价的综合计算模型框架。

§2.1 评价系统的基础认知思维

2.1.1 基于哲学思维的系统认知框架

1. 关于认知世界与改造世界关系的哲学阐述

认知世界与改造世界的命题来自马克思《关于费尔巴哈的提纲》中的第11条:"哲学家们只是用不同的方式解释世界,而问题在于改变世界。"认知世界是改造世界的前提,只有科学地认知世界,探究世界的本质和客观规律,才能有效地改造世界;改造世界是认知世界的目的,只有有效地改造世界,才能体现认知世界的价值。

可见,从认知世界到改造世界的过程中,需要本质论、规律论、方法论和目的论的理论基础指导(图2.1)。改造世界的生产活动既是人类最早的实践活动,也是人类根本的、决定其他一切活动的活动。人类在改造世界的过程中形成了一定的物质生产基础,并在此基础上形成了人与人之间、人与自然环境之间的关系。

2. 国土空间规划与双评价的实质关系

双评价与国土空间规划之间的关系本质上就是"认知世界—改造世界"的关系。双评

评价:认知世界 ———→ 规划:改造世界

图2.1 从认知世界到改造世界的理论基础

价明晰了自然资源实物性状与环境特征,评价了自然资源开发利用适宜性,本质是对资源环境要素支撑人类活动能力水平的认知。国土空间规划是对一定区域内的国土空间开发保护活动在空间和时间上做出的安排,不论是总体规划、专项规划还是详细规划,实施相关规划的最终目的都是对区域国土空间进行改造。正如国民经济发展规划是经济社会发展的治理手段,国土空间规划本质上是国土空间治理手段,其改造目标是促进"生产空间集约高效、生活空间宜居适度、生态空间山清水秀",形成生产、生活、生态空间的合理结构,同时让国土空间开发保护质量更高、效率更高、更公平、更可持续。为了实现科学合理的国土空间规划,进行集约高效、可持续的国土开发,必须对自然资源环境状况进行摸底,评估资源环境承载能力,并根据资源禀赋和环境条件选择适宜的开发方式,即进行覆盖全域国土空间的双评价工作。

3. 基于哲学理论解释双评价的系统框架

自然实物本质的东西不是直接显露于外的,而是映现于他物中,间接表现出来。这决定着人类必须透过自然实物表象深入其内里,即以他物为媒介,挖掘实物与环境、实物与价值之间的关系。实物性状及环境特征、自然资源利用适宜性及其价值、自然资源环境承载能力与承载压力都是对世界的认知。在完成对自然资源的充分了解之后,才能进行到改造世界这一阶段,即决策国土空间开发的适宜方向,这将进入改造世界中关于"怎么办"这一问题的思考,需用相应的方法论解决如何进行国土空间适宜开发的问题。

因此,开展双评价应重点对评价系统进行基础认知,进而确定评价业务逻辑、评价对象要素与指标体系、评价基本方法与模型框架等内容。双评价应按照"认知评价对象实物性状—分析自然资源利用适宜性—计算资源环境承载能力—评估资源环境承载压力—明确国土开发适宜方向"的逻辑顺序展开,不断递进深入地完成认知世界与改造世界之间辨析关系的思考,明确资源承载能力和环境承载压力的计算过程,明晰自然资源开发利用与环境保护之间的矛盾,最终决策国土空间开发的适宜方向和开发方式。

2.1.2　基于物质思维的评价系统认知

正确理解和把握双评价的内涵核心,需要用物质思维方式对评价系统进行认知。物质由粒子和场构成,是具有或不具有质量的客观实在。对物质实体客观存在的认知和研究,产生了物质思维的科学认知方式。物质思维是对世界本性持一种微观不变的简单观念,认为世界由某种或某些最基本的具有刚性不变特质的实体性元素组成,是人类对宇宙、事物自然实体性本源和本质意义的理性认同。物质思维认为,任何事物的演变都是由具有某种确定性质的物质之间的相互作用引起的,任何事物都可以分拆为基本的物质要素,认知事物本质的关键是认知事物的要素构成，并以此探究要素之间的作用性。认识自然资源本身及其相关特征是物质思维在双评价工作中的主要应用。脱离物质本身辨析评价对象之间的关系是虚无的。

1. 本体层次物质认知

用物质思维方式认知评价系统，必须从本体层次的角度了解自然资源实物特征及实物产品。实物代表自然资源本身的特点，而实物产品必须满足人类的利用需求才能发挥其作用。如果将自然资源开发为对人类没有任何价值的产品，最终只能造成资源的浪费。双评价的基本目标是摸清地区资源环境承载能力和国土空间开发适宜方向，并结合现状开发建设条件、地区发展目标等为区域国土空间规划提供开发利用活动的参选方案。基于上述目标需求，双评价应对评价对象的本质进行思考。宏观来看，评价对象是自然资源和环境，自然资源与环境是社会生产发展的物质基础，具有实物特征和相应的实物产品。但自然界地理分异规律的存在造成了各地资源环境禀赋的差异，即评价实物基础的差异。基于这一点，双评价应从自然资源与环境的实物特征、实物产品出发，运用自然资源环境禀赋理论分析资源环境在国土空间开发过程中对生产活动和社会发展的作用。

2. 物质转化规律认知

用物质思维方式认知评价系统，必须从物质转化规律的角度了解从自然资源实物到实物产品中间丰富的转化关系，以及影响自然资源实物和实物产品之间转化关系的因素、机制。不同的实物将会转化为不同的实物产品，同一类自然资源实物也可以转化为不同的实物产品。以土地资源开发为例，将其开发为耕地，可产出粮食产品满足口粮需求，而影响粮食生产质量和产量的因素有很多，如土壤氮磷钾含量、气候、光照等；将其开发为建设用地，产出的实物产品是供城市开发建设的"空间"实物，而影响其开发为建设用地的因素有地基承载能力、地质条件等。此外，当改变实物的属性特征时，如将耕地转变成林地进行开发使用，也存在着实物类型之间的转化关系。因此，对物质转化规律进行认知也应是评价系统认知的重要内容，且应进一步认识到，评价系统所有的转化关系都依赖于自然资源实物所在的环境系统，实物与实物产品是否转化成功、转化的效率如何并不是随便决定的，都将受到外界环境的约束。

3. 地理空间分异认知

用物质思维方式认知评价系统，必须从地理空间分异的角度了解自然资源的供给关系。自然资源的地域分布是不均衡的，在不同地域内，自然资源的性质、数量、质量及空间组合都具有明显差别。资源本身的地理空间分异特点和其空间流通形式都影响地区自然资源的供需关系，而供需关系是评价系统需要重点考虑的内容。自然资源作为支撑人类生产生活的物质基础，不一定能够完全满足人类活动需要，供需矛盾由此产生。可见自然资源供需矛盾的本质是自然资源的数量、类型等特征与人类开发利用需求之间的矛盾。以南水北调工程为例,我国南北方地区的气候分异特点导致了春夏季节南涝北旱的历史传统,为解决水资源分布与生产生活需求之间的矛盾,南水北调工程将长江流域丰盈的水资源抽调一部分输送到华北地区,缓解了水资源短缺对华北城市化进程的制约。

2.1.3 基于关系思维的评价系统认知

关系思维也是研究事物发展变化的一种思维模式。关系思维是指把世间万物预设为关系性的存在,以期根据事物之间的复杂关系,对事物获得全面、真实认知的思维方式。这种思维具有关系性、过程性、开放性、复杂性等特点,强调世界上没有孤立的事物,主张立足于事物的多样性、复杂性、系统性和动态性,通过多元的研究方法、研究范式真实全面地认知事物(曾素林 等,2015)。双评价是调整资源环境相互关系,最终实现社会、环境、经济系统之间动态平衡的科学指引。从关系思维角度对评价系统进行认知,必须遵循事物发展的客观规律,系统认知评价对象之间的复杂关系。

1. 自然资源实物与环境的依存关系认知

自然资源有形成、发育、演化甚至修复的发展过程,该过程与其所处环境息息相关。在双评价系统中,为了探索和实现国土空间规划对自然资源的合理布局,首先需要了解自然资源实物与环境的依存关系。只有清楚认知并了解这种依存关系,才能识别影响自然资源发展的环境因素。例如,环境污染问题就明显突出了自然资源对自然环境的依存性,一旦资源所处的发育环境被污染和破坏,附属其上的自然资源也将受到损害。这种依存关系限制了自然资源的开发利用,暗示人类不可以任由欲望驱使而不断破坏自然环境。

2. 自然资源实物与资源的利用关系认知

人类的资源开发利用活动与自然资源之间的关系包括社会关系和经济关系两类。社会关系体现在人类通过资源开发利用活动对自然资源实物及其产品的获取中;经济关系也称为生产关系,体现在人类对自然资源实物及其产品的生产、分配、交换和消费中。人们通过资源开发利用活动获取的自然资源实物及其产品具有稀缺性,可以在市场中进行交换和流通,并以价格形式反映其经济价值。自然资源实物与资源利用在社会关系层面的认知注重对自然资源利用适宜性的评价,其本质是思考在开发、利用、生产资源实物及其产品时,如何让产品的数量达到最大化、质量达到最优化;自然资源实物与资源利用在经济关系层面的认知注重对自然资源经济适宜性的评价,其本质是追求资源实物及其产品的经济最大化。

3. 自然资源消耗与环境协调关系认知

自然资源是环境的组成成分,自然资源与环境相互影响,资源的不断消耗会影响环境系统的平衡性和稳定性。人类根据各类自然资源的特性实现其到人类所需实物产品的转换过程,需要不断地消耗自然资源,并向环境系统排放废弃物。环境系统的协调、稳定、平衡是实现人类社会永续发展的基础,自然资源消耗产生的污染物排放量必须控制在环境承载能力范围内,这对自然资源的开发利用活动产生了限制。双评价应基于自然资源消耗与环境协调关系的认知,用系统的、动态的角度去分析和理解资源系统、环境系统的发展演变,从而建立起与现实资源环境系统运行方式相结合的评价模型以辅助评价工作的进行。

4. 自然资源利用的区域空间关系认知

区域社会经济系统的均衡发展依赖于自然资源系统,自然资源的空间分布差异是影响区域自然资源利用的本质原因。自然资源利用的目标是在保持生态系统和环境系统稳定平衡的情况下,实现社会效益和经济效益的最大化。但在一定的地理空间范围内,自然资源的供给能力是有限的,为提升区域自然资源对人类活动的支撑能力,必然要与其他地域空间进行资源的交换和流通,以满足区域社会经济发展的需要。同时也要提倡资源的集约节约利用,将资源的开发利用强度控制在环境承载能力范围内。

5. 自然资源利用相关方案的决策优化

制定自然资源开发利用规划,确立自然资源开发利用的重点与方向,关键在于明确自然资源利用目标并合理配置自然资源,对自然资源利用方案进行决策优化,以促进规划区域的功能最优和协调发展。自然资源的合理配置就是人们为了达到一定的社会、经济、生态目标,根据自然资源系统、生态环境系统和社会经济系统的结构要素作用,利用现代科学技术和管理手段对自然资源开发利用活动进行设计、改造、组合、布局的活动。自然资源利用方案的决策优化实际上是一个多目标规划问题的求解过程,在多重目标设置和各项条件约束下,寻找最优解。最优解可以是社会效益、经济效益、生态效益等单项效益最大化时的解,也可以是综合效益最大化时的解。资源利用目标决定了自然资源利用方案的优化方向。

2.1.4　基于系统思维的评价方法准则

系统思维是建立在系统科学基础上的科学思维方式。现代科学和实践的成就证明,人们周围的世界(物质的和观念的)不是由单独的和彼此孤立的对象、现象及过程组成的,而是由相互联系和相互作用的客体组成的总体,是由各系统的、整体的事物构成的。系统思维把一个事物当作整体把握,要求全局地观察和认识问题,因此基于系统思维认知资源环境系统不能把任何资源环境要素从整体中分割。资源环境系统的发展是有客观规律的,利用系统理论、短板理论和可持续发展理论等支撑双评价的方法论基础对评价系统的关系进行认知,并把握评价系统内部的客观规律,是科学管理自然资源和有效保护生态环境的基础。基于上述系统思维认知,明晰双评价应遵循六个准则。

1. 系统耦合关系准则

双评价系统是由自然资源系统、生态环境系统和社会经济系统组成的复合型巨系统,认知评价系统的物质要素,并厘清评价要素之间的内在联系、影响机制和客观规律,需要遵循系统耦合关系准则。无论是资源环境承载能力,还是国土空间开发适宜性,均是由资源系统、环境系统与社会经济系统相互作用形成的概念,其理论内涵的探究都要回归到人地关系和地域系统的本身,去寻找科学基点。双评价应依据上述三大系统的相互关系,对来自不同系统的评价要素进行整体认知,充分考虑要素之间的内在关系和关联机制,用系统耦合的思想量度评价系统的内部关系。

2. 客观规律遵循准则

《荀子·天论》中提到"天行有常,不为尧存,不为桀亡"。意思是大自然的运行有其自身规律,这个规律不会因为尧的圣明或桀的暴虐而改变。可见,客观规律是事物内部所固有的、本质的、稳定的联系,它的存在和作用不以人的主观意志为转移。双评价涉及公共管理、资源评价、系统科学等多学科知识,构建其评价模型应站在自然、经济、社会、生态等领域"巨人的肩膀"上,遵循已证实的经典科学理论和事物发展规律,如大自然客观规律、经济发展客观规律等。

3. 供需综合匹配准则

由于存在地理空间分异特征,故自然资源必然有区域供需不均衡的问题。为优化国土空间开发格局、促进全域国土均衡发展,应依据供需综合匹配准则对自然资源进行合理配置。从供给侧角度看,这一过程要明晰区域自然资源禀赋,摸清资源的数量、质量、承载能力等信息;从需求侧角度看,进行区域资源的再分配不能只考虑人类社会的需求,更要尊重自然,充分考虑资源开发利用活动中的限制因素和资源环境系统的承载能力,在遵循资源集约、节约原则的基础上,实现供需平衡。

4. 环境保护优先准则

生命共同体理论生动形象地阐述了人与自然之间唇齿相依、共存共荣的一体化关系。人与自然是生命共同体,鉴于此,人类必须处理好发展与保护的关系。发展不可避免地会消耗资源、污染环境,因此人类在发展的同时要遵循环境保护优先准则,注重对生态环境的保护,坚持生态优先、绿色发展。绿水青山就是金山银山,保护生态环境就是保护生产力,改善生态环境就是发展生产力。一味追求经济效益的时代已经过去了,社会发展应秉持以人为本的基础理念,将生态作为不可触碰的红线,并将生态优先摆在经济社会发展的突出位置。

5. 局部服从整体准则

优先发展条件较好地区以寻求较高的投资效率和较快的经济增长速度,从而带动其他地区发展,这是区域经济发展的一条基本原则,体现了增强区域发展协调性的国家发展战略目标和局部服从整体的准则。局部服从整体属于整体和部分辩证关系原理的客观要求。双评价要求在观察和处理评价问题时要着眼于评价系统整体,系统整体的功能和效益是认识和解决评价问题的出发点和落脚点。

6.规划导向衔接准则

双评价是国土空间规划的前提与基础,国土空间规划受国民经济总体规划等高级别规划的约束。鉴于此,双评价的评价目标需要参考高级别规划自上而下分解确定。双评价成果具有极强的应用性,是划定生态保护红线、永久基本农田、城镇开发边界三条控制线,以及优化国土空间格局的基本依据。因此,双评价的评价标准要实现与同级规划的衔接,参考发展规划要确定指标度量标准并明确同级规划的国土空间开发适宜性方向。

§2.2　评价任务内容与业务逻辑

双评价是在明确评价系统边界与实物对象关系的前提下,以资源环境承载能力和国土空间开发适宜性为主要评价目标,以人与资源环境的协调发展为导向,从生态效益、经济效益、社会效益等多个维度对区域发展的适宜方向进行综合评定。基于上述认知,本节对双评价任务内容与业务逻辑进行介绍。

2.2.1　双评价的工作目标理解

基于 WSR 方法论对双评价的工作目标进行解析。WSR 是"物理—事理—人理"方法的简称,通过对人、事、物三者的巧妙配置,并有效利用三者之间的相互关系,能够较好地解决复杂结构问题。双评价是国土空间资源集约、节约利用的技术标准支撑和参考依据,评价工作需在对自然实物进行调查分析的基础上开展,应从物理层面认知评价要素和评价对象实体;评价过程应重点关注评价要素和评价对象间事理层面的运行机制;评价工作者应遵循个人与团体间的相互关系准则,从人理层面出发规范后续的国土空间开发活动。因此,处理双评价问题,应从机能整体性的角度考虑物理、事理、人理这三个要素维度(徐维祥 等,2000)。

1.基于 W 维的认知目标

双评价的物理维强调对评价目标的准确认知,包括科学地认知资源系统与环境系统的特征,以及其与社会经济发展的关系。认知自然界的各种真实存在是开展双评价的基础。土地资源、水资源、矿产资源和海洋资源等资源要素和大气环境、水环境、土壤环境等环境要素,共同构成了双评价的资源环境要素系统。认知这些自然实物的特征及其相互关联,是进一步构建评价过程体系、评价指标体系的关键。双评价并不是简单的科学研究延伸,其支撑国土空间格局优化,支撑生态保护红线、永久基本农田、城镇开发边界划定,支撑规划目标、指标的确定和分解,支撑重大决策和重大工程安排,支撑为了探索高质量发展路径等应用性需求而对资源环境系统进行的全面认知,为科学管理和精准施策提供技术指引。

2.基于 S 维的方法目标

双评价的事理维强调建立明确的评价过程并选取合适的评价方法,包括合理界定评价系统边界、科学分析评价系统关系及优化决策分析等方法目标。合理的双评价系统需要准确的评价边界,以此限定评价要素、评价范围及评价过程,避免无意义工作的发生;双评价系统内部存在着评价要素和评价对象间复杂的关联关系,对这些关系的分析不能依赖主观臆断,须依据正确的数理统计分析方法进行;在基于评价成果进行国土空间领域的优化决策时,只有在科学的决策方法支持下,才能切实通过评价发现问题、定位问题、解决问题。

3.基于 R 维的管理目标

双评价的人理维强调对评价涉及的个人与团体的管理过程,重点关注规范化、体系化的制度约束,以及通过认知世界合理地得出改造世界的方法决策。制度方面,在我国资源环境保护事业中,逐渐形成了包含环境保护目标责任制、城市环境综合整治定量考核、污染集中控制、限期治排污收费、环境影响评价、"新建、改建、扩建项目三同时",以及排污申报登记与排污许可证在内的八大制度(周曲波,1999),发布了《固体矿产地质勘查规范总则》(GB/T 13908—2020)、《地下水质量标准》(GB/T 14848—2017)及《环境空气质量数值预报技术规范》(HJ 1130—2020)等官方标准,有效确保了开发活动中资源环境标准和规范的落实。此外,基于认知世界—改造世界的哲学思维,以调查监测获取的自然实物性状与环境特征为基础,经科学运算得出一系列认知资源环境系统的评价成果,是国土空间规划改造世界的前提。

2.2.2　双评价的主要任务内容

基于对评价系统的基础认知和对评价工作目标的理解,双评价的任务包括摸清自然资源性状与环境特征、评价自然资源开发利用适宜性、分析自然资源与环境承载能力、评估自然资源与环境承载压力、决策国土空间开发的适宜方向与建立规范的双评价成果数据库六部分。

1.摸清自然资源性状与环境特征

通过调查和监测等手段,系统掌握评价区域内最新的真实地理国情信息,摸清区域自然资源性状与环境特征,是进行各类评价工作必不可少的前提,也是后续进行精准评价与科学决策最可靠的依据(蒋云志 等,2015)。鉴于此,在正式开展双评价前,应从资源、环境及社会经济等不同维度确定双评价所需的评价要素、对象及相关基础数据信息,尽可能依据现有的自然资源监测资料和环境调查资料展开科学的数据收集和补充调查工作,明确评价目标,避免评价范围的无意义扩大。

2. 评价自然资源开发利用适宜性

为评估资源要素对人类生产生活的支撑能力,计算自然资源承载上限,双评价应进行自然资源开发利用适宜性评价,掌握自然资源开发利用潜能。环境对自然资源的开发利用存在限制,同时各类资源之间的相互关系也会对资源开发利用产生影响。鉴于此,应依据资源环境调查监测获得的资源环境本底数据,从定性与定量两方面评价在不同资源环境要素影响下的自然资源开发利用限制类型和适宜程度。为尽可能保证评价成果的全面性与科学性,在评价自然资源开发利用适宜性时,应把握资源开发利用的环境限制性、利用适宜性、经济适宜性等主线,构建明确的适宜性评价指标体系,以确定相应的资源环境要素是否适宜进行开发。

3. 分析自然资源与环境承载能力

分析自然资源与环境的承载能力是确定资源最大可开发阈值、自然环境的环境容量和生态系统的生态服务功能量的基础。分析自然资源承载能力,要结合资源开发利用适宜性评价的结果数据,计算资源能够承载的最大开发强度;分析环境承载能力,要结合环境容量相关标准和规程综合确定污染物排放量的限值。总体来看,分析自然资源与环境承载能力是坚持底线约束,执行最严格的生态环境保护制度、耕地保护制度和节约用地制度是维护国家生态安全、粮食安全等国土安全的必然要求。

4. 评估自然资源与环境承载压力

评估自然资源与环境承载压力,监测超过承载阈值的资源环境要素,进行超载成因解析与政策预研是双评价的应用目标之一。资源环境单要素的承载压力是评价区域内该要素的现状开发强度与其承载能力的比值,可用于判断当前开发利用模式是否已超过单要素本身的承载能力上限。此外,根据短板理论,可进一步通过各单要素承载压力指标组合的形式,综合分析、判断资源环境承载类型(可载、临界、超载),为评价区域的国土空间规划工作提供参考依据。

5. 决策国土空间开发的适宜方向

决策国土空间开发的适宜方向是以资源环境承载能力和承载压力为基础,结合经济社会发展情况(人口、社会、经济、区位等)、生态文明建设要求和主体功能定位,参考资源开发利用适宜性评价成果,对国土空间开发和保护适宜程度的综合性进行分析评判,是制定区域国土开发综合管制措施的科学参考。在评价国土空间开发适宜性时,为了能够有效地引导评价工作向国土空间规划过渡,需要把握空间规划目标层次、开发利用约束条件及适宜性方向等关键维度,对多重适宜情况进行重点考虑。

6. 建立规范的双评价成果数据库

在综合、归纳各阶段性评价数据的基础上,建立规范的双评价成果数据库,对评价涉及的各类信息进行集中管理。双评价成果数据包括评价报告、评价图件、评价数据表等。鉴于此,在评价成果数据库的建设过程中,应采用科学的分类建库方法,构建体现评价要素、评价流程、评价指标类型等评价信息的数据库管理系统。这不仅便于回溯评价成果,对其进行检验校核,还有利于评价数据在国土空间规划中的后续应用。

2.2.3　双评价的业务逻辑框架

在采用 WSR 方法对双评价工作目标进行理解并明晰双评价主要任务内容的基础上,构建双评价的业务逻辑框架。本节简述双评价业务逻辑关系,划分双评价业务逻辑模块,并对评价业务节点进行说明。

1. 双评价的业务逻辑关系

2020 年 1 月,自然资源部印发《资源环境承载能力和国土空间开发适宜性评价指南(试行)》(以下简称《指南》)。《指南》规范了双评价的工作流程(图 2.2),要求将资源环境承载能力和国土空间开发适宜性作为有机整体,主要围绕水资源、土地资源、气候、生态、环境、灾害等要素,针对生态保护、农业生产(种植、畜牧、渔业)、城镇建设三大核心功能展开本底评价。在此基础上,完成区域资源环境禀赋的综合分析,对现状问题和风险进行识别,明晰农业生产和城镇建设潜力,并对气候变化、重大基础设施建设等不同情景进行分析,提出适应和应对的措施建议,支撑国土空间规划对方案比选。

对《指南》提出的评价工作流程进行梳理,将双评价的业务逻辑简单抽象为"资源环境要素单项承载能力评价→资源环境要素综合承载能力评价→国土空间开发适宜性评价"的过程。资源环境要素的单项承载能力评价是本底评价,对最终评价结果起到校验作用,同时也是指导单项资源开发利用的重要参考。资源环境要素综合承载能力评价是在单项要素承载能力评价基础上的集成评价,是统筹单项承载能力评价结果并经短板理论分析得到的综合性评价结果,对区域资源环境整体承载状态起到直观参照作用。基于资源环境要素的单项承载能力评价和综合承载能力评价结果的国土空间开发适宜性评价,是对区域国土空间开发适宜性的分类判定,对相关应用性需求起到指向作用。

2. 双评价的业务逻辑模块

基于双评价主要业务内容及《指南》工作流程的认知基础,将双评价业务逻辑分为前后衔接的五个模块(表 2.1),即资源数量与环境特征评价(P0)模块、资源开发利用适宜性评价(P1)模块、区域资源环境承载能力评价(P2)模块、区域资源环境承载压力评价(P3)模块及国土空间开发适宜方向评价(P4)模块。其中,资源数量与环境特征评价(P0)模块的主要业务是摸清资源性状与环境特征,本质上是对分要素的自然资源环境调查监测数据的分类表达;资源开发利用适宜性评价(P1)模块对应分要素的资源开发利用适宜性评价,是对生态环境约束及相关标准规范下的资源开发利用适宜性及限制性的综合评定,决定了区域自然资源能否开发;区域资源环境承载能力评价(P2)模块继承资源数量与环境特征评价(P0)模块、资源开发利用适宜性评价(P1)模块的评价结果,计算资源环境承载能力,得到理论的资源环境承载上限;区域资源环境承载压力评价(P3)模块是对资源环境开发利用现状是否已经到达承载上限的评估;国土空间开发适宜方向评价(P4)模块基于前述阶段性评价成果,确定评价区域的国土空间开发适宜性方向,以期为后续的区域规划决策提供科学性建议。

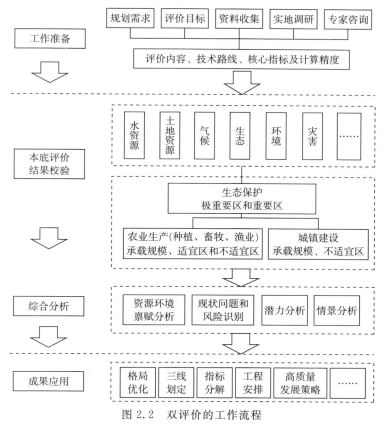

图 2.2　双评价的工作流程

表 2.1　双评价的业务逻辑模块

模块编码	模块名称	业务目标
P0	资源数量与环境特征评价	摸清资源环境特征信息
P1	资源开发利用适宜性评价	评价资源环境质量信息
P2	区域资源环境承载能力评价	分析资源环境承载能力
P3	区域资源环境承载压力评价	评估资源环境承载压力
P4	国土空间开发适宜方向评价	确定区域开发适宜方向

3. 双评价的业务节点说明

依据《指南》建立的"资源环境要素单项承载能力评价→资源环境要素综合承载能力评价→国土空间开发适宜性评价"的逻辑关系,结合双评价业务的模块划分,对双评价的业务节点进行说明(图 2.3)。对于双评价整体的业务流程来说,模块是业务的节点,评价数据是各个节点的操作对象。从数据流程角度看,也可以理解为各类数据是节点,业务模块是节点间的联系。

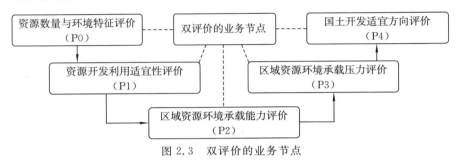

图 2.3 双评价的业务节点

1)资源数量与环境特征评价(P0)

资源数量与环境特征评价(P0)节点的主要工作目标是形成分要素的评价基础数据底图,为后续业务的开展做数据准备。双评价所需的基础数据中,以结构化数据为主的政府数据、以半结构化数据为主的物联网数据和以非结构化数据为主的互联网数据资源,弥散分布在政府、市场与社会公众手中。数据来源及统计口径的不一致使相当一部分数据存在质量问题,为此必须对相关数据进行转换和处理,统一数据入库标准,确保评价数据的准确性和可靠性。

2)资源开发利用适宜性评价(P1)

资源开发利用是人类活动的本质。资源开发利用适宜性评价(P1)不仅是追求资源利用效益、经济效益最大化的需要,更是实现环境可持续发展的必然需求。该节点在继承资源环境性状数据的基础上,参考国家、地方和行业规程,构建适当的指标体系,分别进行自然资源不同开发利用方式的环境限制性、利用适宜性和经济适宜性评价。经资源开发利用适宜性评价(P1)得到适宜性评价结果数据,是后续节点计算资源承载能力的必备条件。

3)区域资源环境承载能力评价(P2)

求取资源承载能力和环境承载能力的理论值是区域资源环境承载能力(P2)节点的业务目标。对于资源承载能力,需继承资源开发利用适宜性评价(P1)节点的适宜性评价成果,结合现在技术水平下的资源开发利用投入产出及人均资源需求量等数据,从供需角度测度资源承载能力。对于环境承载能力则由相关规程或标准规定的多种环境指标组合构成的污染物浓度限值进行表达。此外,该节点的单要素资源环境承载能力评价结果也可经集成评价得到区域综合承载能力。

4）区域资源环境承载压力评价（P3）

区域资源环境承载压力评价（P3）环节所得结果较为直观，能够指导政府迅速瞄准当前需要调整的开发利用领域，为区域自然资源系统和生态环境系统的评价提供数据支撑。资源承载压力是一个无量纲数据，是现状条件与理论条件（承载能力）的比值，可用于判断当前区域的资源承载情况，即做相应资源要素现实情况下可载、临界、超载的判断。环境承载压力是直接按照现实的环境扰动强度做超载或未超载的判断。

5）区域国土开发适宜方向评价（P4）

区域国土开发适宜方向的判定应基于资源数量与环境特征评价（P0）节点、资源开发利用适宜性评价（P1）节点、区域资源环境承载能力评价（P2）节点、区域资源环境承载压力评价（P3）节点的阶段性评价结果，依据短板理论、可持续发展理论、生命共同体理论等的指导，结合评价区域规划发展目标及其他应用性需求，得到较为适宜的区域开发方向。

§2.3　评价系统要素与数据体系

双评价作为"认知"国土空间性状特点的手段，对意在"改造"人类居住空间的国土空间规划有着重要指导作用。双评价从物质思维角度明晰评价的物质基础，即评价要素实物及其产品、两者之间的转化规律和地理空间分异；从关系思维角度认知自然资源实物及其利用、消耗与环境之间的联系；从系统思维角度确立评价应该遵循的准则。对评价系统要素与数据体系的认知也应从物质思维、关系思维、系统思维出发，建立能够指导国土空间改造活动的体系性成果。

2.3.1　评价要素体系及数据抽象

双评价涉及全域国土空间的资源环境要素，要从物质思维角度理清评价系统的资源环境要素"是什么"，从关系思维角度解析资源环境要素之间存在"怎样的"系统性关系，进而对要素承载的各类数据及得到的评价成果数据形成系统性认知。

1. 评价系统要素

1）从物质思维角度分析评价系统要素

构建全域要素分类体系是编制国土空间规划和统一管理自然资源的基础，规划和管理的现实需求要求建立陆域和海域全覆盖的双评价要素体系，将海域国土空间纳入要素系统。在此基础上，从物质思维角度出发，参照自然资源部发布的《资源环境承载能力和国土空间开发适宜性评价指南（试行）》，从资源要素和环境要素对评价系统涉及的要素体系进行梳理，如表 2.2 所示。

表2.2　从物质思维角度构建的评价系统要素体系

要素分类	要素名称
资源要素(4类)	土地资源
	水资源
	矿产资源
	海洋资源
环境要素(9类)	自然气候
	大气环境
	水环境
	土壤环境
	地形地貌
	交通区位
	地质环境
	自然灾害
	海洋环境

2)从关系思维角度分析评价要素关系

双评价的目标是判断资源要素和环境要素对人类社会人口、经济和建设等的最大支撑能力,将人地关系、经济关系、社会关系等纳入要素关系分析过程,以便全面掌握评价系统基本要素之间的联系,为评价对象的空间关系、属性关系的模型构建提供参照。

从关系思维角度来说,人类活动影响下的要素与要素之间的相互作用构成了评价系统之间的要素关系。人类社会与环境系统和资源系统之间存在相互依存、相互制约的关系。自然资源是人类社会赖以生存和发展的物质基础,人类通过开发利用资源的方式向自然界索取生存发展所需的实物产品,并不可避免地向环境排放废弃物,而环境的纳污能力是有限的,废弃物的过度排放造成的不良后果反过来又会制约资源的利用和社会的发展(图2.4)。以土地资源的开发利用为例进行介绍:土地是承载人类活动的自然综合体,为人类社会提供生存发展空间;人类在土地上进行耕种,并利用其自然特性产出农林产品,以满足自身需要,同时也会对土地资源造成一定程度的影响。有些影响是积极的,如改造中低产田,增加土壤肥力,改善土壤环境;有些影响是消极的,如过度放牧、过度砍伐,造成大量地表植被的破坏,导致水土流失等不良后果。消极影响投射到环境系统中,无疑会限制人类对土地资源的开发利用。

评价系统的要素关系表明,人类活动是维持人、资源、环境之间系统动力学关系的主要推动力,人作为三者之间的能动主体,必须参与双评价要素体系建立的过程。双评价应以满足人类生存发展需求为核心,检验评价要素体系的完整性和实用性。

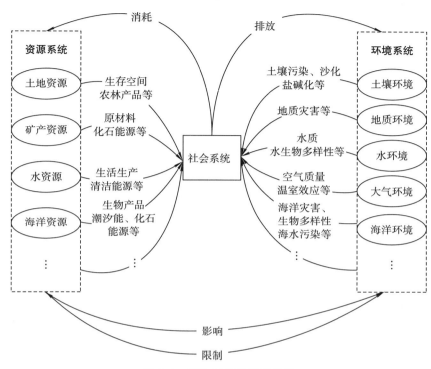

图 2.4　评价系统的要素关系

2. 评价数据集合

从物质思维和关系思维角度辩证地看待评价数据的集合关系，可将评价数据集合分为实体集、属性集、空间关系集、属性关系集、系统关系集、系统反馈属性集等几类集合，如图 2.5 所示（唐旭，2017）。从空间关系看，评价工作必定基于一定的空间实体对象展开。为了满足数据精细化和操作便捷性要求，实践中往往使多种实体对象参与评价业务的各个环节，且实体对象之间存在着空间上的相交、相离和包含等关系。从属性影响上看，空间对象会同时受到自身属性指标和由外部要素施加的外部特征属性指标的双重约束。而在利用上述两种输入指标得到评价目标的过程中，实体集内部元素的关系是显而易见的。在评价范围内，因评价要素系统关系的作用，外部影响因子对评价单元产生影响，该影响配合评价单元自身属性指标共同参与评价业务过程，得到评价目标结果。

1）实体对象集合

空间实体对象是评价数据空间化的产物，包括评价范围、评价单元和评价因子三类（表 2.3），起到承载评价数据，并参与空间运算的作用。

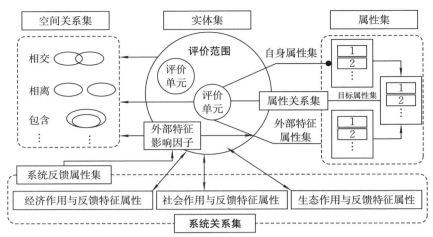

图 2.5　评价数据集合之间的关系

表 2.3　评价数据的空间实体对象集合

分类	含义	实体对象	
评价范围	评价的空间范围	行政范围、地类范围、土地权属范围和其他范围等	
评价单元	评价的最小单位(在这一最小单位中,各种属性特征相对均一,但不同评价单元间具有差异性和比较性)	土壤分类单元、土地利用现状分类单元、行政单元、地貌单元、多属性叠置单元、宗地单元、格网单元等	
评价因子	对评价单元的目标集起直接贡献的属性项	几何特征	点状因子、线状因子和面状因子
		资源利用影响方式	辐射影响因子,路径依赖因子、空间直线辐射因子;非辐射因子,多为面状,一般可以转化为单元

2)属性指标集合

评价的属性指标包括输入指标和输出指标两类(表 2.4),其中输入指标又分为自身属性指标和外部特征属性指标,输出指标又称为目标属性指标。

表 2.4　评价数据的属性指标集合

属性指标分类		含义
输入指标	自身属性指标	评价要素自身携带的、参与评价过程的属性指标
	外部特征属性指标	外界施加给评价要素的、对要素产生影响的指标,由外界其他要素提供
输出指标	目标属性指标	对要素进行评价期望得到的结果指标

从关系思维角度看,评价要素的自身属性指标,与对其产生影响的外部评价要素所负载的外部特征属性指标联合,一起构成了某一评价环节的输入指标。输入

指标经过一系列的属性关系运算,得到该评价环节所需的目标属性指标。属性指标之间的关系如图 2.6 所示。

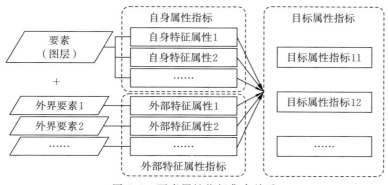

图 2.6　要素属性指标集合关系

2.3.2　实体对象体系及空间关系

　　双评价涉及自然资源系统和生态环境系统的多种评价要素,要素实体对象种类繁多、空间关系错综复杂,需要应用系统动力学等理论,分物质、关系两个维度进行专门的研究和阐述。

1. 实体对象体系

1)评价对象的分类划分

　　从物质思维角度出发,可从空间分层、海陆分界、地表综合体分类及空间分区四方面划分评价的实体对象(表 2.5)。

表 2.5　评价对象的分类划分

分类标准	对象类型	对象实例
按空间分层划分	地表对象、地上对象、地下对象	地表对象,如植被、动物、土地等; 地上对象,如大气、积温等; 地下对象,如矿藏、地下水、地下空间等
按海陆分界划分	陆域、海域、沿海陆域、岛屿	陆域,如淡水、湖泊等; 海域,如海洋渔业资源、海洋生态环境等; 沿海陆域,如沿海岸线等; 岛屿,如无居民海岛等
按地表综合体分类划分	山、水、林、田、湖、草、海、城	—
按空间分区划分	行政区划、空间聚类分区	行政区划,如五级行政区划; 空间聚类分区,如城市化地区等资源环境类型区

（1）按空间分层划分。国土空间的立体化利用趋势使资源开发利用活动向地上和地下空间得到延伸。根据国土空间利用的三维探索，按照空间分层的分类标准，将评价对象分为地表对象、地上对象及地下对象三类。三类评价对象的空间分布受物质循环和人为因素的共同影响。例如，大气循环和水循环影响土壤的理化特征，进而影响人类和其他生物的分布。

（2）按海陆分界划分。国土空间包括陆域和海域两大空间载体，双评价作为空间规划编制的前提，其评价对象应做到海陆统筹。按照海陆分界划分评价对象类型，可将其划分为陆域、海域、沿海陆域和岛屿等。

（3）按地表综合体分类划分。习近平总书记有"人的命脉在田，田的命脉在水，水的命脉在山，山的命脉在土，土的命脉在树"的论述，可见地表综合体之间具有天然的影响和制约关系。地表综合体是各地理要素相互联系、相互制约，有规律结合成的具有内部相对一致性的整体。山、水、林、田、湖、草、海、城等均是常见的地表综合体。

（4）按空间分区划分。行政区划和空间聚类分区是两套不同类型的空间分区体系。双评价服务于国土空间规划，结合国土空间规划的行政层级进行划分，双评价应采用五级行政区划作为评价对象，以满足同级空间规划的实际需要。城市化地区等资源环境类型区大多是空间聚类的产物，作为主体功能区划的重点关注区域，应纳入双评价的评价对象体系。

2）评价对象的空间单元

空间单元是评价对象空间化的产物，也是实体对象体系的一部分。资源要素和环境要素的基础承载单元类型是多样的，基于评价需求总体可分为自然单元、空间作用域、决策单元和网格单元四类（表 2.6）。

表 2.6　评价对象的空间单元

单元类型	内涵	单元实例
自然单元	是评价要素原始信息基本承载单位，是前驱资源环境调查确定的基本数据单元	如地类图斑、海域单元等
空间作用域	表述空间单元对外辐射影响范围，实质上是空间单元外部影响区域的代称	如地表水取水范围、防洪区、地下水灾影响空间等
决策单元	包括各级国家行政机构的管辖区域及经济地理区划，是政令落实的基本单元，是各类规划的实施单元	如乡镇单元等行政区划单元
网格单元	作为评价计算的辅助工具，起到综合各类空间单元所承载的评价指标、进而完成空间分析和指标运算的作用	—

2. 实体空间关系

从关系思维角度出发，对实体对象之间的空间关系进行进一步解析。如图 2.7

所示,地球公转与自转、自然综合区划、空间三维分层、生态循环机制等地理空间特征,对土地、水、矿产、海洋等自然资源的开发利用,以及气候、大气等环境要素的变化具有显著影响。地球的公转与自转和地理空间三维分层使积温、辐射、降雨、季风甚至是空气质量等环境要素特征在不同地区出现不同程度的变化,进而促使地上附着物呈现大规模的地理分异、高程分异和季节分异,制约不同地区的人们对土地资源的生产生活利用。水力资源开发、生活用水、灌溉用水、工业用水也受到地理空间特征及大气环境等因素的制约。例如,我国南多北少的水资源分布格局就对华北地区的社会生产和居民生活构成了相当大的威胁,华北地区的种植业、耗水工业均不同程度地受到水资源短缺的影响。煤、石油、天然气等矿产资源的开采直接或间接作用于地质环境及地下水资源,开采过程产生的污染物也会改变土壤的理化特征,进而制约土地资源的开发利用。此外,海洋水与陆域地表水参与的海陆水循环过程,通过不同资源之间存在的间接物质交换活动,与土地、矿产等资源的开发利用产生双向影响。

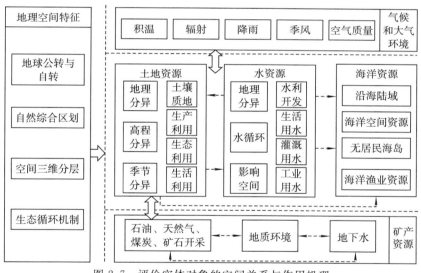

图 2.7　评价实体对象的空间关系与作用机理

　　基于上述系统性实体对象关系的探究,从拓扑学角度分析评价实体之间的空间关系,可概括为相交、相离和包含等,分别对应于实体之间的空间叠置、空间辐射和面域统计关系。

1)空间叠置

空间叠置是对同一地区的两组或两组以上的要素进行叠置,产生新的特征(新的空间图形或空间位置上新的属性)的分析方法。在单要素承载能力评价或全要素集成评价中,评价实体对象因其空间位置或携带的属性信息与其他对象产生相互关联。诸多对象之间的影响相互叠加、共同作用,在空间表达上形成了相交的拓扑格局。空间叠置是基于一定内在动力机制产生的空间要素之间的非线性相互作用,要素实体因此受到的效应可能是正向的协同作用,也可能是负向的负反馈作用。在资源的开发利用活动中,不同要素在评价系统中处于不同的层次地位,并执行不同的要素功能。因此要判断空间叠置的作用结果,必须对影响发生的部位进行精细化分析,做到关联性的整体考量。

2)空间辐射

空间辐射是指评价要素实体凭借其空间影响力,通过向周围要素实体的物质传递或能量流动,将其影响力物化,并带动周围实体发生关联变化的过程。空间辐射不仅发生在相邻的空间对象之间,也发生在对象相离的情况下。由于辐射衰减的特性,距离越远的空间对象受到的辐射影响将越小。空间实体的主要辐射方式包括点辐射、线辐射、面辐射和网络辐射四类。根据双评价的应用领域,也可将实体对象的辐射能力分为社会辐射能力、经济辐射能力和生态辐射能力三类。在评价工作中,评价空间对象的空间辐射影响因其负载的属性指标不同而有不同的辐射覆盖范围和辐射强度,因此在对实体的辐射影响进行分析时,必须区分其属性指标的辐射影响方式。

3)面域统计

实体对象的面域统计关系主要发生在评价指标自下而上的汇总过程和自上而下的分解过程中。在实体对象之间关系是空间包含的情况下,内部实体对象的相关属性信息可通过面域统计的方式汇总到外部实体,方便外部实体进行自身属性指标的校核;外部实体的属性指标可按照面积比重分解、影响权重分解等方式传递给内部实体,方便内部实体继承分解后的属性指标,或给自身属性指标设置总量控制标准。由此可知,面域统计是从逻辑层面对实体对象携带的关键信息进行准确性检查的有力方法。

2.3.3　评价指标体系及属性关系

从关系思维角度出发,基于自然资源实物与环境依存关系、自然资源实物与资源利用关系、自然资源消耗与环境协调关系、自然资源利用的区域空间关系等认知成果,本节对评价指标体系框架及属性关系进行剖析。

1. 评价指标体系框架

在明确评价业务模块及评价要素体系的基础上构建的评价指标体系框架,应体现按评价要素分类和评价过程分类等指标分类方式,集中反映指标体系的多维关系,为评价技术路径和评价数据流的理解提供直观的引导。

如表 2.7 所示,①代表评价要素自身属性指标,②代表外部特征属性指标,③代表目标属性指标。在资源数量与环境特征评价(P0)模块,各要素的自身属性指标只作为输入变量进入评价过程，等待在后续环节完成相应的指标运算过程。在资源开发利用适宜性评价（P1）模块，各资源要素的自身属性指标结合对其开发利用产生影响的外部特征属性指标，共同计算求得该环节的目标属性指标。尽管大气环境、地质环境等环境要素在这一模块不需要做开发利用适宜性评价，但这些环境要素的自身属性指标将作为外部特征属性指标参与资源要素的评价过程。在区域资源环境承载能力评价（P2）模块，各资源要素在继承前一模块的目标属性指标作为该模块自身属性指标的基础上，还引入社会经济系统的外部特征属性指标（如人均粮食需求量、作物灌溉定额等）作为参数，参与资源承载能力目标属性指标的运算。环境要素则直接采用污染物浓度限值作为其目标属性指标。在区域资源环境承载压力评价（P3）模块，在继承前一环节输出指标的基础上，资源要素结合评价区域现状指标作为外部特征属性指标，并参与资源承载压力的计算过程。环境要素则直接将自身属性指标与前一环节的污染物浓度限值进行比准分析，得到环境承载压力目标属性。在国土空间开发适宜方向评价（P4）模块，在统筹分析各评价模块输出结果的基础上，判断国土空间开发利用方向，将其作为双评价业务最终的目标属性指标，并指导国土空间规划、三区三线划定等工作的进行。

表 2.7　双评价的指标体系框架

要素体系	评价要素	评价过程														
		资源环境承载能力评价														
		资源数量与环境特征评价（P0）			资源开发利用适宜性评价（P1）			区域资源环境承载能力评价（P2）			区域资源环境承载压力评价（P3）			国土空间开发适宜方向评价（P4）		
		①	②	③	①	②	③	①	②	③	①	②	③	①	②	③
资源要素	土地资源	√			√	√	√	√	√	√	√	√	√	√	√	√
	水资源	√			√	√	√	√	√	√	√	√	√	√	√	√
	矿产资源	√			√	√	√	√	√	√	√	√	√	√	√	√
	海洋资源	√			√	√	√	√	√	√	√	√	√	√	√	√
环境要素	自然气候	√									√	√	√			
	大气环境	√									√	√	√			
	水环境	√									√	√	√			

要素体系	评价要素	评价过程															
		资源环境承载能力评价															
		资源数量与环境特征评价（P0）			资源开发利用适宜性评价（P1）			区域资源环境承载能力评价（P2）			区域资源环境承载压力评价（P3）			国土空间开发适宜方向评价（P4）		
		①	②	③	①	②	③	①	②	③	①	②	③	①	②	③
环境要素	土壤环境	√								√	√		√			
	地形地貌	√								√	√		√			
	交通区位	√								√	√		√			
	地质环境	√								√	√		√			
	自然灾害	√								√	√		√			
	海洋环境	√								√	√		√			

2. 评价指标属性关系

评价业务的模块化使各模块作为评价工作的关键环节，承担着与其他模块迥异的评价指标运算功能，形成了模块内部各具特色的指标属性关系。

1）性状指标及等级关系

资源数量与环境特征评价（P0）模块的主要功能是摸清资源要素和环境要素的本底性状特征，全面掌握评价范围内的资源环境禀赋状况。该模块承接资源环境调查监测成果数据，分要素摸底资源环境性状指标，并判断指标属性的等级关系。要素的性状指标有定量和定性之分。定量指标是可以准确用数量进行定义和精确衡量的指标，如绿地覆盖率、有效土层厚度等。评价要求定量指标属性值满足概念一致性、值域一致性、格式一致性和时间一致性的属性数据规范，经标准化处理后可根据行业标准或国家规程要求进行等级划定。定性指标是指无法直接通过数据对评价内容进行描画的，需对评价对象做客观描述和分析，以反映评价结果的指标，如土壤质地、地貌形态等。定性指标属性值应经定量化后再参照定量指标属性值的等级划定方式确定相应的等级关系。定性指标的定量化方法有分级量化法和标准转化法等，具体可参照相关的定量化方法完成指标属性值的定量化运算。

2）适宜性评分及指标关系

资源开发利用适宜性评价（P1）模块的主要功能是评价自然资源开发利用适宜性，为区域资源环境承载能力评价（P2）模块做指标准备，为国土空间开发适宜方向评价(P4)模块提供参考依据。资源开发利用的适宜性评分作为资源开发利用适宜性评价(P1)模块量化结果之一,参与资源开发利用适宜性等级划定、适宜性类型区聚类等过程。适宜性评分统筹各资源环境要素对资源利用的影响程度和限制水平,用数字化的度量手段给出对某项资源进行某种开发利用的适宜程度的综合评价。

　　3) 承载能力及指标关系

　　区域资源环境承载能力评价(P2)模块的主要功能是度量评价范围内的资源承载能力和环境承载能力,为资源开发利用强度设定理论承载上限,用以规范国土空间开发活动的进行。同时,承载能力作为该模块的输出指标,是后续模块计算承载压力的必须要素。资源承载能力用"能承载多少人""能使用多少年"等形象生动的表现形式描述区域资源开发利用上限值,环境承载能力采用污染物浓度限值作为环境的理论承载上限。此外,各资源环境要素单项承载能力经集成评价可求得区域资源环境综合承载能力,但单项承载能力有不同表现形式的现实又加深了计算综合承载能力的难度。

　　4) 承载压力及指标关系

　　区域资源环境承载压力评价(P3)模块的主要功能是评估自然资源与环境的承载压力,以"可载""临界""超载"的形式直观展现区域资源环境要素的承载状态,为判定国土空间开发方向提供重要参照指标。承载压力作为现状承载状态指标和理论承载能力指标的比较结果,反映了当前评价范围内各类资源要素和环境要素因人类社会活动而受到的影响程度。单项资源环境要素的承载状态是易于判断的,但区域综合承载压力则需借鉴短板理论,在对各要素单项承载压力进行组合分析的基础上做出综合评判。

　　5) 开发适宜方向及指标关系

　　国土空间开发适宜方向评价(P4)是双评价的最后一个模块,旨在划定资源环境类型区(陆域包括城市化地区、种植业地区、牧业地区、重点生态功能区,海域包括产业与城镇建设用海区、海洋渔业保障区、重要海洋生态功能区)的基础上,借助资源环境承载压力指标,进行国土空间开发适宜方向的划分。国土空间开发方向的类型有重点开发、优化开发、限制开发和禁止开发四类。后续可结合四类开发适宜方向的判定结果,配合单项资源环境要素适宜性评分、承载能力和承载压力指标,明确区域资源开发约束条件,针对评价区域当前开发方式和未来区域规划给出相应的调整建议。

2.3.4　评价数据类型及参考规格

1. 评价数据类型体系

　　从数据流角度,视双评价五个评价模块为统一整体,结合数据的输入—输出关系,将评价数据分为本底数据、中间数据和结果数据三类(表 2.8)。本底数据主要包括资源环境调查监测所得的资源数量和环境特征数据,是评价业务的输入数据,由带有具体空间位置信息的要素单元承载,能够对评价区域的资源环境禀赋进行全面描述。中间数据是因空间操作或属性运算而产生的评价过程数据,或为了进行辅助计算而引入的非评价要素体系自身携带的参数数据。结果数据是双评价最后一个模块的输出数据,是双评价整体评价过程的最终产物。

表 2.8　评价数据类型

评价模块	数据类型			数据实例
	本底数据	中间数据	结果数据	
资源数量与环境特征评价 (P0)	√			如地类图斑等资源环境调查数据
资源开发利用适宜性评价 (P1)		√		过程数据,如适宜性评分等目标属性指标数据
				参数数据,如引入的多因素综合法权重数据
区域资源环境承载能力评价 (P2)		√		过程数据,如承载能力等目标属性指标数据
				参数数据,如引入的利用定额、利用制度标准
区域资源环境承载压力评价 (P3)		√		过程数据,如承载压力等目标属性指标数据
				参数数据,如引入的承载压力分级标准
国土空间开发适宜方向评价 (P4)			√	如国土空间开发适宜方向数据

2. 评价数据参考规格

要建立规范化、流程化的评价业务体系,必须统一评价数据标准,确定各类评价数据的参考规格。这也是贯彻落实相关法律规范文件要求、提升评价数据利用率和处理效率的必要举措。但到目前为止,来源于原国土、测绘、海洋、环境等部门的评价数据,在机构改革后仍以碎片化形式展现在用户面前,大大增加了数据的搜集难度。此外,过去由于诸多原因,部门之间、地方之间、行业之间均建立了多个数据系统,这些数据系统标准不一、体系各异,导致多门输出、重复交叉等数据问题广泛存在,加大了数据融合的难度。因此,从空间数据和属性数据两个层面对数据的参考规格进行说明(表 2.9)。其中,要明确属性数据中的本底数据是评价原始数据,应遵循相关调查规范及数据库要求;中间数据是评价过程数据,应遵循相关评价规范与数据成果规范要求;结果数据则应遵循双评价和国土空间规划相关规范及数据库要求。

表 2.9　评价数据参考规格

评价数据类型	参考规格		
空间数据	2000 国家大地坐标系（CGCS2000）、高斯-克吕格投影、陆域部分采用 1985 国家高程基准、海域部分采用理论深度基准面高程基准		
要素分类	本底数据	中间数据	结果数据
属性数据　土地资源	1. TD/T 1055—2019《第三次全国国土调查技术规程》 2. TD/T 1016—2007《土地利用数据库标准》 3. TD/T 1017—2008《第二次全国土地调查基本农田调查技术规程》 ……	1. TD/T 1004—2003《农用地分等规程》 2. GB/T 28405—2012《农用地定级规程》 3. TD/T 1007—2003《耕地后备资源调查与评价技术规程》 ……	1.《资源环境承载能力和国土空间开发适宜性评价指南（试行）》 2.《省级国土空间规划编制指南（试行）》 3.《国土空间规划数据汇交标准》 4.《国土空间规划数据库标准》 ……
水资源	1. SL 196—2015《水文调查规范》 2. SL 454—2010《地下水资源勘察规范》 3. SL 365—2015《水资源水量监测技术导则》 ……	1. SL/T 238—1999《水资源评价导则》 2. SL 395—2007《地表水资源质量评价技术规程》 3. GB/T 15218—1994《地下水资源分类分级标准》 ……	
矿产资源	1. DZ/T 0208—2002《砂矿（金属矿产）地质勘查规范》 2. DZ/T 0204—2002《稀土矿产地质勘查规范》 ……	1. DZ/T 0272—2015《矿产资源综合利用技术指标及其计算方法》 2. DZ/T 0254—2014《页岩气资源/储量计算与评价技术规范》 3. DZ/T 225—2009《浅层地热能勘查评价规范》 ……	
海洋资源	1. HY/T 124—2009《海籍调查规范》 2. HY 004—1991《全国海岛资源综合调查档案分类法》 3. GB/T 12763.6—2007《海洋调查规范 第 6 部分：海洋生物调查》 ……	1. HY/T 128—2010《海洋经济生物质量风险评价指南》 2. HY/T 181—2015《海洋能开发利用标准体系》 3. HY/T 160—2013《海洋经济指标体系》 ……	

评价数据类型	参考规格		
空间数据	2000 国家大地坐标系(CGCS2000)、高斯-克吕格投影、陆域部分采用 1985 国家高程基准、海域部分采用理论深度基准面高程基准		
要素分类	本底数据	中间数据	结果数据
属性数据　自然气候	1. GB/T 17297—1998《中国气候区划名称与代码 气候带和气候大区》 2. QX/T 535—2020《气候资料统计方法 地面气象辐射》 3. QX/T 507—2019《气候预测检验 厄尔尼诺/拉尼娜》 ……	1. GB/T 21986—2008《农业气候影响评价:农作物气候年型划分方法》 2. QX/T 500—2019《避暑旅游气候适宜度评价方法》 3. GB/T 34307—2017《干湿气候等级》 ……	1.《资源环境承载能力和国土空间开发适宜性评价指南(试行)》 2.《省级国土空间规划编制指南（试行)》 3.《国土空间规划数据汇交标准》 4.《国土空间规划数据库标准》 ……
大气环境	1. QX/T 132—2011《大气成分观测数据格式》 2. QX/T 531—2019《气象灾害调查技术规范 气象灾情信息收集》 3. QX/T 458—2018《气象探测资料汇交规范》 ……	1. QX/T 269—2015《气溶胶污染气象条件指数(PLAM)》 2. GB/T 35219—2017《地面气象观测站气象探测环境调查评估方法》 3. QX/T 178—2013《城市雪灾气象等级》 ……	
水环境	1. SL 219—2013《水环境监测规范》 2. GB 3838—2002《地表水环境质量标准》 3. HJ 915—2017《地表水自动监测技术规范(试行)》 ……	1. HJ 2.3—2018《环境影响评价技术导则 地表水环境》 2. HJ 610—2016《环境影响评价技术导则 地下水环境》 3. DZ/T 0288—2015《区域地下水污染调查评价规范》 ……	
土壤环境	1. TD/T 1017—2008《第二次全国土地调查基本农田调查技术规程》 2. NY/T 395—2000《农田土壤环境质量监测技术规范》 3. TD/T 1007—2003《耕地后备资源调查与评价技术规程》 ……	1. DZ/T 0295—2016《土地质量地球化学评价规范》 2. HJ 964—2018《环境影响评价技术导则 土壤环境(试行)》 3. GB 36600—2018《土壤环境质量 建设用地土壤污染风险管控标准(试行)》 ……	

续表

评价数据类型	参考规格		
空间数据	2000 国家大地坐标系（CGCS2000）、高斯-克吕格投影、陆域部分采用 1985 国家高程基准、海域部分采用理论深度基准面高程基准		
要素分类		本底数据	中间数据	结果数据

要素分类		本底数据	中间数据	结果数据
属性数据	地形地貌	1. GB/T 12763.10—2007《海洋调查规范 第 10 部分：海底地形地貌调查》 2. DB/T 71—2018《活动断层探察 断错地貌测量》 3. GA/T 1001—2012《地形类型代码》 ……	1. TD/T 1004—2003《农用地分等规程》 2. GB/T 28405—2012《农用地定级规程》 3. TD/T 1007—2003《耕地后备资源调查与评价技术规程》 ……	1.《资源环境承载能力和国土空间开发适宜性评价指南（试行）》 2.《省级国土空间规划编制指南（试行）》 3.《国土空间规划数据汇交标准》 4.《国土空间规划数据库标准》 ……
	交通区位	1. GA/T 299—2001《道路交通流量调查》 2. JT/T 1052—2016《城市公共交通出行分担率调查和统计方法》 3. TD/T 1017—2008《第二次全国土地调查基本农田调查技术规程》 ……	1. GB/T 18507—2014《城镇土地分等定级规程》 2. GB/T 18508—2014《城镇土地估价规程》 3. TD/T 1007—2003《耕地后备资源调查与评价技术规程》 ……	
	地质环境	1. DZ/T 0306—2017《城市地质调查规范》 2. DZ/T 0303—2017《地质遗迹调查规范》 3. DZ/T 0257—2014《区域地质调查规范（1：250 000）》 ……	1. DZ/T 0286—2015《地质灾害危险性评估规范》 2. DZ/T 0268—2014《数字地质数据质量检查与评价》 3. NB/T 10274—2019《浅层地热能开发地质环境影响监测评价规范》 ……	
	自然灾害	1. QX/T 470—2018《暴雨诱发灾害风险普查规范 山洪》 2. DZ/T 0269—2014《地质灾害灾情统计》 3. QX/T 531—2019《气象灾害调查技术规范 气象灾情信息收集》 ……	1. SL 767—2018《山洪灾害调查与评价技术规范》 2. DB/T 74—2018《地震灾害遥感评估 地震地质灾害》 3. DZ/T 0286—2015《地质灾害危险性评估规范》 ……	

续表

评价数据类型	参考规格		
空间数据	2000 国家大地坐标系(CGCS2000)、高斯-克吕格投影、陆域部分采用 1985 国家高程基准、海域部分采用理论深度基准面高程基准		
要素分类	本底数据	中间数据	结果数据
属性数据　海洋环境	1. HY/T 147.5—2013《海洋监测技术规程 第 5 部分：海洋生态》 2. GB/T 12763.9—2007《海洋调查规范 第 9 部分：海洋生态调查指南》 3. GB/T 34656—2017《海洋沉积物间隙生物调查规范》 ……	1. GB/T 28058—2011《海洋生态资本评估技术导则》 2. GB 17378.5—2007《海洋监测规范 第 5 部分：沉积物分析》 3. GB/T 17504—1998《海洋自然保护区类型与级别划分原则》 ……	1.《资源环境承载能力和国土空间开发适宜性评价指南（试行）》 2.《省级国土空间规划编制指南（试行）》 3.《国土空间规划数据汇交标准》 4.《国土空间规划数据库标准》 ……

§2.4　评价基本方法与模型框架

2.4.1　评价关系分析的基本方法

资源环境要素时刻处在动态变化当中，其间的关系也存在频繁的相互影响、相互制约。分析要素内部及要素之间的系统性关系是评价开展的先决条件。将分析评价关系的基本方法归纳为四类：①空间统计；②聚类分析；③模型模拟；④标准比照。

1. 空间统计

统计分析是评价工作最基本、最常用的方法，通过收集、整理、显示、分析评价数据，可以总结出评价对象内在的数量规律性。空间统计则是将评价对象的空间特征和空间关系纳入分析范围，是运用统计方法及与空间对象有关的知识，对空间数据进行定量处理与分析的理论和方法。空间统计的基本方法包括基本统计量统计、探索性空间数据分析、地统计分析等。

（1）基本统计量统计是对描述空间数据特征的统计量的统计，主要包括集中趋势、离散程度、分布特征、频率分布等统计内容。数据的集中趋势通过平均数、中位数、众数、分位数反映；数据的离散程度则通过最大值、最小值、极差、方差、标准差等统计量刻画；数据的分布特征则需通过统计得到的数据的偏度、峰度提取；数据的频率分布则是对数据总和、比率、比例、种类等总体特征进行统计。

（2）探索性空间数据分析（exploratory spatial data analysis，ESDA）是指利用

统计学原理和图形图表对空间数据的性质进行分析、鉴别，以了解其在空间分布、空间结构及空间相互影响方面特征的空间统计方法。其基本的统计分析工具包括直方图、QQ 图、沃罗诺伊（Voronoi）图、半变异函数、协方差函数等。其中，直方图可以直观地反映采样数据的分布特征和总体规律，可以用来检验数据分布和寻找数据离群值；QQ 图用于评估两个数据集的分布相似程度；沃罗诺伊图可以帮助识别具有高局部值和低局部值的区域；半变异函数和协方差函数则是对邻近事物比远处事物更相似这一假设进行量化的工具。通过探索性空间数据分析的各项方法，可以检验数据分布，查找全局及局部异常值，反映全局趋势，并挖掘评价对象间的空间关联。

（3）地统计分析又称为地质统计，是以区域化变量理论为基础，以变异函数为主要工具，研究在空间分布上既有随机性、又有结构性或空间相关性和依赖性的自然现象的空间统计方法。空间插值是地理学最常用的地统计分析方法之一。在双评价工作中，地形、大气环境、降水量、土壤环境等基础数据的采集一定程度上依赖于空间插值方法，通过部分样本点数据插值预测评价全区域覆盖的基础数据，并参与后续评价。常见的空间插值方法有反距离权重插值、克里金插值和最近邻点插值等。

由此可见，空间统计作为提取评价特征指标、挖掘数据深层关联的评价关系分析基本方法，对双评价工作的开展具有重要意义。

2. 聚类分析

聚类分析又称为点群分析，是依据选定的统计量（距离系数、相似系数等），用数值聚类方法，对研究对象的大量资料进行客观分类的一种多元统计分类法。聚类分析作为数据挖掘的一项重要功能，其主要依据是把性质相近的事物归为一类，使同类的事物有高度的同质性、不同类的事物之间有高度的异质性，这样所产生的簇是一组数据对象的集合，这些对象与同一个簇中的对象彼此相似，而与其他簇中的对象相异（图 2.8）。

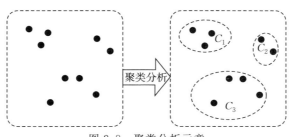

图 2.8　聚类分析示意

聚类分析算法在评价中的应用十分广泛，具体聚类方法的选取要考虑综合类型、聚类目的和具体应用等。聚类分析的方法大致可以分为以下几种（宋媛，2013）：

（1）划分式聚类方法。它是一种最基本的聚类算法，其基本思想是：给定一个

包含 n 个样本的数据集 $X = \{x_1, x_2, \cdots, x_n\}$,用划分式算法将数据集 X 划分为 k 个子集 $X = \bigcup_1^k X_i$,即把这个数据集划分成 k 个类。这些类 $X_i (i = 1, 2, \cdots, k)$ 应该满足两个条件:①$X_i \neq \varnothing$,即每一个类至少包含一个样本;②$X_i \bigcap X_j = \varnothing$,即每一个样本必须属于且仅属于一个类。常见的划分式聚类算法有 K-均值算法、K-medoids 算法和 PAM(partition around medoids)算法等。

(2)层次聚类方法。它是一种将数据组织划分为若干个聚类,并且形成相应的以类为节点的一棵树进行聚类分析的方法。如果按自下而上的层级进行层次分解,则称这种聚类为凝聚式层次聚类;反之,则称为分裂式层次聚类。其中,凝聚式层次聚类首先将每一个样本作为一个类,然后再逐渐合并这些类,形成一个较大的类,直到所有的样本都在同一类中,或满足某个给定的终止条件。分裂式层次聚类则先将所有的样本都归到同一类中,然后把它们逐渐划分成多个越来越小的类,直到每一个样本都自成一类,或者也满足某一个给定的终止条件。常用的层次聚类算法有 CURE(clustering using representatives)算法(Guha et al,1998)、BIRCH (balanced iterative reducing and clustering using hierarchies)算法(Zhang et al,1996)和 ROCK (robust clustering using links)算法等。

(3)基于密度的聚类方法。许多算法中都使用距离度量描述样本空间的相似性,但对于非球状数据集,有时候只用距离测量描述是片面的、不够充分的。对于这种情况,就需要通过数据集密度分析任意形状的聚类。基于密度的聚类算法的基本思想是:如果临近区域的密度超过某个阈值时继续聚类,反之则停止。也就是说,对给定的类中的每一个样本点,在某个给定范围的区域内至少包含一定数目的样本点。常用的基于密度的聚类算法主要有 DBSCLUE (density-based spatial clustering of application with noise)算法(Ester et al,1996)和 OPTICS(ordering points to identify the clustering structure)算法(Ding et al,2005)等。

(4)基于网格的聚类方法。它是利用多维的网格数据结构,把数据空间划分为有限个独立的单元,进而构建一个可用于聚类分析的网格结构。其主要特点是:处理时间与数据集中的待处理数据数目无关,而与每个维度上所划分的单元相关,其精确程度主要取决于网格单元的大小,所以这种聚类算法的处理速度比较快。常用的基于网格的聚类算法有 STING(statistical information grid)算法(Wang et al,1997)和 CLIQUE (clustering in quest)算法(Agrawal et al,1998)等。

(5)基于模型的聚类方法。它是指给每一个类假定一个模型,寻找数据与给定模型的最佳拟合。这种方法通常将根据潜在的概率分布生成的数据作为假设条件。这样的聚类方法主要有统计学方法和神经网络方法两类。基于统计学的聚类方法中,COBWEB 算法(Han et al,2007)是最著名的。神经网络聚类方法主要有竞争学习算法和自组织特征映射算法两种。

3. 模型模拟

双评价系统是一个复杂的系统,要素繁多,关系复杂,很难用列举、递推、递归或回溯等算法进行研究,通常采用模型模拟法间接地研究其形态、特点和规律。

常用的模型模拟方法大致有两种:一是数学模型模拟,二是计算机模拟实验。

(1)数学模型模拟的基本思路是对过程的物理或化学的实质进行分析、简化,建立数学模型,然后通过实验求取模型中的参数,完成数学模型的建立。常用的数学建模基本方法有:①理论分析法,即应用自然科学中已证明正确的理论、原理和定律,对被研究系统的有关因素进行分析、演绎、归纳,从而建立系统的数学模型;②数据分析法,即研究从一定总体中随机抽出一部分样本的某些性质,从而对研究总体的性质做出推断性判断的方法;③图解法,即在选取适当的参照系下,建立以数学几何图形(曲线、直线形、曲面、空间等)为主体的模型,借助于常识及有关专业知识对模型做定性的讨论和粗糙的定量分析的方法。

(2)计算机模拟实验即蒙特卡罗(Monte Carlo)法(Metropolis et al,1953),又称为随机抽样或统计实验方法。通过生成随机数进行实验,模拟某种事件发生的过程,将模拟实验的结果作为问题的近似解。

4. 标准比照

标准比照是指在进行评价关系分析时,将评价对象的属性特征与现有各行业出具的权威标准进行比照,将指标值与标准给定的评定级别范围进行对应,从而将指标现状值归入某一评价级别的评价方法。标准比照法又可以细分为已建标准比照法和未建标准比照法。已建标准比照法的应用前提在于已经具备评价指标的匹配准则,常见的匹配准则包括各行各业相关的行业标准,如环境评价标准、工作技术规范等。但双评价结果具有综合性,对于多因素综合评价的综合指标往往未建立明确的匹配标准,依据专家经验和常识制订适合于评价工作的标准也不失为可取的方法。

在双评价工作中,标准比照法应用广泛。资源环境要素的各项污染物指标均可通过已建标准比照法对指标优劣程度进行度量。例如,常用空气质量指数评价空气质量的好坏,将空气质量指数值 $0\sim50$、$51\sim100$、$101\sim150$、$151\sim300$ 和大于 300 分别对应优、良、轻度污染、中度污染和严重污染五级空气质量状况;水环境评价中同样采用标准比照法确定水质等级,对浑浊度、色、嗅和味、pH 值、溶解性总固体等评价因子分别给定 I 类至 V 类水的评价标准,将物质含量与对应类别数值范围进行比较,确定评价因子所处水质类别。未建标准比较法常用于根据适宜性评分划定资源开发利用适宜性等级的过程,以及根据单要素承载压力评价结果判定"可载""临界""超载"的情况。

2.4.2　评价指标的分类度量方法

除按指标属性关系建立双评价指标体系外,也可按照双评价五个工作环节涉及的指标"输入—处理—输出"过程构建指标体系框架(图 2.9)。根据"输入—处理—输出"过程,双评价指标一般可分为输入指标、参数指标和输出指标三种类型。

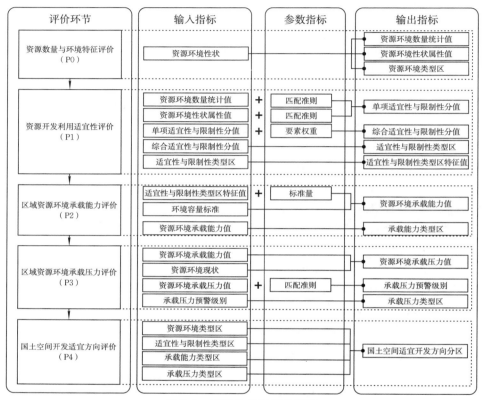

图 2.9　双评价指标体系框架

1. 输入指标度量方法

输入指标是双评价各环节的基础数据,由于各评价环节功能目标各异,故形成了差异化的输入指标需求。各环节输入指标如表 2.10 所示。

表 2.10　双评价输入指标体系

评价环节	输入指标
资源数量与环境特征评价(P0)	资源环境性状
资源开发利用适宜性评价(P1)	资源环境数量统计值
	资源环境性状属性值
	单项适宜性与限制性分值
	综合适宜性与限制性分值
	适宜性与限制性类型区

续表

评价环节	输入指标
区域资源环境承载能力评价（P2）	适宜性与限制性类型区特征值
	环境容量标准
	资源环境承载能力值
区域资源环境承载压力评价（P3）	资源环境承载能力值
	资源环境现状
	资源环境承载压力值
	承载压力预警级别
国土空间开发适宜方向评价（P4）	资源环境类型区
	适宜性与限制性类型区
	承载能力类型区
	承载压力类型区

输入指标的度量要经过相关关系分析和度量方法确定两个阶段。输入指标先要通过相关关系分析明确指标性状 X 与指标值 Sx 变化的相关关系（表 2.11），再进一步通过度量方法的选择完成由性状 X 到指标值 Sx 的映射（表 2.12）。

表 2.11　输入指标相关关系类型

相关关系	相关关系说明	指标示例
正相关	输入指标值 X 越大，输出评分值 Sx 越大，两者正向变化	降水量、植被覆盖指数
负相关	输入指标值 X 越大，输出评分值 Sx 越小，两者反向变化	水质等级、坡度、土壤侵蚀模数
适度相关	输入指标值 X 为某个特定中间值时，评分值 Sx 最大；输入值偏离特定值时，评分值 Sx 均逐渐减小	pH 值、气温

表 2.12　输入指标度量方法说明

度量方法	度量方法说明	度量方法示例
空间统计	对具有资源环境要素性状进行统计，针对不同类型的指标，提取数量、属性等特征值作为指标值 Sx	自然灾害发生频率、枯水期水流量保证率
聚类分析	根据输入指标的属性进行类别划分，并形成分类型指标值 Sx	可利用土地面积、可利用水量
模型模拟	模型映射是使用各类数学模型或函数方程，对于输入的 X 均由函数关系 $f(X)$ 映射到评分值 Sx	适用于连续变化的输入指标，如高程
标准比照	参考权威发布的标准或相关部门给出的技术规范，参照标准确定 X 与 Sx 的对应关系	环境质量指数、坡度

双评价各环节输入指标通过相关关系分析和指标性状度量得到输入指标的指标值，并参与各环节数据处理。各指标相关关系及度量方法如表 2.13 所示。

表 2.13　双评价输入指标度量方法

评价环节	输入指标	度量方法			
		空间统计	聚类分析	模型模拟	标准比照
资源数量与环境特征评价(P0)	资源环境性状	√	√		√
资源开发利用适宜性评价（P1）	资源环境数量统计值			√	√
	资源环境性状属性值			√	√
	单项适宜性与限制性分值			√	√
	综合适宜性与限制性分值			√	
	适宜性与限制性类型区		√		
区域资源环境承载能力评价（P2）	适宜性与限制性类型区特征值	√			
	环境容量标准				√
	资源环境承载能力值			√	√
区域资源环境承载压力评价（P3）	资源环境承载能力值			√	√
	资源环境现状	√			
	资源环境承载压力值			√	
	承载压力预警级别		√		
国土空间开发适宜方向评价（P4）	资源环境类型区		√		
	适宜性与限制性类型区		√		
	承载能力类型区		√		
	承载压力类型区		√		

2. 参数指标度量方法

参数指标是评价工作开展的中间性指标，用以辅助得到输出指标，因此选用合理的参数度量方法十分重要，将直接影响评价结果。

常用的参数指标度量方法有国家、行业规范确定和规律模拟两类。以国家、行业规范确定参数指标的方法适用于规范中明确的具有广泛适用性的指标，通常直接引用规范给定的参数标准；利用规律模拟度量参数指标的方法则需要结合统计数据和经验知识，综合确定参数指标值。双评价各环节涉及多类参数指标，不同参数指标度量方法如表 2.14 所示。

表 2.14　双评价参数指标度量方法

评价环节	参数指标	度量方法	
		国家、行业规范确定	规律模拟
资源开发利用适宜性评价（P1）	适宜性指标分级标准	√	
	多因素综合评价权重体系		√
区域资源环境承载能力评价（P2）	利用定额标准	√	√
	利用制度标准	√	√
区域资源环境承载压力评价（P3）	承载压力分级标准		√

资源开发利用适宜性评价（P1）环节通过适宜性分级标准度量输入指标优劣，

这类标准参数基于国家、行业规范确定。但作为一项系统性工作，决定适宜性评价结果的多因素综合评价体系的权重往往采用规律模拟法、依据经验知识确定；区域资源环境承载能力评价(P2)环节参与计算处理的参数指标包括利用定额标准、利用制度标准等，两类参数均需根据评价对象的差异确定参数度量方法，对于利用定额标准，既有规范确定的灌溉定额标准、城市居民生活用水定额等明确参数，也存在人均粮食需求量等变动的参数，需要通过规律模拟确定；区域资源环境承载压力评价(P3)环节往往是集成多项资源环境要素的综合性评价，指标的分级标准并无明确规定，需要采取规律模拟的方法给定标准参数。

3. 输出指标度量方法

输出指标是双评价各环节的阶段性工作成果，由于各评价环节目标各异，故形成了差异化的输出指标形式。各环节输出指标如表 2.15 所示。

表 2.15　双评价输出指标体系

评价环节	输出指标
资源数量与环境特征评价(P0)	资源环境数量统计值
	资源环境性状属性值
	资源环境类型区
资源开发利用适宜性评价(P1)	单项适宜性与限制性分值
	综合适宜性与限制性分值
	适宜性与限制性类型区
	适宜性与限制性类型区特征值
区域资源环境承载能力评价(P2)	资源环境承载能力值
	承载能力类型区
区域资源环境承载压力评价(P3)	资源环境承载压力值
	承载压力预警级别
	承载压力类型区
国土空间开发适宜方向评价(P4)	国土空间开发适宜方向分区

输出指标 Y 是评价工作开展的结果指标，根据评价工作需求对输出指标进行度量得到指标值 S_y，据以对输出结果状态进行评价。输出指标的度量方法主要包括空间统计、模型模拟、聚类分析与标准比照四类。双评价各类型输出指标的度量方法如表 2.16 所示。

表 2.16　双评价输出指标度量方法

评价环节	输出指标	度量方法			
		空间统计	聚类分析	模型模拟	标准比照
资源数量与环境特征评价(P0)	资源环境数量统计值	√			
	资源环境性状属性值	√			√
	资源环境类型区		√		

续表

评价环节	输出指标	度量方法			
		空间统计	聚类分析	模型模拟	标准比照
资源开发利用适宜性评价(P1)	单项适宜性与限制性分值			√	√
	综合适宜性与限制性分值			√	
	适宜性与限制性类型区		√		
	适宜性与限制性类型区特征值	√			
区域资源环境承载能力评价(P2)	资源环境承载能力值			√	
	承载能力类型区		√		
区域资源环境承载压力评价(P3)	资源环境承载压力值			√	
	承载压力预警级别				√
	承载压力类型区		√		
国土空间开发适宜方向评价(P4)	国土空间开发适宜方向分区		√		

2.4.3 评价的综合计算模型框架

1. 评价数据流框架

双评价多环节的业务流形成了相应的数据流,并基于"输入数据—输出数据"及环节之间数据继承的关系,构建如图 2.10 所示的双评价数据流框架。

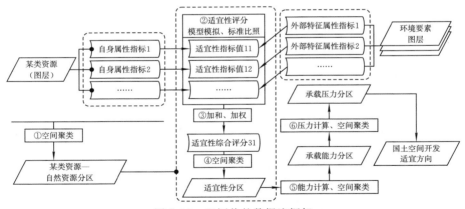

图 2.10 双评价的数据流框架

2. 评价的计算模型

如果说数据是评价工作开展的基础,那么计算模型就是评价工作开展的核心,是利用数据求取评价结果的关键工具。双评价各类数据之间均由计算模型进行联系,输入数据经计算模型处理得到本环节输出数据,再作为下一个环节的输入数据进入下一阶段的评价过程,直至完成双评价完整的数据运算流程。双评价数据流对应的计算模型如表 2.17 所示。

表 2.17　双评价计算模型

评价环节名称	数据流	计算模型
资源数量与环境特征评价(P0)	资源环境要素→资源环境要素特征值	空间统计模型
	资源环境要素特征值→资源环境类型区	空间聚类模型
资源开发利用适宜性评价(P1)	资源环境要素特征值→单因素适宜性评分	标准比对
	单因素适宜性评分→多因素综合适宜性评分	综合计算模型
	多因素综合适宜性评分→利用适宜性分区	空间聚类模型
	利用适宜性分区→适宜资源统计值	空间统计模型
区域资源环境承载能力评价(P2)	适宜资源统计值、环境容量阈值→资源环境承载能力	组合函数关系模型
	资源环境承载能力→资源环境承载能力分区	空间聚类模型
区域资源环境承载压力评价(P3)	资源环境承载能力→资源环境承载压力	比值关系模型、差值关系模型
	资源环境承载压力→资源环境承载压力分区	空间聚类模型
国土空间开发适宜方向评价(P4)	资源环境承载压力、资源环境类型区→国土空间开发适宜方向分区	空间聚类模型

第3章 对象:自然资源实物性状与环境特征

自然资源实物性状与环境特征认知是双评价的基础。本章首先界定了主要的自然资源类型、环境要素类型、陆地生态系统要素、海洋生态系统要素和沿海陆地生态系统要素,阐述了土地资源、水资源、矿产资源、海洋资源四类重要自然资源的实物性状、开发利用方式和产品计量方式;其次分析了自然资源利用与环境的关系框架、自然资源开发利用与环境的相互影响、自然资源开发利用的主要环境特征;最后基于自然资源环境基础数据提取指标体系,开展了自然资源类型与环境特征分区研究,主要包括自然资源环境分区目的、自然资源类型区的划分、生态环境特征区的划分、分区类型及栅格化处理四个方面。

§3.1 自然资源类型及环境要素界定

依据《环境科学大辞典》的定义,自然资源是指人类可以直接从自然界中获得并用于生产和生活的物质,包含各种不可更新的金属和非金属矿物、化石燃料等,可更新的生物、水、土地资源等,以及取之不尽的风力、太阳能等多种形式。自然环境是环绕生物周围的各种自然因素的总和,如大气、水、土壤、太阳辐射等;同时,也是生物赖以生存的物质基础。自然资源与环境之间存在相互关系(图3.1),一方面表现为环境对自然资源利用的条件进行限制,另一方面表现为自然资源的开发利用通过改变环境的理化特征而对环境造成影响。

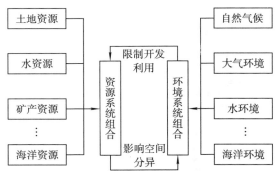

图 3.1 自然资源与环境的基本关系

自然资源与生态环境划定了人类活动的基础空间,具有提供人类发展必需品与保障生存条件的能力，人的空间分布格局与状态在很大程度上受到自然要素限定的影响（李小云 等，2016）。考虑人类社会经济系统与自然生态系统对和谐性的要求，应当从对象的角度对自然资源类型及环境要素做出明确的界定。

3.1.1 主要的自然资源类型

从自然资源分类和国土空间规划需求衔接的角度来看，双评价涉及的自然资源类型主要包括土地资源、水资源、矿产资源及海洋资源四大类。

1. 土地资源

土地是由地球陆地部分一定高度和深度范围内的岩石、矿藏、土壤、水文、大气和植被等要素构成的自然综合体；而土地资源是指已经被人类所利用和可预见的未来能被人类利用的土地，是人类生存的基本资料和劳动对象。土地的自然属性是由土壤形成与发育过程中岩石的崩解，矿物质和有机质的分解、合成，以及物质的淋失、淀积、迁移和生物循环等一系列过程共同决定的，具有明显的差异性；土地的生产力在合理利用的条件下可以进行自我恢复，具有利用的可持续性，这影响了土地的开发利用模式。土地的生成、发育及可持续特征预示了土地资源具有位置固定性、数量有限性及方向变更困难性（即建设用地较难转为耕地）等自然属性，也具备社会与经济的多重属性。基于自然属性，可以根据地表覆盖的差异开展对土地资源的认知，确定土地上覆盖的自然要素综合体（党宇 等，2017），并据此确定土地覆盖（land cover，LC）分类；基于土地的社会、经济属性能够明确土地的利用方式，并依据人类对土地的经济和社会的管理、利用措施进行土地利用（land use，LU）分类。目前，双评价关注的主要的土地类型体系包括土地的利用分类与地表覆盖分类（表 3.1）。

表 3.1 土地资源主要分类体系

分类标准	分类方式	分类结果概述
自然属性差异	地表覆盖分类	按照地表分类体系（LCCS），地表覆盖分为耕地及陆地管理区域、自然及半自然陆地植被、耕作水田或规律性淹水区域、自然和半自然淹水区域或规律性淹水植被、人造表面及相关区域、裸地、人造水体与人造雪和冰，以及自然水体与自然雪和冰（张小红 等，2017）
社会经济属性差异	土地利用分类	按土地利用现状，土地资源分为耕地、林地及园地在内共 12 项一级分类，以及共 73 项二级分类

基于土地资源的社会经济属性差异，采用土地利用的分类方法对土地资源类型进行划分，能够有效衔接自然资源利用适宜性评价及资源环境承载能力评价等业务，因此更适合用作双评价中的土地资源分类方法。

2. 水资源

水是由氢和氧两种元素组成的、常温常压下无色无味的透明液体，是地球上最常见的物质之一,包括淡水和海水两种。其中,淡水是含盐量小于 0.5 g/L 的水。水资源是指可利用或有可能被利用的水源,这个水源应具有足够的数量和合适的质量,并满足某一地方在一段时间内具体利用的需求。水资源在自然界分布十分广泛,但水资源的形成必须满足有水分补给来源的条件,地表下渗、高山冰雪融水及降水都是水资源重要的补给来源。水资源发育过程需要一定规模的空间,故水资源存在明显的空间特性,可以分布于地上空间、地下空间及海洋空间,并由此产生地下水、地表水与海洋水的部分特征差异。此外,水资源形成与发育的特点决定了水也是一种具备再生特性的资源,但水的可再生程度受人类开发利用对水质破坏的影响。不同的开发利用方式对水的影响大小不一,引起水资源的水质差异。因此,从水资源形成、发育与再生性的特点出发,水资源分类总体上可以分为基于空间分布的分类、基于水质的分类及基于补给源的分类(表 3.2)。

表 3.2　水资源主要分类体系

分类标准	分类方式	分类结果概述
空间位置	基于空间分布	分为地表水、地下水和海洋水,并按照大类的空间载体类型划分二级分类
水质	基于污染程度	分为 I 至 V 类共五类质量不同的水资源
补给来源	基于水资源系统	分为大气降水、地表水、土壤水、地下水、冰雪融水和生物水等类型

　　根据双评价对水资源的认知需要,在评价过程中一般采取基于空间的水资源分类标准,即首先基于海陆分异区分海洋、陆地水资源,进而将陆域的水资源分为地表水与地下水两类。地表水是在河流、湖泊与冰川等地表水体中主要由降水形成的动态水资源,地下水则是分布在浅层地层中的水资源。

3. 矿产资源

　　矿也称为矿藏,是蕴藏在地层中可供开采利用的物质。矿产资源是指经过地质成矿作用而形成的,天然赋存于地壳内部或出露于地表的,呈固态、液态或气态的,并具有开发利用价值的矿物或有用元素的集合体。矿产资源的形成、发育、迁移过程是环境温度、压力、酸碱度、氧化还原条件等基本物理化学环境要素共同作用的结果,而且这种过程通常需要较长的时间且很难进行人为恢复,决定了矿产资源具有明显的耗竭性、稀缺性、分布不均衡性和动态性等特点,并且多数矿产资源的可再生性相对较差。基于矿产的分布特征与动态特征,矿产资源在形态特征上存在比较明显的差异,如固体、液态及气态等不同形态,可依据矿物形态的差异对不同矿物进行区分;基于资源的稀缺性和消耗性特征,矿产资源可被划分成多种不同的种类,基于种类划分的矿产资源更有利于体现资源的用途(表 3.3)。

表 3.3　矿产资源主要分类体系

分类标准	分类方式	分类结果概述
矿产种类和矿物形态	参照《矿产资源报告》(中华人民共和国自然资源部,2019a)	分为能源矿产、金属矿产、非金属矿产与水气矿产
	参照《全国矿产资源规划(2016—2020 年)》	分为能源矿产、黑色金属矿产、有色金属矿产、非金属矿产与战略性新兴业态矿产
	参照《矿产资源法实施细则》	分为能源矿产、金属矿产、非金属矿产及水气矿产

参照我国的矿产分布情况,基于适宜性评价、承载能力与承载压力等多重评价的数据需要,双评价过程一般以矿产的种类进行分类,便于与开发利用进行有机结合。由此矿产资源可根据矿物的优势种类分为煤炭资源、天然气资源、石油资源和矿石资源(包含金属与非金属等),即分为能源和矿石两大主要类型。

4. 海洋资源

海洋是地球上最广阔的水体的总称。将地球表面被各大陆地分隔为彼此相通的广大水域称为海洋,其中海洋的中心部分称作洋,边缘部分称作海,彼此沟通组成统一的水体。海洋资源是指海洋中的生产资料和生活资料的天然来源,其形成、发育的内在机理通常比较复杂且在不同类型的资源间有明显差异,与土地、矿产和水资源在空间分布及生态循环层面都具有密切的联系,能够在一定程度上进行相互转化,体现了自然资源要素间相互影响、相互作用的内在机理。这些特点决定了海洋资源通常具有比较好的可再生能力,即在人类开发利用方式与强度适宜的条件下,能够持续为人类所用。海洋资源有明显的适应或满足人类需要的特征(曹英志,2014)。根据再生与可利用特性,海洋资源具备不同的功能,既有海洋空间可供人们进行资源开发,也有海洋渔业资源等能够为人类利用的多种资源类型,故一般依据海洋资源承担的功能划分其主要类型(表 3.4)。

表 3.4　海洋资源主要分类体系

分类标准	分类方式	分类结果概述
利用方式、产品	基于《全国海洋功能区划(2011—2020 年)》	划分为农渔业区、矿产与能源区及海洋保护区等 7 种不同海区,每个海区有独特的可利用海洋资源
	基于《海洋功能区划技术导则》(GB/T 17108—2006)	从调查要求的资料中可概括分为 10 类海区,涉及航运空间、自然景观、渔盐、农业、林木、滨海城建、矿产、能量及水等资源类型
开发利用方式	基于《海域使用分类体系》	分为渔业用海、工业用海、交通运输用海、旅游娱乐用海、海底工程用海、排污倾倒用海、造地工程用海、特殊用海和其他用海等类

海洋资源的功能差异决定了分布在不同类型区域的海洋资源适宜采取的利用方式有所不同。因此,为满足后续评价环节的数据与逻辑需要,可依据最新的《全国海洋功能区划》确立的农渔业区、港口航运区、工业与城镇用海区、矿产与能源区、旅游休闲娱乐区、海洋保护区确定海洋资源利用分区,并据此进一步将海洋资源划分为无人岛礁、海洋空间(包括海上与海岸带等)及海洋渔业等资源类型。

3.1.2 主要的环境要素类型

自然环境条件是造成资源特征空间分布与性状差异的主要因素之一,也是影响、制约自然资源开发利用的外部系统因素,双评价的分析离不开对生态环境要素的认知。在双评价工作中,主要涉及的环境要素包括自然气候、大气环境、水环境、土壤环境、地形地貌、地质环境、交通区位、自然灾害和海洋环境等类型。

1. 自然气候

气象通常指发生在大气空间中的自然现象与物理过程,一般持续时间较短;而气候是大气物理特征的长期平均状态,时间尺度可从月、季、年、数年到数百年以上。因此,自然气候具有较好的稳定性,决定了该要素通常面临的修复压力相对较低。气候包含了"光温水热"等要素:"光"是太阳放射到地球的电磁波,能够改变地表的温度特征;"温"表示地球环境中长期的气温变化情况;"水"包含区域的降水条件;"热"是指环境中的热量条件。自然气候条件的主要要素可归纳为光照辐射、积温及季风等在内的五类(表3.5)。自然气候特征的差异对人类而言主要表现为环境限制性,影响土地、水等主要自然资源的开发条件及开发利用所需的成本。

表 3.5 自然气候要素体系

要素	含 义
光照辐射	太阳辐射,是指太阳以电磁波的形式向外传递能量
温度	表示物体冷热程度的物理量,微观上讲是物体分子热运动的剧烈程度
积温	指某一段时间内逐日平均气温大于等于10℃持续期间的日平均气温的总和,即活动温度总和
降水	是一种大气中的水汽凝结后以液态水或固态水降落到地面的现象,是自然界中发生的雨、雪、露、霜、霰、雹等现象的统称
季风	由于大陆和海洋在一年之中增热和冷却程度不同,在大陆和海洋之间大范围内的、风向随季节有规律改变的风

气候要素在特定区域内的综合表达即构成了气候区,气候区划是根据研究目的和产业部门对气候的要求,对一定范围内的气候进行逐级划分,将气候大致相同的地方划为一区,得出若干等级的区划单位。气候区划产生差异的原因主要包括由太阳辐射分布的纬度分异产生的气温差异、由海陆分异引起的干湿度差异及由海拔不同引起的垂直地带性差异。1929年,竺可桢根据少量的气候资料提出了中

国的第一个气候区划,将全国分为华南、华中、华北、东北、云贵高原、草原、西藏和蒙新共 8 个气候区。有学者在总结新中国成立后至 2010 年前后的已有气象资料基础上,提出了我国的气候区划以寒温带、中温带、暖温带、亚热带(又分南、北、中三带)、边缘热带、中热带、赤道热带与高原气候带(包括亚寒带、温带、亚热带)共 12 个气候带及湿润区、半湿润区、干旱区与半干旱区共 4 种干湿区域类型共同界定的气候区划的新方案(卞娟娟 等,2013),并据此进行"以温定带、以水定型",将我国划分为 56 个新气候区(郑景云 等,2010)。但是在双评价的后续评价环节中,通常将自然气候条件中的光温水热特征绑定到其他相关的环境要素上进行分析,因此较少单独考虑自然气候对资源环境的影响。例如,自然气候中的气温特征通常可从大气环境的角度进行分析解读,而不需要作为自然气候条件的一部分重复进行分析。

2. 大气环境

大气是包围地球的空气。大气环境是指生物赖以生存的空气的物理(温度、湿度等特性)、化学和生物特性(主要为空气的化学组成)的组合,对人类生产生活具有重要意义。大气环境的组成要素体系主要包含基本气体成分和空气污染物质(表 3.6)。前者囊括了氮气、氧气与二氧化碳等大气主要气体;后者囊括了悬浮颗粒物与氮氧化物等对生物有害的物质。大气环境的理化特征、对资源开发利用产生的影响主要由大气中包含的物质所决定,因此当人类活动改变大气中成分组合时,大气环境属性容易发生改变。这表明,大气环境相对而言稳定性不高,需要付出大量的修复与保护以维持其性状。

表 3.6　大气环境要素体系

要素	含义
氮气	化学性质很不活泼的无色无味气体,是空气中占比最大的气体(约 78%)
氧气	空气主要成分之一,占比约为 20%
稀有气体	由元素周期表上的 0 族元素所组成的气体,是包含以氩为主的稀有气体
二氧化碳	常温常压下为无色无味气体,是空气中的一种微量成分
污染气体	破坏大气原有理化特征的气体,主要包括氮氧化物、一氧化碳、硫化物及碳氢化合物等
悬浮颗粒物	悬浮在大气中的固体、液体颗粒状物质(或称气溶胶)的总称,粒径范围为 $0.001 \sim 1\,000\,\mu m$ 以上,粒径小于 $10\,\mu m$ 的可吸入颗粒物对人体危害较大

大气环境影响人类开展正常的生产生活,进而影响人利用自然资源从事各项活动。因此,各类涉及环境的评价与规划工作一般都十分重视大气环境。大气环境质量又直接关系自然资源利用适宜性与资源环境承载能力等多项任务环节的结果,故可通过空气质量衡量大气环境的优劣程度。界定空气质量的常用指数有空气质量指数(air quality index,AQI),可表示空气清洁或者污染的程度,以及不同

质量等级的空气对健康的影响。根据我国颁布的《环境空气质量指数（AQI）技术规定（试行）》，空气质量指数介于 0～50 时，当地空气达到国家空气质量日均值一级标准，空气质量为优，符合自然保护区、风景名胜区和其他需要特殊保护地区的空气质量要求；空气质量指数介于 51～100 时，为国家空气质量日均值二级标准，空气质量良好，符合居住区、商业区、文化区、一般工业区和农村地区空气质量的要求；空气质量指数介于 101～150 时，为三级标准，空气质量为轻度污染，符合特定工业区的空气质量要求；空气质量指数介于 151～200 时，为四级标准，空气质量为中度污染，接触一定时间后，心脏病患者和肺病患者症状进一步加剧，运动耐受力降低，健康人群中普遍出现症状；空气质量指数介于 201～300 时，为五级标准，空气质量为重度污染，接触一定时间后，心脏病患者和肺病患者症状显著加剧，运动耐受力降低，健康人群普遍出现症状；空气质量指数大于 300 时，为六级标准，空气质量为严重污染，健康人运动耐受力降低，有明显症状并出现某些疾病。

3. 水环境

水环境是指自然界中水的形成、分布和转化所处空间的环境，也是指围绕人群空间及可直接或间接影响人类生活和发展的水体。使水环境产生差异的要素大致包含水质和水文特征两类。前者是水体质量的简称，标志着水体的物理（如色度、浊度、臭味等）、化学（无机物和有机物的含量）和生物（细菌、微生物、浮游生物、底栖生物）的特征及表现；后者指自然界中水的各种变化和运动的现象，反映水环境蕴含的时空规律特征（努尔兰·哈再孜，2014）。由于水具有较强的流动性，故容易与接触的自然资源或环境要素间产生物质的交流，导致水环境比较容易受到环境污染的影响，从而难以维系其稳定性，水环境所面临的修复、维护压力通常比较大。

从空间分布与海陆分异来看，陆域的水环境可进一步分为地表水环境、地下水环境。地表水环境是地表空间范围内的水形成、分布与转化的环境。根据《地表水环境质量标准》（GB 3838—2002），其组成要素除水之外，还包含溶解氧、氮磷等无机盐、重金属等污染物、有机物及菌群等（表 3.7）。

表 3.7 地表水环境要素体系

要素	含义
地表水	存在于地表的河川、坑塘、水库等地表水体中的水
溶解氧	研究水自净能力的一种依据，与空气里氧的分压、大气压、水温和水质有密切的关系
无机盐	水中各种形态的含有氮、磷、钾等元素的无机化合物
重金属	水中各种形态的汞、镉、铅等有毒金属化合物
有机物	包括酚类、石油类等有害的有机物，也包括各类含氮等元素的有机物
菌群	大肠杆菌等在水中分布、能够影响生物健康的有害菌群

相应的，地下水环境是地面以下各岩层所分割空间中的水形成、分布与转化的

环境。根据《地下水质量标准》(GB/T 14848—2017),地下水环境主要的研究内容包括地下水环境中溶解性无机盐、重金属、有机物、菌群及放射性物质等(表 3.8)。

表 3.8　地下水环境要素体系

要素	含义
地下水	存在于地下水含水层中的水
溶解性无机盐	地下水溶解的无机盐
重金属	地下水中各种形态的汞、镉、铅等有毒金属化合物
有机物	水中各种形态有机氮、酚类等有机物质
放射性物质	水中以 σ 及 β 形式进行放射的放射性物质
菌群	大肠杆菌等在水中分布、能够影响生物健康的有害菌群

4. 土壤环境

土壤是母质、气候、生物、地形和时间等因素共同作用下形成的自然体。土壤要素具有天然肥力,能够组成农田、草地和林地等,是农业发展和人类生存环境系统中的一个关键部分。土壤环境实际上指连续覆被于地球陆地地表的土壤圈层,也是地球表面生物圈的组成部分,它提供了陆生植物的营养和水分,是植物进行光合作用、能量交换的重要场所。"土壤—植物—动物"系统是太阳能输送的主要媒介,推动着陆地生态系统进行全球性的能量、物质循环和转化。造成土壤环境差异的一个主要原因是不同土壤类型的化学组成成分及相应理化特征差异,明确土壤类型和质量是改善相关的生态环境、实现可持续发展的必要之举(陈美军 等,2011)。土壤环境的关键要素大致包括土壤类型、土壤层厚度及土壤质地等在内的六大类理化特征(表 3.9),其中土壤的类型特征相对重要,不同土壤类型代表了土壤层的厚度、有机质含量等理化特征存在差异,从而影响人类利用土地资源、保护土壤环境的方式。此外,从土地的可持续性特征可知,土壤环境也具有较好的稳定性,能够进行一定限度的自我调节,从而减轻人为的修复压力。

表 3.9　土壤环境要素体系

要素	含义
土壤类型	依据《中国土壤分类与代码》(GB/T 17296—2009),我国现行的土壤分类系统一般采用线分法将土壤分类单元分为土纲、亚纲、土类、亚类、土属及土种 6 类,其中土纲包含铁铝土、淋溶土及岩性土等 12 大类
土壤层厚度	土壤剖面中能够被利用的、位于母质层之上的土体厚度
土壤质地	据不同粒径土壤颗粒(石砾、沙粒、粉粒、黏粒等)划分的土质粗细类型,包括沙土、沙壤土及黏土等
土壤有机质	反映土壤的综合肥力与养分状况
可溶性盐类	包含由钠、镁、钙、氯等元素离子构成的盐类物质
酸碱度	反映作物生长的环境条件

5. 地形地貌

地形地貌是一类综合的环境要素,双评价工作主要关注其中的地貌类型、地形特征及海拔高程等。地形一般指地表以上分布的固定物体共同呈现的高低起伏的各种状态,强调局部的特征;而地貌则是地球表面各种形态的总称,是地球内、外力地质作用对地壳综合作用的结果,更强调大范围的整体性。受空气和水等侵蚀作用、地质活动与自然灾害等影响,地形地貌可能发生一定程度的改变,因此地形地貌的稳定性一般,且其修复的难度也比较大,常面临比较明显的保护压力。

地貌类型划分的方式比较多样,目前比较常见的有基于聚类的方法、基于规则知识的自动分类方法(王彦文 等,2017)。根据1∶100万中国地貌图,地貌分类的基础是地貌形态(起伏高度、坡度、海拔高度等)、营力成因、物质分异(基岩、松散沉积物岩性)、空间组合特征、历史演化过程等因素,包括三等、六级、七层。其中,七层由基本地貌形态类型(第一层)、成因类型(第二层)、次级成因类型(第三层)、形态和次级形态类型(第四、五层)、坡度坡向及其组合类型(第六层)和物质组成及岩性类型(第七层)组成。第一层的基本地貌形态类型由地面坡度、起伏高度和地貌面的海拔高度三个基本指标逐级划分,后续则在基本地貌类型基础上按照分类基准逐级划分(周成虎 等,2009)。目前常见的地貌类型按成因一般分为构造类型、侵蚀类型、堆积类型等,侵蚀类型和堆积类型又可分为河流、湖泊、海洋、冰川、风成等类型地貌。

地形特征包括地形特征点和特征线,是进行地貌分析与处理的基本对象(张尧 等,2013),能够表达地形的组成、地势起伏、形态分布及特殊地貌类型等特征。其中,地形特征点是指一些决定地形整体轮廓、地形起伏及走向趋势的特殊点,主要包括山脊、山谷、山顶、谷底、鞍部的高程点(刘建军 等,2015)。而地形线构成了地形起伏变化的特征线,具有判断地表高低起伏与地形区域邻接分布关系的作用,实际中一般采用基于等高线(穆瑞欣,2016)和基于数字高程模型(王文娟,2018)等方法提取。

海拔高程也称海拔高度,是某地与海水面的高度差,而严格意义上的海拔高程(简称海拔高)是地面点沿重力线到大地水准面的距离。海拔高程一般通过高程测量获得,通常有水准测量、三角高程测量和气压高程测量等。其中,水准测量是比较精密的方法,主要用于建立国家或地区的高程控制网;三角高程测量不受地形条件限制,传递高程迅速,但精度低于水准测量,主要用于传算大地点高程;气压高程测量则用气压计测定两点的气压差,推算高程。

6. 交通区位

区位主要指某事物或人类活动(人类行为)所占有的场所,可视为由人与人工的点状、线状及面状设施构成的人文环境。交通状况与人口是描述区位的两个主要方面,其中前者回答了通达性问题,后者能够从人口拥挤程度反映交通的代价。

交通状况主要包含了自然资源和社会经济两个层面的意义(谢保鹏 等,2014),体现了人从当前位置获取水、土地等自然资源的便捷性,以及人到中心城区等社会经济重点区域的交通可达性。

交通区位要素主要由区位因素(也称区位因子)反映,体现了人与点状、线状、面状的基础设施的交通联系,即与资源相关的社会经济属性和非经济要素(与人文社会的观念有关)共同作用。其中,成本是生产和销售一定种类与数量产品以耗费资源并用货币计量的经济价值。成本因子包含运费、劳动力及资源集聚、分散所带来的变化,从经济学的角度归为运费因子和非运费因子。一般而言,交通便捷有利于降低运输投入且减轻人为转运资源的压力,从而减少成本因子的不利影响。另外,人与自然资源的交通联系有时并不完全由经济因素驱动,还包含各种非经济层面的因素。例如,特定人群在固有的传统观念影响下,可能并不会完全按照经济(特别是成本)情况对点状、线状或面状的人文设施进行布局,导致人和特定资源之间的可达性与一般性社会经济规律间存在偏差。

由于交通区位要素主要包含可达性及由此带来的成本变化,且其性状稳定性相对一般,比较容易随着城市建设、国土开发的布局改变而发生变化,故交通区位的通达性、可达性也随之发生改变。同时,受人口变化及市场对成本因子的影响,交通区位要素的恢复(自我修复)受人的影响比较明显,具有比较大的弹性。

7.　地质环境

地质环境主要指地表面下的坚硬壳层,即岩石圈,也可认为是地球演化的产物所形成的综合体,包括岩石、浮土、水和大气等各种相关的地球物质。组成地质环境系统的圈层包含岩石圈、水圈和大气圈,并且在长期的地质历史演化的过程中,岩石圈和水圈之间、岩石圈和大气圈之间、大气圈和水圈之间进行着物质迁移和能量转换,使地质环境成为一个相对平衡的开放系统。地质环境的开放性使地质要素同样比较容易受到相关资源环境要素的影响,因此不同地区的地质环境稳定性差异比较明显。例如,部分地区受自然条件与资源环境开发利用的多重影响,会出现地质构造不稳定、地质灾害发生风险大等情况(许明军 等,2016);有的地区岩体构造稳定,地质灾害风险较低,则地质环境相对比较稳定(王奎峰 等,2015)。由于人类触及地质环境的深度比较有限,很难通过单纯的人力进行修复,故在资源开发利用中应注意尽量不破坏已有的地质环境条件,避免引起连带损失。

地质条件主要指地球的物质组成、结构、构造、发育历史等。根据利用场景的不同,地质条件又可分为工程地质条件和水文地质条件(表 3.10)。其中,工程地质条件一般分为地形地貌、岩石类型、地质构造与地震等可能影响建设工程效果的因子(蒋凡,2017),水文地质条件可总结为描述地下水的形成、埋藏、分布与转化的一组条件(邸西京 等,2010)。

表 3.10　地质条件要素体系

地质条件	内容	描述
工程地质条件	岩土类型	描述构成岩层的岩土的物理力学特征和成分
	地质构造	描述与工程相关的岩层物理特征和分布状况
	水文地质	地下水是降低岩体、土体稳定性的重要因素,因此工程地质条件需要考虑地下水的理化、分布特征
	地表地质	对现代地表地质作用的反映,对评价建筑物的稳定性和预测工程地质条件有作用
	地形地貌	影响工程的建设场地和相应的路线排布
	天然建材	不同的天然建筑材料关系到场址选择、工程造价、工期长短等差异
水文地质条件	地下水理化性质	表现地下水中含有的物质类型及水的质量特征,能够影响含水地层的地质特征
	地下水形成、分布	主要研究地下水的形成、转移和分布的规律,以此反映水对相关岩层性质的影响

8. 自然灾害

自然灾害指给人类生存带来危害或损害人类赖以生存的生活环境、生态环境的有害自然现象。从环境的角度出发,根据《自然灾害分类与代码》(GB/T 28921—2012)等国家标准所采取的以环境为主要依据的分级分类,一般将自然灾害按照发生的所在环境划分为地质地震灾害、气象水文灾害、生物灾害、海洋灾害及生态环境灾害等主要类型(表 3.11)。总体而言,自然灾害产生的直接原因是地球环境要素本身理化性质突然发生不可避免、不利于人类生存发展的变化,间接原因则可能是人类的活动超出环境承受能力造成其"应激反应"。一般所有的自然灾害都能够改变特定区域的资源环境分布,并造成国民经济损失。

表 3.11　自然灾害要素体系

类型	表征	原因	影响
气象水文灾害	干旱、洪涝、台风、暴雨、大风、冰雹、冰雪、雷电、低温、高温、沙尘暴、大雾	一般原因是大气或水的运动、分布规律发生突然变化,间接原因是人类活动改变了环境条件	改变地表的资源环境分布、构成的特点,造成基础设施毁坏与经济损失
地质地震灾害	地震、火山、滑坡、崩塌、泥石流、地面塌陷、地面沉降、地裂缝等	直接原因是地质反应产生的能量的剧烈释放,间接原因是人类破坏了地表或地层的完整性	覆盖或改变地表地貌及地下水等资源分布,毁坏房屋,危害人的安全等
海洋灾害	风暴潮、海浪、海冰、海啸、赤潮	自然原因是与海洋相关的外部能量作用,而人为的排污能够造成赤潮等灾害	破坏沿海区域地表覆盖,威胁人的生命安全,改变海洋理化特性,影响海洋资源利用

类型	表征	原因	影响
生物灾害	植物病虫、疫病、鼠害、虫害、赤潮、森林和草原火灾	一般原因是生物间原有的制衡关系被打破，或致病病原体感染	危害农业生产安全、粮食安全等基本生活条件，影响人和其他生物的生命健康
生态环境灾害	水土流失、风蚀沙化、盐渍化、石漠化等	一般原因是人类活动破坏了原有环境中理化特性的平衡	影响工农业生产与资源利用，影响土地作为人类生存空间的支持能力

9. 海洋环境

由于海陆差异的存在，海洋环境与陆域水环境相比，在双评价中受到关注的要素有所不同。根据《2018 中国海洋资源生态环境状况公报》（中华人民共和国生态环境部，2019）的相关内容，海洋环境的构成要素一般包含海水、溶解性无机盐、重金属、放射性物质及气体等基本类型（表 3.12）。

表 3.12 海洋环境要素体系

要素	含义
海水	海洋中存在的水，通过降水与陆域汇流补给
溶解性无机盐	包含海水溶解的无机盐，一般以活性氮、无机磷酸盐等形式存在
重金属	海水中各种形态的汞、镉、铅等有毒金属化合物，可能由陆上河流等排入
石油类污染物	包含海水中各种形态的石油类物质
放射性物质	海水中包含的铯等能够产生放射性的物质
沉积物	主要来自于河流等携带的不溶物，在入海口处因流速减缓而沉积
气体	主要为海水中少量的氧气等溶解的气体
海洋大气沉降物	主要由大气中的气溶胶沉降产生

3.1.3 海陆分界的生态系统

生态系统是指在自然界一定的空间内，生物与环境构成的统一整体，这其中的生物与环境之间相互影响、相互制约，并在一定时期内处于相对稳定的动态平衡状态。由于生态系统中常进行着过程复杂的物质循环与能量流动，消耗自然资源的同时改变了环境条件，影响了其后的自然资源开发利用方式和开发基础，故生态系统与自然资源开发利用的相互关系成为双评价关注的重点之一。

生态系统的类型复杂多样，从宏观的海陆空间差异，可分为海洋生态系统与陆地生态系统。从更具体的功用角度，生态系统也可分为"山水林田湖草"与城市、海洋，以顺应当下构建人与自然和谐的生命共同体的要求。其中，"山"指以山地丘陵为环境主体的生态系统，"水"即陆地河流的水生生态系统，"林"指森林生态系统，"田"指农田生态系统，"湖"为湖泊生态系统，"草"指草原生态系统，"城市"指人工建造的城市生态系统，而"海洋"则指以海洋为主体构成的生态系统。生态系统的组成成分可分为生产者、消费者、分解者及非生物要素(如资源环境和物质能量等要素),而生态系统的非生物要素中的环境要素则包含了双评价相关的自然气候、大气环境、水环境与地形地貌等要素类型。基于双评价的全面性与可行性要求,一般将评价涉及的生态系统从海域与陆域两方面进行区分。

1. 陆地生态系统的要素

陆地生态系统涉及陆域的环境要素与配套资源,也包括了生活在其中的各类生物(图 3.2)。

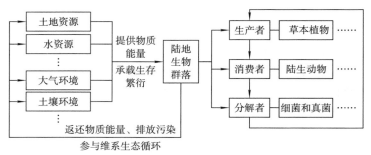

图 3.2   陆地生态系统涉及的主要要素

在陆地生态系统中,自然资源与环境要素是生态系统的基础。通过不同程度地为生物群落(特别是其中的生产者)提供物质能量基础,确定了生态系统保障生物生存繁衍的承载能力,使生态系统的上限得以明确。此外,经过生物群落中各级生物的消化利用及分解者的分解作用,部分物质能量和生物各种活动排放的污染物被重新返还到自然资源与环境的综合系统中,从而实现了各级、各类陆地生态系统的循环与稳定发展。

2. 海洋生态系统的要素

相较于复杂的陆地生态系统,海洋生态系统一般是以海洋为核心的生态功能主体。在海洋功能体中,除主导的海洋环境要素与配套的海洋资源外,还包含了生活在海洋中的各类生物(图 3.3)。

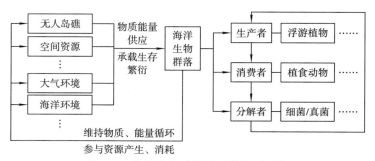

图 3.3   海洋生态系统涉及的主要要素

在海洋生态系统中,海洋环境、大气环境及海洋空间资源等自然资源与环境要素通过共同作用,为海洋中的浮游植物等生产者利用物质、能量条件维系海洋生物关系提供了支持,同时为生态的繁衍提供了有效承载。经过各级海洋动植物利用与分解者进行的分解,物质能量重新返还到资源环境综合系统中。由此,通过海洋资源环境与海洋生物群落的联系、作用,海洋生态系统可为人类提供一定的开发利用支持,从而产生承载能力与承载压力等具体的评价要求。

3. 沿海陆地生态系统的要素

沿海陆地生态系统处在海洋和陆地之间的缓冲过渡地带,因此在生态功能体上既包括"山水林田湖草"与城市所表达的综合体,也受到海洋生态综合体的制约,并且在生态系统的资源环境特征方面兼具海洋与陆地的双重特征。

在地上空间(陆域),污染物和其他物质通过地表径流汇入海洋,因此沿海河口属于海陆水资源与环境要素特征共存状态;大气循环则从大气和气候方面连接了海陆,使港口、海岸等临海区域在海陆环境共同作用下,利用两侧海陆资源供应内部生态系统的物质能量流动循环。在地下空间(海域),物质通过渗透作用进入地下水,最终也可能进入海洋,实现地下水的汇集;此外海陆的地下岩体连接,实现了沿海陆域两侧的地下水源、地质等资源环境条件的互通。通过海陆的资源环境条件关联,沿海相对狭窄空间内的生态系统在生物间关系与物质能量上均呈现出特殊的过渡特征(图 3.4)。

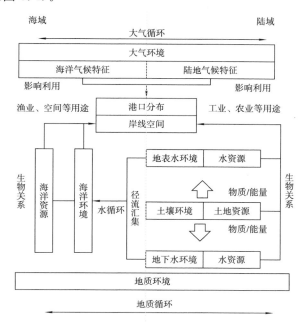

图 3.4 沿海陆地生态系统涉及的主要要素

§3.2 自然资源开发利用的实物性状

自然资源开发利用是指对自然界中一切能被人类利用的物质和能量,包括土地资源、矿产资源、水资源及海洋资源等在内的自然资源,建立涵盖获取、利用和保护处理等在内的完整应用体系。

3.2.1 土地资源开发利用的实物性状

土地资源的开发利用是在一定时间周期内,投入资金、技术、劳动力等生产要素,对一定地域中的土地及其附属与相关内容进行系统性的结构化开发和使用。土地资源开发利用的主要目的是在探索和谐的人地关系支配下,使土地自然属性与社会属性向平衡状态变化,进而促进区域内人地关系的协调发展;通过降低人为因素对土地的不利影响,提升土地资源可持续发展的能力(樊雷 等,2017)。

1. 土地资源的实物性状

土地资源的开发利用涉及的实物性状主要包含了土地资源的空间依存状况与土地的理化特征(由土壤的理化特征确定)(表3.13)。其中,空间依存状况主要描述了土地的地块位置,以及与其他类型的聚集情况;土地的理化特征则是指微观层面土壤的结构特征、物质组成或化学特性的实际表现,以土地的酸碱性、肥力与土壤容重等为代表(王小艳 等,2015)。土地资源的实物性状反映了土地可供人类直接利用的特征,进而影响在人类对土地进行开发利用时适合用途的选取。

表 3.13   土地资源开发利用涉及的实物性状

类别	性状	含义
空间依存状况	土地位置	占据一定面积的土地资源在空间中分布的具体位置(如经纬度)
理化特征	可利用面积	实际可以对土地进行开发、对产品进行利用的土地资源占据的水平面积
	土壤类型	构成土地的土壤团块的类型,可以有不同的分类方式,不同的类型一般有不同的可供开发利用的特征
	土地质地类型	土壤团块之间连接的结构类型,决定了土地排水性与可耕性
	含石量	土地中石砾含量比例,决定了土壤的通透性
	pH 值	决定土地的可耕性及宜耕作物
	黏土矿物性质	影响水蚀危害的潜在风险及耕作方式
	土壤渗透性	影响排水性与通透性,决定土地利用模式
	土壤结构	影响根系生长、水分有效性与利用模式
	土地盐渍度	土壤中可浸出的盐类物质含量

续表

类别	性状	含义
理化特征	颜色与锈斑	土壤的颜色与表面结构
	成土母质类型	决定土壤的肥力与养分的有效性
	有机质与根系分布	土地中植物所需有机物的含量，决定土地可耕性或利用方式；根系分布反映了土地质地特征，决定其可用性
	重金属含量	土壤中对人体有害的各种形态的金属含量，决定土地资源适宜开发利用的程度等特征

2. 土地资源开发利用方式

土地资源的开发指通过规划、物化劳动达到土地资源的稳定状态，而利用则是使土地具有某种用途的生产活动。根据土地资源的理化特征和空间分布特征差异，土地资源的利用一般存在三种主要方式，即土地的空间直接占用、农业生产利用及生态功能利用，并且不同的用地方式在用地特征、开发方式及利用形式上存在比较明显的差异（表3.14）。需要特别说明的是，双评价关注的土地资源的农业生产利用是包含了农林牧副渔等多元化生产模式的"大农业"。

表 3.14　土地资源的开发利用方式

利用方式	用地特征	开发方式	形式
空间直接占用	一般呈连片状进行利用，多经土地改造提升不透水性	获取、开拓土地资源的场所面积	住宅用地提供居住生活空间，商服用地、工矿仓储用地、公共管理与公共服务用地、特殊用地、交通运输用地、水域及水利设施用地作为提供各种生活服务的场所
农业生产利用	相对比较灵活，既存在大规模生产，也有小规模多元化利用；一般还包含对土地理化特征的改良以适应农业生产	开垦，使土地符合作物生长与动物繁殖的基本要求	通过耕地、园地获得所需作物，通过林地草地发展林业、牧业生产，利用水域及水利设施用地进行渔业生产
生态功能利用	以保护与改良为主，人类活动干扰很少，用地范围内开发强度几乎为零	保持、利用或重构生物与非生物的物质能量之间的循环联系	利用林地、草地、湿地及其他特殊用地，进行生态保护，或利用生态循环开展观光等服务

对于土地资源的开发而言，不同开发方式的主要差异在于土地权属和组织形式的不同，土地资源的开发方式目前有政府集中开发、集体开发、个人开发与建立土地入股合作制等形式。政府集中开发是通过征地补偿等手段集中土地进行集约

化高效利用,个人开发是取得开发权限后的空间开发,入股合作则是通过股份制合作的形式进行集体的开发(刘玮 等,2004)。

3. 土地资源利用的产品计量

从产品的角度,对土地资源进行直接的空间利用一般可以获得各式建筑与直接的用地空间,土地资源农业生产利用所得则为各类农林牧副渔产品,而土地生态利用通常可获得各类以生态保护区等实体承载的生物蓄积量。土地空间产品的计量方式一般是测算实际使用的土地或建筑面积,农林牧副渔产品的度量则是主要以产品的重量计量,而生态产品可用面积或物种多样性等指标计量(表 3.15)。

表 3.15　土地资源利用产品的计量

产品	说明	计量方式
建筑(面积)	商业、住宅等各类建筑的总体面积,由单层面积与层数确定	面积
土地(面积)	工矿等提供场所的用地(单层)所能够提供服务的面积	面积
农林牧副渔(重量或数量)	农业种植业主要是生产出粮食、果蔬等农产品	重量
	林业主要是产出建材、薪炭或生态产品	重量
	草地用作牧业,主要产出牧草,用作饲料,实现牧场载畜	载畜量/重量
	水域的渔业生产主要获得各类渔获产品	重量
生物蓄积	利用土地的生态功能开发生态保护等用途,发展到一定程度时积累的生物数量	以种群密度、物种多样性等方式计量

3.2.2　水资源开发利用的实物性状

1. 水资源开发的实物性状

水资源在开发利用时的实物对象为自然环境中以各种形态存在的水,而水资源具备的实物性状主要包含空间依存状况和理化特征两类(表 3.16)。前者一般包括水资源存在所依附的空间载体(如河流、湖泊与水库等)及水在自然界中分布的空间位置,后者则包含了以水的色嗅味及污染程度等性质为代表的理化特征,反映了水中的成分和水的质量。

表 3.16　水资源开发利用的实物性状

类别	性状	含义
空间依存状况	载体	水资源所依赖的载体包括地表的河流、湖泊等,还包括地下的泉水、暗河等,海洋也是水资源存在的重要载体之一
	位置	水资源在实际空间中分布的范围,一般通过水资源的边界位置表示

续表

类别	性状	含义
理化特征	类型	水资源的分类关系,影响水的开发利用途径
	面积	承载水资源水体的面积,包括湖泊面积或流域面积等
	地表水径流量	主要是地表的河流等水体在单位时间内通过某断面的水量
	地表水蒸发量	一定时期内,地表的水资源通过蒸发作用减少的资源量,即水的损耗
	丰、枯水特性	表示区域内河流等水资源载体偏丰期和偏枯期的长短与周期性关系
	地下水埋深	地下水分布的深度
	入渗补给量	通过降水等途径经地表汇集、土壤下渗等过程,补给到潜水的水资源量
	可开采量	地下水资源中可以进行开发利用的水量
	硬度	水的总硬度指水中钙、镁离子的总浓度
	含盐量	水中各种形态的无机盐化合物的含量
	pH 值	水资源的酸碱度,影响水资源的可利用性
	色嗅味	水的颜色和味道,表示水的清洁程度
	重金属含量	地下水中含有的影响人类健康的各种形态的重金属含量
	化学需氧量	废水、废水处理厂排出水和受污染的水中,能被强氧化剂氧化的物质(一般为有机物)的氧当量
	菌群数	大肠杆菌等各种病原体在水中的含量

2. 水资源的开发利用方式

水资源的开发指从地表或地下的水体中稳定地获取可用的水资源,而利用则侧重于描述水资源获取后使用的具体方式。依据通常情况下开发利用水资源的各类需求和预期能够得到的各类水资源产品,水资源的利用主要涉及生活用水、灌溉用水、工业用水及水力资源开发等方式(表 3.17)。

表 3.17　水资源的开发利用方式

用水方式	开发方式	利用形式
生活用水	获取地表、地下的清洁水源,转化、重整污水	供应人类饮用水及其他生活所需水资源
灌溉用水	规划并稳定抽取地表、地下符合灌溉标准的用水	通过漫灌、喷灌与滴灌等途径为植物补充生长水分
工业用水	通过引水或循环开发废水达到稳定获取工业使用水资源的状态	作为工业生产的原料参与生产、处理,并回收生产的废水
水力资源开发	积蓄地表水资源中的能量,并运用基本的能量转化关系	建设水坝进行蓄水与水力发电

（1）生活用水一般是指人类日常生活中为满足生活所需而利用的水资源,主要包括城镇生活用水和农村生活用水等(杨晓英 等,2013)。其中,城镇生活用水由居民日常生活用水和公共用水(含第三产业及建筑业等用水)组成;农村生活用水中则包含居民生活用水和牲畜用水(马海良 等,2014)。

（2）灌溉通常是指将水从水源地引入灌区并送达植物根系,以确保农作物正常生长的行为。用于灌溉的水资源可被称为灌溉用水。灌溉主要包含了两个环节,即取水与浇灌。前者包含了凿井汲水(针对地下水)、河流引水及湖泊水库储水等方式,后者目前比较常见的技术有漫灌、喷灌与滴灌等。

（3）工业用水一般是指工业生产过程中的生产用水及厂区内生产从业者所必需的生活用水的总称(侯晓虹 等,2015),能够参与原料与产品的处理、矿产资源冶炼锻造及设备清洗冷却等不同的生产流程。工业用水的使用一般包括用水的生产、工业投入、污水处理及排放(或循环利用)。

（4）水力资源属于水利资源的范畴,通常指天然河流或湖泊、波浪、洋流所蕴藏的动能资源,而水力资源开发是针对水资源蕴含的能量的转化和利用。水力资源开发的主要方式是水力发电,同时也包含对防洪蓄水及航运实现综合效益的相应开发利用(李世东 等,2001)。通过水力资源开发,不仅使水资源的动能能够转化成电能等各种人类生产生活所需的能量,还能够在汛期和旱期对水资源进行一定的调控。

3. 水资源利用的产品计量

根据水资源的利用方式,能够确定水资源生活利用的产品为生活用水,灌溉利用的产品主要包括灌溉用水与相关农业生产过程产物,工业利用的产品主要包括工业用水、工业生产过程产物,水力资源开发利用所得的主要产品则为能量转化后产生的可供应生产生活利用的电能。其中,各类直接用水的产品一般均可通过体积计量,相关的过程性产物可以用重量单位进行计量,而水力发电的电能可以用"度""千瓦时"等传统的用电单位计量(表3.18)。

表 3.18　水资源利用产品的计量

产品	说明	计量方式
生活用水	生活用水中,水被作为饮用水产品	体积、重量
	非饮用生活用水的产品一般用于清洁或景观等多种用途	体积、重量
灌溉用水	用于灌溉的水资源即为灌溉水产品	体积、重量
工业用水	工业中用于大规模生产其他产品的原料水	体积、重量
	污水是工业用水产生的不可利用产品,直接排放会破坏环境	体积、重量
电能(能量)	通过水力发电将势能转化成电能得到的产品	以电力的单位"度""千瓦时"计量

3.2.3　矿产资源开发利用的实物性状

1. 矿产资源开发的实物性状

矿产资源开发所得的实物是经开采获取的各种矿物实体，涉及的实物性状主要包含矿产资源的空间依存状况与矿产的理化特征两类（表 3.19）。其中，空间依存状况表示矿产在三维的空间中所处的位置及矿产形成、分布所依赖的载体，而理化特征则表征了矿产资源的品位及状态（如固、液、气）等特征的差异。

表 3.19　矿产资源开发利用的实物性状

类别	性状	含义
空间依存状况	埋深	矿产资源在空间中埋藏的深度
	位置	矿产资源从其埋藏的位置向地面投影，各投影点连成的特定空间范围
理化特征	固体矿产品级	反映固体矿产的质量好坏
	探明储量	经过地质勘探确定的在特定空间内分布的资源量
	可采储量	具备开采条件、能够开发利用的矿产资源量
	颜色	矿物外观的颜色，能够区分部分矿物
	化学物质组成	构成矿物的化学物质
	晶体结构	决定矿物形态和物理性质及成因的根本因素，也是矿物分类的依据
	可氧化性	表示矿产资源与氧气等发生反应的活泼性，影响矿物的开采和储运方式
	含硫量	石油等资源中各种形态硫元素的含量

2. 矿产资源的开发利用方式

矿产资源的开发是指将矿产资源比较稳定地从埋藏的地层挖掘、输送到地表使之可被加工利用。矿产资源的利用则是对开采所得的矿产进行精细化提炼，并将产物用于工农业的生产活动之中，一般包含用作燃料、化工原料及工艺品等方式。根据矿产资源常见的状态（固态、液态、气态等）及矿产资源类型，可将人类开发主要矿产资源的方式分为矿山露天开采、地下矿井开采及油气钻井开采等（表 3.20）。

表 3.20　矿产资源的开发利用方式

矿产资源	开发方式	利用形式
煤炭资源	以矿山露天开采和地下矿井开采获取煤矿	用于工业层面的动力用煤、炼焦用煤及煤化工用煤
天然气资源	采用油气钻井开采方式获取	既可用作生产、生活供能的燃料，也可用于发电等用途
石油资源	采用油气钻井开采方式获取	采用分馏、裂化、裂解与催化重整等方式获取各类油品，用作燃料或化工原料、建材等
金属、非金属矿石	以矿山露天开采和地下矿井开采获取原始的矿石	规范用于各类工业生产，或用于提炼工农业所需生产资料

(1)矿山露天开采是我国金属矿床开采的重要手段,是移走矿体上的覆盖物、得到所需矿物的过程,也是从敞露地表的采矿场采出有用矿物的过程。露天开采作业主要包括穿孔、爆破、采装、运输和排土等流程,按作业的连续性可分为间断式、连续式和半连续式。采用露天开采的方式,优点主要在于资源利用充分、产率相对比较高、有利于控制开采成本及适用于大型机械化作业(徐征,2012)。

(2)地下矿井开采是指从地下矿床的矿块里采出矿石的过程,通过矿床开拓、矿块的采准、切割和回采四个步骤实现。地下采矿方法分类繁多,常用的有以地压管理方法为依据划分的自然支护采矿法、人工支护采矿法及崩落采矿法三类。当矿床埋藏位置很深,采用露天开采会使剥离系数过高,此时适合采用地下开采方式(陈清运 等,2004)。此外,还存在一定的特殊情况,即随着露天开采不断进行,开采难度越来越大,安全性越来越低,成本不断上升,促使矿产开采转入地下开发阶段,而此时矿山一般要经过露天开采期、露天与地下联合开采的过渡期和地下开采期三个阶段,最终实现从露天转地下的开采模式(卢宏建 等,2014)。

(3)油气钻井开采是针对液态或气态的石油、天然气等资源设计的开采方式。针对矿产的流动性强、非接触性等特征,油气钻井采集一般采取引导、抽取的方式。需经过测井、钻井、采集与输送等基本环节实现开采。根据资源分布的海陆差异还可以分为陆上钻井开采及海上平台钻井开采两种形式。深海钻井获取油气需特别关注风险的管控,要做好防泄漏、防爆燃及防扩散等全面防护措施后方可开展(陈国明 等,2019)。

3. 矿产资源利用产品的计量

根据矿产资源的利用方式和实物性状来看,矿产资源利用产品(矿产品)包括矿产部门开采并加工生产所得的煤炭、汽油、柴油、天然气等可供生活生产用作燃料的产品,以及各种金属矿石及非金属矿石等主要产物。对于固态和液态的矿产一般可以通过体积、重量等进行计量;对于气态的矿产资源,如天然气等,则通常只能通过体积进行计量(表3.21)。

表 3.21   矿产资源的利用产品与计量

产品	说明	计量方式
煤炭	煤炭利用可以基于固态的产物进行,一般是作为燃料用	一般用体积、重量
	煤炭中还能够提取液态的油状产品	一般用体积、重量
	煤炭中能够分离可以作为燃料等使用的各种工业用途的气态产品	体积

续表

产品	说明	计量方式
石油类	石油提炼能够分出汽油、柴油等液态油品,可以作为燃料或各种工业原料使用	体积、重量
	沥青等固体产物也可以作为石油利用所得的产品,用作建筑等用途的原料	体积、重量等
天然气	一般是用作燃料的各种可燃气体	一般用体积
金属、非金属矿石	一般是通过提炼获得的矿物结晶产品	一般用体积、重量

3.2.4　海洋资源开发利用的实物性状

1. 海洋资源开发的实物性状

海洋资源开发过程涉及的实物性状主要与海洋资源实物间的空间依存关系及特殊的理化特征相关(表 3.22)。海洋资源的空间依存关系分为垂直和水平两类,垂直关系即相对于海水面所处的高度或海面下的深度,而水平关系可从绝对(空间坐标)和相对(距特定参照物的距离)两种方式进行描述;海洋资源实物的理化特征则是对于海洋资源实物的物质构成、体积和质量等特征的表达。

表 3.22　海洋资源开发利用的实物性状

类别	性状	含义
空间依存关系	深度/高度	资源在海洋中分布的深度或高于海面的高度,表示垂直的依存关系
	位置	资源在空间中的绝对坐标表示的位置,也可以表示与特定参照物的相对关系
理化特征	海域面积	具有一定利用价值和用途海域的面积
	用岛面积	海岛等实物能够为人类开发利用的面积
	岸线长度	海洋与陆地交界处延续的长度,反映岸线资源的资源量
	水温	海水的温度,主要影响生物的生长
	盐度	海水中盐的含量,影响在海域中利用资源时对配套设备的腐蚀性要求
	物质构成	包括海水中各种溶解物、气泡和固体不溶物的成分及对应的含量
	水质	反映海水的污染程度,影响人类利用海洋的可用性及生物在海洋中生长的能力
	颜色与透明度	海水的颜色和透光能力,影响生物的分布
	渔获量	从事海洋捕捞能够获取的渔业资源量,反映渔业资源的丰富程度
	幼鱼比例	能够生长繁衍种群的幼年鱼类的比例,反映鱼群可再生的能力
	溶解气体量	主要是氧气和二氧化碳等气体在海水中的含量,与海水中生物的多少密切相关

2. 海洋资源的开发利用方式

海洋资源的开发是指通过规划和劳动获取海洋的空间、生物等资源并使之达到可以利用的稳定状态,而海洋资源的利用一般是对资源根据用途进行相应的生产。根据对《中国海洋资源公报》等权威公告进行的归纳,海洋资源的开发利用主要涉及海洋空间、海洋渔业(海洋生物)及无人岛礁等资源要素,不同海洋资源要素具有不同的开发方式和利用形式(表3.23)。

表 3.23　海洋资源的开发利用方式

海洋资源	开发方式	利用形式
海洋空间	规划、开拓海洋空间以使其稳定、符合使用要求	岸线利用,建设港口、海滩;海域利用,规划航线、部署设施
海洋渔业	规划和探明具有规模、可稳定进行捕捞的海洋渔场	海洋渔场捕捞、海水养殖、沿海滩涂养殖
无人岛礁	规划、整理海岛或规模较大的海礁,以符合建设要求	用作小规模建设用地、住宅用地等,提供生活、服务功能,或用作符合条件的农业生产基地

(1)目前,针对海洋空间的开发利用,根据水平范围内的海陆相对关系及垂直范围内的海洋空间深度,可分为海岸空间的开发利用、边缘滩涂空间的开发利用、近海空间的开发利用、远洋空间的海域开发利用等。

(2)海洋渔业资源是指天然水域中具有开发利用价值的鱼类、甲壳类、贝类、藻类和海兽类等具有一定经济价值的动植物的总体。海洋渔业开发是捕获海洋天然或人工繁殖的海洋动植物并对其进行加工、再生产的过程,大致分为基于渔船的海产品捕捞和利用浅海、基于滩涂的水产养殖。尽管理论上渔业资源属于可再生资源,但《2019中国渔业统计年鉴》显示,2015年至2018年间海洋渔业捕获量逐年下降(农业农村部渔业渔政管理局 等,2019)。因此,在海洋渔业开发中应注意控制强度和规模,避免资源过度消耗而致其难以再生。

(3)无人岛礁是尚未被人类开发或利用的海岛和海礁的综合体。岛屿是四面环水并在高潮时高于水面的自然形成的陆地区域,海礁则是海中或靠近海岸分布的各类岩体。目前,对无人岛礁的开发主要是建设或改造岛上环境以适宜某种需要,一般以海洋旅游观光、休闲酒店建设、能源与工业基地建设及小规模农业生产等利用方式为主,也有对动植物基地、公园、观光或海洋牧场等创新开发模式的探索(洪禾 等,2010)。

3. 海洋资源利用的产品计量

海洋空间和无人岛礁本质上都是基于海洋广阔的空间资源而进行的开发与利用,因此其衍生出的产品多为各种海洋与沿海的可利用空间(或相关的附属品);而海洋渔业资源开发利用的对象是各种海洋生物,因此其产品一般为各类渔获产品与相应的副产品(表 3.24)。

表 3.24　海洋资源利用的产品与计量方式

产品类型	说明	计量方式
海洋空间	海洋的滩涂和海域的空间主要表现为平面空间	面积
	利用海洋空间而得的岸线和航线等可以抽象为线状要素的产物	长度
用岛面积	利用无人岛礁进行转化后能够进行建设的区域	面积等
海洋渔获与副产品	各种鱼虾、贝类等进行远洋捕捞或滩涂养殖后获得的人类所需的渔产品	重量
	养殖或捕捞加工后获得的有一定经济价值的副产品	重量

§3.3　自然资源开发利用的环境特征

3.3.1　自然资源利用与环境的关系框架

　　人类对自然资源的利用与自然环境之间存在比较明显的双向影响和互动的关系,可使用"压力—状态—响应"(pressure-state-response,PSR)模型表示。"压力—状态—响应"模型的主要逻辑关系可表述为人类通过各种活动从自然环境中获取其生存与发展所必需的资源,经过开发利用后又向环境排放废弃物,从而改变了自然资源储量与环境质量;而自然环境状态的变化又通过环境特征的改变表现出来,影响人类进行社会经济活动的能力;在压力驱动下,人类社会利用环境政策、经济政策和部门政策,通过意识和行为的变化以做出反应,如此循环往复,构成了人类与环境之间的"压力—状态—响应"关系(图 3.5)。

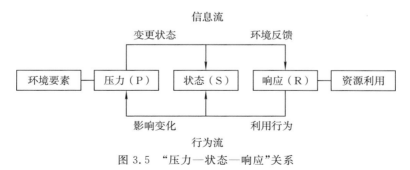

图 3.5　"压力—状态—响应"关系

　　在"压力—状态—响应"模型中,压力指标表征人类的经济和社会活动对环境的作用,如资源索取、物质消费及各种产业运作过程所产生的物质排放等对环境造成的破坏和扰动;状态指标表征特定时间阶段的环境状态和环境变化情况,包括生态系统与自然环境现状、人类的生活质量和健康状况等;响应指标指社会和个人如何行动来减轻、阻止和预防人类活动对环境的负面影响,以及对已经发生的不利于人类生存发展的生态环境变化进行补救的具体措施。这三类指标既在实际应用中存在差异性,同时也包含关联性(罗上华 等,2003)。

3.3.2 自然资源开发利用对环境的影响

1. 自然资源开发利用的环境效应类型

自然资源开发利用对环境的影响可分为物理影响、化学影响和生物影响三类,而当物理、化学及生物层面的影响综合后,能够产生生态综合影响,进一步改变自然环境的性状特征。

物理影响包括地下和地表的垂直空间维度与局部和区域的水平空间维度。垂直维度的影响主要体现在地下水资源或矿产等代表性资源的开发,改变了物质存在的高度、深度或分层关系;水平维度的影响体现在矿产资源的开发利用及其产品会改变特定自然环境的分布空间,同时还能够改变局部和区域的相对关系。例如,地表水的生活利用改变了水所处的水平空间位置,可能间接改变水环境的分布特性。

化学影响表现了由资源开发利用导致的物质转化与能量的转移、循环。物质转化表示资源在利用过程中发生了化学反应,产生了新的物质;能量的转移、循环表示能量的属性和能量的形式(主要是动能、势能与辐射能)等发生了改变。在开发利用自然资源的过程中,为了以资源实物为基础获取某种产品,可能需要从环境中引入其他原料并人为构建相应的化学反应,而反应的产物可能再进入环境,造成环境中物质类型与物质的量发生变化。例如,石油开采过程中燃烧的可燃性气体利用空气中氧气产生二氧化碳等物质,排放到空气中引起了大气环境中的物质转化。另外,在涉及化学反应的情况下,通常还伴随着能量的转移和循环。例如,使用水资源进行农业灌溉,参与了一系列化学反应,还伴随着太阳的辐射能与生物能的转化。

此外,人类开发利用自然资源而产生的各种复杂的物质能量转化,经由食物链、食物网在动植物栖息地之间转移,引起生物生存环境的各种变化,可能产生比较明显的生物性影响。生物性影响表现为导致生物多样性和生态多样性随资源开发利用强度发生变化。生态系统中物质循环一般是伴随着捕食与被捕食进行的,并且这类有机物的循环常伴以能量循环流动,可通过"生物金字塔"(以图形表示生态系统连续的营养级的数量、生物量和物质能量)的结构表示(图 3.6)。在金字塔结构描述的物种中,从生产水平到消费水平,生物体的数量、生物量和物质能量逐渐减少,其流动的方向是从底层的生产者向其上更高级别的消费者逐级流动,而每级生物体死亡后,其物质都会向底层的分解者流动。由于资源利用引起的危害在"生物金字塔"结构中常自下而上累积,故人类应注意对自然生态系统良性循环的保护,尽可能减少扰动生态系统中物质循环、能量流动和信息传递的固有渠道和耦合关系(孙晓雪,2009),避免不利因素累积后影响自身。

在资源环境的开发利用中,物理维度的关系变化、化学维度的反应变化及生物维度的物质能量流动常交织进行,从而形成了综合的生态影响。也就是说,物理维度的分布等关系的改变促使人改变开发方式,新的开发方式对环境的分布关系产生新的影响;化学维度的物质反应改变后同样使人调整开发,将新的反应关系引入系统中,改变系统中的部分化学性质;生物维度同样通过物质能量流动关系促使人改变原有的利用模式,

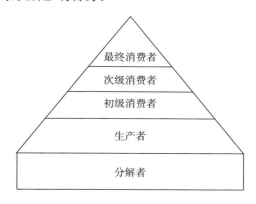

图 3.6 "生物金字塔"结构示意

对生物间关系产生新影响,对生态系统的压力随之改变。基于"压力—状态—响应"模型理论,三个维度变化共同作用,使生态系统动态地接受新影响并做出响应(图 3.7)。

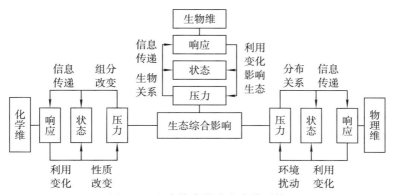

图 3.7 生态综合影响的多维反馈

2. 不同自然资源实物开发的环境效应

资源类型的差异决定了使用者需要采取适宜的开发利用方式对资源进行获取、转化,以使之达到可被稳定利用的程度。人类在对自然资源进行开发的过程中,不可避免会引起环境特征的变化,进而可能会产生特定的环境效应(表 3.25)。

表 3.25　资源实物开发引发的环境效应

资源类型	开发方式	影响的要素	环境效应
土地资源	获取、开拓土地资源的场所面积	土壤环境	物理维,改变土壤的层次结构与邻接分布
			化学维,改变土壤中成分与结构、土壤性状
			生物维,改变空间中生存物种与种间的关系
	开垦土地,利用农作物与土壤关系	土壤环境、水环境、海洋环境	物理维,改变土壤覆被,引水改变水环境分布特征
			化学维,改变土壤中进行的化学反应与强度,沿海土地中的物质可能污染海洋
			生物维,改变土壤环境中的生物与关系
	保持或重构生物与非生物的物质能量之间的循环关系	大气环境、水环境等几乎所有环境要素	物理维,改变生态用地上相邻环境的邻接分布关系
			化学维,改变大气、土壤、水等环境中进行的反应与物质构成
			生物维,影响各种环境中生物的分布与物质能量关系
水资源	抽取水资源	水环境为主	物理维,改变水环境中水的存量和空间分布,影响了对海洋环境的补充
			化学维,循环改变水中的物质构成和化学反应
	污水循环、重用	水、土壤、大气等多类环境要素	物理维,改变污水在环境中的分布,客观上避免了部分污染入海
			化学维,污水处理额外消耗外部的物质能量并可能引起环境污染
			生物维,处理的过程可能向生态系统输入污染
	水力蓄积	水环境、土壤环境、地质等要素	物理维,改变水环境的流速等特征,影响土地与水的相对位置、地质环境与水的相互关系
			化学维,改变水的泥沙含量,使水、土壤等在环境中进行的反应类型和速率发生改变
			生物维,可能淹没栖息地,改变生物生存环境或生物关系
矿产资源	矿山露天开采	地质环境、土壤环境、水环境等	物理维,改变上层土壤覆盖、地质构造的关系,有可能影响地下水的分布
			化学维,开采矿产产生的废弃物可能污染土壤和水环境
			生物维,可能破坏生物栖息的环境
	地下矿井开采	地质环境、水环境等	物理维,可能改变地质构造的垂直关系,影响地下水分布
			化学维,可能改变环境中化学反应,污染地下水
			生物维,可能影响生物栖息地完整性

续表

资源类型	开发方式	影响的要素	环境效应
矿产资源	油气钻井开采	地质环境、海洋环境等	物理维,可能改变地质构造的垂直关系
			化学维,抽取油气后可能改变地质环境中的化学反应
			生物维,油气散失可能引起环境的污染,使生物生存条件恶化
海洋资源	海洋空间开发	海洋环境为主	物理维,改变海洋空间要素排列关系
			化学维,开发可能造成环境污染
			生物维,可能改变海洋中生物关系与生存环境
	海洋渔业开发	主要是海洋环境	物理维,改变海洋中资源要素的空间关系
			化学维,捕捞过程使用机械设备或特殊技术可能产生污染物,破坏海洋化学性质稳定
			生物维,大量捕捞破坏海洋的生态平衡和物种结构,严重可能造成物种灭绝
	无人岛礁开发	土壤环境、水环境、海洋环境等多要素	物理维,改变岛礁之上环境的排列方式和类型
			化学维,人为改变土壤、水的理化特征与物质种类
			生物维,打破原有生态结构,并可能产生新的平衡

3. 资源产品利用的环境效应

人类在利用自然资源产品进行生产时,为满足特定的需求,需要借助特定的环境条件。在利用相应环境条件的过程中,人类活动可能从物理维度、化学维度及生物维度对特定的环境要素产生影响(表 3.26),并引发特定规模的环境效应。

表 3.26　资源产品利用的环境效应

资源类型	产品利用	环境要素	影响
土地资源	建设用地等的空间利用	土壤环境、水环境及其他要素	物理维,改变土壤环境与周围环境的邻接特性,人类活动影响土壤层次结构
			化学维,人为划地改变土壤微观环境和物质成分
			生物维,人为分割用地影响地块上的生态结构、平衡
	耕地等的农业生产利用	土壤环境为主,涉及其他要素	物理维,改变土壤环境的层次结构
			化学维,人为控制土壤环境只发生与所需产品相关的理化过程
			生物维,生产的相应产品成为生态系统中的优势种

续表

资源类型	产品利用	环境要素	影响
土地资源	林地等的生态利用	土壤环境、水环境、大气与地质环境在内的一切要素	物理维,一般人为控制生态利用的土地范围,并将影响其发展的环境要素隔开
			化学维,污染环境的理化过程被尽可能消除
			生物维,人为利用符合生态系统的自然的物质能量流动规律
水资源	生活用水	主要是水环境和联通的大气与土壤要素	物理维,直接取水改变水与其他要素邻接关系
			化学维,用水活动引入的理化反应污染或影响相关环境要素
			生物维,直接用水影响生物的生存需求
	灌溉用水	主要是水环境和联通的大气与土壤环境	物理维,水分蒸发进入大气改变大气环境特征
			化学维,水对土壤冲刷可能引起土壤中物质对水等环境要素产生污染
			生物维,促使有害物质通过食物链逐渐累积,危害生态系统完整性
	水力发电	水环境、土壤环境与地质环境要素	物理维,水坝的人为改造改变土壤和相关要素的空间邻接与覆被结构
			化学维,水坝的存在可能改变微观的理化反应而影响环境要素的成分
			生物维,易影响生物的栖息繁衍,改变生态系统结构
	工业用水	水环境、土壤环境和其他要素参与	物理维,为生产产品需要开辟场地,从而改变环境要素的空间位置关系
			化学维,生产过程人为控制理化过程的条件与过程
			生物维,产品利用条件可能与生物的栖息条件发生冲突与妥协
矿产资源	煤炭利用	水环境、土壤环境、地质与大气环境要素为主	物理维,配套利用条件可改变部分外部环境空间关系
			化学维,煤炭生产、利用可能释放污染大气和水等环境要素的污染物质
			生物维,有害物质可能随食物链累积,威胁生物生存
	石油利用	水环境、土壤环境、地质与大气环境要素为主	物理维,原油生产、储运过程改变地表的地貌结构和分布规律
			化学维,利用过程可能污染大气环境与水环境等要素
			生物维,废弃物可威胁部分生物生存,破坏生态平衡

资源类型	产品利用	环境要素	影响
矿产资源	天然气利用	水环境、土壤环境、地质与大气环境要素为主	物理维，储运气体需要修筑设备、改变地表特征
			化学维，天然气燃烧等过程可能产生污染大气环境、引发温室效应等不良影响
			生物维，产生的污染可能威胁生态稳定，不利于生命健康
	金属、非金属矿石利用	水环境、地质与大气环境要素为主	物理维，矿物利用需要建设场地、改变地表覆盖特征
			化学维，矿石提炼和生产借助外部能量，部分产物释放到大气、水、土壤等环境中，破坏生态平衡
			生物维，工矿污染可能威胁部分生物生存，破坏生态稳定
海洋资源	海洋空间利用	海洋、大气、土壤、水等环境要素	物理维，改变沿海、海洋空间分布关系
			化学维，可能造成沿海土壤、水环境污染，或污染海洋的水环境
			生物维，可能改变生态系统中栖息的物种与生存环境
	无人岛礁建设	土壤环境、水环境、海洋环境等多要素	物理维，改变岛礁之上环境的排列方式和类型
			化学维，人为改变土壤、水的理化特征与物质种类
			生物维，可能改变原有生态系统结构并产生新的平衡
	海洋渔业产品利用	主要是海洋环境	物理维，外部条件利用改变环境要素的排列组合方式
			化学维，产生的物质进入大气、水中，可能改变物质构成与稳定性
			生物维，大量捕捞破坏海洋的生态平衡和物种结构，严重可能造成物种灭绝

3.3.3　环境对自然资源开发利用的影响

自然资源开发利用的过程一般经历资源实物的获取与初级加工、资源产品的开发及资源产品的利用三大环节。各类环境要素作用于相应环节，最终会影响自然资源开发利用的效果。

1. 环境对自然资源实物的影响

自然环境能够对资源的实物获取产生影响，特定的环境要素通过影响相关自然资源的位置特征与理化状态，从而改变自然资源形成、分布、发育及修复过程所处的条件,影响人类利用资源初级阶段所获取的实物质量(表3.27)。

表 3.27　环境对自然资源实物的影响

环境要素	影响资源	影响方式
气候与大气环境	土地资源	影响可用土地的面积、分布和发展演变的方向
	水资源	通过大气的循环与气候的特征影响水资源的空间分布
	矿产资源	大气循环、水循环等作用于出露的矿产,可能改变其位置及促使其发育形成其他矿物
	海洋资源	大气环境的作用影响海洋资源的分布,如海洋风暴频发海域一般不进行海域空间的实物开发
水环境	土地资源	影响用地空间的取水条件,土地的农业、生态的生物关系也因水环境产生差异
	水资源	直接影响地表水和地下水的形成、分布、发育及修复
	矿产资源	水的冲刷、搬运可能改变特定矿产的分布,甚至影响其实物类型
	海洋资源	地表水对海洋具有补给作用,其中的物质进入海洋还可能改变海洋中的渔业生物的生态、结构的关系
地形地貌	土地资源	影响用地的分布集中度,还影响、推动土地的形成和演变
	水资源	影响地表、地下水的空间分布及转移和演变过程
	矿产资源	影响矿物相对于地表的分布,以及矿井、矿场的布局
土壤环境	土地资源	影响土地的形成、发育、转化及理化性质
	水资源	通过下渗等环节影响水,特别是地下水的补给,从而改变水的分布
	海洋资源	沿海土壤中的物质可能经冲刷进入海洋,改变海水的理化性质和其中的渔业生物关系
地质环境	土地资源	地质作用影响土壤的生成、发育,从而改变土地的理化性质
	水资源	水文地质条件影响地下水的分布
	矿产资源	地质环境中的理化作用是矿产形成和分布的推动条件
	海洋资源	地质条件影响海底空间的分布特征
交通区位	土地资源	影响各土地地块与土地包含的生态关系对人群的可达性
	水资源	影响水源对特定地区人群的可达性
	矿产资源	影响矿产对特定人群的可达性
	海洋资源	影响岸线、海岛及港口码头等空间的可达性
自然灾害	土地资源	损坏特定区域一定面积的土地
	水资源	破坏、污染特定的水源和水体
	矿产资源	掩埋或改变矿体的分布、破坏形成条件
	海洋资源	影响海洋的生物关系,改变海域的空间分布关系
海洋环境	土地资源	改变土地的空间分布,影响沿海土地的理化性质
	水资源	能够对陆地的水资源进行补给,通过水循环影响陆域水资源分布

续表

环境要素	影响资源	影响方式
海洋环境	矿产资源	海洋环境本身是油气及其他重要矿产形成、分布与转化的场所
	海洋资源	海洋环境直接影响海洋生物、海洋空间,以及无人岛礁的形成、分布与转化

2. 环境对自然资源开发利用过程的影响

环境要素对资源实际开发利用过程的影响主要表现在,环境能够影响资源进行特定开发利用的难易程度,为开发利用创造不同的条件,进而影响资源开发利用的成本与开发效率(表 3.28)。

表 3.28 环境对自然资源开发利用过程的影响

环境要素	影响资源	影响特征
大气与气候	土地资源	方式上,影响开发的格局与农作物(或其他生态关系)和土壤的联合布局
		成本上,良好的光温水热条件可降低开发改造成本,反之成本上升
		效益上,大气状况稳定有利于提升开发效率、质量,增加收益
	水资源	方式上,影响抽取水量,以及是否需要通过蓄水或净水补充水源
		成本上,大气降水作为补给的水源,成本受补给充裕程度影响
		效益上,大气状况稳定有利于提升取水效率、质量,增加收益
	矿产资源	方式上,气候条件影响开采方式的选择
		成本上,气候条件影响矿产的开采,需要额外提供的保护,影响开发成本
		效益上,大气条件影响开挖的效率和周期,使效益不同
	海洋资源	方式上,影响海洋空间、无人岛礁的开辟范围,以及稳定利用的渔场开发
		成本上,稳定的大气和气候条件有利于降低开发、维护的阻力
		效益上,良好的气候支持可以更稳定地获得优质产出,增收提效
水环境	土地资源	方式上,影响生物或作物与土地相互关系类型,以及用地开辟的范围
		成本上,水环境不利的地块需额外引入水,从而提高成本
		效益上,良好的水环境促进生物—土壤关系稳定、用地空间稳定,增加效益
	水资源	方式上,水环境承载了水资源,环境空间分布特性影响水资源开采形式
		成本上,水环境不利的情况下需额外引入水,从而提高成本
		效益上,有利于取水的环境效益明显高于不利水环境条件的环境

续表

环境要素	影响资源	影响特征
水环境	矿产资源	方式上,水环境可能使地下开采的矿井具有渗漏风险,影响采矿方式
		成本上,矿产开采既需防止污染水环境,也需防渗漏,增加开发成本
		效益上,水环境限制下,开采效率、收益均受影响
	海洋资源	方式上,水环境的分布影响海域、渔场与岛礁的范围,影响开发方向
		成本上,水环境的清洁、稳定与否决定海洋是否需要治理及其治理难度、成本
		效益上,稳定的水环境将促进海洋稳定产出资源,增加收益
地形地貌	土地资源	方式上,影响土壤是否能布局农作物或其他生态关系,影响土地开辟规模
		成本上,连续、平稳的地表不需要投入过高成本进行开辟
		效益上,地表稳定有利于集约、高效地改造土地,增加收益
	水资源	方式上,通过影响水的汇集、分布改变水的获取方式
		成本上,稳定的地表特征更利于取水,降低取水成本
		效益上,稳定的地表特征可提高取水效率、增加效益
	矿产资源	方式上,通过起伏等特征影响开采难度,决定采用地上或地下开采等不同方式
		成本上,稳定的地表特征更利于掘进,降低成本
		效益上,稳定的地表特征有利于提升采矿效率,获得更高的单位收益
地质环境	土地资源	方式上,地质反应影响成土特性,从而决定土壤性质可开辟为用地面积,或可布局作物、其他生态关系
		成本上,不同成土条件使土壤需要投入改造的力度不同,影响成本
		效益上,不同土质、类型稳定产出的能力不同,影响开发收益
	水资源	方式上,水文地质条件影响地下水的分布、质量,进而影响取水的方法
		成本上,水文地质条件改变开采的难度,关系到开发成本
		效益上,水文地质条件影响采集水的效率和出水量,影响收益
	矿产资源	方式上,地质条件影响矿产生成、分布,改变开采方式
		成本上,地质条件决定矿产的埋深等特征,影响开采难度,使成本变化
		效益上,地质条件影响开采效率,还能通过影响纯度等理化特征影响收益
	海洋资源	方式上,海底、邻接陆域地质稳定性影响海洋空间是否可以开辟、鱼群是否分布在特定海域或海岛地质是否稳定,从而采取不同开采方式
		成本上,海底地质的稳定性影响用于稳定产出资源的投入
		效益上,海洋地质稳定有利于集中优势资源,增加收益
土壤环境	土地资源	方式上,土壤环境理化性质决定了土壤存在的生物—土壤关系,影响最终开发为建设用地空间或农林业土地
		成本上,土地原始条件不同使将土地开发到同等程度付出的人力、物力不同
		效益上,土壤质量影响开发的难度、成本及单位土地获取的收入

续表

环境要素	影响资源	影响特征
土壤环境	水资源	方式上,土壤环境条件的不同影响下渗,从而影响水的分布,使人需以凿井取水或沟渠引水等方式获取水源
		成本上,土壤环境通过影响水质与水量,影响开发单位体积水的投入
		效益上,水的分布和理化特征受土壤环境影响改变,使投入产出关系不同
	矿产资源	方式上,土壤性质和土地利用需要影响人是否可以移走地表覆被进行露天采矿,或开挖地表进行地下矿井开采
		成本上,土壤环境影响开发方式,从而改变成本,一般露天采矿成本相对较低
		效益上,不同采矿模式的投入产出关系不同,单位资源获得的收益不同
	海洋资源	方式上,土壤中物质进入海洋影响海洋质量,如土壤中氮磷钾等进入海洋,造成富营养化,可能使海洋不能开辟渔场,只能进行空间的开发
		成本上,如土壤中物质污染海洋,则需要额外投入治理,提高成本
		效益上,通过土壤和海洋的资源环境质量关联,改变投入产出关系
交通区位	土地资源	方式上,可达性影响人能否利用土地的"生物—土壤"关系,以及影响人开辟土壤空间的规模
		成本上,交通区位直接关联不同用地的劳动、开发成本
		效益上,成本和开发方式共同决定土地在特定区位下的投入产出关系
	水资源	方式上,影响水资源从水源地到用水单位的可达性,改变取水方式
		成本上,影响水资源从水源地到用水单位运输距离,改变取水成本
		效益上,用水成本影响单位投入下水的产出,改变收益
	矿产资源	方式上,交通关系影响人是否可达某矿区,影响矿产是否被开采
		成本上,影响作业人员到作业单位的可达性及配备开发条件的成本
		效益上,采矿成本、交通距离影响单位投入下矿物的产出,改变收益
	海洋资源	方式上,影响沿海陆域能否到相应的资源开发利用位置,影响空间开发、渔业开发等不同方式的分布
		成本上,影响获取、转运开发资源的通行能力,使成本不同
		效益上,成本随距离的大幅变化限制开发的收益、效率
自然灾害	土地资源	方式上,受灾面积上可能无法开发用地空间,或破坏作物、其他生物与土壤的关系
		成本上,灾损的治理需要投入大量人力、物力、财力
		效益上,灾害可能使土地无法获得收益,或降低单位产出
	水资源	方式上,灾害可污染水体,破坏开采条件,使水不能开发
		成本上,灾损的治理需要投入大量人力、物力、财力,甚至无法恢复
		效益上,灾害极大影响收益,或降低单位产出

环境要素	影响资源	影响特征
自然灾害	矿产资源	方式上,受灾可能改变地表,或掩埋地下矿体,使开采不能进行
		成本上,灾损的治理需要投入大量人力、物力、财力
		效益上,灾害极大影响收益,严重时使矿井单位不能产出
	海洋资源	方式上,海洋灾害可能波及渔场、海岛,破坏岸线、沿海,使开发停滞
		成本上,灾损的治理需要投入大量人力、物力、财力
		效益上,灾害对收益、单产影响难以估量
海洋环境	土地资源	方式上,海洋比较明显影响沿海土地可用的面积、农业与生态关系
		成本上,沿海土地盐碱化等现象影响正常用地的治理成本
		效益上,海洋环境的特殊性改变土地价值,产生收益变化
	水资源	方式上,海洋使水资源的补给条件发生变化,使取水方式和能力发生改变
		成本上,可开发水量的变化使单位质量的水的成本发生变化
		效益上,水的价值和成本在海洋影响下发生改变,使开采收益发生变化
	矿产资源	方式上,特别影响海上油气钻井平台的设计与分布
		成本上,不同油气钻井平台的设计所需的成本不同
		效益上,海上油气钻井平台的开采能力决定了所得资源的收益
	海洋资源	方式上,特定的海洋环境分布了特定的资源,决定了可获取的资源
		成本上,海洋环境决定了资源的空间分布和理化性质,影响开采难度
		效益上,海洋资源的质量及开采的难度决定了可获取的收益

3. 环境对自然资源产品利用的影响

对自然资源产品的利用需借助外部环境条件进行物质、能量的转化,因此受到环境本底情况与环境要素维持自身稳定需要的双重约束。在环境条件约束下,同类资源的利用产品可能存在多样化的利用方式,而不同的利用方式又存在不同的产品利用效率。因此,环境要素对自然资源产品利用的影响主要体现在环境对产品利用方式的约束及利用效率的影响(表 3.29)。例如,对于空气质量要求高的环境脆弱区或保护区,利用矿产资源的煤炭类产品时,可能会面临谨慎使用或不可使用的方式约束,或在煤炭清洁利用的约束下影响利用效率。

表 3.29　环境对自然资源产品利用的影响

环境要素	资源类型	影响产品	利用影响
大气环境、气候	土地资源	建设用地等土地空间	方式上,不同的气候和降水等影响建设、住宅、交通等利用的方向与使用的建材
			效率上,不利气候条件影响建设效率与居住体验
		耕地等农业生产利用	方式上,水热条件影响作物类型或农、林、牧等方式
			效率上,气候条件影响农产品出产效率
		生态利用土地	方式上,影响实际利用的生态用途,如林地保护
			效率上,气候条件影响生态产出的量

续表

环境要素	资源类型	影响产品	利用影响
大气环境、气候	水资源	生活用水	方式上,影响水的水质,决定是否可以饮用
			效率上,稳定的气候有利于稳定生活水源补给,提升效率
		灌溉用水	方式上,影响灌溉稳定,决定采用的灌溉方式
			效率上,有利于平衡灌溉与蒸散,提高灌溉效率
		工业用水	方式上,大气环境稳定性要求清洁用水,减少废气
			效率上,环保要求影响实际工业用水生产效率
		水力发电	方式上,降水强度影响蓄洪功能的相关设计与参数
			效率上,大气条件稳定较少干扰利用,效率相对高
	矿产资源	煤炭产品	方式上,大气环境稳定保护要求清洁用煤,减少废气
			效率上,大气环境成分构成影响燃煤效率
		石油产品	方式上,大气环境稳定保护要求清洁利用石油化工,减少废气污染大气
			效率上,大气环境成分构成影响燃油等的效率
		天然气产品	方式上,大气环境稳定保护要求环保用气,降低碳排放
			效率上,大气环境成分构成影响燃烧程度、效率等
		金属、非金属矿石	方式上,大气环境稳定保护要求清洁加工,降低"三废"
			效率上,大气成分构成可能影响生产中个别反应效率
	海洋资源	海洋空间	方式上,影响航线通行能力与岸线建设水平等
			效率上,影响通航效率与建设周期
		海洋渔业	方式上,影响渔获捕捞的方式、能力及加工处理技术
			效率上,对渔获加工的技术时效提出要求
		无人岛礁	方式上,大气条件影响岛礁从事建设或种植等的选择
			效率上,对岛礁的利用周期、效率提出限制
水环境	土地资源	建设用地等土地空间	方式上,影响对不透水面的改造和技术选择
			效率上,影响地表排水的效率
		耕地等农业生产利用	方式上,影响灌溉和排水设施与技术选择
			效率上,影响灌溉效率和损耗
		生态利用土地	方式上,影响生态利用的用途选择
			效率上,影响相关生态用水获得产品的效率
	水资源	生活用水	方式上,限制生活用水量和饮用、清洗等用途
			效率上,限制获得水的效率,从而影响生活用水效率
		灌溉用水	方式上,水量限制灌溉方式的选取
			效率上,限制获取水的效率,从而影响灌溉用水效率

续表

环境要素	资源类型	影响产品	利用影响
水环境	水资源	工业用水	方式上,水环境的清洁要求工业用水尽量做无害化处理
			效率上,限制获取水的效率,从而影响工业用水效率
		水力发电	方式上,造成坝体和发电能力的设计差异
			效率上,水的量及流速限制发电效率
	矿产资源	煤炭产品	方式上,约束燃煤、用煤的副产品无害化处理的引入
			效率上,清洁化利用可能影响燃煤的效率
		石油产品	方式上,约束了燃油、化工的副产品无害化处理的引入
			效率上,清洁化利用可能影响燃油与化工生产的效率
		金属、非金属矿石	方式上,约束处理工矿"三废"的处理方式、强度,影响水作为其中重要成分的参与方式
			效率上,约束生产用水的效率
	海洋资源	海洋空间	方式上,陆域水环境的连通性影响可用空间与技术
			效率上,水环境稳定与否决定近海能的高效利用
		海洋渔业	方式上,影响渔业捕捞的分布,进而影响使用的技术
			效率上,通过水质等影响渔获集中程度,改变捕捞效率
土壤环境	土地资源	建设用地等土地空间	方式上,影响土壤的质地、渗透性,从而影响地基的深度、下垫面改造方法等技术
			效率上,影响建设周期、效率
		耕地等农业生产利用	方式上,影响土质、肥力,从而影响种植作物或农、林等用途的选择
			效率上,影响生产农产品的周期、效率
		生态利用土地	方式上,影响利用、保护的生态类型
			效率上,影响利用的投入和产出效率
	水资源	生活用水	方式上,要求生活污水进行无害化处理与循环利用
			效率上,土壤清洁要求一定程度上提高水的重复利用效率
		灌溉用水	方式上,土壤性质不同要求灌溉的水量不同
			效率上,影响作物吸收水分的效率
		工业用水	方式上,要求工业污水进行无害化处理与循环利用
			效率上,土壤清洁要求一定程度上提高水的重复利用效率

环境要素	资源类型	影响产品	利用影响
土壤环境	海洋资源	海洋空间	方式上,土壤中物质进入海洋改变海水性质,影响可用空间大小
			效率上,影响海洋的保护措施,从而改变使用的效率
		海洋渔业	方式上,土壤中物质进入海洋影响渔获产量、质量
			效率上,一定程度影响渔获收获后的处理环节效率
		无人岛礁	方式上,决定局部小环境的土地质量与具体用途
			效率上,影响建设或种植等技术难度,改变效率
地形地貌	土地资源	建设用地等土地空间	方式上,决定能否建设和建设的集中度
			效率上,决定建设的集约化程度与工期
		耕地等农业生产利用	方式上,决定农用地的类型(如梯田、旱地等)与生产技术的应用
			效率上,决定利用的难易程度,影响利用效率
		生态利用土地	方式上,影响生态关系的分布,从而影响生态用途
			效率上,决定利用的难易程度,影响利用效率
	水资源	工业用水	方式上,影响工业排布规模,决定用水技术和水量
			效率上,影响工业生产的集约化,从而改变效率
		水力发电	方式上,影响修筑水坝的可行性与设计发电的能力等
			效率上,影响水力发电效率与转化能力
	海洋资源	无人岛礁	方式上,影响岛礁上用地的分布,影响建设、农业等不同利用方式的选择
			效率上,影响生产建设的集约程度,改变利用效率
		海洋空间	方式上,影响岸线、港口等利用的沿海规模
			效率上,影响岸线建设、港口吞吐的能力和效率
交通区位	土地资源	建设用地等土地空间	方式上,影响建设用地的交通配套方式
			效率上,影响到特定用地空间的通勤效率
		耕地等农业生产利用	方式上,影响周边供应范围、需求,从而改变利用方向
			效率上,影响农产品转运的成本、效率
		生态利用土地	方式上,影响人与生态用地的连通性,决定利用方向与强度
			效率上,影响到特定生态用地空间的通行效率
	水资源	生活用水、灌溉用水、工业用水	方式上,影响各类用水行为,包括了为了获取水源而必需的储运距离、可获取性,从而影响输水方式
			效率上,影响获取灌溉用水的时效、成本
		水力发电	方式上,影响设施配套方式与难度,使配送范围不同
			效率上,与周围可达性影响电力供应效率

续表

环境要素	资源类型	影响产品	利用影响
交通区位	矿产资源	煤炭产品	方式上,影响煤炭储运、供应的范围和可达性
			效率上,影响用煤的成本,从而影响用煤效率
		石油产品	方式上,影响石油产品储运、供应的范围和可达性
			效率上,影响用油的成本,从而影响使用时效
		天然气产品	方式上,影响天然气产品储运、供应的范围和可达性
			效率上,影响各行各业用气运输的时效
		金属、非金属矿石	方式上,影响产品储运、供应的范围和可达性
			效率上,影响成本,从而影响使用的具体生产利用技术,进而影响时效
	海洋资源	海洋空间	方式上,影响沿海空间到海域和陆域的可达性,影响空间分布的建设方式和规模
			效率上,影响用海成本而使利用效率发生变化
		海洋渔业	方式上,影响渔获的供应范围、可达性
			效率上,由方式影响转运渔获效率
		无人岛礁	方式上,影响到陆域的可达性,使建设的规模有差别
			效率上,影响从陆域到岛礁的通行效率
地质环境	土地资源	建设用地等土地空间	方式上,成土过程决定土壤理化特征,影响地基、下垫面的改造程度、方式
			效率上,不同的建设、不同改造方式的效率有差别
		耕地等农业生产利用	方式上,成土过程决定土壤理化特征,影响肥力而产生种植作物或农、林、牧的用途差别
			效率上,不同作物生产模式、不同利用方式,出产效率不同
		生态利用土地	方式上,成土过程决定土壤理化特征,影响生态关系而产生用途差别
			效率上,不同利用方式产出的效率有差别
	水资源	生活用水、灌溉用水、工业用水	方式上,水文地质影响地下水的分布,使水的获取难度不同,从而影响用水的来源和节约用水的程度
			效率上,用水方式的差别进一步导致用水的效率不同
		水力发电	方式上,地质环境影响坝体稳定性,决定建设的技术选型
			效率上,不同地质条件影响利用方式,使发电效能不同
	海洋资源	无人岛礁	方式上,决定岛礁上土壤或岩性差异,需要采取不同的建设技术对其进行利用
			效率上,不同建设技术的成本、周期、效率不同

续表

环境要素	资源类型	影响产品	利用影响
自然灾害	土地资源	建设用地等土地空间	方式上,影响用地的大小,破坏建设成果
			效率上,恢复、重建会降低利用效率
		耕地等农业生产利用	方式上,破坏作物、土壤关联,毁坏农用地
			效率上,使农产品收成下降,影响恢复效率
		生态利用土地	方式上,破坏生态平衡,改变生态用途
			效率上,恢复、重建会降低利用效率
	水资源	生活、灌溉、工业用水	方式上,破坏获取水资源的来源,使用水的活动如灌溉、清洁等环节难以开展
			效率上,恢复用水体系的效率可能偏低
		水力发电	方式上,灾害破坏水力发电的进行,损毁设施
			效率上,恢复、重建降低利用效率
	矿产资源	煤炭、石油、天然气,以及金属、非金属矿石	方式上,灾害破坏正在进行的工业化的矿产资源利用体系,一定程度上减缓了生产的进行
			效率上,恢复、重建降低利用效率
	海洋资源	海洋空间	方式上,海洋的灾害破坏利用空间开展工作的设施,使许多生产利用活动减缓
			效率上,恢复、重建降低利用效率
		海洋渔业	方式上,灾害改变生物的分布,降低渔获产量,改变捕捞作业的规模、方式
			效率上,减缓利用、降低效率
		无人岛礁	方式上,破坏岛礁及其上进行的建设、生产
			效率上,减缓利用、降低效率
海洋环境	土地资源	建设用地等土地空间	方式上,改变了沿海地区的住建空间及利用模式
			效率上,影响建设的效率
		耕地等农业生产利用	方式上,改变了沿海农用地得到空间和利用条件
			效率上,影响特定农用地的生产能力和效率
		生态利用土地	方式上,影响特定沿海范围的生态关系,改变生态功能
			效率上,影响生态利用的可用性和利用效率
	海洋资源	海洋空间	方式上,影响特定海域的用途和利用规模
			效率上,影响海洋空间使用的成本与利用速率
		海洋渔获	方式上,影响渔获的品质,从而影响供应的群体和规模
			效率上,影响渔获产品的生产效率
		无人岛礁	方式上,影响岛礁的建设规模和建设方式
			效率上,影响建设特定设施的工程周期

3.3.4 自然资源开发利用的主要环境特征

自然资源开发利用过程涉及的环境特征主要包括单项环境要素特征与综合环

境要素特征。其中,单项环境要素特征描述了自然气候、大气环境、水环境、土壤环境、地形地貌、交通区位、地质环境、自然灾害与海洋环境在自然资源开发中的作用;综合环境要素特征则从系统和谐角度出发,对多项环境要素特征进行组合后,综合考虑生活、生产、生态在内的"三生空间"对自然资源开发利用的全局性作用。

1. 单项环境要素特征

单项环境要素特征可通过汇总、提取对应要素图斑属性获得,描述某一类环境要素对特定自然资源开发利用的约束作用,反映环境与资源间相互影响的关联关系(表 3.30),作为后续适宜性评价与承载能力评价的基础数据,参与后续的综合分析计算过程。

表 3.30 单项环境要素的特征

环境特征	空间粒度	特征描述	与资源关系
自然气候	地理分区图斑	主要是图斑单元的短时降水、气温等气象时序特征,以及区域的气候类型、水热条件等	面域影响关系,比较均匀影响区域的光温水热条件
大气环境	行政分区图斑	区域内的大气性质,包含气压、气温等物理特性,也包含空气质量等化学性质	面域统计关系,通过对图斑内的特征进行汇总、统计获得
水环境	自然水域图斑	对区域内水的空间分布特性的总结,包含以水质为代表的化学性质,以及水的变化、运动等水文特征	辐射影响关系,从水系向外,影响逐渐减弱
土壤环境	土地调查图斑	区域内土壤的质地、类型等物理特征,以及物质类型、含量等化学性质	属性叠加关系
地形地貌	地貌类型图斑	区域的地表形态单元的类型与分布模式	面域影响关系,图斑单元内部呈均质
	地形分区图斑	地形起伏变化的模式及空间分布方式	面域影响关系,图斑单元内部呈均质
	海拔特征图斑	环境区内海拔高程的分布、变化	属性叠加关系
交通区位	点线面状设施	特定空间范围内的人使用这些人文设施的可达性及人口带来的通行特征影响	聚集、辐射、连通影响,与缓冲区的特征相似
地质环境	地质环境图斑	地球岩石圈层的形态、分布及地质环境中进行的各类化学反应	面域影响关系,图斑单元内地质特征一般较均匀
自然灾害	自然灾害图斑	自然灾害发生的范围、类型与影响的频次,进而反映破坏程度	面域影响关系,在一定范围内阻碍相关资源的利用
海洋环境	海图图斑	主要描述海洋特定环境区的空间分布方式、物质构成、理化特性以及对海洋与沿海资源的影响	面域影响关系,具有特定的影响范围

2. 综合环境要素特征

综合环境要素特征反映了人与自然和谐共生的程度,展现了人类构建"山水林田湖草"生命共同体的总体格局,主要包含生活区综合环境要素特征、生产区综合环境要素特征和生态区综合环境要素特征。其中,生活区综合环境要素特征反映了环境要素协调生活和稳定供应的特点,体现环境满足人们的生活需求的能力,涵盖了生活区域的区位特征、气候特征、水环境、土壤环境与自然灾害等直接影响人们生活舒适度的单项环境要素特征。生产区综合环境要素特征度量了生产污染和环境要素自净能力的平衡关系,包含水环境、土壤环境、区位要素及地形地貌、地质环境等影响或制约社会生产的单项环境要素特征。生态区综合环境要素特征反映了人类行为对自然资源开发利用和对生态环境的影响,是从生态角度对大气环境、土壤环境、水环境及地形地貌等影响生态系统和谐稳定的单项环境要素特征进行的综合表达(表 3.31)。

表 3.31 综合环境要素特征表示

综合环境特征	特征内涵要求	特征含义表达
生活区综合环境要素特征	满足生活需要,生活系统与资源环境达到平衡,与生活相关的环境要素稳定持续	气候要宜居、干湿适宜,大气环境稳定、空气清洁,水环境清洁、循环稳定,地形相对平坦、地貌变化不剧烈,土壤质地适中、无污染,交通便利、生活公共设施可达性好,地质条件稳定、工程和水文地质适合构建生活区,灾害发生频次低、破坏性弱
生产区综合环境要素特征	生产过程的能耗、污染与环境的自净能力平衡,环境条件具有持续维持稳定生产的能力,环境限制性较低	气候适合长期开展生产活动,大气环境稳定、自净能力好,水环境清洁程度高、补给来源稳定、自净好,地形平缓利于大规模生产,土壤质地符合工农业要求、土质优良,生产配套的交通设施完善、可达性好,地质条件稳定、工程和水文地质适合生产区布局,灾害发生频次低、破坏性弱
生态区综合环境要素特征	生物与环境保持动态平衡,生态环境供应生物栖息繁衍的能力稳定,人为扰动低	气候宜居、干湿适宜,大气环境稳定、空气清洁,水环境清洁、开发影响较低,地形符合特定生态系统的要求,土壤污染程度低,土质适合生物繁衍,能够与周围人类生产生活环境进行较好分隔,地质条件稳定,潜在地质风险低,灾害发生频次低、破坏性弱

§3.4 自然资源环境基础数据及指标

3.4.1 自然资源环境的基础数据提取

1. 自然资源的基础数据

自然资源的基础数据一般包含了描述资源类型和储量等利用特征、开发利用潜能的属性数据,以及描述资源分布位置、资源分布区空间关系的空间数据,集成或分散在一个或多个来源各不相同的专题图层中。在自然资源层面,图层和相关的空间数据一般是以点状要素、线状要素或面状要素存在,而自然资源的属性数据项则一般依附于对应的点、线、面要素存在(表 3.32)。

表 3.32　自然资源的基础数据

资源类型	几何类型	空间粒度	属性数据项	建议来源
土地资源	面状要素	土地图斑	类型与土地利用特征	第三次国土空间调查、土地利用专题图、综合分析等
矿产资源	面状要素	地质图图斑	类型、储量等特征	地质图图斑提取或综合分析
水资源	线状要素、面状要素	水系图斑	类型、分布及用途等利用特征	水系图、流域图图斑提取或综合分析
海洋资源	线状要素、面状要素	海图图斑	类型、面积与海洋用途方面特征	海图、专题图图斑提取或综合分析

2. 自然环境的基础数据

自然环境的基础数据一般包含了描述环境本底特征、环境承载能力等的属性数据,以及描述环境分布区域、分布区域空间关系的空间数据,并且集成或分散在一个或多个专题图层中。在数据层面,自然环境涉及的空间数据一般以图层中的点状要素、线状要素或面状要素等形式存在,而属性数据项则通常依附并叠加在对应的空间数据要素上(表 3.33)。

表 3.33　自然环境的基础数据

环境类型	几何类型	空间粒度	属性数据项	建议来源
自然气候	面状要素	气候区图斑	气候类型、光温水热等与资源开发利用相关的特征	气候专题图的图斑提取、综合分析等
大气环境	面状要素	图斑对应的栅格单元	气温、风速等描述大气运动、状态及承载能力的特征	专题图等图层图斑的提取、综合分析等
水环境	线状要素、面状要素	水系图等图层的图斑	水质等与水资源开发利用相关的特征	水系图等图斑提取、综合分析等
地质环境	面状要素	地质图等图层的图斑	地质构造类型及承载能力的特征	地质图等图斑的提取、综合分析等
地形地貌	面状要素	地形地貌图等图层的图斑	坡度、地貌单元类型等区分不同地形地貌单元的属性	地形图、地貌图或高程图等图斑的提取、综合分析等
土壤环境	面状要素	土地图斑	土壤类型及影响土地资源生成、分布和承载能力的特征	土地利用图等图斑的提取、综合分析等

续表

环境类型	几何类型	空间粒度	属性数据项	建议来源
自然灾害	点状要素、线状要素、面状要素	灾害作用区域的图斑或特征线、特征点等	灾害的类型与危害资源开发利用能力的属性	各种专题图的图斑提取、综合分析等
交通区位	点状要素、线状要素、面状要素	区位要素图斑或特征线、特征点等	反映空间可达性与人口关系的特征	各种专题图的图斑提取、综合分析等
海洋环境	线状要素、面状要素	海图图斑和海岸等特征线、特征点等	海域区域类型、空间分布、理化特征等影响海洋资源和沿海土地等资源承载能力的特征	海图等相关图层的图斑提取和综合分析

3.4.2　统一空间尺度的基础指标计算

1. 空间坐标系的统一处理

资源、环境领域的基础空间数据通常来自多个相关的部门，数据的形式、种类复杂多样，且采用的空间参考基准不尽相同，故难以直接用于空间分析与评价。目前，已有的原始空间数据使用的空间坐标系主要有 1954 北京坐标系、1980 西安坐标系及 2000 国家大地坐标系三种。其中，1954 北京坐标系是以克拉索夫斯基椭球为基础的参心大地坐标系，大地上的一点可用经度、纬度和大地高定位；1980 西安坐标系是以陕西省泾阳县永乐镇为大地原点的参心坐标系；2000 国家大地坐标系是我国最新的国家大地坐标系，是以包括海洋和大气在内的整个地球的质量中心为原点的全球地心坐标系。

鉴于双评价综合、全面的技术特点，以及与第三次全国国土调查等工作有效衔接的目标，需要一个以全球参考基准框架为背景的、全国统一的、协调一致的坐标系统，以处理国家、省、市至区、县、镇、村等多级的资源、环境、社会和信息等问题。根据国家发布的最新要求，2018 年 7 月 1 日起涉及空间坐标的报部审查和备案项目，应全部采用 2000 国家大地坐标系，因此需对非 2000 国家大地坐标系的原始数据进行空间坐标系的统一处理。

2000 国家大地坐标系采用了新的参考椭球，长半轴（$a = 6\,378\,137$ m）、短半轴（$b = 6\,356\,752.314\,14$ m）等主要参数相较于旧坐标系采用的椭球有明显差别（表 3.34），因此需要对 1954 北京坐标系等采用特定的转换模型进行处理。1954 北京坐标系向 2000 国家大地坐标系转换的模型主要包括数学计算模型（二维七参数模型、三维四参数模型或平面四参数模型）与格网内插模型（东海宇，2011）。1980 西安坐标系向 2000 国家大地坐标系转换，最常用的方法是布尔莎七参数转换法,也称为综合转换法(黄国森,2013)。目前,以武大吉奥、ArcGIS 为代表的常用空间数据处理软件大多已能够支持最新的 2000 国家大地坐标系转换。

表 3.34　1954 北京坐标系、1980 西安坐标系与 2000 国家大地坐标系主要参数

主要参数	1954 北京坐标系	1980 西安坐标系	2000 国家大地坐标系
长半轴 a	6 378 245 m	6 378 140 m	6 378 137 m
短半轴 b	6 356 863.018 8 m	6 356 755.288 2 m	6 356 752.314 14 m
扁率 f	1/298.3	1/298.257	1/298.257 222 101
第一偏心率 e	0.081 813 334	0.081 819 192 21	0.081 819 191 042 8

2. 评价范围的栅格化处理

在进行资源环境的基础数据调查成果汇总时,可能面临数据来源分散、范围不一致的问题,因此一般需要选择一定精度的栅格单元对评价范围进行栅格化与汇总,以确保数据的表示范围一致,便于进行聚类分区,以形成后置评价阶段可用的基础数据。另外,在精度方面,考虑栅格单元的精度可能受综合数据来源精度、动态监测遥感影像精度及规划决策要求精度影响。规划决策等工作更强调因地制宜,因此在进行数据栅格化时应尽可能根据评价的等级动态调整栅格单元精度。通常,自然资源相关的评价、规划主要涉及国家、省级、市级、县级与镇级共五个尺度等级,包含了海域与陆域两大载体。因此,评价不同的自然资源宜采用不同的栅格精度,一般全国尺度下的评价范围栅格化宜采用精度较低的栅格单元,而随着评价范围逐渐细化应采用精度较高的栅格单元(表 3.35)。

表 3.35　自然资源评价层级与栅格化

自然资源类型	评价层级	推荐的格网大小
土地资源	全国	500 m×500 m～1 000 m×1 000 m
	省级	100 m×100 m～500 m×500 m
	市、县、镇	50 m×50 m～100 m×100 m
水资源	全国	500 m×500 m～1 000 m×1 000 m
	省级	100 m×100 m～500 m×500 m
	市、县、镇	50 m×50 m～100 m×100 m
矿产资源	全国	500 m×500 m～1 000 m×1 000 m
	省级	100 m×100 m～500 m×500 m
	市、县	50 m×50 m～100 m×100 m
海洋资源	全国	1 000 m×1 000 m

同样,环境要素涉及的评价尺度等级也分为全国至乡镇级的五类等级,并且随着评价区域环境要素评价范围的细化,评价范围的栅格单元精度逐渐提高(表 3.36)。为了方便进行数据综合,建议环境要素采取的栅格单元尽可能保持一致性与连续性。

表 3.36 自然环境评价层级与栅格化

评价层级	包含环境要素	推荐栅格单元大小
陆域—全国	自然气候、大气环境、水环境、地形地貌、地质环境、土壤环境、自然灾害、区位	500 m×500 m～1 000 m×1 000 m
陆域—省域	自然气候、大气环境、水环境、地形地貌、地质环境、土壤环境、自然灾害、区位	100 m×100 m～500 m×500 m
陆域—市县镇	自然气候、大气环境、水环境、地形地貌、地质环境、土壤环境、自然灾害、区位	50 m×50 m～100 m×100 m
海域—全国	自然气候、大气环境、水环境、地质环境、自然灾害	1 000 m×1 000 m

3. 基础指标的栅格化处理

自然资源与生态环境要素的基础数据指标包含空间与属性两大方面,涉及属性关联、空间辐射、空间叠置与面域统计等多重关系(表 3.37)。考虑评价的需要,应将基础指标反映的属性、数量等关系分配到网格计算单元,以便于进行资源、环境的聚类分区和基础指标的综合计算。

表 3.37 自然资源与环境表达的属性关系和栅格处理方法

关系	方法	含义
资源要素属性关联	属性叠加	对要素属性的各相关图层进行叠加分析,产生所需的新要素层
空间辐射关系	衰减计算	计算资源、环境要素对周围空间的影响范围,确定受影响区域
空间叠置关系	直接赋值	给叠加后产生的属性关系表达赋予一个新的值
面域统计关系	统计赋值	在面域范围内进行统计,基于一定的统计方法、公式,将新的属性值用计算的统计结果表示
集成统一的关系	统一单元	将具有一类特征的属性通过集成形成统一的新属性,再对该属性进行其他分析,分析结果也以集成的统一属性表示

在进行栅格化处理时,表示资源数量与环境特征指标的基础单元与网格单元叠加后被分割,形成多个碎部,因此需要进行属性特征的综合分配。对于反映面域统计关系的数量属性,按照各资源碎部单元面积占分割前单元面积的比例分配资源数量;对资源要素的属性特征,各碎部继承基础单元特征;对于空间的辐射和叠置关系,直接通过格网划分到新的单元即可。对于落在网格单元内部的各类资源、环境要素碎部,其数量特征需要进行统计与汇总处理,以分配到新的网格单元中。分割后得到碎部的性质特征可以采用面积最大值法处理,以格网单元中占面积比例最大的源区域的属性值决定整个格网单元的属性值。

3.4.3　自然资源环境的基础指标体系

1. 自然资源要素的基础指标

自然资源要素的基础指标反映了土地、水或矿产等自然资源的特定性状，而对多个相关的性状进行组合后，可表现资源的空间依存关系或具体的理化特征(图3.8)。

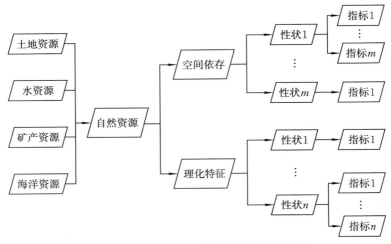

图 3.8　自然资源基础指标与实物性状关系

对于土地资源，基础指标反映了其所处位置和相邻关系，并通过土地图斑面积、不透水面积比例等体现土地的理化特征(表3.38)。

表 3.38　土地资源要素的基础指标示例

指标名称	指标计量	关联开发方式
地类代码	—	土地场所开辟、农用地开垦、物质能量循环维持
地类名称	—	土地场所开辟、农用地开垦、物质能量循环维持
土地图斑面积	平方米或平方千米	土地场所开辟、农用地开垦、物质能量循环维持
不透水面积比例	百分比	土地场所开辟
植被覆盖指数	—	物质能量循环维持
位置	—	土地场所开辟、农用地开垦、物质能量循环维持

对于水资源，基础指标描述了水资源空间分布和载体，并通过水量、水质等展现水资源的理化特征(表3.39)。

表 3.39　水资源要素的基础指标示例

指标名称	指标计量	关联利用方式
载体类型	—	水资源抽取、污水循环利用、水力蓄积
天然河川径流量	立方米/秒	水资源抽取、水力蓄积

指标名称	指标计量	关联利用方式
水库蓄水量	立方米	水资源抽取、水力蓄积
湖泊水量	立方米	水资源抽取
设计枯水流量保证率	百分比	水资源抽取、水力蓄积
工程供水能力	立方米	水资源抽取
地表水水质等级	—	水资源抽取、水力蓄积
可利用量	立方米	水资源抽取、污水循环利用、水力蓄积

对于矿产资源,其基础指标描述了矿产分布的位置与深度,反映了矿物组成和储量等理化特征(表 3.40)。

表 3.40　矿产资源要素的基础指标示例

指标名称	指标计量	关联开发方式
固体矿产保有储量	吨、立方米等	矿山露天开采、地下矿井开采
矿产基础储量	吨、立方米等	矿山露天开采、地下矿井开采、油气钻井开采
矿产资源量	吨、立方米等	矿山露天开采、地下矿井开采、油气钻井开采
固体矿产品级	—	矿山露天开采、地下矿井开采
矿产埋藏深度	米	矿山露天开采、地下矿井开采、油气钻井开采
固体矿产可采厚度	米	矿山露天开采、地下矿井开采
矿产探明储量	吨、立方米等	矿山露天开采、地下矿井开采、油气钻井开采

对于海洋资源,岸线长度等基础指标表现了海洋资源的空间依存关系,而海域面积、各类鱼类渔获量等基础指标则反映了海洋资源基本的理化性质(表 3.41)。

表 3.41　海洋资源要素的基础指标示例

指标名称	指标计量	关联开发方式
岸线长度	米、千米等	海洋空间开发
自然岸线保有率	—	海洋空间开发
海域面积	平方千米等	海洋渔业开发、海洋空间开发
各类鱼类渔获量	吨	海洋渔业开发
各类鱼类营养级	—	海洋渔业开发
海岛用岛类型面积	平方千米等	无人岛礁开发
海岛总岸线长度	米、千米等	无人岛礁开发

2. 环境要素的基础指标

环境要素基础指标是对特定环境要素的空间分布关系及环境理化特征的描述,反映了环境对特定的自然资源形成分布的外部作用及对人类进行资源开发利用的影响(图 3.9)。

单项的自然环境要素的指标仅描述了一类对应要素的主要特征(表 3.42),如水环境单项要素的指标描述了水环境要素的水文与水质特征,而地形地貌的单项要素指标则反映了地表的起伏变化情况。

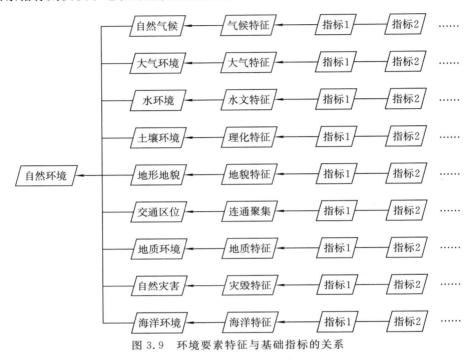

图 3.9 环境要素特征与基础指标的关系

表 3.42 单项环境要素的指标体系示例

环境要素	指标名称	指标计量	关联开发方式
自然气候	积温	摄氏度	土地场所开辟、农用地开垦、物质能量循环维持,水资源抽取、污水循环利用、水力蓄积,矿山露天开采、地下矿井开采、油气钻井开采,海洋空间、海洋渔业、无人岛礁开发
自然气候	年平均温度	摄氏度	土地场所开辟、农用地开垦、物质能量循环维持,水资源抽取、污水循环利用、水力蓄积,矿山露天开采、地下矿井开采、油气钻井开采,海洋空间、海洋渔业、无人岛礁开发
自然气候	年平均降水量	毫米	土地场所开辟、农用地开垦、物质能量循环维持,水资源抽取、污水循环利用、水力蓄积,矿山露天开采、地下矿井开采、油气钻井开采,海洋空间、海洋渔业、无人岛礁开发
大气环境	气温	摄氏度	土地场所开辟、农用地开垦、物质能量循环维持,水资源抽取、污水循环利用、水力蓄积,矿山露天开采、油气钻井开采,海洋空间、海洋渔业、无人岛礁开发
大气环境	风速	米每秒	土地场所开辟、农用地开垦、物质能量循环维持,水资源抽取、污水循环利用、水力蓄积,矿山露天开采、油气钻井开采,海洋空间、海洋渔业、无人岛礁开发
大气环境	气压	帕、千帕	土地场所开辟、农用地开垦、物质能量循环维持,水资源抽取、污水循环利用、水力蓄积,矿山露天开采、油气钻井开采,海洋空间、海洋渔业、无人岛礁开发
大气环境	降水	毫米	土地场所开辟、农用地开垦、物质能量循环维持,水资源抽取、污水循环利用、水力蓄积,矿山露天开采、油气钻井开采,海洋空间、海洋渔业、无人岛礁开发
地形地貌	高程(海拔)	米	土地场所开辟、农用地开垦、物质能量循环维持,水资源抽取、污水循环利用、水力蓄积,矿山露天开采、地下矿井开采、油气钻井开采
地形地貌	坡度	度	土地场所开辟、农用地开垦、物质能量循环维持,水资源抽取、污水循环利用、水力蓄积,矿山露天开采、地下矿井开采、油气钻井开采
地形地貌	地形起伏度	—	土地场所开辟、农用地开垦、物质能量循环维持,水资源抽取、污水循环利用、水力蓄积,矿山露天开采、地下矿井开采、油气钻井开采
地形地貌	坡向	—	土地场所开辟、农用地开垦、物质能量循环维持,水资源抽取、污水循环利用、水力蓄积,矿山露天开采、地下矿井开采、油气钻井开采
地质环境	断裂活动性	—	土地场所开辟、农用地开垦、物质能量循环维持,水资源抽取,矿山露天开采、地下矿井开采、油气钻井开采,海洋空间、无人岛礁开发
地质环境	地下水埋深	米	土地场所开辟、农用地开垦、物质能量循环维持,水资源抽取,矿山露天开采、地下矿井开采、油气钻井开采,海洋空间、无人岛礁开发
地质环境	隔水层稳定性	—	土地场所开辟、农用地开垦、物质能量循环维持,水资源抽取,矿山露天开采、地下矿井开采、油气钻井开采,海洋空间、无人岛礁开发
地质环境	地层岩性	—	土地场所开辟、农用地开垦、物质能量循环维持,水资源抽取,矿山露天开采、地下矿井开采、油气钻井开采,海洋空间、无人岛礁开发

续表

环境要素	指标名称	指标计量	关联开发方式
交通区位	道路通达度	—	土地场所开辟、农用地开垦、物质能量循环维持,水资源抽取、污水循环利用、水力蓄积,矿山露天开采、地下矿井开采、油气钻井开采,海洋空间、海洋渔业、无人岛礁开发
	道路网密度	—	
	交通可达性	—	
	基础设施完善度	—	
水环境	径流量	立方米每秒	土地场所开辟、农用地开垦、物质能量循环维持,水资源抽取、污水循环利用、水力蓄积
	水位	米	
	介质特征	—	
	补给、汇集、排泄	—	
	水质	—	
土壤环境	有机质含量	—	土地场所开辟、农用地开垦、物质能量循环维持,水资源抽取、污水循环利用、水力蓄积,矿山露天开采、地下矿井开采、油气钻井开采
	土层厚度	长度单位	
	土壤结构、质地	—	
	阳离子交换性	—	
自然灾害	频率	—	土地场所开辟、农用地开垦、物质能量循环维持,水资源抽取、污水循环利用、水力蓄积,矿山露天开采、地下矿井开采、油气钻井开采,海洋空间、海洋渔业、无人岛礁开发
	一般经济损失	万元	
海洋环境	海洋功能区类型	—	土地场所开辟、农用地开垦、物质能量循环维持,水资源抽取、污水循环利用、水力蓄积,油气钻井开采,海洋空间、海洋渔业、无人岛礁开发
	海水水质类别	—	
	水深	米	
	海洋功能区面积	平方千米	

由于单项环境要素指标一般只能表示环境的部分特征,若在双评价中遇到需要综合表示环境特征,则应当对环境要素的一类基础指标进行综合,从而得到更全面的综合环境要素指标(表 3.43)。

表 3.43　综合环境要素的指标体系示例

环境要素	指标名称	指标计量	关联开发方式
自然气候	气候类型	—	土地资源、水资源、矿产资源及海洋资源的各种开发方式
大气环境	降水类型	—	土地资源、水资源、矿产资源及海洋资源的各种开发方式
地形地貌	地貌类型	—	土地资源、水资源、矿产资源及海洋资源的各种开发方式
	地貌地形形态	—	
地质环境	断裂类型	—	土地资源的各种开发方式
	岩体质量等级	—	水资源、矿产资源的各种开发方式
交通区位	中心区类型	—	土地资源、水资源、矿产资源及海洋资源的各种开发方式

环境要素	指标名称	指标计量	关联开发方式
交通区位	社会经济活动中心距离	米或千米	土地资源、水资源、矿产资源及海洋资源的各种开发方式
水环境	水环境类型	—	土地资源、水资源及海洋资源的各种开发方式
	水质等级	—	土地资源、水资源及海洋资源的各种开发方式
土壤环境	土壤类型	—	土地资源、水资源的各种开发方式
自然灾害	灾害类型	—	土地资源、水资源、矿产资源及海洋资源的各种开发方式
海洋环境	海域综合利用类型		海洋资源的各种开发方式
	海域面积	平方千米	

§3.5　自然资源类型与环境特征分区

3.5.1　自然资源环境分区目的

1. 自然资源分区

自然资源分区有利于摸清区域内存在的要素类型及资源禀赋,以作为评价资源开发利用适宜性与资源环境承载能力的重要依据。通过后续的适宜性评价和承载能力评价确定不同区域内最适宜开发的资源是双评价的目的之一,而资源分区恰好具备直观反映资源丰裕程度的能力,因此双评价结果的准确表达离不开有效的资源分区。此外,资源的分区整理还有利于集中区域内的优势资源,有目的地进行资源的重点开发利用,最大化突出优势资源对区域内社会经济的带动作用,扩大资源生产利用的规模、格局,实现自然资源的规模化利用。

双评价还能摸清区域内自然资源的短板、定位区域发展的资源瓶颈,因此通过资源分区能够及时反映区域内的发展限制条件,有助于决策者基于评价结果快速补齐短板,凝聚区域间均衡发展的合力。

2. 环境特征分区

双评价的本质包含了对区域资源环境承载能力和国土空间开发适宜性的综合、客观摸底,是编制国土空间规划的重要数据支撑。"三区三线"是国土空间开发的重要约束,其中生态保护红线的依据主要源于双评价中环境要素评价结果。因此,通过分区快速定位重点的环境要素特征,能够有效划定生态保护红线、确定"三生"空间,把国土空间开发工作与生态环境保护工作同步推进到位。

另外,区域内生态环境短板要素同样会对区域资源的开发、生产利用带来严重制约。环境特征分区有利于明确区域内环境弱点,从而有针对性地提出环境治理优化措施，从环境的角度进一步弥补开发短板。

3．分区信息叠加

双评价工作涉及多种来源的数据，大多数情况下所用的数据并不来自于同一个图层，而分散的数据对自然资源与生态环境要素相互影响的关系体现不明确，不利于双评价过程中各类要素基本关系的运用。因此在双评价中，一般需要对各种分区结果图层进行叠置分析，并对要素的总体特征进行分析评价，为后续落实自然资源利用适宜性评价与资源环境承载能力评价等业务提供基础。

在进行自然资源与环境分区后，不同的自然资源与环境要素的特征信息被统一到尺度一致的单元中。在进行分区信息的叠加时，单元中单项的要素信息满足了分区聚类的基本要求，有利于保障综合分区的合理性。

3.5.2　自然资源类型区的划分

1．自然资源类型区划分原则

自然资源类型区划分的目的是将具有相似资源禀赋特征的图斑单元组成一类区域，划分过程强调"物以类聚"。因此，自然资源类型区的划分一般遵循均质性原则、空间尺度适应原则、分区精度统一原则、多用途评价原则及垂直叠置分割原则。

均质性原则是强调特定的自然资源类型区内部包含的自然资源及相应的资源禀赋特征相对一致，并顾及资源的用途、区位等同一性特征，以避免特征边界分割影响后续评价精度；空间尺度适应原则是指对于特定分区，满足从微观到宏观多尺度层次下的目标空间抽样，使抽象后的点、线、面实体可进行空间均质特征的描述；分区精度统一原则要求类型区划分过程中，各类型分区的精度要保持一致；多用途评价的原则是针对双评价基于现实、指导规划的特点，实现分区用途、全域覆盖的描述；垂直叠置分割原则是考虑地上、地下等不同空间内分布的自然资源，针对它们投影在统一平面上的禀赋特征进行划分，并保证类型区划分的全面性。

2．自然资源类型区的划分方法

自然资源类型区的划分方法是对特定的聚类基础单元进行聚类综合分析，以形成统一的资源类型区的一类方法。在双评价的资源类型分区中，最基本的聚类单元是地上与地下的各类资源空间承载单元。例如，对于土地资源而言，聚类单元是土地利用现状图斑等，而对于地表水资源而言，可能是河流与坑、塘、水库的各个基本构成单元。基于主要自然资源的资源禀赋、开发用途与空间特征，可划分自然资源聚类指标，如土地资源中用地类型、植被覆盖指数等。属性指标经量化后能够表示为单元与聚类中心的相似性，进而结合空间相似度判定单元所属类别。

由于层次聚类法相较于密度聚类、划分式聚类等方法的通用性更好、更容易定义相似度（Cong et al,2015），且无须预先确定聚类中心及数目（张奇 等,2014），故更适合应用于自然资源或生态环境等基础数据的类型分区研究。在进行聚类分区时,可预先将所有自然资源的基本聚类单元视为独立的类别,基于聚类分区的资源禀赋等属性指标计算聚类单元与类别中心的相似性,不断迭代合并相似度最高的两个类别,并形成新的自然资源类型区,直至无法再通过聚类合并得到新的资源类别(图 3.10)。在度量聚类单元相似性过程中,常用资源类型相似度计算的方法包含最短距离法、最长距离法、中间距离法、重心法、类平均法、可变类平均法、可变法及离差平均法。应用相似度算法进行类型区聚类时需遵循四项基本原则:不属于任何已有分组的两个单元形成新组;若两个单元中其一已有确定分组,则另一个并入该组;若选出的两个单元分属不同组,则将这两组合并;若选出的两个单元出自同一组,则这一对样品单元就不再分组。

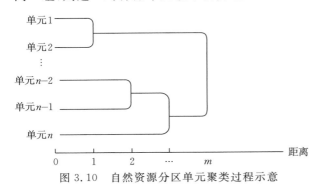

图 3.10　自然资源分区单元聚类过程示意

除按照土地资源、水资源、矿产资源等单项资源聚集区类型进行自然资源类型分区外,还可以针对多种类型资源的组合类型进行综合聚类。但考虑不同要素的图斑叠加后可能出现破碎和不规则的重叠情况(如简单叠加后形成的综合图斑,可能既是固体矿产资源的类型区,也是地下水资源的类型区),通常需要明确不同资源类型对于开发利用的重要程度(一般通过对比后续具体的开发适宜方向等评价确定),以确定叠加后的综合分区所对应的类型,保障基本单元的完整性。

3. 自然资源类型区的信息统计

基于基础空间聚类单元与聚类指标,并按照一定的相似度度量方法,不断将空间与属性相似度最高的资源归类合并,能够将特定的区域划分为建设用地分布类型区、地下水分布类型区等自然资源类型区(表 3.44)。通过对类型区进行的进一步汇总与统计,便可获得特定资源的类型、空间分布与理化特征信息,以用于后续的资源利用适宜性等评价任务。

表 3.44　资源类型区聚类情况信息统计

自然资源	聚类单元	聚类特征指标
土地资源	土地资源综合网格	不透水面积比例、植被覆盖指数等
水资源	水资源综合网格	水量、水质等指标

自然资源	聚类单元	聚类特征指标
矿产资源	矿产资源 综合网格	单位面积固体矿产资源保有储量、单位面积石油或天然气资源的地质储量等指标
海洋空间资源	海洋空间资源 综合网格	岸线长度、海域面积等指标
海洋渔业资源	海洋渔业资源 综合网格	渔获量、营养级等渔业开发基础指标
无人岛礁 资源	无人岛礁 资源综合网格	人工岸线长度、用岛类型面积等基础指标

3.5.3　生态环境特征区的划分

1. 生态环境特征区划分原则

生态环境特征区划分首先应遵循均质性原则。在特定的生态环境特征区内部,无论是对于"山水林田湖草"与城市等自然、人造的生态功能体,还是对于气、水、土、地、区位、灾害在内的环境要素,都应该保持基本的一致性,即表现在分区内部,生态功能体与环境要素特征具有最大的相似性。例如,气候区中的季风气候区降水和温度普遍具有"雨热同期"的特征。在分区之间,在均质性的作用下,不同生态环境特征区之间具有显著的分区特征差异性。

生态环境特征区划分同样应该坚持延续性原则,结合双评价的技术要求及国土空间的规划需要,生态保护红线、生态空间及由此划定的生态功能区在环境类型区的划分和后续评价过程中应得以延续,并进一步保持其完整性,以避免因聚类划分生态环境特征区而人为地割裂生态功能区及其边界。

2. 生态环境特征区划分方法

在生态环境特征区的划分中,聚类操作的对象是生态环境的具体空间承载单元。例如,对于地表的水环境而言,空间承载单元为河川、沟渠所影响的流域图斑;对于区位等偏重人为层面的环境而言,空间承载单元则主要考虑行政边界分割得到的基本单元。在进行聚类分区的过程中,一般要同时考虑环境本底特征,以及人类活动与生态环境状态、属性的相互影响。因此用于聚类的指标多为环境要素与生态功能体的属性指标,如地形地貌环境的分区聚类可基于海拔高程、坡度、坡向和地形起伏度等基础指标进行。

进行生态环境特征分区时,首先对所有环境特征的聚类属性指标进行标准化;而后对各个环境特征基本聚类单元采用最短距离法、最长距离法、中间距离法等计算方法,以递推的形式将环境性状的指标值转化为相似性距离;进而对各独立的初始环境特征单元,采用聚类谱系图,以进行逐次循环并类,不断地将相似度最高的两类环境特征区进行合并,直至无法继续生成新的环境特征区为止(图 3.11)。

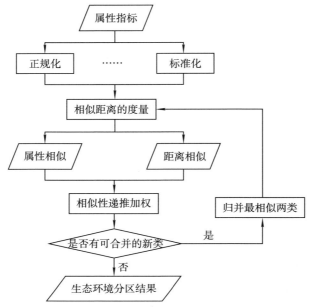

图 3.11　生态环境聚类分区基本流程

对各生态功能体与环境要素分别进行聚类,能够得到对应的特征分区类型图层,但如果将这些图层简单叠加,则很可能出现较多的不规则与破碎的图斑,无法表示生态环境的组合类型特征。因此,对于综合类型分区,在进行叠加分割处理时,一般应根据后续的资源环境承载能力评价与承载压力评价结果进行,并与国土空间开发的适宜方向保持一致,确保生态环境组合类型划分的科学性。

3. 生态环境特征区的信息统计

根据生态环境空间聚类单元和聚类指标,采取以最短距离法为代表的相似度度量方法,可不断地将生态环境空间与属性相似度最高的环境进行归类合并,以划分出地下水环境类型区、地表水环境类型区等自然环境特征区(表 3.45)。在此基础上,通过对特征区进行进一步汇总、统计,能够得到生态环境的分布状态和理化特征等重要信息,可用于资源利用适宜性及资源环境承载能力等评价。

表 3.45　环境类型区聚类情况信息统计

自然环境要素	聚类单元	基础指标	分区信息统计结果
自然气候	气象气候综合网格	年平均降水量、积温等基础指标	干旱气候区、半干旱气候区等代表性自然气候类型区
大气环境	大气环境综合网格	气压、风速等基础指标	高压区、低压区等不同的大气环境类型区

续表

自然环境要素	聚类单元	基础指标	分区信息统计结果
水环境	水环境综合网格	补给类型等基础指标	地下水环境类型区、地表水环境类型区
土壤环境	土壤环境综合网格	阳离子交换性等基础指标	不同类型的土壤类型区
地形地貌	地形地貌综合网格	地形起伏度等基础指标	以山地、平原等为代表的地形地貌类型区
交通区位	区位条件综合网格	与中心城区的距离等基础指标	核心城区、郊区等不同的区位类型区
地质环境	地质环境综合网格	岩性等基础指标	水文地质类型区及工程地质类型区等地质环境类型区
自然灾害	自然灾害综合网格	易发性等基础指标	各类自然灾害类型区,如地质灾害影响区等
海洋环境	海洋环境综合网格	水深等基础指标	划分出各类海洋环境类型区,如海底环境类型区等

生态环境综合分区以单项的自然资源与环境要素单元为主体综合而得,体现了区域内的生态环境特征与空间分异规律,反映了生态环境的总体现状,即人与资源环境和生态系统间的复合关系。

基于单项自然资源、环境要素及生态系统类型(如"山水林田湖草"与城市等),进行图层叠加、图斑分割与属性赋值等处理,保证每个单元图斑的资源实物性状、环境要素特征及生态系统类型的属性值唯一化,以明确在特定区域进行某种资源开发时影响的生态环境要素。然后,通过资源开发现状与生态环境的要素关系(如有无矛盾或冲突关系)分布,以类型与现状(生态环境对资源开发利用是稳定的或敏感的)为主要指标,结合空间邻近性进行综合聚类分区(图 3.12)。

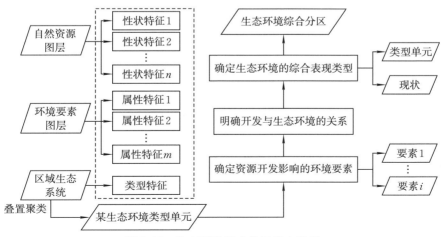

图 3.12　生态环境综合分区基本流程

　　根据单项自然资源与环境的综合类型关系,在分析资源开发对生态环境的影响和关系的基础上,通过综合分区,确定了森林生态水土流失敏感区、森林生态水土特征稳定区等综合生态环境特征分区类型(表 3.46)。

表 3.46　生态环境综合分区聚类情况信息统计

生态系统	资源利用	环境要素	分区信息统计结果
森林生态系统	大农业利用 (土地资源—林地)	气候	可分为森林生态稳定气候区、森林生态气候敏感区等
		地貌	可分为森林生态地表特征稳定区、森林生态地表特征敏感区等
		水、土壤	可分为森林生态水土流失敏感区、森林生态水土特征稳定区
水域生态系统	水资源	水环境	从水资源利用的角度可分为水域生态水源稳定区与水域生态水源敏感区
	水资源(水力)	地质环境	可分为水域生态地质构造稳定区、水域生态地质构造敏感区
	大农业利用、水力	水环境、生物	可分为水域生态生物多样性稳定区、水域生态生物多样性敏感区
草原生态系统	大农业利用 (土地资源—草地)	气候	可分为草原生态气候稳定区、草原生态气候敏感区等
		地貌	可分为草原生态地表特征稳定区、草原生态地表特征敏感区等
		水、土壤	可分为草原生态水土流失敏感区、草原生态水土特征稳定区
农田生态系统	大农业利用	气候	可分为农田生态气候稳定区、农田生态气候敏感区等
		水、土壤	可分为农田生态水土流失敏感区、农田生态水土特征稳定区
		水环境	可分为农田生态水源敏感区、农田生态水源稳定区
		土壤环境	可分为农田生态土壤敏感区、农田生态土壤稳定区
城市生态系统	土地空间利用 (建设用地)为主	气候	可分为城市生态气候稳定区、城市生态气候敏感区等
		地质环境	可分为城市生态地质条件稳定区、城市生态地质条件敏感区等
		土壤环境	可分为城市生态土壤条件稳定区、城市生态土壤条件敏感区等

续表

生态系统	资源利用	环境要素	分区信息统计结果
海洋生态系统	海洋渔业	海洋环境、生物	可分为海洋生态生物多样性稳定区、海洋生态生物多样性敏感区
	海洋空间	气候	可分为海洋生态气候稳定区、海洋生态气候敏感区等

3.5.4　分区类型及栅格化处理

离散化、破碎化的自然资源或生态环境类型区的图斑单元在通过聚类形成的自然资源或生态环境类型分区可能不规则,且难以直接为后续的自然资源利用适宜性评价、资源环境承载能力评价提供数据支撑,因此应对单元进行栅格化处理,以更好地确定最终的分区类型。

在将各类自然资源和生态环境类型区与特定的网格单元进行叠加并完成网格化处理后,属性特征一般会落到特定的网格,原本的资源环境类型区可能被规则的网格单元分割,进而形成多个不规则的零散碎部。对于新生成的碎部区,一般需要进行属性特征值的分配,以确保属性特征与栅格化的单元建立正确的对应关系。属性分配一般遵循两项原则:资源环境的类型性状直接继承;数量类的属性则采取与处理指标单元类似的方式,按照面积比例将数值大致分配到各个碎部。同样,对于不同等级的栅格单元,一般还需要经过数据层级的汇总、统一才能够进行分析和使用,并进一步作为后置评价环节中聚类分析的基础数据(图 3.13)。

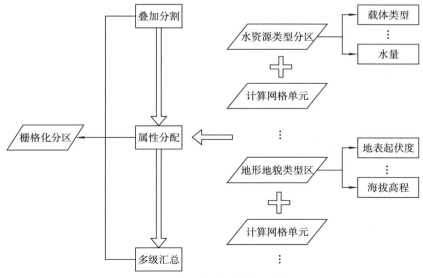

图 3.13　分区类型栅格化基本流程

第4章 关系:自然资源开发利用适宜性特征

自然资源禀赋与开发利用方式之间的关系主要有环境限制、条件适宜、经济适宜三类,这是进行双评价工作的基础。本章在对自然资源开发利用适宜性的概念剖析基础上,总结了土地资源、水资源、矿产资源、海洋资源四类自然资源的开发利用适宜性特征,通过梳理适宜性评价工作的基础指标数据体系,构建了环境限制性、条件适宜性、经济适宜性三类综合指标计算模型,完成了对资源开发利用的适宜性分区。

§4.1 自然资源开发利用适宜性概念剖析

4.1.1 自然资源开发利用适宜性的概念

联合国粮食及农业组织(FAO)在 1976 年正式颁布了具有深远影响的《土地评价纲要》,确定了土地适宜性评价框架(图 4.1),其主要观点是从土地的适宜性角度出发,分为纲、类、亚类和单元四级(FAO,1976)。首先,分为适宜纲和不适宜纲,然后根据土地适宜性的程度(高度适宜、中等适宜、临界适宜),在适宜纲内,划分适宜类;其次,在适宜类内,根据限制性因素(如水分、侵蚀等)的种类划分适宜性亚类;最后,土地适宜性单元则表示土地的生产特征和管理要达到的要求,并且同一适宜性单元具有相似的生产潜力和相似的管理措施(图 4.2)。该评价系统弥补了土地潜力分类系统的不足,反映了土地的适宜性程度及土地的限制性因素和改良管理措施。这一系统的颁布,大大促进了国际上土地资源评价的研究。《土地评价纲要》是最典型的土地适宜性评价指南,尽管其未能提出具体的评价方案,然而在其基础上拟定的《雨养农业土地评价纲要》《林业土地评价》和《灌溉农业土地分类纲要》等具体的评价方案则随后得到了实际应用。

FAO 将土地适宜性评价定义为在土地的自然属性和社会经济因素的鉴定基础上,评价土地对一定用途的适宜程度与限制性程度。FAO 关于土地适宜性评价的基本框架及概念对其他资源的评价研究具有深远的影响。当将评价对象由土地延伸至所有自然资源时,基于 FAO 对土地适宜性评价的定义,可将自然资源开发利用适宜性的概念阐释为:在一定用途下,在对资源开发和利用两个环节中,自然资源对该用途是否适宜及适宜程度的特征。

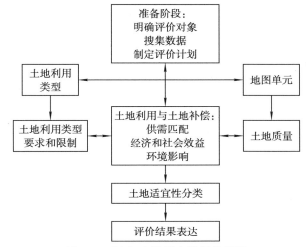

图 4.1　FAO 土地适宜性评价框架

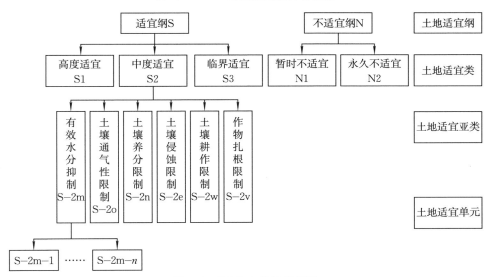

图 4.2　FAO 土地适宜等级

　　自然资源开发利用适宜性的本质是分析自然资源质量与开发方式、利用用途之间的关系,其目标是分析所有资源开发利用方式在一定区域内的适宜程度,包括环境对资源开发利用的限制性、资源本身供给与区域需求的平衡关系,以及资源开发利用的经济适宜程度。

4.1.2　自然资源开发利用适宜性的关系

　　自然资源在进行开发利用的过程中,环境条件、资源本身的供给能力是资源是否具有开发适宜性的重要基础。开发利用得到的产品进入市场后产生的经济关系，是资源能否发挥适宜性的经济价值评判的关键。

1. 环境限制性

在自然资源开发利用过程中，会受到大气环境、地理地质条件、生态环境、自然灾害等各方面的限制，环境限制性将决定资源的开发利用程度。任何自然物成为自然资源有两个基本前提，即人类的需要和人类的开发利用能力，否则自然物只是"中性材料"，而不能作为人类社会生活的"初始投入"。人类社会在自然资源开发过程中与生态环境存在输入输出关系，人类不断地向大自然索取资源，同时开发利用过程中也会排放废液、废气、废渣。在资源开发利用中，并不能"随心所欲"，不得不考虑来自生态环境的约束性。例如，人们需在地势陡峭的高地修建水库，因为需要高低起伏的地势制造落差，存藏水能。在水库修建中产生的废物垃圾，必须按照生态保护的规范要求进行处理，而不是随意排放。因此，根据不同地区的自然资源特点，分析合理的环境限制条件，是资源利用限制性分析评价的重要环节，也是避免资源利用适宜性评价"一刀切"的关键。环境限制性主要包括三部分的内容。

1）当地自然环境基础状况限制

自然资源的利用有不同的形式：对于土地资源利用，可以在土地上种植不同的农作物，也可以建造房屋，还可以开发为工业用地；对于水资源利用，既可以作为灌溉用水，也可以作为生活或者工业用水。土地资源、水资源、矿产资源的自然环境基础约束主要指地貌类型、地形部位、坡度、坡向等与资源利用的契合程度。可以通过遥感影像、地形图、地质图、土壤普查报告等数据来源，进行限制性评价分析（宋如华 等，1996）。海洋资源的自然环境基础约束主要指海洋水文条件的约束，包括水深、坡度、海流等因素。以海洋牧场为例，水深是用海首要考虑的因素，深度要保证养殖设施完全被海水淹没，以及能避免船只通行、风暴等带来的损害。坡度的大小决定着海底地形的陡峭程度，影响着用海区礁体的安全与稳定。海流流速影响着海洋牧场的功能发挥，流速过小会导致泥沙淤积，进而覆盖微生物；流速过大会使鱼礁产生移位、倾覆的情况（Culter et al，1997）。

19世纪德国农业化学家利比希（Liebig）是研究各种因子对植物生长影响的先驱，首次提出了最小因子定律，即低于某种生物需要的最小量的任何特定因子是决定该种生物生存和分布的根本因素。当该因子处于最小量时，可以成为生物的限制因子；当该因子过量时，也可以成为生物的限制因子。在自然资源开发利用限制性研究中，对于具体研究区域，资源的开发利用必然存在最小限制因子。评估最小限制因子的约束程度是进行资源开发利用的基础。

2）基于生态红线的限制

自然资源开发利用的前提是不能破坏当地的自然系统平衡，确保自然资源的可持续利用。自然资源开发过程中"三废"的排放会对环境造成极大的压力，需要对其开发利用进行一定程度的限制。来自生态红线的约束主要有生态功能保障基

线、环境质量安全底线、自然资源利用上线三方面。生态功能保障基线包括禁止开
发区生态红线、重要生态功能区生态红线,以及生态环境敏感区、脆弱区生态红线。
环境质量安全底线是保障人民群众呼吸新鲜空气、喝干净的水、吃放心的粮食,以
及维护人类生存的基本环境质量需求的安全线。自然资源利用上线是促进资源、
能源节约,保障能源、水、土地等资源高效利用,不应突破的最高限值。政府划定三
区三线,规划工业禁止区、生态保护区,划定永久基本农田,都是资源开发利用中的
环境管制门槛,资源开发行为必须遵循国家政策。在进行环境的限制性研究时,这
些也应纳入研究范围(李干杰,2014)。

3)自然灾害的限制

自然灾害与资源开发利用密切相关:一方面,灾害直接阻碍和破坏资源开发利
用进程,是将自然资源转化为经济价值过程中的减值因素;另一方面,不合理的自
然资源开发行为又会加剧灾害的发生和发展。我国灾害性天气频繁发生,对生产
建设和人民生活造成不利的影响,其中旱灾、洪灾、寒潮、台风等是对中国影响较大
的主要灾害性天气。我国的旱涝灾害平均每年发生一次,北方以旱灾居多,涝灾较
少,南方旱、涝灾害均会不定期发生。在夏秋季节,中国东南及南部沿海等地常常
受到热带风暴——台风的侵袭,以 6 月至 9 月最频繁。在秋冬季节,来自蒙古、西
伯利亚的冷空气不断南下,冷空气特别强烈时,气温骤降,出现寒潮。寒潮可造成
低温、大风、沙暴、霜冻等灾害。

2．条件适宜性

人类社会对自然资源产生"开发利用"行为的驱使动力是需求。人们需要场地
安居休息,于是会占用土地、砍伐木材、开发矿藏,以建筑钢筋水泥,制造家具用品;
为了满足一日三餐的需求,人们种植水稻、发展畜牧业,需要水、土地,甚至深入大
海深处撒网捕鱼;对国内生产总值的热衷追求,使人们不断发展经济,不惜以牺牲
环境为代价。对自然资源的开发利用皆源于人类需求,然而是否适合开发、可以开
发到什么程度却取决于大自然能提供多少资源。

自然资源供给能力与人类福祉息息相关,供给取决于当地自然环境基底状况,
需求则与人口增长和社会经济的发展有关,供给和需求之间的关系反映自然和人
类社会间复杂的动态关联。自然资源系统是一个复杂的、动态的复合系统,供给与
需求的变化受自然资源系统结构功能、生态过程、人口增长、经济发展、社会进步、
技术革新等诸多因素的影响。自然资源的持续供给是社会和自然可持续发展的基
础,因为人类通过对自然资源的消费来满足需求和提高自身福祉。研究自然资源
的供给和人类对其需求与消费,分析供需特征与空间平衡关系,对自然资源管理
的有效配置具有重要意义,也是自然资源开发利用适宜性评价的基础。

条件适宜性评价根据规律拟合、标准比照等进行供需相关性评分,相关性分为
正相关、负相关、不相关三类,其目的是研究资源禀赋特征与资源开发利用方式的

匹配程度(图 4.3)。

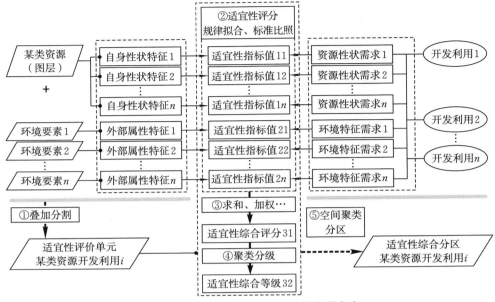

图 4.3　资源开发利用条件适宜性评价框架

3. 经济适宜性

在市场经济下,自然资源开发利用带来的收益是衡量其是否具有开发价值的重要指标。决定自然资源能否由潜在的自然供给变为现实的经济供给的影响因素是资源本身及资源产品——资源开发带来的收益和开发利用资源所花费的成本。如果收益可以弥补成本(开发成本与经营成本之和)并有一定的剩余,则该资源的开发利用在经济上是可行的,便成为具有经济适宜性的自然资源。如果开发利用资源所获得的收益不足以抵偿资源开发利用成本,那么自然资源就不能转换为具有经济适宜性的资源。

从经济适宜性角度进行自然资源供给量的核算时,不但要考虑自然资源利用或经营成本,而且要考虑自然资源开发成本。一些自然资源所处地区自然条件差,其开发成本很高,必须核算开发成本。

自然灾害对资源开发利用造成的破坏,最直接的表现形式就是经济损失(图 4.4)。根据《中华人民共和国减灾规划(1998—2010 年)》中的统计,按 1990 年价格不变计算,自然灾害造成的年均直接经济损失约为:20 世纪 50 年代 480 亿元,60 年代 570 亿元,70 年代 590 亿元,80 年代 690 亿元。可以看出,自然灾害对社会经济发展产生了严重的危害,在自然资源开发利用过程中,如何最大限度地减轻自然灾害造成的威胁和损失,是实现经济适宜性最大化必须要考虑的问题。除此之外,资源的消耗、环境的破坏也都属于开发成本。传统经济学认为,自然资源生产成本指从开发利用到成品期间的消耗(用货币计量);而循环经济学认为,自然资源生产成本包含资源耗竭损失、环境污染和生态破坏的损失、防治环境污染和生态破坏费用中未形成固定资产的纯消耗费用等。因此,自然资源开发利用的环境限制性是具备门槛的,不是所有自然环境中的资源都可以被开发或利用,要满足必要的开发、开采环境条件,同时不能对当地自然环境造成破坏。为了将防灾减灾与可持续发展目标协调起来,寻求自然资源利用中灾害损失的最小化,必须改变以资源高投入、环境大破坏和灾害事故频发为代价的传统自然资源开发利用模式。

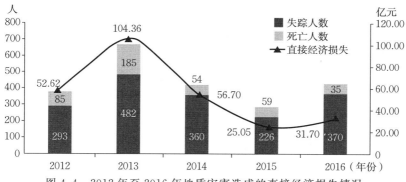

图 4.4   2012 年至 2016 年地质灾害造成的直接经济损失情况

在经济适宜性评价过程中,边际报酬递减规律是产品生产中投入与产出的核心规律,是指在其他技术水平、其他要素投入等保持不变的条件下,连续、等量地追加一种可变生产要素。当这种可变生产要素的投入量小于某一特定的值时,增加该要素投入所带来的边际产量是递增的;然而,当超过这个特定值时,再连续增加这种可变生产要素,则增加该要素投入所带来的边际产量是递减的(Cockburn,2001)。在自然资源实物产品生产中,要实现以最低的投入获得最大的产出,就必须对其投入报酬递减规律进行模拟,建立以自然资源投入量为自变量、以资源实物产品产出量为因变量的回归方程,然后以所建回归方程为目标函数,在环境限制约束条件下,通过最优化的方法获得最优的经济适宜性。

总而言之,在市场经济条件下,任何生产经营活动必然以经济效益为准则。自然资源的开发利用也是一种经济活动,其经济效益决定了人们开发利用自然资源的积极性,因此必须从经济学角度评价和测算其经济效益。资源开发利用适宜性评价就是要利用市场经济关系,基于边际报酬递减规律,结合不同的资源开发利用方式评价基础成本、灾害成本、环保成本等投入与资源开发利用的产品数量和价值之间的适宜关系(图 4.5)。

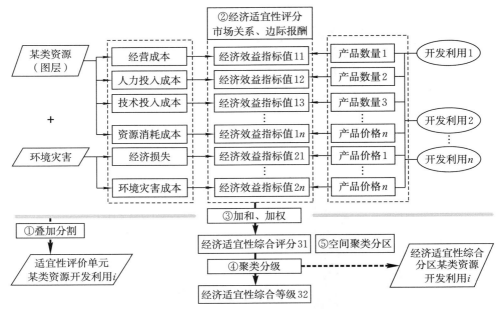

图 4.5　资源开发利用经济适宜性评价框架

§4.2　自然资源开发利用的适宜性特征

4.2.1　土地资源开发利用的适宜性

1. 环境限制性

土地资源开发利用过程中,不同的环境条件对各种开发方式的限制程度、限制要素不一样,可从自然气候、土壤环境、地形地貌三方面进行阐述。

(1)自然气候的限制。太阳辐射是地球表层能量的主要来源。对于土地资源的利用来说,像农田耕种、树木生长等农业生产利用和生态利用的开发方式都需要光照进行光合作用。光照是植物进行光合作用的必要条件,光照的强度、时间及光质对植物生长发育的影响较大。光照条件不适宜的地方,会严重限制土地资源的开发利用。光照既是植物光合作用的"原料",又是养分运输的载体,并且光照影响积温,不同的植物适宜生长的温度不一样,积温过低或过高都对植物生长有巨大限制。另外,一个地方的水分状况和条件是最重要的气候特征之一,它和光热一起决定着一个地区土地资源和自然条件的优劣。

(2)土壤环境的限制。土壤是一切农作物、树木生长的载体和养分来源。盐碱地、土壤有机质含量少且肥力低的土地资源都是不利于进行农业生产利用和生态利用的。

(3)地形地貌的限制。地貌是土地形态的骨架,是所有土地发生发展的基础,一切土地都在一定地貌部位上。地貌形态不仅影响气候、湿度、雨量的变化,还能造成小气候类型。地形主要从坡度、坡向、海拔等方面对土地资源的开发利用产生限制,具体表现为对光照、温度、降水的重新分配。对土地资源的各类空间利用方式来说,坡度过大、稳定性差的沙土地质等都会限制土地资源的开发利用。

此外,对农田的保护和环境污染的限制也会影响土地资源的开发利用。例如,永久农田的划定,将使该地区的土地资源不能再进行公路建设、工厂建设等开发。土地开发为农用地,化学农药的使用会造成土壤污染;土地开发为工业用地,则要考虑工业"三废"对土地的污染。因此,环境保护和污染治理政策都将严格限制土地资源的开发程度。

2. 条件适宜性

土地在人类生存发展历史中,有着其他自然资源不可替代的地位。土地有着滋生万物的能力,是森林、草地、农田、道路、工厂、建筑物等的载体,离开土地就无所谓工业生产、农田种植。土地为人类活动提供了场地,以及土壤肥力、地貌特征。在供需关系匹配的情况下,对于土地资源的利用适宜性评价,需要重点考虑土地资源的利用方式和土地资源实物性状之间的匹配关系(图 4.6)。

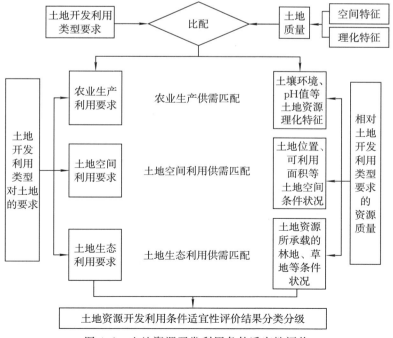

图 4.6　土地资源开发利用条件适宜性评价

人类对土地资源的利用方式是多种多样的,如耕地、林地、草地、商业用地、工业用地、住宅用地、交通用地等。利用方式的不同源于不同的需求。人类对土地资源的利用需求来源于两个方面,即人类生活生产土地空间需求和土地种植产品等土地生态需求。耕地、园林种植、草地等的需求是对土地资源产出结果的需求,如水稻、果树。这些需求更重视土壤的肥力,肥沃的土地更能种出丰硕的果实。商场建设、工厂生产、住宅办公等土地资源利用方式对土壤肥力几乎无要求,更多的是需要场地,有了活动场地,人类不断地进行改造、设计、生产,最终建设出各种建筑物,满足不同的物质和精神需求,如消费购物、安居乐业。将不同的需求与土地资源的具体利用方式相结合,实现供需匹配,是土地资源进行条件适宜性分析的方式。

3. 经济适宜性

土地资源开发利用的经济适宜性研究是以市场需求和土地资源可持续利用为前提、以最佳的经济收益为原则、以土地资源开发利用投入成本和实物产品创造的经济价值为主要评价参数,分析具体研究区域土地资源开发利用的经济适宜程度(图4.7)。土地资源除了其本身可作为资源提供的实物产品之外,基于不同的土地资源利用类型也将产生粮食、果实、建筑物等产品,并具备经济价值。土地资源自身及各类用地提供的空间及产出产品都属于土地资源产品价值的来源。

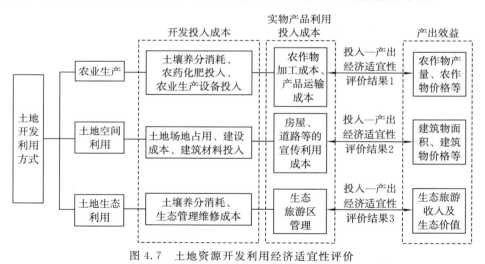

图4.7　土地资源开发利用经济适宜性评价

不同的土地资源开发利用方式在成本投入中主要分为以下两个过程:

(1)开发环节的成本投入。农业生产开发要投入农药、化肥,为农作物生长提供必要的营养养分;房屋住宅建设、道路建设等对土地资源空间场所的开发,要投入建设材料等;土地生态利用在开发前期,要对划定的生态区进行规划,并建设基础设施。

（2）土地资源产出实物产品的利用投入。对农作物的加工处理、实物产品的宣传等成本的投入是不可或缺的，这些环节的投入可以增加实物产品的价值。土地资源开发利用的经济效益由产品数量和产品价格决定，农作物的产量和价格、建设完成的建筑面积等都是衡量经济效益的重要参数。

4.2.2　水资源开发利用的适宜性

1. 环境限制性

水是生命之源，生产之要，生态之基（夏军 等，2016）。在水资源开发过程中，环境对其限制体现在以下三方面：

（1）气候的限制。温度的变化不仅影响植物的生长，还会影响水循环，进而影响水资源的开发。就我国而言，水资源是限制我国社会经济发展的重要问题，全国人均水资源量不到 2 000 m³，属全球严重缺水国家之一，且还存在南北分布不均、洪涝灾害多发、利用率低、污染严重、供需矛盾尖锐等突出特征。我国西北干旱区地处中纬度地带的欧亚大陆腹地，是世界上极为干旱的地区之一，同时又是生态环境脆弱地带。干旱内陆地区降水较少，会引发生物多样性减少、沙漠化进程加快及土地生产力下降等一系列生态环境问题，使水资源的开采利用受到极大限制。

（2）水环境的限制。水环境中的有机物含量、无机盐、重金属等因素直接影响水资源水质的好坏。水质不好的水环境，会限制水资源的开发利用。

（3）地质地貌的限制。地貌条件直接影响水资源的协调，主要表现在地表水的再分配和水文地质结构。山地的水文地质结构主要受制于构造状况和组成岩性的影响。在地表水方面，地质地貌主要通过其形态影响降水的再分配。

在水资源的利用过程中，环境对其限制体现在对水源地的环境保护及对废水的排放限制。水污染物排放标准通常被称为污水排放标准。该标准是根据受纳水体的水质要求，结合环境特点和社会、经济、技术条件，对排入环境的废水中的水污染物和产生的有害因子所做的控制标准，或者说是水污染物或有害因子的允许排放量（浓度）或限值。该标准是判定排污活动是否违法的依据。污水排放标准可以分为国家排放标准、地方排放标准和行业标准。

2. 条件适宜性

水资源对人类的重要性渗透到人类活动的方方面面，如生活用水、灌溉用水、工业用水等。水资源的供给主要表现在水量、水质两方面。生活用水、工业用水等对水资源的利用要求，尤其是对水质，都有相关的规定，如《生活饮用水卫生标准》（GB 5749—2006）和《城市污水再生利用 工业用水水质》（GB/T 19923—2005）。对水资源条件适宜性的分析要综合考虑水资源供给的水量和水质情况，结合开发利用方式的需求，才能进行科学合理的条件适宜性分析（图 4.8）。

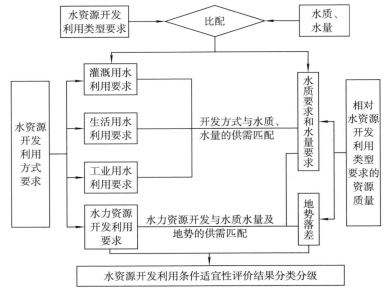

图 4.8   水资源开发利用条件适宜性评价

3. **经济适宜性**

对于大部分水资源的开发利用方式及产出产品而言,水资源本身就是一种产品,以水价的高低衡量水资源产品价值。对于水力资源开发利用得到的产品,如水库、水力发电等,要结合电力等不同行业定价标准衡量其价值。水资源开发利用经济适宜性评价中的成本投入主要包括(图 4.9):资源开发的成本投入,如灌溉设施的建设、自来水加工处理成本;水资源实物产品利用的投入成本,如水资源的输送等。

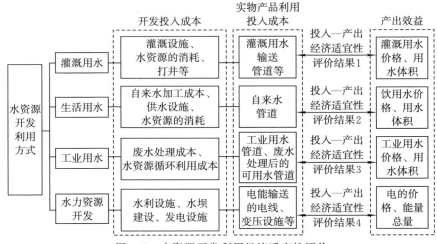

图 4.9   水资源开发利用经济适宜性评价

4.2.3 矿产资源开发利用的适宜性

1. 环境限制性

环境对矿产资源开发的限制性体现在地质条件的限制。就目前而言,人类的科技史上,入地的难度系数不亚于上天。矿产资源是地壳在长期形成、发展和演变过程中的产物,是自然界矿物质在一定地质条件、地质作用下聚集而成的。相比其他工作,地质矿产资源勘查工作极为复杂,涉及的技术层面较广,因此地质条件的好坏直接限制了矿产资源开发的难易程度。生态环境条件直接影响矿产资源的开发,是制约矿产资源及其相关产业发展布局的重要因素。只有当外部生态环境达到一定条件时,矿产资源才能进行经济、有效的开发。在自然条件恶劣的区域,即使赋存有大型甚至超大型的矿床,矿产资源的开发也会因为各种技术的、经济的原因而难以启动,更不用说形成较长的资源产业链。矿产资源勘查、开发、冶炼、加工、流通回收的各个环节,都具有环境污染和生态破坏的可能性,都面临着生态环境的严峻挑战。

矿产资源利用程度的加深导致地质环境问题变为主要的环境限制。地质环境问题是矿山勘查工作中常见的问题,如地质灾害(崩塌、滑坡、泥石流)、环境污染、水土流失、地震危害、水资源污染等。地质环境问题阻碍了矿产资源的勘查与利用,也限制了社会经济的正常发展。

2. 条件适宜性

矿产资源是一种重要的生产资料和劳动对象,是工业的"血液"和"粮食"。目前,中国 90% 左右的能源、80% 以上的工业原材料、70% 以上的农业生产资料和30% 以上的生活用水都来源于矿产资源(梁吉义,2011)。从供需匹配的角度出发,影响矿产资源利用适宜性评价的因素是矿产规模和矿产品质等。矿产资源的形成是百万年乃至数亿年地质运动、地层演变的结果,成矿周期长且不可再生。在一定时间内,可开采的矿产数量是有限的,且总量在日益减少。矿石的质量决定了矿产资源成品的价值收益,且对应了不同的需求目的。矿石中金属或有用组分的单位含量,称为品位,表示矿石的质量,大致分为富矿、贫矿两种。

矿产资源开发方式主要有矿山露天开采、地下矿井开采及油气钻井开采,天然气和石油资源主要用油气钻井的方式进行开采,而煤炭资源、金属与非金属矿石则通过矿山露天开采、地下矿井开采两种方式进行开采。所有的矿产资源在开采之后都必须经过再加工和运输才能得到利用。矿产资源的利用适宜性分析要综合考虑矿产规模和矿石品质,结合矿产资源开发方式、利用用途等,才能进行科学合理的利用适宜性分析(图 4.10)。

3. 经济适宜性

矿产资源开采的基础设施建设需要投入巨大的成本,而且通常需要一定的技术加工再生产,才能创造出具备有利于人类社会发展价值的产品,从而具备经济价值。例如,将矿石中的金银加工为不同的首饰,市场上根据纯度、设计款式设置不同的价格;铜铁可作为工业原料发挥经济价值;天然气、石油资源需要进行加工提纯,并通过特殊管道运输才能发挥经济价值。矿产资源的经济适宜性包括两方面的内容,即资源开发和利用成本、通过资源成品价格而获得的经济收入(图 4.11)。

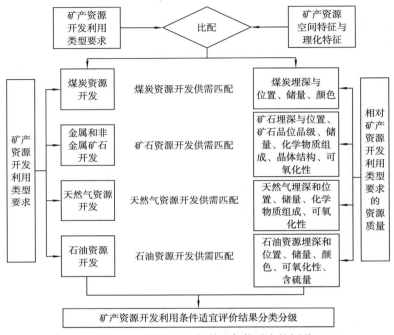

图 4.10　矿产资源开发利用条件适宜性评价

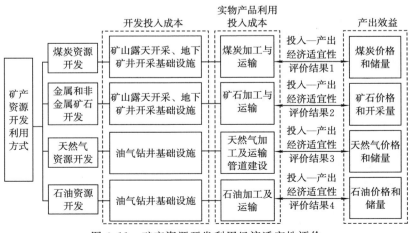

图 4.11　矿产资源开发利用经济适宜性评价

4.2.4　海洋资源开发利用的适宜性

1. 环境限制性

环境对海洋资源开发的限制性体现在气候的限制。全球气温的总体上升使两极冰川和大陆冰川积雪消融,导致海水面逐年上升,且海水随着气温的升高而不断扩张,蒸发量不断增加,形成一个恶性循环。这不仅影响海洋水循环及海水资源在时空上的分配,还加剧了全球自然灾害的发生频率。全球气候变化对海洋渔业的影响是全方位、多层次的,近几年来,气候变化的影响愈发明显。随着气候变化的加剧,渔业生产力和渔业资源的分布将会改变(Food,2011)。随着海水升温速率的加快,海洋变暖造成的影响也是多方面的。例如,对于生境适宜温度范围有限的海洋生物来说,海水温度升高会造成鱼类等海洋生物对原生境的不适宜性,它们为寻求更适宜的生境而转移,最终造成海洋生物地理分布的迁移(蔡榕硕 等,2014)。全球变暖会影响碳循环,二氧化碳浓度增加,海洋吸收了约 30% 人为排放的二氧化碳,导致海洋酸化,从海水环境特性上改变了海洋生态系统。海水酸化将会影响贝类等软体动物的生存,而以此为主要食物来源的海洋鱼类将会减少或灭绝,海洋鱼类资源因此会受到极大影响(IPCC,2013)。

海洋保护限制了海洋资源利用。众所周知,唯有维持海洋生态系统的健康运行和海洋环境的干净美好,人类才能从中获取利用率高的资源与能源,才能保障海洋产业的可持续发展。鉴于水体的流动,一旦某海域海洋资源或环境因过度开发利用而遭受破坏,在一定程度上会不利于这片海域后续的开发与利用,同时也会对邻近海域的生态环境造成不利影响,进而限制海洋资源的利用。

2. 条件适宜性

海洋是人类生存与发展的重要财富,占整个地球面积的 71%。海洋资源包括海水资源、海洋生物资源、海洋空间资源等。海洋资源的开发利用对于人类缓解食物、能源短缺等带来的压力具有重要的意义。随着科技的发展和进步,人们不断扩展在海洋中从事活动的广度和深度,由传统的海洋捕捞业、海盐业、海洋运输业等,向海洋化工业、建立海洋空间岛等新兴海洋产业发展和转变。

海洋资源开发利用方式主要分为海洋渔业资源开发、海洋空间资源开发、无人岛礁资源开发三种。海洋水质、海洋资源空间特征、海洋生物特征等是海洋资源开发利用过程中的影响海洋资源利用的因素(图 4.12)。海水质量由海水水质中的溶解氧、叶绿素、透明度、硅酸盐等综合决定。海洋生物分为浮游动物、浮游植物、底栖生物,按照每立方米数量评定适宜级别。根据对海洋资源的利用需求,各行各业也制定了相关标准,如《海水水质标准》(GB 3097—1997)、《渔业水质标准》(GB 11607—1989)。

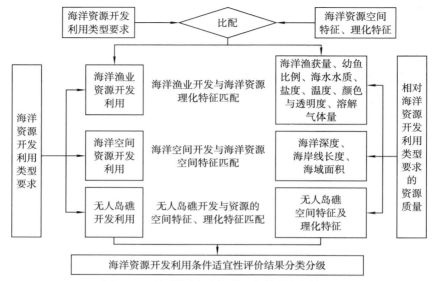

图 4.12　海洋资源开发利用条件适宜性评价

3. 经济适宜性

海洋资源是一个巨大的宝库，海水、海洋生物、海岸滩涂等资源应用于各行各业都具备巨大的经济价值。海洋渔业资源通过加工处理，进入市场，进行商品售卖活动，产生经济价值；对海洋海岸、滩涂、近海空间进行开发，建立港口、度假区等，在各行各业都产生巨大的经济效益。这些经济效益的产生都建立在投入渔业捕捞、成品加工、基础设施建设等各种各样成本的基础上。海洋资源开发利用经济适宜的关键就是分析投入成本与海洋资源在资源开发、成品利用等环节之间的适宜关系（图 4.13）。

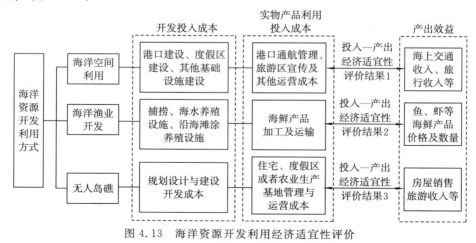

图 4.13　海洋资源开发利用经济适宜性评价

§4.3　自然资源开发利用的适宜性评价

4.3.1　适宜性指标计算的基础数据

1. 基础指标的栅格单元准备

栅格单元是自然资源利用适宜性评价的指标数据承载、统计分析计算、结果综合表达及成果发布应用的核心载体要素,是评价成果应用落地的关键。不同的资源类型及不同的开发方式将影响栅格单元的划分类型。

土地资源将参照《土地利用现状分类》(GB/T 21010—2017),结合第三次国土资源调查及关于土地覆盖调查的相关需求,将评价土地资源数量指标的基本评价单元划分为四类:①按照行政区,土地资源适宜性评价结果可以与行政单元耦合,结果直接汇总到乡、县、市、省、全国各级,也可以汇总到长江经济带、珠三角经济带等区域;②按照利用类型,土地资源利用适宜性评价的核心是资源与土地利用类型之间的供需关系,耕地、园地、林地、商服用地等不同的利用类型对土地资源的要求和开发方式都不同;③按照不透水面积,不透水面积是影响城市生态环境的重要指标,也是耕地资源开发、复垦的限制性指标;④按照植被覆盖指数,植被覆盖比例是指单位面积内植被地上部分(包括叶、茎、枝)在地面的垂直投影面积占统计图斑面积的百分比,也称为植被盖度,可通过遥感影像解译归一化植被指数(normalized differential vegetation index,NDVI)获取,植被覆盖比例对土地质量、土地开发范围都有重要的影响。

根据基本评价单元类型,土地资源基础指标主要包括图斑面积、不透水面积比例、土壤质量、地貌类型等(表 4.1),将每一类评价单元按照评价范围和空间尺度进行栅格化处理,从而得到土地资源适宜性评价的基础指标的栅格单元数据。

表 4.1　土地资源适宜性计算基础指标

指标	指标参考
图斑地类名称	《土地利用现状分类》(GB/T 21010—2017)
图斑面积	《第三次全国国土调查技术规程》(TD/T 1055—2019)
不透水面积比例	《海绵城市建设技术指南——低影响开发雨水系统构建(试行)》
植被覆盖指数	《生态环境状况评价技术规范》(HJ 192—2015)
土壤质量	《国际制土壤质地分级标准》
地貌类型	《城乡用地评定标准》(CJJ 132—2009)
地形分区	《城乡用地评定标准》(CJJ 132—2009)

水资源适宜性评价的基本单元可分为以下三大类:

(1)第一类是水资源的空间载体与自然单元,也是开发利用的目标单元,包括地表水和地下水两部分。参照 2016 年 11 月 4 日水利部、国土资源部关于印发《水流产权确权试点方案》的通知,地表水的空间载体包括河流、水库、湖泊、中型灌渠及水塘等。地下水评价的基本单元以水文地质调查的空间数据为基础,单元为已经探明的地下水层空间分布形成的自然单元图斑。

(2)第二类包括取水范围、防洪空间和生态空间,为空间作用域单元,反映水资源的影响空间范围。

(3)第三类单元是对第一类、第二类单元经网格化处理叠加和再分割形成的网格单元,主要用于两类水资源的指标汇总及双评价中多要素的关联影响分析。

根据基本评价单元类型,水资源基础指标主要包括水资源图斑面积、载体类型、天然河川径流量等(表 4.2,将每一类评价单元按照评价范围和空间尺度进行栅格化处理,从而得到水资源适宜性评价的基础指标的栅格单元数据)。

表 4.2　水资源适宜性计算基础指标

属性字段	指标参考
水资源图斑面积	水资源量数据
载体类型	01 河流、02 水库、03 湖泊、04 主要中型灌渠、05 水塘
天然河川径流量	《全国水资源综合规划技术大纲》
水库蓄水量	《湖北省宜都市水流自然资源统一确权登记试点工作实施方案》
湖泊水量	《湖北省宜都市水流自然资源统一确权登记试点工作实施方案》
中型灌渠水量	《湖泊调查技术规程》
水塘水量	《湖北省宜都市水流自然资源统一确权登记试点工作实施方案》
工程供水能力	《城市饮用水水源地安全状况评价技术细则》
地表水水质等级	《城市饮用水水源地安全状况评价技术细则》
地表水可利用量	《全国水资源综合规划技术大纲》
平均单位面积产水量 (流域产水模数)	《全国水资源综合规划技术大纲》

根据评价需要,矿产资源将评价单元分为以下两类:

(1)第一类为矿产资源的自然单元,是矿产资源的基础载体,是矿产资源开发利用的目标单元,分为固体矿产资源栅格单元、油气资源栅格单元。其中,固体矿产资源栅格单元参照《固体矿产地质勘查规范总则》(GB/T 13908—2020)和《固体矿产资源储量分类》(GB/T 17766—2020),根据各固体矿产资源调查成果形成的勘查区构成。油气资源栅格单元参照《油气矿产资源储量分类》(GB/T 19492—2020),根据各油气矿产资源调查成果形成的勘查区构成。

(2)第二类为综合网格单元,是对固体矿产资源和非固体矿产资源分类基础单元进行叠加、分割形成的网格单元,主要用于指标汇总及双评价中多要素的关联影响分析。

根据基本评价单元类型,矿产资源基础指标主要包括矿产资源图斑面积、固体矿产品级、埋藏深度等(表 4.3),将每一类评价单元按照评价范围和空间尺度进行栅格化处理,从而得到矿产资源适宜性评价的基础指标的栅格单元数据。

表 4.3　矿产资源适宜性计算基础指标

属性字段	指标参考
矿产资源图斑面积	矿产资源调查数据
单位面积固体矿产保有储量	《固体矿产资源储量分类》(GB/T 17766—2020)
单位面积固体矿产基础储量	《固体矿产资源储量分类》(GB/T 17766—2020)
单位面积固体矿产资源量	《固体矿产资源储量分类》(GB/T 17766—2020)
固体矿产品级	《固体矿产地质勘查规范总则》(GB/T 13908—2020)
固体矿产可采厚度	《固体矿产地质勘查规范总则》(GB/T 13908—2020)
单位面积油气资源地质储量	《油气矿产资源储量分类》(GB/T 19492—2020)
单位面积油气资源剩余可采储量	《油气矿产资源储量分类》(GB/T 19492—2020)
埋藏深度	其他特征约束评分, 《石油天然气储量估算规范》(DZ/T 0217—2020)
含硫量	其他特征约束评分, 《石油天然气储量估算规范》(DZ/T 0217—2020)

海洋资源根据开发利用类型将评价单元分为三大类:①第一类为海洋空间开发适宜性评价指标的岸线/海域单元;②第二类为海洋渔业资源开发适宜性评价指标的海区单元;③第三类是无人岛礁资源开发适宜性评价指标的海岛图斑单元。海洋资源基础指标有海洋资源图斑面积、岸线长度、海域面积等(表 4.4),将每一类评价单元按照评价范围和空间尺度进行栅格化处理,从而得到海洋资源适宜性评价的基础指标的栅格单元数据。

表 4.4　海洋资源适宜性计算基础指标

属性字段	指标参考
海洋资源图斑面积	海洋资源调查数据
岸线名称	
岸线长度	
自然岸线保有率	
海域名称	
海域面积	
海区名称	《近海预报海区划分(征求意见稿)》
海区面积	《近海预报海区划分(征求意见稿)》
各类鱼类渔获量	《海洋渔业资源调查规范》(SC/T 9403—2012)
各类鱼类营养级	《资源环境承载能力监测预警技术方法(试行)》
鱼卵种类组成	《海洋渔业资源调查规范》(SC/T 9403—2012)
鱼卵数量分布	《海洋渔业资源调查规范》(SC/T 9403—2012)
仔稚鱼种类组成	《海洋渔业资源调查规范》(SC/T 9403—2012)
仔稚鱼数量分布	《海洋渔业资源调查规范》(SC/T 9403—2012)

属性字段	指标参考
现存资源量	浙江南部外海底层渔业资源量与可捕量的评估
海岛总岸线长度	《海洋资源环境承载能力监测预警指标体系和技术方法指南》
海岛面积	《海洋资源环境承载能力监测预警指标体系和技术方法指南》
海岛用岛类型面积	《海洋资源环境承载能力监测预警指标体系和技术方法指南》

2. 自然资源开发利用类型

自然资源开发利用类型是适宜性评价中的条件需求,只有明确资源被开发的目的和用途,才能更准确地进行自然资源开发利用适宜性分析。同一种自然资源具有多种利用用途,即单一资源多用途开发。例如,土地资源可以用作农用地,也可以开发为住宅用地;水资源可以开发为饮用水,也会被用于农业灌溉。这意味着同一种自然资源的不同开发利用类型会具有不同的条件需求。

土地资源是人类生存的基本资料和劳动对象,具有质和量两方面内容。土地资源按照利用类型一般分为耕地、林地、草地、水域、城镇居民用地、交通用地、其他用地(渠道、工矿、盐场等)。土地资源适宜性评价是在特定的目的下,通过对土地的自然和经济属性进行综合鉴定,确定土地登记,揭示土地质量等级的空间分异过程。土地资源适宜性的核心内容是按照一定的利用方式要求诊断土地质量,对土地资源的开发利用适宜程度进行综合鉴定(谢云 等,2009)。按照对土地资源不同类型的需求,将土地资源开发利用方式分为三类,即空间直接占用、农业生产利用、生态功能利用。

水资源利用主要包括灌溉用水、工业用水、生活用水、水力资源开发四方面,不同的利用类型对水质、距水源距离都有不同的要求。水资源评价工作要求客观、科学、系统、实用,遵循地表水和地下水、水量和水质、利用和保护等相统一的原则,调查分析灌溉用水、工业用水、生活用水、水力资源开发四个部分的供需情况。水资源利用适宜性评价以水质为重要参考,水质即水的质量(好坏)。若利用人类社会对水的各种使用和要求衡量水在质量方面满足的程度,则水质可概括为水对人类生存、生产活动的适用性。水质评价就是分析评定水对人类生存、生产活动的适宜性,是进行水质利用适宜性分析和水资源规划的基础和重要环节。另一方面,水资源主要有地表水和地下水两大类型,并具备不同的质量标准,即《地表水环境质量标准》(GB 3838—2002)和《地下水质量标准》(GB/T 14848—2017),是判断水质好坏的重要参照。

根据开采方式,矿产资源利用可分为矿山露天开采、地下矿井开采、油气钻井开采三大类。根据利用方向,矿产资源利用可分为煤炭资源开发利用、金属和非金属矿产资源开发利用、石油资源开发利用、天然气资源开发利用四方面。

海洋资源开发利用涉及海洋空间、海洋生物等。海洋空间资源涉及岸线资源

和海域资源两方面,根据资源开发方式需要,分别对两类资源的开发进行适宜性
评价。

3. 环境限制性门槛条件设定

各种环境因素对资源开发利用的影响或限制程度不同。对土地资源的建设开
发来说,生态红线、优质基本农田、基本草原等对开发利用具有较高的限制性。相
同因素的不同级别对开发利用的影响也不同,如质量等级高的耕地对建设开发的
限制性强于质量等级低的耕地,突发地质灾害高易发区对资源开发利用的影响高
于中低易发区。根据对资源开发利用的限制程度将环境限制因素分为三类,即强
限制性因子、较强限制性因子及一般或无限制因子(表 4.5)(国土资源部办公厅,
2016)。强限制性因子包括生态红线、永久基本农田、行洪通道、采空塌陷区等,以
及永久冰川、戈壁荒漠等难以利用区域;较强限制性因子包括优质耕地、园地、林
地、人工草地、地裂缝、地震活动、地震断裂带、地形坡度、地质灾害、蓄滞洪区等,以
及其他限制较少或者无限制的环境影响因子。对于具备强限制、较强限制的环境
限制因子的区域,资源开发利用的适宜性程度较低。

表 4.5　土地资源建设开发环境限制因子

限制因子	限制程度	限制标准(适宜性得分)
永久基本农田	强限制	禁止开发,适宜开发程度为 0
生态红线		
行洪通道		
采空塌陷区		
永久冰川		
戈壁荒漠		
优质耕地	较强限制	高于平均耕地、适宜进行农用地开发得分 60,其他类型开发得分 40,低于平均耕地,适宜进行农用地开发得分 20,其他类型开发得分 80
园林、林地		适合开发为林地、草地适宜得分 90,其他类型开发得分 10
人工草地		
地形坡度		$0°\sim2°$,限制少,评价适宜得分 100;$2°\sim8°$,评分 80;$8°\sim15°$,评分 60;$15°$ 以上评分 40
地震活动		地震设防区评分 40,其他评分 100
地震断裂带		
地裂缝		高易发区适宜开发评分 40,中易发区评分 60,低易发区评分 80,无地质灾害风险区评分 100
地质灾害		
蓄滞洪区		重要蓄滞洪区适宜评分 40,一般蓄滞洪区评分 60,蓄滞洪保留区评分 80,其他评分 100
其他	一般或无限制	评分 100

对于土地资源农业生产利用来说,各种环境限制因子的限制程度完全不同,永

久农田、优质耕地这些地区的划定是完全有助于农业生产利用的,这种开发方式更受限于自然气候、大气环境、土壤环境、地质环境等(表 4.6)。

表 4.6 土地资源农业生产开发利用环境限制因子

限制因子	限制标准(适宜性)
积温	积温小于 10℃,不宜开发
有效土层厚度	小于 30 cm,不宜开发
土壤质地	石质,即岩石露头面积大于 50% 或石砾含量大于 50%(体积比),不能进行耕种
坡度	大于 25°,严禁开发
盐碱化	中、强盐碱化和碱土,改良条件差,不宜开发

4. 利用适宜性最佳条件设定

自然资源的开发利用中,资源本身的性状条件直接决定了其利用适宜性的程度。然而利用适宜性最佳条件的设定必须基于具体的开发利用方式,如同一块土地种植农作物和建造商业大楼,对土壤肥沃程度要求是不一样的。

土地资源的开发利用方式包括耕地、林地、住宅用地、商服用地等,按照每一种开发利用方式对土地资源具体性状的要求,将开发利用方式对利用适宜性最佳条件的相关标准分为土地生态利用、土地空间利用两大类(表 4.7)。利用土地资源的生态性状产出的具体资源实物,更注重土壤 pH 值、土壤有机质含量等是否符合条件;当利用土地资源的空间性状时,土壤的肥沃程度等生态特征并不影响其开发利用的适宜程度,坡度坡向、海拔、地质地貌是否符合开发利用的条件是影响利用适宜性的关键。

表 4.7 土地资源利用适宜性最佳条件标准

土地资源利用类型	参考标准
土地生态利用	《农用地分等定级规程》《耕地后备资源调查与评价技术规程》《国土资源环境承载力评价技术要求(试行)》
土地空间利用	《城市居住区规划设计规范》《城乡用地评定标准》《城镇土地分等定级规程》《国土资源环境承载力评价技术要求(试行)》

水资源的开发利用类型主要有灌溉用水、生活用水、工业用水、水力资源开发四类。影响水资源开发利用的主要资源性状是水质、水量(左东启 等,1996)。生活用水中的饮用水是供给居民生活所用、满足日常需要的,对水质的要求严格,必须符合行业规定,否则会影响居民身体健康,破坏社会稳定。其他类型的水资源开发利用适宜性最佳条件也都有相关的规定,是进行适宜性评价的重要参考(表 4.8)。

表 4.8　水资源利用适宜性最佳条件标准

水资源利用类型	评价标准
灌溉用水	《农田灌溉水质标准》(GB 5084—2005)
生活用水	《生活饮用水卫生标准》(GB 5749—2006)
工业用水	《城市污水再生利用　工业用水水质》(GB/T 19923—2005)
水力资源开发	《水力发电厂机电设计规范》(DL/T 5186—2004)

按照资源类型,矿产资源的开发利用方式主要有煤炭资源开发、金属和非金属矿石开发、石油资源开发、天然气资源开发。储量、矿石品位是影响矿产资源开发利用适宜性的主要实物性状因子,不同的矿产资源都有相关的行业标准,其是进行最佳条件判断的重要参照(表 4.9)。

表 4.9　矿产资源利用适宜性最佳条件标准

矿产资源利用类型	评价标准
煤炭资源开发	《商品煤质量管理暂行办法》(2014 年第 16 号令)
金属和非金属矿石开发	《固体矿产资源储量分类》(GB/T 17766—2020)
石油资源开发	《油气矿产资源储量分类》(GB/T 19492—2020)
天然气资源开发	《油气矿产资源储量分类》(GB/T 19492—2020)

海洋资源开发利用方式分为三类,即对海洋生物资源开发利用的海洋渔业开发方式、对海洋空间资源(如海岸线)开发利用的海洋空间开发方式、对无人岛礁的开发利用。不同的开发利用方式适宜性最佳条件标准各有不同(表 4.10)。

表 4.10　海洋资源利用适宜性最佳条件标准

资源类型	评价标准
海洋渔业开发	《海水水质标准》(GB 3097—1997)、《海洋渔业资源调查规范》(SC/T 9403—2012)、《近岸海域海洋生物多样性评价技术指南》(HY/T 215—2017)
海洋空间开发	《海洋工程地形测量规范》(GB/T 17501—2017)
无人岛礁开发	《海水水质标准》(GB 3097—1997)、《无居民海岛开发利用测量规范》(HY/T 250—2018)

5. 经济适宜性评估参数设定

自然资源开发利用的经济适宜性分析是按照经济学的观点,从经济发展和生产布局出发,对自然资源开发利用的可能性、开发利用的方向,以及开发利用的经济合理性进行的综合论证。影响自然资源经济适宜性的因素众多,而且诸多因素交互影响,形成不同的资源产品价格,具体体现利用效益。在影响自然资源经济适宜性的因素中,影响程度、影响方向不尽相同,其结果都是通过资源产品市场实现的资源的利用效益。

供给和需求关系是决定自然资源经济适宜性的关键因素。严格意义上讲,供给和需求因素是影响自然资源产品价格水平的两个最基本的因素。自然资源的供给程度直接反映了前期资源开发工作的成果,经济社会对自然资源的需求量反映了用户对自然资源利用价值的认可。在经济社会发展的过程中,要达到自然资源的供求均衡,必须借助自然资源产品市场影响价格,通过市场价格刺激和调节供求关系。自然资源经济适宜性就是通过各种自然资源实物及产品价格体现的。另外,宏观和行业经济发展水平包括国家或地区的经济发展状况、固定资产投资与通货膨胀率、相关的经济政策与经济所处的发展阶段等经济因素,对自然资源利用经济适宜性分析的影响是比较复杂的,要素很多,影响程度也不同。

经济适宜性参数中,资源开发利用成本参数主要包括固定资金投入、固定劳动力投入、固定技术投入、到城镇的距离、到主要交通干线的距离等,资源开发利用收益参数主要包括自然资源实物价格、自然资源实物单位产量(表 4.11)。

表 4.11　经济适宜性评估参数

资源类型	开发利用类型	投入要素	投入要素评价参数	产出要素	产出要素评价参数	经济效益
土地资源	空间直接占用	土地空间、场所	土地面积及地价	建筑物与各类基础设施	建筑面积及房价等	产出—投入计算模型
	农业生产利用	土壤土质	土壤质量	农林牧等产品	农作物产量及价格	
	生态功能利用	土地空间、土壤土质	生态区管理成本	环境保护效益	种群密度、物种多样性等	
水资源	灌溉用水	凿井汲水、水库储水等基础设施建设	基础设施建设及水质	灌溉用水水质水量	农村用水价格	
	工业用水	水资源及污水处理等	水质好坏及污水处理成本	工业用水水质	工业用水价格标准等	
	生活用水	自来水加工处理等	水质好坏及加工成本	自来水等	饮用水价格	
	水力资源开发	水位差、水力发电基础设施建设	势能及基础设施建设成本	电能	水力发电中电能的价格等	
矿产资源	矿山露天开采	穿孔、爆破、采装、运输和排土等基础设施建设和技术投入	矿产消耗、基础设施建设成本	煤炭、矿石等工业原料	铁、铜、煤炭等工业原料价格	
	地下矿井开采	矿床开拓、矿块的采准、切割与回采等基础设施建设和技术投入	矿产消耗、基础设施建设成本	煤炭、矿石等工业原料	铁、铜、煤炭等工业原料价格	

续表

资源类型	开发利用类型	投入要素	投入要素评价参数	产出要素	产出要素评价参数	经济效益
矿产资源	油气钻井开采	测井、钻井、采集与输送等基础设施建设和技术投入	油气消耗、基础设施建设成本	天然气、汽油等能源产品	天然气、沥青、汽油价格等	产出—投入计算模型
海洋资源	海洋空间开发	水平、垂直海洋空间,如滩涂、海岸线	占用空间面积	港口、旅游度假村、航运等	旅游收入、航运收入等	
	海洋生物开发	鱼类、甲壳类、贝类、藻类和海兽类	海洋生物的质量、数量	海鲜食品	海鲜市场价格	
	无人岛礁	海岛和海礁	无人岛礁面积	既有空间开发产品,也有海洋生物开发产品	旅游收入、航运收入,以及海鲜市场价格	

4.3.2　自然资源开发利用的适宜性指标

自然资源开发利用适宜性评价指标体系要吸收相关文献和规范中关于指标构建的内容,构建更具科学性、完整性、过程性的指标体系。各类自然资源适宜性评价指标体系的建立主要包括环境限制性指标、条件适宜性指标、经济适宜性指标。

1. 土地资源开发利用

土地资源开发利用适宜性指标是基于第三次全国国土调查中对土地利用类型的分类、结合不同土地资源开发方式特点构建完成的(表 4.12)。

表 4.12　土地资源开发利用适宜性指标

利用类型	开发方式	环境限制性指标		条件适宜性指标		经济适宜性指标	
		输入指标	输出指标	输入指标	输出指标	输入指标	输出指标
耕地	农业生产利用	积温年平均温度年平均降水量自然灾害等级	耕地限制性类型	土壤类型pH 值黏土矿物性质土壤渗透性土壤结构土地盐渍度颜色与锈斑成土母质类型有机质与根系分布重金属含量高程(海拔)坡度地形起伏度坡向	耕地条件适宜性等级	农作物产量及价格	耕地经济适宜性等级
种植园用地			种植园限制性类型		种植园条件适宜性等级		种植园经济适宜性等级
林地			林地限制性类型		林地条件适宜性等级		林地经济适宜性等级
草地			草地限制性类型		草地条件适宜性等级		草地经济适宜性等级

利用类型	开发方式	环境限制性指标		条件适宜性指标		经济适宜性指标	
		输入指标	输出指标	输入指标	输出指标	输入指标	输出指标
商业服务用地 工矿用地 住宅用地 公共管理与公共服务用地 交通运输用地 水域及水利设施用地	空间直接占用	断裂活动性 隔水层稳定性 地层岩性	建设用地限制性类型	土地位置高程（海拔） 坡度 地形起伏度 坡向	建设用地条件适宜性等级	建筑面积及房价等	建设用地经济适宜性等级
湿地、林地、草地	生态功能利用	积温 年平均温度 年平均降水量 自然灾害 断裂活动性 隔水层稳定性 地层岩性	生态用地限制性类型	土壤类型 土壤结构 土地盐渍 高程 坡度、坡向 地形起伏度等	生态用地条件适宜性等级	旅游观光游客数量及门票价格	生态用地经济适宜性等级

2. 水资源开发利用

水资源开发利用适宜性指标是基于生活用水、灌溉用水、工业用水及水力资源开发四类不同的资源利用类型，按照不同利用类型对水资源要求、环境约束及开发成本与收益的不同进行构建的（表 4.13）。

表 4.13 水资源开发利用适宜性指标

利用类型	开发方式	环境限制性指标		条件适宜性指标		经济适宜性指标	
		输入指标	输出指标	输入指标	输出指标	输入指标	输出指标
生活用水	供应人类饮用水以及处理自来水等生活所需水资源		生活用水限制性类型	地表水径流量 地表水蒸发量 丰枯性 地下水埋深 入渗补给量 可开采量	生活用水条件适宜性等级		生活用水经济适宜性等级
灌溉用水	通过漫灌、喷灌与滴灌等途径补充植物生长水分	降水量 自然灾害 废水排放限制	灌溉用水限制性类型	硬度 含盐量 pH 值 色嗅味 重金属含量	灌溉用水条件适宜性等级	农村用水总量及价格 工业用水总量及价格 饮用水总量及价格	灌溉用水经济适宜性等级
工业用水	作为工业生产的原料参与生产、处理并回收生产的废水		工业用水限制性类型	化学需氧量 菌群数 道路通达度 道路网密度 交通可达性	工业用水条件适宜性等级		工业用水经济适宜性等级

续表

利用类型	开发方式	环境限制性指标		条件适宜性指标		经济适宜性指标	
		输入指标	输出指标	输入指标	输出指标	输入指标	输出指标
水力资源开发	建设水坝进行蓄水与水力发电	自然灾害 断裂活动性 隔水层稳定性 地层岩性	水力资源开发限制性类型	位置 地貌 水位 可开采水量	水力资源开发条件适宜性等级	水力发电中电能的价格等	水力资源开发经济适宜性等级

3. 矿产资源开发利用

矿产资源是一种特殊的资源要素,其适宜性指标是根据矿产类型及所处位置、开发方式进行构建的(表 4.14)。

表 4.14　矿产资源开发利用适宜性指标

利用类型	开发方式	环境限制性指标		条件适宜性指标		经济适宜性指标	
		输入指标	输出指标	输入指标	输出指标	输入指标	输出指标
煤炭资源利用	矿山露天开采	崩塌、滑坡、泥石流易发程度 崩塌、滑坡、泥石流风险性 断裂活动性 损毁土地程度	煤炭资源利用限制性类型	位置 固体矿产品级 探明储量 可采储量 颜色 化学物质组成 可氧化性 含硫量	煤炭资源利用条件适宜性等级	煤炭等工业原料价格 矿产消耗、基础设施建设成本	煤炭资源利用经济适宜性等级
	地下矿井开采	地面塌陷易发程度 地下水埋深 隔水层稳定性 最大矿坑涌水量 地下水腐蚀性 损毁土地程度		埋深 位置 固体矿产品级 探明储量 可采储量 颜色 化学物质组成 可氧化性 含硫量			
金属和非金属矿石资源利用	矿山露天开采	崩塌、滑坡、泥石流易发程度 崩塌、滑坡、泥石流风险性 断裂活动性 损毁土地程度	金属、非金属矿石资源利用限制性类型	位置 固体矿产品级 探明储量 可采储量 颜色 化学物质组成 可氧化性 含硫量	金属、非金属矿石资源利用条件适宜性等级	铁、铜等工业原料价格 矿产消耗、基础设施建设成本	金属、非金属矿石资源利用经济适宜性等级

续表

利用类型	开发方式	环境限制性指标		条件适宜性指标		经济适宜性指标	
		输入指标	输出指标	输入指标	输出指标	输入指标	输出指标
金属和非金属矿石资源利用	地下矿井开采	地面塌陷易发程度 地下水埋深 隔水层稳定性 最大矿坑涌水量 地下水腐蚀性 损毁土地程度	金属、非金属矿石资源利用限制性类型	埋深 位置 固体矿产品级 探明储量 可采储量 颜色 化学物质组成 晶体结构 可氧化性 含硫量	金属、非金属矿石资源利用条件适宜性等级	铁、铜等工业原料价格 矿产消耗、基础设施建设成本	金属、非金属矿石资源利用经济适宜性等级
天然气资源利用	油气钻井开采	污水排放限制 断裂活动性 隔水层稳定性 地层岩性	天然气资源利用限制性类型	埋深 位置 探明储量 可采储量 颜色 化学物质组成 晶体结构 可氧化性 含硫量	天然气资源利用条件适宜性等级	测井、钻井、采集与输送等基础设施投入成本 天然气价格	天然气资源利用经济适宜性等级
石油资源利用	油气钻井开采	污水排放限制 断裂活动性 隔水层稳定性 地层岩性	石油资源利用限制性类型	埋深 位置 探明储量 可采储量 颜色 化学物质组成 晶体结构 可氧化性 含硫量	石油资源利用条件适宜性等级	测井、钻井、采集与输送等基础设施投入成本 石油、沥青等价格	石油资源利用经济适宜性等级

4. 海洋资源开发利用

海洋资源开发利用类型主要有三类,即海洋空间开发、海洋渔业开发及无人岛礁开发,其适宜性指标的构建也是围绕这三方面的内容完成的(表 4.15)。

表 4.15　海洋资源开发利用适宜性指标

利用类型	开发方式	环境限制性指标		条件适宜性指标		经济适宜性指标	
		输入指标	输出指标	输入指标	输出指标	输入指标	输出指标
海洋空间开发	岸线利用,建设港口、海滩海域利用,规划航线、部署设施	赤潮灾害年均发生频次 海洋溢油事故风险状况 风暴灾害等级 海浪灾害等级 海冰灾害等级 其他海洋灾害等级	海洋空间开发限制性类型	深度 高度 位置 海域面积 岸线长度	海洋空间开发条件适宜性等级	占用海洋资源空间面积成本 基础设施建设成本 旅游收入及航运收入等	海洋空间开发经济适宜性等级

利用类型	开发方式	环境限制性指标		条件适宜性指标		经济适宜性指标	
		输入指标	输出指标	输入指标	输出指标	输入指标	输出指标
海洋渔业开发	海洋渔场捕捞 海水养殖 沿海滩涂养殖	赤潮灾害年均发生频次 海洋溢油事故风险状况 风暴灾害等级 海浪灾害等级 海冰灾害等级 其他海洋灾害等级	海洋渔业开发限制性类型	水温 盐度 物质构成 水质 颜色与透明度 渔获量 幼鱼比例 溶解气体量	海洋渔业开发条件适宜性等级	海洋鱼类消耗数量 捕捞养殖成本 海鲜鱼类价格	海洋渔业开发经济适宜性等级
无人岛礁开发	用作小规模建设用地、住宅用地等提供生活、服务功能 用作符合条件的农业生产基地	赤潮灾害年均发生频次 海洋溢油事故风险状况 风暴灾害等级 海浪灾害等级 海冰灾害等级 其他海洋灾害等级	无人岛礁开发限制性类型	无人岛礁面积 植物数量、类型 动物数量、类型	无人岛礁开发条件适宜性等级	基础设施建设成本 旅游收入等	无人岛礁开发经济适宜性等级

4.3.3　适宜性指标评分与计算方法

适宜性指标评分与计算方法主要有单因素和综合因素两方面。

(1)资源环境要素特征值到单因素适宜性评分。单因素适宜性评分采用的模型为标准比照,建立资源环境要素特征值与评价标准间的映射关系,得到对应级别或级别评分值。

(2)单因素适宜性评分到多因素综合适宜性评分。单因素指标集成评价采用多因素综合评价计算模型,根据不同资源利用方式的指标对适宜性的贡献程度确定指标权重,利用多因素综合加权模型计算输出数据,以评价资源在利用层面存在的限制性或适宜性。评价计算模型为

$$f(x) = \alpha_1 x_1 + \alpha_2 x_2 + \cdots + \alpha_n x_n \tag{4.1}$$

式中,$\{x_1, x_2, \cdots, x_n\}$ 表示某种资源利用方式下的适宜性评价指标;$\{\alpha_1, \alpha_2, \cdots, \alpha_n\}$ 为适宜性评价指标加权计算中的权重,用于综合单指标评价结果形成综合评价结果,输出到下一环节作为输入指标。

1. 环境限制性指标的计算

环境限制性指标分为单项指标、综合指标两种。在计算中,单项限制指标将不限制的指标赋值为 0,将限制的指标赋值为 1。综合限制指标由单项限制指标数值求并集得到,如果结果为 1,则表明该自然资源在开发利用中会被限制;如果结果为 0,则表明该自然资源在开发利用中不会被限制。

2．利用适宜性指标的计算

利用适宜性的指标计算来源于以下两方面内容：

（1）直接指标。自然资源单位产品数量与最高单位产品数量进行比值计算。例如，土地资源用作农用地产量是 100 kg，但是该地区最高产量是 500 kg，那么其利用适宜性指标可以用 100/500 进行度量。

（2）间接指标。自然资源实物产品数量是衡量开发利用适宜程度好坏的结果指标，在从自然资源变成实物产品的过程中，气候指标、地质地貌指标、自然资源性状指标等会影响实物产品的数量和品质，这些都属于间接指标。间接指标的适宜程度也决定了利用适宜性指标的计算结果，其度量方式为单项间接指标相对于最佳适宜标准的比分。

利用适宜性综合评分指标由直接指标、间接指标通过给各个指标赋予权重后进行加和、相乘等方法综合而来。权重反映了该评价指标对资源开发利用适宜性的影响程度。权重值与评价指标对利用适宜性的影响成正比，权重值越大，说明该指标对评价的影响程度越大。权重的数值在 0～1 之间，所有指标权重值相加和为 1。但是同一指标对不同地区的影响程度不一样，应该因地制宜考虑实际情况。评价指标定权的方法有德尔菲法、层次分析法、因素成对比法。层次分析法提出于 20 世纪 70 年代中叶，这是一种解决多目标决策问题的复杂系统，为决策者提供了定性与定量结合的分析方法，呈现出先分解后综合的理念：根据要解决问题的性质和规律及要达到的最终目标，把问题拆解成多个组成要素后，根据其间的隶属关系、并列关系或其他关联，将要素按照层次高低重新聚合，构成"最底层（措施）—中间层（准则）—最高层（目标）"的结构模型，使具体的决策问题转换为对每一层要素两两之间的权重值先定性再定量计算的过程。层次分析法权重计算精度最高，德尔菲法次之，但是精度越高，算法的复杂度也会越高，在实际计算过程中，应该根据需要和硬件条件选择合适的方法。

根据利用适宜性综合评分将自然资源的开发利用适宜程度分为三等：①适宜等级一等，自然资源性状特征与实际开发利用需求匹配，资源质量高，周围开发地质地貌环境都符合开发要求；②适宜等级二等，自然资源性状特征与实际开发利用需求匹配程度一般，资源质量一般，周围开发地质地貌环境对开发利用有一定难度，虽然可以克服，但会提高成本；③适宜等级三等，自然资源性状特征与实际开发利用需求匹配程度差，资源质量差，周围开发地质地貌环境不利于进行资源开发利用。

3．经济适宜性指标的计算

自然资源开发利用的经济适宜性评价主要由开发成本和实物产品收入决定，这两个主要影响因素又由诸多其他因素决定。开发成本由资源类型、开发方式、环境限制共同决定，实物产品收入由资源类型、实物产品类型、单位产品数量、产品单价共同决定。此外，除了考虑资源开发带来的资源消耗、人力和物力成本，也要计算资源开发对生态环境造成的影响。

经济适宜性的分析可以应用费用—效益分析方法，又称为费用—成本分析。该方法最初是由美国水利部门评价水资源投资而发展起来的，后来逐渐扩展到资源环境领域。该方法通过计算全部预期效益和全部预计成本的现值，借助净现值、效益成本率等指标来评价资源开发利用的各种方案及其可行性。具体公式为

$$净现值＝资源开发利用效益－成本 \tag{4.2}$$
$$效益成本率＝净现值/全部投资现值 \tag{4.3}$$

净现值是自然资源开发利用经济效益分析的绝对指标，效益成本率则是相对指标。资源开发经济适宜性分为两种，即内部效益和外部效益。内部效益是资源开发利用后本身产生的能直接用市场价格估计的效益，通常由产品价格乘以产品数量求得。外部效益是资源开发后对周围环境产生影响的效益，不受市场规律制约，可以用影子价格法和支付志愿法进行估算。自然资源开发的成本可分为两种，即内部成本和外部成本。内部成本是资源开发利用所需的直接费用支出，包括投资经营、开发投资、前期调查等费用。外部成本则是资源开发导致的环境损失，可采用影子价格法和机会成本法估算，也可参考国家制定的生态补偿机制中的补偿标准计算。

在资源开发利用过程中，规模报酬规律是优化资源利用投入产出关系与经济开发方式的根本依据。当其他投入要素不变、某一种要素不断增加时，规模报酬规律主要分三个阶段：第一阶段，边际收益不断增加，平均收益和总收益加速增加；第二阶段，边际收益开始减少，但是总收益仍然在增加，直到收益达到最大；第三阶段，边际收益出现负增长，平均收益和总收益不断减少。可以看出，资源开发经济总收益多少、生产力是递增还是递减，主要在于投入要素和资源的比例关系是否配合得当。二者之间的配合比例是否协调及协调程度的高低，决定着资源的经济效益和生产力。对于某种资源开发方式，如果资源投入不够，报酬潜力将得不到挖掘，将呈现粗放利用状态。随着资源投入的增加，经济效益也将增加，收益并不随着资源投入的增加永远呈上升趋势。一定时期内资源利用会存在一个最佳经济适宜程度，因此根据规模报酬规律的三个阶段，经济适宜评价结果分为经济效益最佳、经济效益一般、经济效益为负三种。

§4.4　自然资源开发利用的适宜性分区

4.4.1　适宜性分区的目的

自然地理环境是一个开放、复杂的系统，它是一个统一的整体，但同时存在着明显的特征差异。自然资源适宜性评价不能一刀切，要根据不同的地区进行分区

研究。自然资源开发利用适宜性分区的实质就是对各类自然资源的适宜性评价指标进行空间聚类分区,因为各区域的资源环境、资源本底及政策要求等都存在不同,这也是进行国土空间规划决策的基础。

1. 环境约束条件分区

适宜性分区根据自然环境、政策导向等空间分异显化的特征,不仅可以筛选自然环境中不适合进行资源开发活动或者易于发生灾害的地区,还可以对政策规定的生态红线地区、工业开发禁止区、永久农田等地区进行独立自然资源开发利用适宜性评价判断。将环境不允许、政策禁止开发的地区与其他区域进行分区管理,能减少评价工作量,大大提高了自然资源开发利用适宜性评价工作的效率。

2. 利用适宜性分区

适宜性分区根据不同资源适宜利用方向的空间分异显化的特征,对不同自然资源的利用适宜性进行分区评价,这是进行自然资源开发利用适宜性因地制宜评价的关键,是国土空间规划决策资源利用方向的基础。此外,区域资源本底状况的差异使资源承载能力存在差异,根据不同资源的适宜利用方向在空间上的不同进行分区也是预测资源承载压力的基础。

3. 经济适宜性分区

适宜性分区根据不同资源利用经济效益空间分异显化特征,对不同资源的经济适宜性进行分区评价,这是从国土空间规划获得经济效益最大化的基础,同时也是预测资源开发经济效益的前提,也为决策国土空间开发利用方向提供辅助决策。

对土地资源、水资源等单项自然资源进行利用适宜性分析时,会有各自不同的适宜性分区。但是对某一个局部区域,如在利用单一土地资源的实际情况中,会出现适宜进行工业建设的评价结果但在水资源适宜性分析中对水源造成污染的情况,因此基于系统科学方法论和生命共同体理论,对于自然资源利用适宜性的分区应该综合考虑所有资源类型基本条件,以及资源开发利用的适宜性、限制条件、供需现状等。

4.4.2 适宜性分区的方法

1. 适宜性分区的原则

适宜性分区要遵循环境限制开发、开发利用适宜、经济效益最佳开发三个原则,同时分区精度要求以自然资源分区图斑面积为标准。环境限制开发原则要求资源在开发利用时必须符合政策规定,对工业禁止开发区、永久农田等不会进行其他资源开发活动。一旦评价地区属于环境限制开发地区,将直接被分类为不适宜开发地区。开发利用适宜原则要求资源在开发利用过程中,平衡资源供给与社会经济发展需求之间的关系,开发利用方式不符合国民经济发展需求的地区将属于不适宜开发地区。在实际情况中,往往自然资源会存在多种符合利用适宜原则要

求的开发方式,经济效益最佳开发原则就是判断选择何种开发方式。适宜性分区
过程中会涉及多种数据的综合叠加计算,分区精度以自然资源图斑数据为准。

2. 适宜性分区的过程

适宜性分区是基于不同的环境限制特征、资源开发条件适宜特征、经济适宜特
征要素进行聚类叠加完成的。利用空间聚类模型,以综合适宜性评分为分类依据,
实现利用各类资源和各种利用方式的环境条件限制性分区、条件适宜性分区、经济
适宜性分区,最后叠加自然资源不同的开发利用方式的三类分区结果,将获得具有
多种适宜性分级属性的数据(图 4.14)。

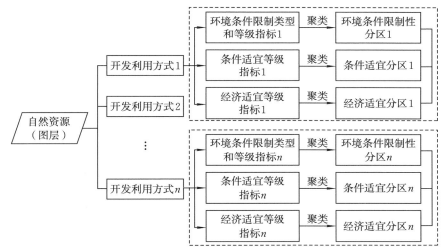

图 4.14　自然资源开发利用适宜性分区过程

在进行环境限制特征、资源开发条件适宜特征、经济适宜特征的聚类分区时,
聚类的特征指标就是这些自然资源开发利用适宜性计算结果指标。适宜性特征聚
类分区就是研究适宜性指标间的相似性或亲疏关系,根据一定的划分类型依据,将
适宜性相似程度大或者关系密切的地区聚合到同一个适宜性类型区,将相似程度
小或关系疏远的地区聚合为另一类,最终用谱系图表示。按照系统聚类法的思想,
首先将所有图斑各自记成一类,计算出相似性测度,把测度最小的两个图斑合并;
然后按照聚类方法计算类间的距离,再按照最小距离准则并类。这样每次减少一
类,持续下去,直到所有图斑都归为一类,并将聚类过程做成聚类谱系图。

3. 适宜性特征区信息统计

环境限制图斑数据与资源开发适宜性图斑数据进行叠加之前,要对数据进行
分割,分割的目的是确保每一个最小分割单元的环境限制特征属性、资源开发利用
适宜特征属性是唯一的。环境限制图斑与资源开发适宜性图斑叠加之后得到的数
据碎片化程度高,必须进行资源特征和环境特征的信息统计。统计必须按照某个

确定指标统计,如统计处在生态保护区的耕地有多少、可以进行某类资源开发利用的图斑数据有多少。

适宜性特征区信息统计是为了确定地区的环境限制开发地区数量、利用适宜开发地区数量及经济适宜开发地区的数量。这是将资源环境开发适宜性评价定量化的步骤,统计结果可以直接用来整体地说明区域资源开发适宜程度。适宜性特征区信息统计的目的是归纳资源开发适宜性在空间上的分布特征和规律,以便更好地决策资源开发的利用方式。信息统计主要包括两方面的内容:①单项评价要素统计,包括环境限制性评价结果统计、开发利用适宜性评价结果统计、开发利用经济适宜性评价结果统计;②组合评价要素统计,在确定环境限制条件下,基于资源开发利用适宜性评价结果进行统计。例如,统计永久耕地的数量,统计适宜性开发等级最高的地块数量或者面积;在确定环境限制条件下,基于资源开发利用经济适宜性评价结果进行统计;基于资源开发利用适宜性评价结果,对具体开发利用方式在空间上的经济适宜程度进行统计(表 4.16)。

表 4.16 适宜性特征区信息统计指标

统计类型	统计指标	统计数据	统计结果
单项指标统计	环境限制性分区指标	环境限制性指标与图斑叠加形成的多边形数据	限制性为 0 或 1 的多边形面积
	利用适宜性分区指标	利用适宜性指标与图斑叠加形成的多边形数据	利用适宜性等级为一等、二等、三等的多边形面积
	经济适宜性分区指标	经济适宜性指标与图斑叠加形成的多边形数据	经济效益最佳、经济效益一般、经济效益为负的多边形面积
组合指标统计	确定环境限制条件的利用适宜性综合指标	环境限制性指标与利用适宜性指标叠加形成的多边形数据	统计不同限制条件下,资源开发利用适宜性不同等级的多边形面积
	确定资源开发利用方式的经济适宜性综合指标	利用适宜性指标与经济适宜性指标叠加形成的多边形数据	统计不同的资源开发利用方式下,不同的经济适宜性程度的多边形面积

4.4.3 分区类型及栅格化处理

在自然资源不同开发利用方式的环境限制类型及等级分区、条件适宜分区、经济适宜分区的基础上,完成对各类自然资源开发利用适宜区分区(图 4.15)。土地资源、水资源在资源开发利用上存在多宜性,同样一块土地既可以进行建设用地开发,也可以作为农用地使用;水资源既可以作为生活水,也可以作为灌溉用水,适宜性分区的目的就是将所有的适宜开发方式在空间上聚类分区呈现。矿产资源、海洋资源则是以资源禀赋特征为基础,进行分区类型划分,因为只有区域具备资源的存在时,才能有后续的评价工作。只有具备煤炭资源的地区才能进行煤炭资源开发利用适宜性分析,同样必须有海洋滩涂等空间资源才能进行相应的海洋空间利用的适宜性分析。

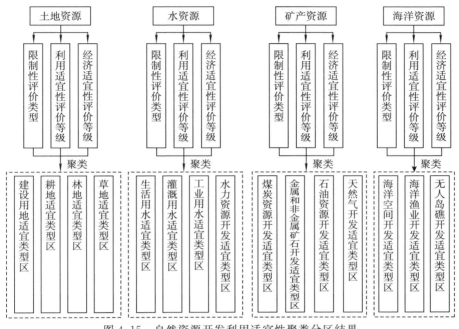

图 4.15 自然资源开发利用适宜性聚类分区结果

自然资源开发利用适宜性分区是在各单项自然资源适宜性评价结果的基础上,对基础栅格空间进行相关性计算,并对计算结果与图斑数据进行空间叠加完成的,是以各个区划要素或各个部门的综合区划,包括水文地质区划、地形地貌区划、土壤区划、植被区划、水土流失区划、地震灾害区划、综合自然区划、生态敏感性区划、生态服务功能区划等图件,通过空间叠置,以相重合的界限或平均位置为新区划的界限。分区结果是各种各样碎片化的多边形,内部信息量大,图斑复杂,规律性不明显。

从双评价整体评价工作的角度出发,为了完成后续评价工作,必须对分区类型进行栅格化处理,栅格数据在空间统计计算、叠加分析等方面具有优势,栅格大小由基础栅格数据的精度、存储空间大小及后续资源环境承载能力评价工作对数据的要求共同决定。在分区类型的栅格化处理工作中,最重要的是栅格单元属性数值的确定。当一个栅格单元内出现多个分区类型时,可根据实际评价工作要求,选择中心归属法、长度占优法、面积占优法、重要性法等确定栅格单元属性值。

第5章 容量:区域自然资源与环境承载能力

区域自然资源与环境承载能力表征在一定的时期和一定的区域范围内,在维持区域资源结构符合持续发展需要、区域环境功能仍具有维持其稳态效应能力的条件下,区域资源环境系统所能承受的人类各种社会经济活动的能力。基于此,本章首先剖析了自然资源与环境承载能力的基本概念,总结了供需关系测度的土地资源、水资源、矿产资源和海洋资源四类自然资源,以及环境质量标准测度的大气环境、水环境、土壤环境、地质环境和海洋环境五类环境的承载能力;其次从基础数据、评价指标和统计方法三方面开展了区域自然资源与环境承载能力评价研究;最后基于区域自然资源与环境承载能力评价结果,开展了自然资源与环境承载能力水平分区研究,主要包括承载能力水平分区的目的、方法和栅格化处理三方面的内容。

§5.1 自然资源与环境承载能力概念剖析

5.1.1 相关术语的演化与内涵剖析

1. 承载能力的概念演变

承载能力又称承载力(carrying capacity),最初来源于机械上的概念,指物体所能够承受的最大载荷,而不造成任何物理损伤。承载能力的概念逐渐被引入生物和区域系统研究。有学者提出,承载能力指一个栖息地所能支持的一个物种的最大种群和最大容量(Dhondt,1988;Cohen,1995)。Malthus(1798)关于人口原则的文章,赋予了承载能力概念的现代内涵。以 Malthus 的基本理论为基础,Verhulst(1838)提出了著名的逻辑斯谛(Logistic)方程,这是承载能力最早的数学表达式。Park 等(1923)将承载能力的概念扩展到人类生态学,并认为承载能力是在特定环境条件下可以支持的最大的个体数量(主要是指生活空间、养分、阳光和其他关键生态因子的组合)。Hadwen 等(1922)从草原生态学的角度提出了承载能力的新概念,把承载能力看作是在不会对草原生态造成破坏的前提下可以在草原上养活的牲畜的数量。综上所述,承载能力的早期概念发展的过程中,最终(即最大)容量是承载能力主要关注的问题。

20 世纪 60 年代和 70 年代,随着资源枯竭和环境退化等全球性问题的爆发,承载能力的研究范围迅速扩大到整个生态系统。与早期的承载能力研究相比，研究人员开始更多地关注环境变化和人类活动对生态环境的影响，承载能力的目标从简单的人口平衡转变为更复杂的社会决策。也就是说，承载能力的本质由仅考虑绝对上限转变为相对平衡，研究对象日趋复杂，核心概念由现象转变为关于机制分析现象的描述。承载能力的概念首先从静态平衡转变为动态变化，然后最终转变为可持续发展的范畴。

2. 资源环境承载能力的概念演变

经济的高速发展、城镇化、工业化等一系列原因加剧了社会对资源、环境的压力，生态环境不断恶化。层出不穷、日益严重的全球性环境问题逐渐引起了世界各国的高度重视，科学家们相继提出了资源承载能力、环境容量、环境承载能力、生态承载能力等概念。

从国外研究历程角度，资源环境承载能力形成背景大致始于 20 世纪 90 年代前后，而代表性事件则为 1987 年 2 月世界环境与发展委员会出版的《我们共同的未来》(*Our Common Future*)与 1992 年 6 月联合国"环境与发展大会"通过的《里约环境与发展宣言》(*Rio Declaration*)和《21 世纪议程》(*Earth Summit：Agenda 21*)。20 世纪 70 年代到 80 年代，学者们就资源环境承载能力的几个核心问题进行了深入的研究。Holling(1973)对自然生态的脆弱性和稳定性进行了系统研究。Schneider(1978)提出"环境承载能力是以不遭受严重破坏退化为前提，人工的环境系统或自然的环境系统对人口持续增长的接纳能力"。

从国内看，20 世纪 90 年代后，资源环境承载能力获得了更广泛的关注和更深入的研究。我国主要的研究方向是土地资源和水资源的承载能力研究，中国新沿海经济开发区环境综合研究报告首次明确提出了环境承载能力概念，得到了学界普遍认同；之后针对水资源、土地资源、矿产资源等资源的承载能力进行了更广泛的研究，并逐步开展环境承载能力和生态承载能力的研究。国内学者在生态足迹法研究的基础上相继定义了生态环境承载能力；我国实施以功能为主的分区规划、灾后重建规划、城市群规划、人口分布研究后，区域资源环境承载能力研究越来越多地应用于各种区域发展战略和区域规划（封志明 等，2017）。结合国内外研究的时间线，资源环境承载能力概念的发展如图 5.1 所示（封志明等，2017）。

3. 自然资源承载能力相关概念

学界对不同自然要素承载能力的研究和定义较多，下面从水资源、土地资源、矿产资源和海洋资源的承载能力定义进行说明。

1）水资源承载能力

施雅风等(1992)率先提出了水资源承载能力的概念。王浩等(2004)、封志明等(2004)提出水资源承载能力反映了可供养人口数目，许有鹏(1993)、傅湘等

(1999)提出了水资源可利用水量的相关计算模型。封志明等(2014)将水资源承载能力理解为对"社会—经济—生态"复合系统的一种支撑能力。已有的关于水资源承载能力的定义可被大致归纳为水资源开发利用的最大能力、水资源的最大支撑规模两种类型。水资源供需盈亏状况、水资源进一步开发利用的潜力大小就代表水资源承载能力的大小(许有鹏,1993;高彦春 等,1997)。水资源承载能力是在特定条件下,对某一地区社会经济发展所能提供的最大支撑能力(施雅风 等,1992;惠泱河 等,2001)。总体上看,国内的水资源承载能力概念在一定程度上沿用了国外对资源承载能力的研究和土地资源承载能力的定义,强调了水资源开发利用的可持续性。

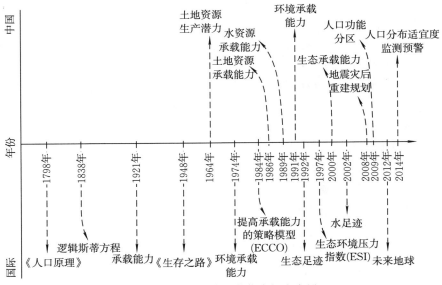

图 5.1 资源环境承载能力概念发展

2)土地资源承载能力

以现有土地可承载多少人口为着眼点,Park 等(1923)首次提出了土地承载能力概念。威廉·福格特在《生存之路》中首次提出了土地资源承载能力的计算方法,以可以养活的人口数量表示土地的负载能力。1977 年,FAO 开展了发展中国家土地潜在人口支持能力研究。1986 年至 1990 年,中国科学院完成了"中国土地资源生产能力及人口承载量研究"(郑振源,1996),1989 年至 1994 年国家土地管理局与 FAO 合作完成"中国土地的食物生产潜力和人口承载潜力研究"(谢俊奇,1997)。1996 年至 2000 年中国科学院地理科学与资源研究所主持完成了"中国农业资源综合生产能力与人口承载能力"研究(郑振源,1996)。

　　3)矿产资源承载能力

　　我国学者从 20 世纪 90 年代起开始进行矿产资源承载能力的研究,主要包括人口承载能力和经济承载能力两方面。部分学者采用评价指标和研究模型分别开展了阳新县和贵州省矿产资源承载能力分析。中国国土资源经济研究院分别在天津市(2002)及辽宁省(2004)国土规划专题研究中,对矿产资源承载能力进行探索研究(侯华丽,2007)。侯华丽提出的定义为描述矿产资源支撑人类生存或人类社会经济活动能力阈值(极限值)的概念。矿产资源承载能力研究是从土地、水等自然资源的承载能力研究扩展而来的,当前研究还处于探讨阶段。

　　4)海洋资源承载能力

　　近年来,对海洋资源环境的单要素和综合承载能力的研究不断深入,韩增林等提出了海域承载能力研究的方法、模型;众多研究者在理论探索的基础上,进一步分析了影响海域承载能力的关键因子,提出了区域社会经济调控和陆海统筹等系列政策建议。海洋资源承载能力反映了人类在掌握的海洋开发技术水平的前提下,符合可持续发展准则的人地关系(郑瑾,2016)。2015 年,在国家海洋局发布的《海洋资源环境承载能力监测预警指标体系和技术方法指南》中,定义了海洋资源环境的承载能力:一定时期和一定区域范围内,在维持区域海洋资源结构符合可持续发展需要、海洋生态环境功能仍具有维持其稳态效应能力的条件下,区域海洋资源环境系统所能承载的人类各种社会经济活动的能力。

　　4.　环境承载能力相关概念

　　环境承载能力又称为环境承受力或环境忍耐力,指在某一时期,某种环境状态下,某一区域环境对人类社会、经济活动的支持能力的限度。环境容量概念的提出早于环境承载能力,最初是由医学生物学家维尔斯特在 1838 年提出的。维尔斯特认为在特定的环境中,生物种群所能获得的食物数量是有限制的,而且增加的数量也是有限制的,将此定义为生态环境容量。更广泛的环境容量概念于 20 世纪70 年代末引入中国,其中心思想是环境污染和自净,我国学者之后针对区域大气、水、土壤、噪声、固体废物、辐射等单一因素的环境容量进行了深入的研究,在基本理论、评价方法及实际应用方面有了一些阶段性的成果。环境容量一般定义为区域环境和环境因素对人类干扰或污染物的耐受能力。

　　环境承载能力经过几十年的不断发展,其研究重心由生物种群的绝对容纳阈值转向维持复合生态系统相对平衡所能容纳的人类活动阈值,研究对象也相应地由生物种群扩展到资源、环境、生态、人口和经济等子系统耦合而成的区域复合系统(周翟尤佳 等,2018)。环境承载能力可以界定为:描述某一时期,在某种环境状态下,某一区域环境对人类社会、经济活动的支持能力的限度。环境承载能力、环境容量在相关文献中出现的部分概念如表 5.1 所示。

表 5.1 环境承载能力相关概念

名词	概念
地质环境承载能力	地球环境容量在一个特定的地质环境和一定环境目标下,地质环境可能承受的人类活动的影响与改变的最大潜能,即阈限值或临界值(蔡鹤生 等,1998);在一定的时期和一定的区域范围内,在维持区域地质环境系统结构不发生质的改变,不引起地质环境朝着恶化方向发展(或者说不产生环境地质问题)的条件下,区域地质环境系统内的不同地质单元对人类活动的相对支持能力大小(魏子新 等,2009)
大气环境承载能力	大气环境容量是指在满足大气环境目标值(即能维持生态平衡并且不超过人体健康要求的阈值)的条件下,某区域大气环境所能承纳污染物的最大能力,或所能允许排放的污染物的总量(胡毅 等,2015)
水环境承载能力	水环境容量是指在保证水体正常功能用途的前提下,水体所能容纳的最大污染物量;水环境承载能力是指在某一时期,在某一环境质量要求和某种状态或条件下,某流域(区)水环境在具有自我维持、自我调节的能力和水环境功能可持续正常发挥的前提下,所支撑的人口、经济及社会可持续发展的最大规模,即通常所说的水环境容量、水环境(水体)纳污能力、水环境容许污染负荷量(王莉芳 等,2011)
土壤环境承载能力	土壤环境容量是指一个特定区域的环境容量(如某城市、某耕作区等),与该环境的空间、自然背景值、环境各种要素、社会功能、污染物的物理化学性质,以及环境的自净能力等因素有关(陈玲 等,2014);土壤环境承载能力是指在维持土壤环境系统功能结构不发生变化的前提下,其所能承受的人类作用在规模、强度和速度上的限值,包括对污染的容纳能力(土壤环境容量),以及对社会和经济的承载能力(江宏 等,2016)
海洋环境承载能力	海洋环境容量是指在充分利用海洋的自净能力和不对其造成污染损害的前提下,某一特定海域所能容纳的污染物的最大负荷量;它是根据海区的自然地理、地质过程、水文气象、水生生物及海水本身的理化性质等条件,进行科学分析计算后得出的;它是充分利用海洋自净能力的一个综合指标,容量的大小即为特定海域自净能力强弱的指标(夏章英,2014);海洋环境承载能力是指在一定时期和一定区域范围内,在使区域海洋资源结构满足可持续发展需要、海洋生态环境功能仍具有维持其稳态效应的能力的条件下,区域海洋资源环境系统所能承载的人类各种社会经济活动的能力,包括承载体(海洋资源和生态环境)、承载对象(主要是涉海社会经济活动)、承载率(承载状况与承载能力的比值)三大基本要素

5. 资源环境承载能力概念的层次

根据承载主体的涵盖范围和理论条件,可将承载能力分为两类(图 5.2):第一类是以某一具体的资源或环境要素为研究对象,又称为单要素承载能力研究,如土地资源、水资源、矿产资源承载能力等;另一类是从区域整体的角度出发进行的综合承载能力研究,如区域综合承载能力、生态承载能力等,还包括单要素承载能力和综合承载能力之间的关系。单要素承载能力研究是综合承载能力研究的前提。

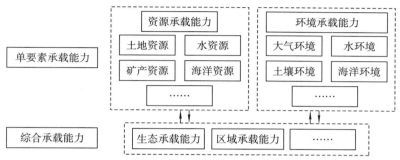

图 5.2　单要素承载能力和综合承载能力之间的关系

综合承载能力研究是对单要素承载能力在区域尺度上的系统集成。资源环境综合承载能力可由一系列相互制约又相互对应的发展变量和制约变量构成,如自然资源变量、社会条件变量和环境资源变量等。计算资源环境综合承载能力时,需要选取发展变量和制约变量组成发展变量集和制约变量集,然后将发展变量集的单要素与相对应的制约变量集中的单要素相比较,得到单要素承载能力,再将各要素进行加权平均,即得到资源环境综合承载能力值。

从要素构成的角度对区域资源环境的承载能力进行分析,可以从两个方面入手,即资源承载能力要素系统和环境承载能力要素系统。其中,资源承载能力要素系统和环境承载能力要素系统又是由各个要素子系统组成的。

5.1.2　自然资源承载能力概念界定

1. 测度承载能力的自然资源

20 世纪 70 年代开始,联合国粮食及农业组织、联合国教科文组织、经济合作与发展组织开展了一系列关于承载能力的研究,包括土地资源承载能力、水资源承载能力、森林资源承载能力及矿产资源承载能力等。我国对自然资源承载能力的研究中,土地资源承载能力是资源承载能力研究中最早也是最成熟的研究领域,主要研究的是现有土地资源可支持(或“承载”)的人口规模。水资源承载能力研究起步晚于土地资源承载能力,因为中国水资源稀缺,水资源承载能力的研究受到了比土地资源承载能力更多的关注,施雅风等(1992)首次提出了水资源承载能力基于农业、工业、城市或人口最高水平的概念。

对资源承载能力的计算要按照区域所承载的各类资源要素进行研究,考虑对资源承载能力的定义较多,宏观上是对人类活动、经济社会的承载极限。根据已有的各类资源承载能力研究及区域承载能力的定义和相关标准及规程,结合评价要素体系中对资源要素类型的划分,资源承载能力包括了土地资源承载能力、水资源承载能力、矿产资源承载能力和海洋资源承载能力。

2. 自然资源承载能力的界定

自然资源承载能力可以表达为在维系资源系统可持续过程的前提下所能承载的最大经济规模或人口规模。

评价中资源承载能力主要涉及几类资源,不同资源类型承载能力的含义有差异,部分对资源环境承载能力的描述是基于人口或其他经济关系的供需关系的。自然资源承载能力相关概念如表 5.2 所示。

表 5.2　自然资源承载能力相关概念

资源类型	概念
水资源承载能力	在一定的技术经济水平和社会生产条件下,水资源可最大供给灌溉用水、生活用水、工业用水、水力资源开发等利用方式的能力
土地资源承载能力	一个国家或地区,在一定生产条件下土地资源的生产力和一定生活水平下所承载的人口限度(韩燕,2013)
矿产资源承载能力	描述矿产资源支撑人类生存或人类社会经济活动能力阈值(极限值)的概念(侯华丽,2007),即在区域供需关系下能够供给的人口规模
海洋资源承载能力	在一定时期内,在维持相对稳定的前提下,海洋资源能够持续供养人口的数量或经济规模

5.1.3　环境承载能力的概念界定

1. 测度承载能力的环境要素

环境承载能力是由环境容量的概念演化而来的,体现了区域环境与经济发展冲突加剧,反映了在保持一个支撑点的前提下,该区域可以永久地支持这种活动的水平。Schneider 等(1978)认为,环境承载能力是自然或人造环境系统在不会遭到严重退化的前提下,对人口增长的容纳能力,以适应人口增长而不造成严重退化。国内外学者对环境承载能力的研究主要包括综合环境承载能力和环境要素(如土壤环境、水环境、地质环境、大气环境、海洋环境等)承载能力的研究。环境承载能力是环境系统功能的外在表现,即环境系统具有依靠能流、物流和负熵流维持自身的稳态,有限地抵抗人类系统的干扰并重新调整自身组织形式的能力。环境承载能力是描述环境状态的重要参量之一,即某一时刻环境状态不仅与其自身的运动状态有关,还与人类作用有关。环境承载能力反映了人类与环境相互作用的界面特征,是研究环境与经济是否协调发展的重要判据。

根据已有的各类环境承载能力、环境容量的研究,以及区域环境承载能力的定义,结合评价要素体系中对环境类型的划分,环境承载能力包括了大气环境承载能力、水环境承载能力、土壤环境承载能力、地质环境承载能力和海洋环境承载能力。

2. 环境要素承载能力的界定

环境承载能力与环境容量是有区别的。环境容量强调的是环境系统对其上自然和人文系统排污的容纳能力，侧重体现和反映了环境系统的自然属性，即内在的自然秉性和特质。环境承载能力则强调在环境系统正常结构和功能的前提下，环境系统所能承受的人类社会经济活动的能力，侧重体现和反映了环境系统的社会属性，即外在的社会秉性和特质。环境系统的结构和功能是其承载能力的根源，从一定意义上讲，没有环境的容量，就没有环境的承载能力。从概念的范畴来说，可以认为环境承载能力包含了环境容量。

环境承载能力按照概念范畴可以划分为环境能够容纳污染物的量（环境容量）、环境持续支撑经济社会发展规模的能力（环境综合承载能力）等。环境承载能力是环境系统固有功能的表现，它不仅与环境系统本身的结构有关，还与外界（人类社会经济活动）的输入、输出有关。从环境承载能力的定量化来说，在进行环境容量和环境承载能力测度时，需要考虑的系统关系复杂，计算难度较高，因此可以考虑基于环境容量对于纳污量的描述，对环境承载能力按照环境相关质量标准以污染物浓度阈值等为基础进行测度。对环境承载能力的概念界定可参考的定义如表 5.3 所示。

表 5.3　环境承载能力相关概念

环境类型	概念
地质环境承载能力	地质环境对人类在城市地质环境中进行的各种活动的承受能力，除了包括纳污量，还有地质环境对人类工程活动（地上建筑和地下建筑等）的承受限度（蔡鹤生 等,1998）
大气环境承载能力	大气环境容量是指在满足大气环境目标值（即能维持生态平衡并且不超过人体健康要求的阈值）的条件下，某区域大气环境所能承纳污染物的最大能力，或所能允许排放的污染物总量（胡毅 等,2015）
水环境承载能力	区域内地表水和地下水环境，满足一定水质量要求，天然消纳某种污染物的能力
土壤环境承载能力	在保证不超过环境目标值的前提下，特定区域土壤环境能够容许的污染物最大允许排放量
海洋环境承载能力	在保证不超过海洋环境目标值的前提下，特定海域对污染物质所能接纳的最大负荷量

§5.2　供需关系测度的自然资源承载能力

基于自然资源承载能力和自然资源的人口承载能力的定义，以及供需结构模型，可以将自然资源承载能力的测度方式描述为

资源承载能力（可载人口）＝总供给能力/需求或消耗水平

在对自然资源承载能力进行计算时,需要参考并引入自然资源开发利用适宜性评价的结果,承载能力评价是基于适宜性评价对资源开发利用适宜性判断的。在进行承载能力评价时,需要将适宜性评价结果的单元与承载能力评价单元进行叠加。根据实际的评价需求,将适宜性评价单元中的适宜、不适宜等单元作为承载能力评价过程中的承载单元。自然资源承载能力评价过程如图 5.3 所示。

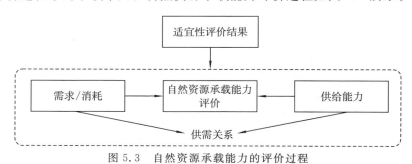

图 5.3   自然资源承载能力的评价过程

5.2.1   土地资源承载能力测度

土地资源承载能力是在一定时空尺度和一定的社会、经济、生态、环境条件的约束下,区域土地资源所能支撑的最大国土开发规模和强度。土地资源承载能力评价主要表征区域土地资源条件对人口聚集、工业化和城镇化发展的支撑能力。

我国对于土地资源承载能力的研究兴起于 20 世纪 80 年代后期,经过数十年的蓬勃发展,其已趋于成熟。土地资源承载能力的计算可归纳为四类模型:基于"人口—土地—经济"结构(陈百明,2001);基于遥感数据分析的土地生产潜力(封志明,1990);基于预测模型的趋势外推法模型(张志良 等,1990)和生态足迹法模型(封志明,1994)。第一类模型主要以粮食和人口两种数据评价土地资源承载能力,运用广泛,此模型较简单,但计算人粮关系时较准确。参考供需结构模型,基于"人口—土地—经济"结构,可以进行土地资源承载能力的测度。通常使用资源可承载人口规模来度量区域土地资源的承载能力,即人口容量。

下面根据土地资源的利用方式的分类(即耕地、林地、草地、建设用地等),对土地资源承载能力按照地类类型进行评价。

1. 耕地资源的承载能力测度

耕地的主要产品形式有粮食、果蔬,从我国的耕地产能总体占比来看,耕地的主要产品形式是各类粮食。考量区域耕地资源产品的供需关系时,供给方面主要考虑粮食的供给水平,包括粮食的质量、产量、类型等;需求方面主要参考区域人口规模和结构下的各类粮食需求量及平均粮食需求水平。因此,基于耕地产能的人口承载能力定义为以区域耕地面积 S_1、种植制度和农业生产技术水平决定的粮食产能 Y_g,考虑区域当前一般生活水平条件下的人均粮食消耗 C_g、稳定的区域耕地

资源面积 S_g、持续的粮食产能 Y_g 所能支撑的人口规模,可用区域可承载人口总数 P_g 来度量。

1)区域耕地产品需求水平

要确定耕地产品需求水平,需要对区域食物结构进行分析。根据区域人口的粮食消耗量,利用相关标准和模型测算标准粮需求,或者基于年度全国粮食需求统计的结果,对确定的粮食需求平均水平进行定义。第一类是参照全国统计的人均粮食需求量,这种方式虽然较简便,但没有考虑区域和经济差异,"基于中国居民平衡膳食模式的人均粮食需求量研究"提出年人均粮食需求量 C_{g1},采用每年人均 400 kg 计算(唐旭 等,2018);第二类是度量年人均标准粮消耗量,即人均 365 天消耗的粮食总量。参照陈百明(2002)对温饱型、小康型和富裕型三种生活水平下人均摄入热量标准的核算(分别为每天 2 620 千卡、2 650 千卡和 2 750 千卡),分别表示为 T_1、T_2、T_3,考虑区域居民消耗粮食获取的热量占比与生活水平成反比得到转换系数 S_1、S_2、S_3($60\% < S < 90\%$),按照人均年热量需求除以单位重量标准粮产出热量 E(唐旭 等,2018),测算得到温饱型 T_1、小康型 T_2 和富裕型 T_3 生活水平下区域人均标准粮消耗 $C_i (i=1,2,3)$,即

$$C_i = \frac{(T_i \times S_i) \times 365}{E} \tag{5.1}$$

结合 T_1、T_2、T_3 的区域人口统计,加入 C_1、C_2、C_3 计算结果,综合计算得到区域年人均标准粮消耗量 C_{g2}。

2)区域耕地产品供给能力

要确定区域耕地产品供给能力,需要对区域耕地质量、产量、粮食类型等进行分析。在需求水平分析中,已经界定了粮食人均消耗水平。由于各类粮食的产量、耕作制度不同,在测度供给能力时,需要对各类粮食产能进行统一的核算和处理。因此,可以参照相关文献对耕地各作物的产量进行计算,并进行归一化处理,得到平均粮食单产 Y_g,并结合可利用耕地面积 S_g 测算区域耕地供给能力。

(1)对于平均粮食单产 Y_g 的测度方式有两类。

第一类,参照《农用地产能核算技术规范》(报批稿)可知,农用地理论产能是指在农业生产条件得到充分保证,光、热、水、土等环境因素均处于最优状态时,技术因素决定的农作物所能达到的最高产量。建立标准粮理论单产和相应的耕地自然质量等指数的函数关系,即

$$Y_i = aR_i + b \tag{5.2}$$

式中,Y_i 为第 i 个单元标准粮理论单产样本值,R_i 为第 i 个分等单元自然质量等指数,a、b 为回归系数。依照式(5.2)可得到标准粮理论单产 Y_{g1}。根据《农用地质量分等规程》(GB/T 28407—2012)确定的耕地自然质量等指数,计算耕地资源承载能力时所需的年均标准粮理论单产为乡镇(街道)单元平均值。

第二类,如果考虑地区差异性,耕地标准粮单产的换算方法是:统计区域耕地标准种植制度和指定作物情况;根据泰安(2012)在营养食物热量盘点中的信息可统计各类种植作物的热量输出 K,并确定各类作物在某两种不同季节出产的标准作物 d_1 和 d_2,d_1 的热量转换系数为 f_1,d_2 对 d_1 的热量转换系数为 f_2;假设作物 d_1、d_2 的年产量为 G_1、G_2,按照热量转换系数折算汇总可以得到以 d_1、d_2 两类作物为指定作物(指定地类,熟制)耕地标准粮(标准作物 d)的单产 Y_1。其他类型作物的标准粮单产估算同理,综合得到平均粮食单产 Y_{g2}(唐旭 等,2018)。Y_1 的计算公式为

$$Y_1 = G_1 + G_2 f_2 \tag{5.3}$$

(2)对于耕地可利用面积 S 的测度。耕地可利用面积 S 为耕地适宜性单元面积 S_0 扣除不可作为农业生产利用的用地:自然保护区面积 S_1、部分生态用地面积 S_2,以及扣除土地利用总体规划中划定的建设用地、林地、草地、其他农用地等面积 S_3 后得到的耕地可利用面积 S_g。

参考王静等于 2017 年提出的生态用地类型进行面积扣除,不扣除耕地生态系统的五个地类。生态用地类型如表 5.4 所示。

表 5.4　基于土地利用分类的生态用地类型

类别	生态系统类型	类别编码	生态用地类型	类型描述
主导功能生态用地	湿地生态系统	1101	河流水面	指天然形成或人工开挖河流常水位岸线之间的水面,不包括被堤坝拦截后形成的水库区段水面
		1102	湖泊水面	指天然形成的积水区常水位岸线所围成的水面
		1105	沿海滩涂	指沿海大潮高潮位与低潮位之间的潮侵地带,包括海岛的沿海滩涂,不包括已利用的滩涂和滩地
		1106	内陆滩涂	指河流、湖泊常水位至洪水位间的滩地,时令湖、河洪水位以下的滩地,水库、坑塘的正常蓄水位与洪水位间的滩地,海岛的内陆滩地,不包括已利用的滩地
		1108	沼泽地	指经常积水或渍水,一般生长湿生植物的土地,包括草本沼泽、苔藓沼泽、内陆盐沼等,不包括森林沼泽、灌丛沼泽和沼泽草地
	荒漠生态系统	1204	盐碱地	指表层盐碱聚集、生长天然耐盐植物的土地
		1205	沙地	指表层为沙覆盖、基本无植被的土地,不包括滩涂中的沙地

续表

类别	生态系统类型	类别编码	生态用地类型	类型描述
主导功能生态用地	荒漠生态系统	1206	裸土地	指表层为土质,基本无植被覆盖的土地
		1207	裸岩石砾地	指表层为岩石或石砾,其覆盖面积不小于 70% 的土地
	其他	1110	冰川及永久积雪	指表层被冰雪常年覆盖的土地
		0810	公园与绿地	指城镇和村庄范围内的公园、动物园、植物园、街心花园、广场,以及用于休憩、美化环境和防护的绿化用地
多功能生态用地	林地生态系统	0301	乔木林地	指乔木郁闭度不小于 0.2 的林地,不包括森林沼泽
		0302	竹林地*	指生长竹类植物,郁闭度不小于 0.2 的林地
		0303	红树林地	指沿海生长红树植物的林地
		0305	灌木林地	指灌木覆盖度不小于 40% 的林地,不包括灌丛沼泽
		0307	其他林地	包括疏林地(指树木郁闭度不小于 0.1,小于 0.2 的林地)、未成林地、迹地、苗圃等林地
	草地生态系统	041	天然牧草地	指以天然草本植物为主,用于放牧或割草的草地,包括实施禁牧措施的草地,不包括沼泽草地
		042	人工牧草地	指人工种牧草的草地
		043	其他草地	指树林郁闭度小于 0.1,表层为土质,以生长草本植物为主,不用于放牧的草地
	耕地生态系统	0101	水田	指用于种植水稻、莲藕等水生农作物的耕地,包括实行水生、旱生农作物轮种的耕地
		0102	水浇地	指有水源保证和灌溉设施,在一般年景能正常灌溉、种植旱生农作物(含蔬菜)的耕地,包括种植蔬菜的非工厂化的大棚用地
		0103	旱地	指无灌溉设施,主要靠天然降水种植旱生农作物的耕地,包括没有灌溉设施、仅靠引洪淤灌的耕地
		0201	果园	指种植果树的园地
		0202	茶园	指种植茶树的园地
		0204	其他园地	指种植桑树、可可、咖啡、油棕、胡椒、药材等其他多年生作物的园地

类别	生态系统类型	类别编码	生态用地类型	类型描述
多功能生态用地	其他	1103	水库水面	指人工拦截汇积而成的总库容不小于10万立方米的水库正常蓄水位岸线所围成的水面
		1104	坑塘水面	指人工开挖或天然形成的蓄水量小于10万立方米的坑塘常水位岸线所围成的水面
		1107	沟渠	指人工修建,南方宽度不小于1.0 m、北方宽度不小于2.0 m,用于引、排、灌的渠道,包括渠槽、渠堤、护堤林及小型泵站
		1201	空闲地	指城镇、村庄、工矿范围内尚未使用的土地,包括尚未确定用途的土地
		1202	设施农用地	指直接用于经营性畜禽养殖生产设施及附属设施用地,直接用于作物栽培或水产养殖等农产品生产的设施及附属设施用地,直接用于农业项目辅助生产的设施用地,晾晒场、粮食果品烘干设施、粮食和农资临时存放场所、大型农机具临时存放场所等规模化粮食生产所必需的配套设施用地

3)耕地资源承载能力计算

在完成需求水平和供给能力测算后,根据供需关系,计算耕地资源承载能力(区域耕地承载人口)。在计算承载能力时,要考虑供给测算和需求测算用到的标准粮和人均需求量模型,基于两类模型,根据区域尺度的测算方式可得到两类计算方式。

第一类计算方式是以指标——年人均标准粮理论单产为测算基础,以耕地可利用面积和年均标准粮理论单产计算年均标准粮理论产能。结合指标——年人均粮食需求量,得到耕地可承载的人口规模,用以衡量耕地承载能力,即

$$耕地承载能力 P_{g1} = \frac{耕地可利用面积 S_g \times 年均标准粮理论单产 Y_{g1}}{年人均粮食需求量 C_{g1}} \quad (5.4)$$

第二类计算方式是以指标——耕地标准粮食单产为测算基础,以耕地可利用面积和耕地标准粮单产计算标准量理论产能。结合人均标准粮消耗量指标,可以得到耕地可承载人口规模,即

$$耕地承载能力 P_{g2} = \frac{耕地可利用面积 S_g \times 耕地标准粮单产 Y_{g2}}{人均标准粮消耗 C_{g2}} \quad (5.5)$$

2. 林地资源的承载能力测度

林地资源承载能力是指森林资源和各类林地资源所能承担的、人类社会对其

利用的最大限度。林地的主要产品形式是木材,生态和景观也有需求。本节在考虑产品的消耗需求时,主要考虑的是木材。在衡量区域林地资源产品的供需关系时,供给方面主要考虑木材的供给水平,包括木材的质量、林地覆盖率、林木类型等;需求方面主要参考区域人口规模和结构下的各类木材的消耗量。参照耕地产能的人口承载能力模型,林地资源承载能力是以区域林地面积 S_2、林地资源结构等决定的林木产品产能 Y_t,考虑区域范围内的人均林木消耗水平 C_t,在已知稳定的区域林地资源面积 S_t、持续的林木产品产能 Y_t 所能支撑的人口规模的情况下,可用区域可承载人口总数 P_t 度量。

1)区域林地产品需求水平

区域林地产品的需求水平如果根据实际的林木资源类型、质量等特征度量较复杂。林地产品在生活生产中的主要表现形式为木材,参考刘云龙(2015)对木材消耗水平的说明,可以根据我国每年统计的区域木材消耗总量,并结合当年度区域人口数据得到人均年木材消耗量 C_t。

2)区域林地产品供给能力

要确定区域林地产品供给能力,需要对区域林木质量、植被覆盖进行分析。在需求水平分析中,已经界定了人均木材消耗水平。在测度供给能力时,由于林木资源的类型较多,故考虑对林木资源按照其产品形式(材积)进行统一的核算和处理。以此为基础计算林地产品产能 Y_t,并结合可利用林地面积 S_t 测算区域林地供给能力。

(1)对于林木产品产能 Y_t 的测度。林木蓄积量指林地中全部林木的材积。在森林调查和森林经营中,常用单位面积蓄积作为林木蓄积量的单位,可以表达林木产品的产能 Y_t,并结合可利用林地面积 S_t,测算区域林地供给能力。单位面积蓄积量数据可参考国家林业和草原局全国森林资源清查成果。

(2)对于可利用林地面积 S_t 的测度。林地可利用面积 S_t 为适宜性单元面积 S_0 扣除基本农田面积 S_1、部分生态用地面积 S_2,以及土地利用总体规划中划定的建设用地、草地及其他农用地等面积 S_3 后得到。

3)林地资源承载能力计算

完成需求水平和供给能力测算后,根据供需关系,计算林地资源承载能力(区域林地承载人口)。

计算方式是以指标——年人均木材消耗量为测算基础,以林地可利用面积和单位面积蓄积量计算产能。结合指标——年人均木材消耗量,得到林地可承载的人口规模,用以衡量林地承载能力,即

$$林地承载能力 \; P_t = \frac{林地可利用面积 \; S_t \times 单位面积蓄积量 \; Y_t}{人均年木材消耗量 \; C_t} \qquad (5.6)$$

3. 草地资源的承载能力测度

草地资源的直接消费者是各种畜牧业养殖的牲畜,因此在测度承载能力时参

照人口承载能力的模型,构建草地的畜牧承载能力。理论载畜量的定义是:在一定草地面积和一定利用时间内,在适度放牧(或割草)利用并维持草地可持续生产的条件下,满足家畜正常生长、繁殖、生产的需要所能承载的家畜数量和时间,理论载畜量又称为合理载畜量。参照以上定义,草地资源承载能力是以区域草地面积 S_3、草地及牧场的状况等决定的草地产品产能 Y_x,考虑区域范围内的畜牧业草地消耗水平 C_x,在已知稳定的区域草地资源面积 S_x、持续的草地产品产能 Y_x 所能支撑的畜牧业规模的情况下,可用区域草地承畜量 P_x(标准羊单位)度量。

1)区域草地产品需求水平

区域草地产品的需求水平如果根据实际的草地资源类型、质量等特征度量,较复杂,草地产品在畜牧业中的表现形式为干草。参考畜牧业标准及相关规程将各区域各类草食家畜饲养量按照农业行业标准换算为羊单位数。1 个标准羊单位的年标准采食的干草量为 657 公斤/只,为草地产品需求水平 C_x。

2)区域草地产品供给能力

要确定区域草地产品供给能力,需要对区域草地饲草的种类、覆盖、草地面积进行分析,计算草地产品产能 Y_x,并结合可利用草地面积 S_x(适宜性评价结果叠加)测算区域草地供给能力。

对于草地产品产能 Y_x 的测度,考虑畜牧的供给关系,分析区域内饲草的种类结构,如天然草原、人工草地等,结合《草原载畜量及草畜平衡计算规范》中对于饲草理论载畜量的计算,需要将各类饲草归一化处理为标准干草量。根据饲草的类型可以分别计算其干草产量,计算公式为

$$Y_h = Y_U \times S \times R \tag{5.7}$$

式中,Y_h 为某类饲草标准干草产量(kg),Y_U 为某类饲草地单位面积可食鲜草量(kg/hm²),S 为某类饲草地分布面积(hm²),R 为牧草干鲜比。

在计算实际干草产量即草地产品供给能力时,参考各饲草理论载畜量的定义,还需要考虑实际牧草的利用率,即草地畜牧利用率 R_u。结合各类饲草的标准干草产量 Y_h 和畜牧利用率,综合计算得到度量草地产品产能的标准干草产量 Y_x。

3)草地资源承载能力计算

完成需求水平和供给能力测算后,根据供需关系,计算草地资源承载能力(区域草地载畜量)。

各类饲草的理论载畜量计算方法为式(5.8),相加后得到总载畜量 P_x,即

$$总载畜量 P_x = \frac{标准干草产量 Y_x \times 草地畜牧利用率 R_u(\%)}{标准羊全年牧草采食量(657 公斤 / 只)C_x} \tag{5.8}$$

草地承载能力也可用理论载畜量进行衡量,即用草地在一定时间内可承载的畜牧单位量衡量其承载能力,理论载畜量数据可从地理国情监测云平台购买或从人地系统主题数据库检索。

4. 建设用地的承载能力测度

对建设用地进行承载能力 P_j 评价时,首先需要确定区域建设用地产品需求水平。供需关系的建立可以从现有规划的角度考虑建设用地的消耗问题,规划中将人均建设用地 T 分为了城市地区和农村地区,并用现状可利用的建设用地面积 S 度量建设用地供给状况,在明确建设用地可利用面积的基础上,根据供需关系,可以计算建设用地资源承载能力 P_j(区域建设用地承载人口)。

1)建设用地产品消耗水平

建设用地的消耗水平 T 的度量方法:现有规程对农村地区和城市地区的规划人均建设用地指标做了不同规定。

(1)农村地区。参考《镇规划标准》(GB 50188—2007)对现有的镇区进行规划时,其规划人均建设用地指标应在现状人均建设用地指标的基础上按规定的幅度进行调整,如表 5.5 所示。

表 5.5　农村地区规划人均建设用地指标　　　　　单位:平方米/人

现状人均建设用地指标	规划调整幅度
≤60	增 0~15
>60~≤80	增 0~10
>80~≤100	增、减 0~10
>100~≤120	减 0~10
>120~≤140	减 0~15
>140	减至 140 以内

(2)城市地区。参考《城市用地分类与规划建设用地标准》(GB 50137—2011),规划人均建设用地指标应根据现状人均建设用地指标、城市所在的气候区及规划人口规模,按表 5.6 的规定综合确定,并应同时符合表中允许采用的规划人均建设用地指标和允许调整的幅度双因子的限制要求。

表 5.6　城市地区规划人均建设用地指标　　　　　单位:平方米/人

气候区	现状人均城市建设用地指标	允许采用的规划人均城市建设用地指标	允许调整幅度		
			规划人口规模 ≤20.0 万人	规划人口规模 20.1 万人~50.0 万人	规划人口规模 >50.0 万人
Ⅰ、Ⅱ、Ⅵ、Ⅶ	≤65.0	65.0~85.0	>0.0	>0.0	>0.0
	65.1~75.0	65.0~95.0	+0.1~+20.0	+0.1~+20.0	+0.1~+20.0
	75.1~85.0	75.0~105.0	+0.1~+20.0	+0.1~+20.0	+0.1~+15.0
	85.1~95.0	80.0~110.0	+0.1~+20.0	−5.0~+20.0	−5.0~+15.0
	95.1~105.0	90.0~110.0	−5.0~+15.0	−10.0~+15.0	−10.0~+10.0
	105.1~115.0	95.0~115.0	−10.0~−0.1	−15.0~−0.1	−20.0~−0.1
	>115.0	≤115.0	<0.0	<0.0	<0.0

气候区	现状人均城市建设用地指标	允许采用的规划人均城市建设用地指标	允许调整幅度		
			规划人口规模≤20.0万人	规划人口规模20.1万人~50.0万人	规划人口规模>50.0万人
Ⅲ、Ⅳ、Ⅴ	≤65.0	65.0~85.0	>0.0	>0.0	>0.0
	65.1~75.0	65.0~95.0	+0.1~+20.0	+0.1~+20.0	+0.1~+20.0
	75.1~85.0	75.0~100.0	−5.0~+20.0	−5.0~+20.0	−5.0~+15.0
	85.1~95.0	80.0~105.0	−10.0~+15.0	−10.0~+15.0	−10.0~+10.0
	95.1~105.0	85.0~105.0	−15.0~+10.0	−15.0~+10.0	−15.0~+5.0
	105.1~115.0	90.0~110.0	−20.0~−0.1	−20.0~−0.1	−25.0~−5.0
	>115.0	≤110.0	<0.0	<0.0	<0.0

对于两类地区的规划人均建设用地指标,直接采用规划调整幅度的上限和下限进行计算。因规划调整幅度存在不确定性,后续得到的建设用地承载能力将是一个大致区间。

2)建设用地产品供给能力

区域建设用地产品的供给能力以建设用地可利用面积 S 度量。建设用地可利用面积为建设用地适宜性单元面积扣除基本农田面积、生态用地面积等后得到。

3)建设用地的承载能力计算

完成需求水平和供给能力测算后,根据供需关系,计算建设用地资源承载能力(区域建设用地承载人口)。参考《国土资源环境承载能力评价技术要求(试行)》中关于建设用地承载能力评价的内容,利用建设用地可利用面积指标、规划人均建设用地指标,计算建设用地可承载人口规模,衡量建设用地承载能力,即

$$建设用地承载能力 P_j = \frac{建设用地可利用面积 S}{规划人均建设用地 T} \qquad (5.9)$$

5.2.2　水资源承载能力测度——分用途

相对于土地资源承载能力,水资源承载能力研究起步较晚。国际上尚未见到明确以水资源承载能力为内容的系统研究成果,且水资源承载能力通常用"可持续利用水量""水资源的生态限度"等概念近似表达。我国学者对水资源承载能力研究较为重视。从 20 世纪 80 年代初,有学者以中国水资源量与人均耗水量等估算水资源承载能力;有学者从水资源开发规模论或水资源开发容量角度,强调了水资源可利用量(封志明 等,2017)。近些年针对水资源承载能力研究存在的度量方法、指标问题,有学者进行了进一步的研究和探讨。党丽娟等(2015)提出可以按照水资源承载能力的影响因素建立限制因素(如可供水量、水质)与增长因素(如人口、经济)之间的定量关系,刻画和测算水资源承载能力。但总体而言理论方法并

不完善,关于水资源承载能力本身的表达比较宏观,定量描述不够精确。

水资源承载能力研究对象涉及社会、经济、水资源、生态、环境等众多与人类活动密切相关的要素,研究主体是水资源系统、客体是社会经济系统和生态与环境系统。党丽娟等(2015)提到,目前水资源承载能力的研究方法有常规趋势法、多目标分析评价法、模糊评判法、主成分分析法、系统动力学法等,这些方法主要的研究内容和目标如表 5.7 所示。

表 5.7 水资源承载能力主要研究方法及概况

研究方法	研究内容及目标
常规趋势法	在满足生态环境维护的基本要求的情况下的工农业经济总产值、灌溉面积、人口发展规模上限
多目标分析评价法	多目标约束下的水资源综合利用效益,即人口载量、经济载量
模糊评判法	水资源可供给工农业生产、生活和生态环境保护等的用水能力,即水资源开发利用的最大容量
主成分分析法	区域水资源允许开发水量维持人口、社会经济发展的能力,水资源开发潜力
系统动力学法	水资源持续支撑社会体系的能力,表现为工农业产值

以上研究中评价或预测的方法都是基于水资源供需关系测度的,水资源承载能力的结果主要通过人口规模、经济载量(产业经济总产值、灌溉面积等)和水资源开发利用潜力三方面体现。因此,本书将按照灌溉用水、工业用水、生活用水、水力资源开发等水资源开发利用类型,确定面状水资源的辐射影响范围,分析区域的人口规模、用水量及产品的消耗水平,按照供需关系模型对区域的水资源承载能力进行测度。

1. 水资源承载能力——灌溉用水方向

当利用方式为灌溉用水时,在考虑用水消耗水平 C_w 的时候可以从区域作物类型及其需水水平,对区域作物熟制下不同类型作物的需水量等进行分析;同时需要分析区域农业灌溉条件,如工程类型、取水方式、灌区规模、附加用水等。从供给能力来说,灌溉用水以水渠输送为主,在国民经济中用水占比较大,供水来源较多。评价时,在明确用水消耗水平的基础上,结合灌溉用水供给能力,根据供需关系,对灌溉用水承载能力 P_w 进行计算。

1)灌溉用水的消耗水平

要确定区域灌溉用水消耗水平,首先要考虑需要灌溉的作物类型及其每年种植收割的次数 n(作物熟制),可参照《全国种植业结构调整规划(2016—2020 年)》,如表 5.8 所示。

表5.8　中国各地的农作物、积温、熟制

温度带	范围	≥10℃积温	作物熟制
寒温带	大兴安岭北端	<1 600℃	一年一熟,包括春小麦、大麦、马铃薯等
中温带	东北平原、内蒙古高原、准噶尔盆地	1 600℃~3 400℃	一年一熟,包括春小麦、大豆、玉米、谷子、高粱等
暖温带	华北平原、黄土高原、河西走廊、塔里木盆地	3 400℃~4 500℃	两年三熟或一年两熟,包括冬小麦、棉花等
亚热带	秦岭—淮河以南、青藏高原以东	4 500℃~8 000℃	一年两熟到三熟,包括水稻等
热带	滇、粤、台的南部和海南省	>8 000℃	一年三熟,包括水稻等

对于不同作物来说,每一次种植收割环节中对应的灌溉用水量不同,需要对作物用水量做归一化处理,参考《灌溉用水定额编制导则》中作物的灌溉用水定额的规定,可以计算作物综合用水定额。省级分区下各种作物在实际灌溉条件下的灌溉用水定额,应按照该作物的基本用水量,附加用水定额及调节系数,按式(5.10)计算,其中基本用水定额应按不同省级分区、不同作物进行区分,调节系数可以根据该规程内的相关说明进行细分。灌溉用水定额计算公式为

$$m = (m_{基本} + m_{附加}) \times K_1 \times K_2 \times \cdots \times K_n \tag{5.10}$$

式中,m 为某省级分区某种作物的灌溉用水定额(m^3/hm^2),$m_{基本}$ 为某省级分区某种作物的基本用水定额,(m^3/hm^2),$m_{附加}$ 为某省级分区某种作用的附加用水定额(m^3/hm^2),$K_1, K_2, \cdots, K_n$ 分别为工程类型、取水方式、灌溉规模等影响因素的调节系数。

省级分区某种作物综合灌溉用水定额为

$$m_{综合} = \frac{\sum_{i=1}^{N_U}(m_i \times A_i)}{\sum_{i=1}^{N_U} A_i} \tag{5.11}$$

式中,$m_{综合}$ 为省级分区某种作物的综合灌溉用水定额(m^3/hm^2),i 为省级分区与某种作物对应且实际存在的灌溉条件组合序号,m_i 为省级分区与某种作物在第 i 种灌溉条件组合下的灌溉用水定额(m^3/hm^2),A_i 为省级分区与某种作物对应的第 i 种灌溉条件组合的灌溉面积(hm^2)。

因此,某作物的灌溉用水消耗水平 C_w 等于某作物综合灌溉用水定额 $m_{综合}$ 与作物熟制 n 之积,对区域内所有作物的灌溉用水消耗水平相加,得到区域内所有作物的灌溉用水综合消耗水平。

2)灌溉用水的供给能力

要确定区域灌溉用水供给能力,需要根据不同灌区规模、灌溉方式,考虑渠道

运水过程中的损耗,其参考指标为渠系水利用系数。根据区域灌溉用水可用量,综合得出灌溉用水的供给能力。渠系水利用系数计算公式为

$$\mu_t = \frac{\sum\limits_{i=1}^{N_L} V_i}{V_0} \tag{5.12}$$

式中,μ_t 为灌区灌溉用水定额规定位置以上的渠系利用系数,i 为灌区灌溉用水定额规定位置序号,N_L 为灌区灌溉用水定额规定位置总数(个),V_i 为灌区灌溉用水定额规定位置 i 的年度实际配水量(m^3),V_0 为灌区渠首的年度灌溉用水总量(m^3)。

灌区用水定额规定位置的年度实际配水量和渠首年度灌溉饮水总量可以根据灌区运行记录合理确定。省级分区的灌溉用水定额规定位置以上的渠系利用系数宜按大、中、小型灌区及井灌区分别确定,其平均值可按各类灌区的灌溉用水总量加权平均计算。

灌溉可用水量根据水资源灌溉用水适宜性评价结果,将高度适宜、基本适宜、比较适宜的水资源水量作为灌溉可用水量 U,则灌溉用水供给能力等于灌溉可用水量 U 与渠系水利用系数 μ 的乘积。

3)水资源承载能力计算——灌溉用水

完成消耗水平 C_w 和供给能力测算后,根据灌溉用水供需关系,并参考《灌溉用水定额编制导则》计算灌溉用水承载能力。灌溉用水承载能力以特定作物在一定灌溉定额下可满足的灌溉面积表示,计算公式为

灌溉用水承载能力 $P_w =$

$$\frac{\text{灌溉可用水量 } U \times \text{灌溉用水定额规定位置以上渠系利用系数 } \mu}{\text{综合灌溉用水定额 } m \times \text{作物熟制 } n} \tag{5.13}$$

2. 水资源承载能力——生活用水方向

对生活用水承载能力 P_s 的评价需要考虑居民用水消耗水平C_s。生活用水承载能力表示在满足可持续发展的要求下地表水或地下资源可承载的合理人口规模,用一定水资源在一年间能供给的一定用水水平人口数表示。生活用水来源于综合供水,包括地下水和地表水等,其供给水平可以按照区域综合供水能力 W 确定。根据生活用水消耗水平和综合供水能力可求得生活用水承载能力。

1)生活用水的消耗水平

要确定区域生活用水消耗水平,消耗标准可以参照《城市居民生活用水量标准》(GB/T 50331—2002)中对生活用水量的规定,选取下限值将日用水量乘以365 换算为年用水量作为人均每年生活用水消耗水平,即生活用水定额 C_s,如表 5.9 所示。

表 5.9　城市居民生活用水量标准

地域分区	日用水量/(升/人·天)	适用范围
一	80~135	黑龙江、吉林、辽宁、内蒙古
二	85~140	北京、天津、河北、山东、河南、山西、陕西、宁夏、甘肃
三	120~180	上海、江苏、浙江、福建、江西、湖北、湖南、安徽
四	150~220	广西、广东、海南
五	100~140	重庆、四川、贵州、云南
六	75~125	新疆、西藏、青海

注:(1)表中所列日用水量是满足人们日常生活基本需要的标准值。在核定城市居民用水量时,各地应
在标准值区间内直接选定。
(2)城市居民生活用水考核不应以日为考核周期,日用水量指标应以月度考核为周期计算水量指标
的基础值。
(3)指标值中的上限值是根据气温变化和用水高峰月变化参数确定的,一个年度当中对居民用水可
分段考核,利用区间值进行调整使用。上限值可作为一个年度当中最高月的指标值。
(4)家庭用水人口的计算,由各地根据本地实际情况自行制定的管理规则或办法进行。
(5)以本标准为指导,各地视本地情况可制定地方标准或管理办法组织实施。

2)生活用水的供给能力

要确定区域生活用水供给能力,需对区域生活用水的总供水量进行分析。由
于城市区域生活用水与第三产业用水的供给渠道相同,因此需要扣除第三产业的
用水量。依据《全国城市饮用水水源地安全保障规划技术大纲》《城市饮用水水源
地安全状况评价技术细则》,需要从总供水量 U 中减去第三产业的需水量 U_1。 总
供水量要以适宜性评价为前提,可以用合格综合生活供水量表示。合格综合生活
供水量为适宜性评价得到的乡镇行政单元内高度适宜、基本适宜、比较适宜的水资
源登记单元的水量之和,即乡镇(街道)单元内水资源适宜性单元水量,可参考全国
水资源综合规划相关数据确定。

3)水资源承载能力计算——生活用水方向

完成消耗水平 C_s 和供给能力测算后,根据生活用水供需关系,并参考《城市饮
用水水源地安全状况评价技术细则》计算生活用水承载能力,即

$$生活用水承载能力 P_s = \frac{合格综合生活供水量 U - 现状第三产业需水量 U_1}{居民生活用水定额 C_s}$$

$$(5.14)$$

3. 水资源承载能力——工业用水方向

评价工业用水承载能力 P_d 时,分析区域工业用水消耗水平 C_d 需要通过区域
工业用水结构和用水量特征进行分析。在明确用水供给能力的基础上,结合工业
用地面积,根据供需关系,工业用水承载能力用适宜采用工业用水的开发水量(即
工业用水可供水资源量所能承载的工业用地规模)表示。

1)工业用水的消耗水平

确定区域工业用水消耗水平时,考虑工业用水的相关限制因素,可以参考

《城市给水工程规划规范》中对于工业用地用水量指标的规定。在规范中,工业用地的用水量指标 C_d 的取值范围为 $30\sim150 \text{ m}^3/(\text{d}\cdot\text{hm}^2)$,具体用水量指标应结合所在城市具体用水情况确定,对区域工业用水结构进行分析,明确区域工业用地用水量 C_d。

2)工业用水的供给能力

区域工业用水供给能力的确定,需要对区域工业用水供水量进行分析。工业用水总量可以根据适宜性评价的结果确定,将高度适宜、基本适宜、比较适宜的水资源水量作为工业用水可供水资源量 M。

3)水资源承载能力计算——工业用水方向

完成消耗水平 C_d 和供给能力 M 测算后,根据生活用水供需关系,并参考《城市给水工程规划规范》(GB 50282—2016)计算工业用水承载能力 P_d,即

$$工业用水承载能力P_d = \frac{工业用水可供水资源量\ M}{工业用地用水量C_d} \tag{5.15}$$

4. 水资源承载能力——水力资源开发方向

评价水力资源开发进行承载能力 P_k 时,供给水平 T_k 可以从水力资源开发的产品 —— 发电量来考虑,而水力资源开发用水需求标准 C_k 可以从居民生活、生产用电方面的需求确定。在明确区域水力电量供给能力的基础上,结合水力资源开发资源消耗水平,根据供需关系,计算水力资源开发水资源承载能力。

1)水力资源开发用水的需求标准

要确定区域水力资源开发用水需求标准,要对区域用电结构进行分析,从生活、生产、服务业等用电需求考虑。其中,居民人均用电量可以通过区域总用电量减去生产、服务业用电量和区域人口统计计算得到,第一、第二、第三产业用电量可根据具体的产业消耗需求确定。用电量数据可以查找相关用电统计数据、规范,人口数据可以参照国家人口普查各行政区划的人口统计数据。

2)水力资源开发用水的供给能力

要确定区域水力资源开发用水供给能力,需要明确区域内水力发电量。参考相关文献或规范中大型水库和小型水库的发电量模型,确定区域水力发电量,并明确水力用电量与该区域的关系。

3)水资源承载能力计算——水力资源开发方向

完成水力资源开发对水资源消耗水平的测算后,根据供需关系,综合居民生活用水和第一、第二、第三产业的供给能力测算,计算水力资源开发承载能力,即

$$水力资源开发承载能力P_k = \frac{区域水力可发电总量}{水力资源开发需求标准C_k \times 区域水力发电量占比} \tag{5.16}$$

5.2.3　矿产资源承载能力测度

矿产资源是国民经济和社会发展的重要物质基础,大部分能源、工业原料等均来自于矿产资源。矿产资源承载能力是指在现有科学技术、社会经济及生态环境条件下,在一定空间范围内既能够支撑区域经济发展又不破坏其生态环境的情况下矿产资源可开发的规模和强度。

1.指标体系和模型介绍

从评价指标体系来说,矿产资源承载能力的表达目前有两种,即基于人口承载能力的评价指标和基于经济承载能力的评价指标。经济或者人口的承载总量,以及其保证年限、平衡程度分别直接和间接地表征矿产资源承载能力水平(刘叶志,2012)。

评价模型主要分为基于人口承载能力和基于经济承载能力两类(侯华丽,2007)。

(1)基于人口承载能力的模型。矿产资源人口承载能力是指一定时期某种矿产资源对人口规模的承载能力,以及矿产资源剩余可采储量所能间接供养的人口数量,可以计算矿产资源的现状承载能力和预测承载能力。计算公式为

$$C_p = \frac{R}{R_P} \qquad (5.17)$$

式中,C_p 为矿产资源人口承载能力,R 为矿产资源剩余可采储量,R_P 为单位人均矿产消费量。

对于上述计算公式,若C_p 为现状矿产资源人口承载能力,则 R 为现状矿产资源剩余可采储量,R_P 为现状单位人均矿产消费量;若C_p 为预测矿产资源人口承载能力,则 R 为预测矿产资源剩余可采储量,R_P 为预测单位人均矿产消费量。

(2)基于经济承载能力的模型。在综合前人研究成果的基础上,通过两种途径表征矿产资源经济承载能力。一是直接表征,从矿产利用角度看,就是直接计算矿产资源经济承载能力;二是间接表征,从矿产开发角度来看,就是用保证年限反映矿产资源承载能力。

矿产资源经济承载能力的计算公式为

$$C_E = \frac{R}{R_G} \qquad (5.18)$$

式中,C_E 为矿产资源人口承载能力,R 为矿产资源剩余可采储量,R_G 为单位生产总值矿产消费量。

对于上述计算公式,若C_E 为现状矿产资源经济承载能力,则 R 为现状矿产资源剩余可采储量,R_G 为现状单位生产总值矿产消费量。若C_E 为预测矿产资源经济承载能力,则 R 为预测矿产资源剩余可采储量,R_G 为预测单位生产总值矿产消费量。

矿产资源保证年限是指某时期内某种矿产的剩余可采储量在假设矿产消费全部为自给的情况下所能保证的年限长短,通常为静态保证年限。计算公式为

$$Y = \frac{R}{S} \tag{5.19}$$

式中,Y 为保证年限,R 为矿产资源剩余可采储量,S 为年矿产消费量。

矿产资源承载能力与水资源、土地资源承载能力的评价系统供需关系有所不同。从供给角度,矿产资源与其他资源一样依附于地下空间呈面状分布,其开采与矿产品的生产加工呈点状分布;从需求角度,矿产品的消耗涉及整个评价范围甚至评价范围以外的其他区域,且供需关系的匹配受资源产品类型和交通运输条件的影响。基于消耗水平与储量关系度量矿产资源承载能力时,需要统计区域矿产品的消耗、进出口等实际情况,从而分析供需关系,需求统计区域的不确定会影响结果。基于保证年限度量矿产资源承载能力时,可以清晰表现资源耗竭的底线,相对容易理解,但无法体现资源空间供需均衡,很难为矿产资源供给侧改革提供决策参考。实践中建议综合分析为佳。矿产资源的主要利用类型有金属、非金属矿石等矿石资源,以及固体矿产资源和油气资源等能源。

2. 金属、非金属类矿产承载能力

针对金属、非金属类矿产资源,开采获取的原始矿石通过提炼获得矿物结晶产品,并用于各类工业生产,或用于提炼工农业所需的生产资料。其开发和生产利用的产业链条较明确,储量较容易估算且稳定,其供需关系相对较易确定。因此,考虑采用基于人口承载能力的模型,根据区域的供需关系,结合资源的消耗水平,测度矿产资源剩余储量(即供给能力)能够承载的人口规模。不同矿产种类的人均消耗量的确定,需要根据地区各类矿产资源消耗量与地区总人口的比值表示,数据来源于地区矿产资源年消耗量;地区国民生产总值的数据来源于统计年鉴、矿业年鉴及国土资源网站。参照《国土资源环境承载力评价技术要求(试行)》中"固体矿产资源人口承载能力"指标的计算方法,某类矿产资源 C_i 的人口承载能力计算公式为

$$C_i = \frac{R_i}{r_i} \tag{5.20}$$

式中,C_i 为某类矿产资源人口承载能力,R_i 为某类矿产资源剩余可采储量,r_i 为某类矿产资源单位人均消费量。

3. 能源类矿产资源承载能力

能源类矿产资源有油气资源和煤炭资源。能源类矿产资源的产品,如煤炭和石油的产品,既可以用作燃料也可以有多种化工用途,而天然气一般是用作燃料的。能源类矿产资源的产品可能需要跨省运输,甚至供应全国各地,其供需关系很难确定。如果按照人口承载能力模型,很难测度能源类矿产资源的人均消耗量及需求水平。因此,可以考虑利用矿产经济承载能力模型计算能源类矿产资源承载

能力,根据已知现有的能源类矿产资源的储量及增长情况,结合资源消费量度量资源的持续开采年限。参考矿场资源保证年限(静态),考虑能源类矿产资源的储量是有增加的,依据"增长的极限"项目中的模型,可计算持续开采年限。

油气资源的持续开采年限是指某时期油气资源的剩余可采储量在该地区矿产平均开采强度下所能保证的年限长短,计算公式为

$$Y = \frac{\ln{(rs+1)}}{r} \tag{5.21}$$

式中,Y 为油气资源的持续可开采年限;r 为油气资源持续增长率,计算公式为 $R_t = R_0 e^{rt}$,其中 t 为年期,R_t 为 t 年后的消费量,R_0 为初始消费量;s 为静态储量或者储量与年消耗量之比。

固体矿产资源(煤炭资源)的持续开采年限与油气资源类似,不再赘述。

5.2.4　海洋资源承载能力测度

我国海洋资源环境系统正面临环境污染严重、生态系统退化的严峻形势,对经济社会发展的承载能力总体不足、局部超载严重。海洋资源承载能力是指在一定时期和一定区域范围内,在维持海洋资源结构符合可持续发展需要、海洋生态环境功能仍具有维持其稳态效应能力的条件下,区域海洋资源环境系统所能承载的人类各种社会经济活动的能力。海洋资源的利用类型包括海洋空间、海洋渔业和海岛资源,参考《资源环境承载能力监测预警技术方法(试行)》,基于海洋资源利用类型的承载能力相关定义如表 5.10 所示。

表 5.10　海洋资源承载能力定义

利用类型	定义
海洋空间	一定时期和一定区域范围内,在维持区域海洋资源结构符合可持续发展需要且海洋生态环境功能仍具有维持其稳态效应能力的条件下,区域海洋资源环境系统所能承载的人类空间利用的能力
海洋渔业	在一定时期和范围内,在确保渔业资源可持续发展的前提下,渔业资源最大持续产量
无人岛礁	一定时期和一定区域范围内,在维持区域海岛资源结构符合可持续发展需要且海洋生态环境功能仍具有维持其稳态效应能力的条件下,区域海岛资源环境系统所能承载的人类各种社会经济活动的能力

海洋资源承载能力本身的特征及复杂的影响因素导致其所能承载的最大经济规模或人口规模评估难度大,但可以通过评估海洋资源系统不可持续状态的指标阈值或阈值区间,表征海洋资源系统对人为开发压力的可载程度或超载水平,即承载率(关道明 等,2016)。依照我国对海洋空间资源、海洋渔业资源、无人岛礁资源管理的实际,以海洋主体功能区规划、海洋功能区划、海洋开发相关政策制度和标准规范等为依据,对海洋资源环境承载能力进行测度。

1. 海洋空间资源

海洋空间资源包括岸线资源和海域资源两类，而空间资源承载能力的评价主要是从空间开发需求角度阐明的。因此，海洋空间承载能力可以根据海洋功能区规划中对海洋空间开发的规定，结合海洋空间资源的总量情况进行测算。参考《资源环境承载能力监测预警技术方法（试行）》，结合承载能力评价需求，计算两类资源的承载能力。

（1）岸线资源承载能力。计算公式为

$$P_{C0} = \frac{\sum_{i=1}^{n} w_i l_i}{l_{总}} \tag{5.22}$$

式中，P_{C0} 为岸线资源承载能力，l_i 为第 i 类海洋功能区毗邻的岸线适宜开发长度，w_i 为第 i 类海洋功能区允许的海岸线开发程度，$l_{总}$ 为海岸线总长度（包括自然岸线长度）。岸线适宜性单元为适宜性评价环节中最适宜、基本适宜两类单元合并形成的适宜性单元，由岸线适宜性单元可求解岸线适宜开发长度。遵循海洋主体功能区规划的管控要求，结合承载能力计算需要，w_i 赋值方法如表 5.11 所示。

表 5.11 主要海洋功能区海洋开发对海岸线的影响因子赋值

海洋功能区类型	影响因子
港口航运区	$w_i = 0.80$
工业与城镇区	$w_i = 0.60$
矿产与能源区	$w_i = 0.40$
农渔业区	$w_i = 0.40$
旅游休闲娱乐区	$w_i = 0.30$
特殊利用区	$w_i = 0.20$
海洋保护区	$w_i = 0$
保留区	$w_i = 0$

（2）海域资源承载能力。计算公式为

$$P_{M0} = \frac{\sum_{i=1}^{n} h_i a_i}{S} \tag{5.23}$$

式中，P_{M0} 为海域资源承载能力，a_i 为第 i 类海域适宜开发面积，h_i 为第 i 类海洋功能区允许的海洋开发程度，S 为海域适宜开发面积。对照适宜性评价中海洋资源利用类型与适宜性评价中海洋功能区类型（《海洋功能区划技术导则》（GB/T 17108—2006）），可以构建允许开发因子对照表，计算海域资源承载能力。

遵循海洋主体功能区规划的管控要求，结合承载能力计算需要，h_i 赋值方法如表 5.12 所示。

表 5.12　主要海洋功能区海洋开发对海域资源环境的允许开发因子赋值

海洋功能区类型	允许开发因子赋值
工业与城镇区	$h_i = 0.60$
港口航运区	$h_i = 0.70$
矿产与能源区	$h_i = 0.60$
农渔业区	$h_i = 0.60$
旅游休闲娱乐区	$h_i = 0.60$
特殊利用区	$h_i = 0.40$
海洋保护区	$h_i = 0.20$
保留区	$h_i = 0.10$

2. 海洋渔业资源

海洋渔业资源的产品主要是与各类海洋生物相关的产品,海洋渔业资源承载能力指在不损害鱼类种群本身生产能力的条件下,可以持续获得的最高年产量。由于海洋生态系统在一定程度上可以持续支持海洋生物种群的繁殖和扩大,海洋渔业产能应该以动态的角度,依据渔业资源的持续产量,结合每年需求的渔业资源量(即实际的捕捞量),考虑以供需关系进行测度。参考王迎宾等(2010)的研究,以最大可持续产量计算海洋渔业资源承载能力,可采用以下两种模式计算:

(1)卡迪马(Cadima)模式。计算公式为

$$最大可持续产量=\frac{年平均渔获量+现存资源量×主要经济种类平均自然死亡系数}{2}$$

(5.24)

式中,年平均渔获量和现存资源量数据来自渔业统计数据,主要经济种类平均自然死亡系数计算方法可参考《鱼类自然死亡系数评估研究进展》。

(2)简单估算模式。计算公式为

$$最大可持续产量=\frac{现存资源量}{2}$$

(5.25)

鉴于主要经济种类平均自然死亡系数直接决定了渔业资源平均结果的可靠性,其不同经验估算公式均存在不同程度的偏差,建议采用简单估算模式计算最大可持续产量。

3. 无人岛礁资源

无人岛礁拥有多类自然资源,根据《海洋资源环境承载能力监测预警指标体系和技术方法指南》,无人岛礁资源的承载能力主要考虑海岛空间资源(岸线资源和海岛资源)的开发利用,以无居民海岛开发强度阈值指标表征,如无人岛礁自然岸线改变、开发利用规模阈值及海岛空间开发阈值。无人岛礁生态环境相对脆弱,其承载能力的评价主要考虑海岛本身及综合生态状况对空间开发强度的限制。

§5.3　环境质量标准测度的环境承载能力

　　环境条件是国土空间开发的重要影响因素之一,环境承载能力是确定自然资源开发强度的重要限制条件。根据学界已有的研究成果,环境承载能力评估方法分为指标体系法、供需平衡法、系统模型法和环境容量法四大类。

　　(1)指标体系法通过选取反映区域环境系统特征及其与自然、社会、经济系统相互作用的关键指标,建立模拟区域环境系统层次结构的指标体系,并根据指标间的相互关联和重要程度,逐层累加得到反映区域环境的承载能力指数。

　　(2)供需平衡法是通过计算环境承载系统的功效,分析承载主体和承载对象之间的供需对比,从而对区域承载状况进行评估。此类方法主要包括生态足迹法、能值分析法及差量对比法。

　　(3)系统模型法通过分析区域复合系统内部的运行机制,建立各要素的耦合关系,借助模型的输入、输出对区域复合系统的承载状况进行模拟和预测,主要有系统动力学模型和优化模型两大类。

　　(4)环境容量法认为环境承载能力(即区域环境系统的纳污能力)等同于环境容量,其核算方法也是环境承载能力评估的重要组成。

　　上述四类方法的特征及优缺点总结如表 5.13 所示(周翟尤佳 等,2018)。

表 5.13　环境承载能力评估方法特征对比

评估方法	表征形式	方法属性	优势	不足
指标体系法	无量纲指数,为相对值	静态评价	计算简便客观,层次分明,便于进行对比	难以反映非线性过程及要素间相互作用
供需平衡法	土地面积及无量纲指数,既有绝对值,又有相对值	静态评价	直观地反映了复合系统过程的内涵	仅关注部分要素,且对要素间相互作用机制缺乏分析
系统模型法	人口和国内生产总值等,为绝对值	动态评价	擅长模拟复合系统的过程和反馈机制,综合考虑了要素间相互作用	参变量难以确定,模型求解复杂,难以实现业务化应用
环境容量法	污染物数量,为绝对值	静态评价	能准确计算区域纳污能力,与总量控制相结合	仅考虑了污染物阈值,综合性较差

　　以上四类评估方法,有的考虑的要素较单一,有的模型较复杂,有的无法反映全部的要素关系。基于我国对环境污染治理的需求,本书对环境承载能力的测度采用相对简单的静态环境容量评价方法。将环境相关质量标准中各类污染物的

表征指标作为环境承载能力计算的基础指标,参考各项物质指标的合理阈值,确定区域环境污染排放的上限值,考虑区域环境系统的自净能力等特征,综合评价环境承载能力和承载状况。

5.3.1　大气环境承载能力测度

1. 环境空气质量标准规定

在计算大气环境承载能力时,需将《环境空气质量标准》(GB 3095—2012)规定的不同污染物浓度限值作为参考,部分环境阈值标准如表 5.14、表 5.15 所示。

表 5.14　环境空气污染基本项目浓度限值　　　　单位:$\mu g/m^3$

序号	污染物项目	平均时间	浓度限值	
			一级	二级
1	二氧化硫	年平均	20	60
		24 小时平均	50	150
		1 小时平均	150	500
2	二氧化氮	年平均	40	40
		24 小时平均	80	80
		1 小时平均	200	200
3	一氧化碳	24 小时平均	4	4
		1 小时平均	10	10
4	臭氧	日最大小时平均	100	160
		1 小时平均	160	200
5	颗粒物 (粒径小于等于 10 μm)	年平均	40	70
		24 小时平均	50	150
6	颗粒物 (粒径小于等于 2.5 μm)	年平均	15	35
		24 小时平均	35	75

表 5.15　环境空气污染物其他项目浓度限值　　　　单位:$\mu g/m^3$

序号	污染物项目	平均时间	浓度限值	
			一级	二级
1	总悬浮颗粒物	年平均	80	200
		24 小时平均	120	300
2	氮氧化物	年平均	50	50
		24 小时平均	100	100
3	铅	1 小时平均	250	250
		年平均	0.5	0.5
		季平均	1	1
4	苯并芘	年平均	0.001	0.001
		24 小时平均	0.002 5	0.002 5

2. 大气环境承载能力测度

1)大气环境承载能力计算方法与模型简介

大气环境承载能力是指在满足大气环境目标值(即能维持生态平衡且不超过人体健康要求的阈值)的条件下,某区域大气环境所能承纳污染物的最大能力,或所能允许排放的污染物的总量。前者常被称为自净介质对污染物的同化容量,而后者被称为大气环境目标值与本底值之间的差值容量。它们的大小取决于该区域内大气环境的自净能力及自净介质的总量。若超过了容量的阈值,大气环境就不能发挥其正常的功能或用途,生态的良性循环、人群健康及物质财产将受到损害。研究大气环境承载能力可为区域大气环境质量标准的制定、大气污染的控制和治理提供重要的依据(胡毅 等,2015)。

大气环境承载能力估算方法主要包括 A-P 值法、大气扩散模型、多源模型法等(肖杨 等,2008;王海超 等,2010)。模型法在计算方法上存在过程复杂、参数多等特点,准确估算存在一定难度。徐大海等(1989)给出了大气环境承载能力的定义及区域总量控制(A 值法)计算公式,对城市排放总量控制方法进行研究,发现 A 值法简便易行。1991 年 8 月 31 日,《制定地方大气污染物排放标准的技术方法》(GB/T 3840—1991)颁布,A 值法被规定用于计算控制区污染物排放总量的限值。

参考国家颁布的《制定地方大气污染物排放标准的技术方法》中有关大气污染物排放总量的估算方法,A 值法的基本原理是将总量控制区上空的空气混合层视为承纳地面排放污染物的一个箱体,排放的污染物进入箱体后被假定为均匀混合,箱体能够承纳的污染物量将正比于箱体体积(等于混合层高度乘以区域面积)、箱体的污染物净化能力及箱内污染物浓度的控制限值(即区域环境空气质量目标)(孙雷,2010)。

2)大气环境承载能力测度

表 5.16 描述了以空气质量标准为基础,环境容量测度的大气环境承载能力评估方法。

表 5.16　大气环境承载能力评估方法

测度层次	标准	参考标准示例	评估方法	计算模型举例
基础测度	空气质量标准	《环境空气质量标准》(GB 3095—2012)	各污染物浓度=污染物总量/容量	—
容量测度	容量计算标准	《制定地方大气污染物排放标准的技术方法》(GB/T 3840—1991)	大气环境容量=F1(污染物浓度,大气容量),F1 为计算模型或函数关系	A 值法,大气扩散模型,多源模型法(肖扬 等,2008;王海超 等,2010)

5.3.2　水环境承载能力测度

1.水环境的质量标准

参照《地表水环境质量标准》(GB 3838—2002)及国家 2020 年各控制单元水环境功能分区目标等规范性文件,以污染物浓度限值为环境承载能力评价指标,反映水环境对各类污染物的承载能力,如表 5.17 所示。

表 5.17　地表水环境质量标准基本项目标准限度

序号	项目	Ⅰ类	Ⅱ类	Ⅲ类	Ⅳ类	Ⅴ类
1	水温/℃	人为造成的水温变化应限制在:周平均最大温升≤1 或周平均最大温降≥2				
2	pH 值(无量纲)	6～9				
3	溶解氧/(mg/L)	≥7.5	≥6	≥5	≥3	≥2
4	高锰酸盐指数/(mg/L)	≤2	≤4	≤6	≤10	≤15
5	化学需氧量(COD) /(mg/L)	≤15	≤15	≤20	≤30	≤40
6	五日生化需氧量 /(mg/L)	≤3	≤3	≤4	≤6	≤10
7	氨氮/(mg/L)	≤0.15	≤0.5	≤1.0	≤1.5	≤2.0
8	总磷(以 P 计)/(mg/L)	≤0.02 (湖、库≤0.01)	≤0.1 (湖/库≤0.025)	≤0.2 (湖/库≤0.05)	≤0.3 (湖/库≤0.1)	≤0.4 (湖/库≤0.2)
9	总氮(湖、库,以 N 计) /(mg/L)	≤0.2	≤0.5	≤1.0	≤1.5	≤2.0
10	铜/(mg/L)	≤0.01	≤1.0	≤1.0	≤1.0	≤1.0
11	锌/(mg/L)	≤0.05	≤1.0	≤1.0	≤2.0	≤2.0
12	氟化物(以 F 计) /(mg/L)	≤1.0	≤1.0	≤1.0	≤1.5	≤1.5
13	硒/(mg/L)	≤0.01	≤0.01	≤0.01	≤0.02	≤0.02
14	砷/(mg/L)	≤0.05	≤0.05	≤0.05	≤0.1	≤0.1
15	汞/(mg/L)	≤0.000 05	≤0.000 05	≤0.000 1	≤0.000 1	≤0.001
16	镉/(mg/L)	≤0.001	≤0.005	≤0.005	≤0.005	≤0.01
17	铬(六价)/(mg/L)	≤0.01	≤0.05	≤0.05	≤0.05	≤0.1
18	铅/(mg/L)	≤0.01	≤0.01	≤0.05	≤0.05	≤0.1
19	氰化物/(mg/L)	≤0.005	≤0.05	≤0.2	≤0.2	≤0.2
20	挥发酚/(mg/L)	≤0.002	≤0.002	≤0.005	≤0.01	≤0.1
21	石油类/(mg/L)	≤0.05	≤0.05	≤0.05	≤0.5	≤1.0
22	阴离子表面活性剂 /(mg/L)	≤0.2	≤0.2	≤0.2	≤0.3	≤0.3
23	硫化物/(mg/L)	≤0.05	≤0.1	≤0.2	≤0.5	≤1.0
24	粪大肠菌群/(个/升)	≤200	≤2 000	≤10 000	≤20 000	≤40 000

参照《地下水质量标准》(GB/T 14848—2017),以地下水各指标含量特征为地

下水质量评价的基础,如表 5.18 所示。以地下水为水源的各类专门用水,在地下水质量分类管理基础上,可按有关专门用水标准进行管理。

表 5.18 地下水环境质量标准基本项目标准限度

项目序号	项目	I 类	II 类	III 类	IV 类	V 类
1	色/度	≤5				
2	嗅和味	无				
3	浑浊度/度	≤3	≤3	≤3	≤10	>10
4	肉眼可见物	无	无	无	无	有
5	pH 值(无量纲)	6.5~8.5	5.5~6.5	8.5~9	<5.5,>9	—
6	总硬度(以 $CaCO_3$ 计)/(mg/L)	≤150	≤300	≤450	≤550	>550
7	溶解性总固体/(mg/L)	≤300	≤500	≤1 000	≤2 000	>2 000
8	硫酸盐/(mg/L)	≤50	≤150	≤250	≤350	>350
9	氯化物/(mg/L)	≤50	≤150	≤250	≤350	>350
10	铁(Fe)/(mg/L)	≤0.1	≤0.2	≤0.3	≤1.5	>1.5
11	锰(Mn)/(mg/L)	≤0.05	≤0.05	≤0.1	≤1.0	>1.0
12	铜(Cu)/(mg/L)	≤0.01	≤0.05	≤1.0	≤1.5	>1.5
13	锌(Zn)/(mg/L)	≤0.05	≤0.5	≤1.0	≤5.0	>5.0
14	钼(Mo)/(mg/L)	≤0.001	≤0.01	≤0.1	≤0.5	>0.5
15	钴(Co)/(mg/L)	≤0.005	≤0.05	≤0.05	≤1.0	>1.0
16	挥发性酚类(以苯酚计)/(mg/L)	≤0.001	≤0.001	≤0.002	≤0.01	>0.01
17	阴离子合成洗涤剂/(mg/L)	检不出	≤0.1	≤0.3	≤0.3	>0.3
18	高锰酸盐指数/(mg/L)	≤1.0	≤2.0	≤3.0	≤10	>10
19	硝酸盐(以 N 计)/(mg/L)	≤2.0	≤5.0	≤20	≤30	>30
20	亚硝酸盐(以 N 计)/(mg/L)	≤0.001	≤0.01	≤0.02	≤0.1	>0.1
21	氨氮(NH_4^+)/(mg/L)	≤0.02	≤0.02	≤0.2	≤0.5	>0.5
22	氟化物/(mg/L)	≤1.0	≤1.0	≤1.0	≤2.0	>2.0
23	碘化物/(mg/L)	≤0.04	≤0.04	≤0.08	≤0.5	>0.5

2. 水环境的承载能力

1)水环境承载能力计算方法与模型简介

水环境承载能力指在不影响某一水体正常使用的前提下,在满足社会经济可持续发展和保持水生态系统健康的基础上,参照人类环境目标,要求某一水域所能容纳的某种污染物的最大负荷量,或保持水体生态系统平衡的综合承载能力。

　　水环境承载能力研究及水环境承载能力模型研究早已在中国开始发展并日趋完善,目前应用最广的方法为稳态水质模型直接计算的解析公式(陈丁江 等,2007;董飞 等,2014;周刚 等,2014)。水环境承载能力的计算模型很多,但其基本形式均为稀释容量、自净容量和迁移容量之和。随着研究的逐步深入,水环境承载能力计算公式逐步完善,且根据不同的污染物、不同的水体建立不同的计算公式。公式法可以认为是各类方法中最基本的方法,其他各类方法的计算也以水环境承载能力计算公式为基础。

　　2)水环境承载能力测度

　　水环境承载能力的测度基于水环境质量标准进行。表 5.19 描述了以水环境质量标准为基础的容量测度和人口承载能力测度的水环境承载能力评价方法。

表 5.19　水环境承载能力测度方法

测度层次	标准或模型	参考标准或模型示例	测度方法	计算方法举例
基础测度	水环境质量标准	《地表水环境质量标准》(GB 3838—2002)	—	
容量测度	水环境容量计算标准	《水域纳污能力计算规程》(GB/T 25173—2010)	水环境容量＝$F2$(污染物浓度,湖泊、流域、地下水等容量),$F2$ 为计算模型或函数关系	稳态水质模型
人口承载能力测度	水环境承载能力计算模型(文扬 等,2018)	水环境承载能力的计算方法是在假设人口增长后三产国内生产总值及三产排放污染物量等比增长的情况下进行推导得出	可承载人口数＝$F3$(水环境容量,人口或国内生产总值模型)	参考文扬等(2018)的方法

5.3.3　海洋环境承载能力测度

1. 海洋环境的质量标准

　　《海水水质标准》(GB 3097—1997)、《海洋生物质量》(GB 18421—2001)环境承载能力部分标准如表 5.20、表 5.21 所示。

表 5.20　海水水质标准

序号	项目	第一类	第二类	第三类	第四类
1	漂浮物质	海面不得出现油膜、浮沫和其他漂浮物质			海面无明显油膜、浮沫和其他漂浮物质
2	色、臭、味	海水不得有异色、异臭、异味			海水不得有令人厌恶和感到不快的色、臭、味
3	悬浮物质	人为增加的量≤10	人为增加的量≤100		人为增加的量≤150

续表

序号	项目	第一类	第二类	第三类	第四类
4	大肠菌群/(个/升)	≤10 000;供人生食的贝类,养殖水质≤700			—
5	粪大肠菌群/(个/升)	≤2 000;供人生食的贝类,养殖水质≤140			—
6	病原体	供人生食的贝类养殖水质不得含有病原体			
7	水温/℃	人为造成的海水温升高,夏季不超过当时当地 1℃,其他季节不超过 2℃		人为造成的海水温升高,不超过当时当地 4℃	
8	pH 值	7.8～8.5,同时不超出该海域正常变动范围的 0.2pH 单位		6.8～8.8,同时不超出该海域正常变动范围的 0.5pH 单位	
9	溶解氧/(mg/L)	>6	>5	>4	>3

表 5.21　海洋贝类生物质量标准

项目	第一类	第二类	第三类
感官要求	贝类的生长活动正常,贝体不得沾染油污等异物,贝肉的色泽、气味正常,无异色、异臭、异味		贝类能生存,贝肉不得有明显的异色、异臭、异味
粪大肠菌群/(个/千克)	≤3 000	≤5 000	
麻痹性贝毒/(mg/L)	—	≤0.08	
总汞/(mg/kg)	≤0.05	≤0.10	≤0.30

2. 海洋环境的承载能力

1)海洋环境承载能力计算方法与模型简介

海洋环境承载能力是指在充分利用海洋的自净能力和不对其造成污染损害的前提下,某一特定海域所能容纳的污染物的最大负荷。海洋环境承载能力是根据海区的自然地理、地质过程、水文气象、水生生物及海水本身的理化性质等条件,进行科学分析计算后得出的,是体现特定海域自净能力强弱的一个综合指标。

海洋环境承载能力评价主要参考《海洋资源环境承载能力监测预警指标体系和技术方法指南》。海洋环境承载能力基础评价是对所有沿海县级行政区所辖海域的全覆盖评价,海洋生态环境承载能力评估各类开发活动对海洋资源和生态环境影响程度的差异,则标准阈值的确定就要充分考虑不同海洋主体功能区、不同海洋功能区的差异化要求。

海洋环境容量主要应用在质量管理上。污染物质浓度控制的法令只规定了污染物排放的容许浓度,但没有规定排入环境中的污染物数量,也没有考虑环境的自净和容纳能力。在污染源比较集中的海域和区域,尽管各个污染物源排放的污染物浓度达到控制标准,但由于污染物排放总量过大,环境仍然会受到严重污染。因此,在环境管理上只有采用总量控制法,即把各个污染源排入某一环境的污染物总量限制在一定数值之内,才能有效地保护海洋环境,以及消除和减少污染物对海洋环境的危害(夏章英,2014)。各国海水质量标准不一,因此将实际应用的海洋环境容量定义为:在维持目标海域特定海洋学、生态学等功能所要求的国家海水水质标准条件下,一定时间范围内所允许的化学污染物最大排海量。

水质评价理论模型很多,但实际上很多评价方法的评价结果不够稳定,因此在水质管理实践中真正能够得以广泛采用的还是简单的单项水质标准,以此评价水质级别。在使用单因子环境质量指数评价法评价海域的环境质量时,通常采用百分之百的保证率,即常用"一次超标法":无论有多少监测数据,只要任何一个因子有一次出现超标现象,就认为该海域已超过拟定的环境质量标准。海洋环境容量研究中,要求本底浓度必须一致,这样才能科学地开展海洋环境容量计算,实施污染物总量控制。在某一特定海域内,根据污染物的地球化学行为计算环境容量的方法因污染物不同而异,一般有以下几种(朱红钧 等,2015):

(1)可溶性污染物以化学需氧量或生化需氧量为指标计算其污染负荷量,通常采用数值模拟中的有限元法和有限差分法进行,即通过潮流分析计算浓度场。

(2)重金属的污染负荷量以其在底质中的允许累积量表示。

(3)轻质污染物(如原油)的污染负荷量通过换算水的交换周期求得。

2)海洋环境承载能力测度

《海洋资源环境承载能力监测预警指标体系和技术方法指南》中提到,海洋生态环境承载能力主要依据水质标准和生物质量群落的阈值标准等确定,如表 5.22 所示。

表 5.22　海洋环境承载能力测度(部分)

测度层次	标准或模型	参考标准或模型示例	测度方法	计算方法示例
基础测度	海洋环境质量标准	《海水水质标准》(GB 3097—1997),《海洋生物质量》(GB 18421—2001)	水质管理目标(水质标准)、生物群落结构等(生物质量标准)	—
容量测度	海洋环境容量模型	有限元法和有限差分法等	海洋环境容量=F2(污染物浓度,海洋水体容量),其中 F2 为计算模型或函数关系	可溶性污染物以化学需氧量或生化需氧量为指标进行计算;重金属的污染负荷量以允许累积进行计算;轻质污染物负荷量以水交换周期进行计算

续表

测度层次	标准或模型	参考标准或模型示例	测度方法	计算方法示例
海洋承载能力测度	海洋环境承载能力模型	《海洋资源环境承载能力监测预警指标体系和技术方法指南》	海洋生态环境承载能力运用海水水质达标、生态系统稳定性进行测度	利用符合海洋功能区水质要求的面积占比进行计算,即水质达标率;以多年综合变化趋势分析海洋生物的退化程度

5.3.4　土壤环境承载能力测度

1. 土壤环境质量标准

土壤环境按照其利用类型可以分为农用地、建设用地和生态保护用地等。参照《土壤环境质量 农用地土壤污染风险管控标准(试行)》(GB 15618—2018)、《土壤环境质量 建设用地土壤污染风险管控标准(试行)》(GB 36600—2018),部分标准如表 5.23、表 5.24 所示。

表 5.23　农用地土地污染风险筛选值(基本项目)　　　　单位:mg/kg

序号	污染物项目		风险筛选值			
			pH≤5.5	5.5<pH≤6.5	6.5<pH≤7.5	pH≥7.5
1	镉	水田	0.3	0.4	0.6	0.8
		其他	0.3	0.3	0.3	0.6
2	汞	水田	0.5	0.5	0.6	1.0
		其他	1.3	1.8	24	3.4
3	砷	水田	30	30	25	20
		其他	40	40	30	25
4	铅	水田	80	100	140	240
		其他	70	90	120	170
5	铬	水田	250	250	300	350
		其他	150	150	200	250
6	铜	果园	150	150	200	200
		其他	50	50	100	100
7	镍		60	70	100	190
8	锌		200	200	250	300

注:(1)金属和类金属砷均按元素总量计。

　　(2)对于水旱轮作地,采用其中较严格的风险筛选值。

表 5.24　建设用地土地污染风险筛选值和管制值(基本项目)　　单位:mg/kg

序号	污染物项目	CAS 编号	筛选值		管制值	
			第一类用地	第二类用地	第一类用地	第二类用地
			重金属和无机物			
1	砷	7440-38-2	20	60	120	140
2	镉	7440-43-9	20	65	47	172

续表

序号	污染物项目	CAS 编号	筛选值		管制值	
			第一类用地	第二类用地	第一类用地	第二类用地
重金属和其他						
3	铬（六价）	18540-29-9	3.0	5.7	30	78
4	铜	7440-50-8	2 000	18 000	8 000	36 000
5	铅	7439-92-1	400	800	800	2 500
6	汞	7439-97-6	8	38	33	82
7	镍	7440-02-0	150	900	600	2 000

2. 土壤环境承载能力

1）土壤环境承载能力计算方法与模型简介

土壤环境承载能力是指一个特定区域的环境承载能力（如某城市、某耕作区等），与该环境的空间、自然背景值及环境各种要素、社会功能、污染物的物理化学性质，以及环境的自净能力等因素有关。土壤环境承载能力一般有两种表达方式：一是在满足目标值的限度内，特定区域土壤环境容纳污染物的能力，由环境自净能力和特定区域土壤环境"自净能力"的总量决定；二是在保证不超过环境目标值的前提下，特定区域土壤环境对污染物的最大允许排放量。陈玲等（2014）提出土壤环境承载能力可分为土壤环境绝对容量（静容量）和土壤环境年容量（动容量）两类。土壤环境要比大气和水环境更复杂，因为它是人类活动的基本载体，并且受到空气、水环境及自身的影响。由于相关标准的出台时间较早，并没有得到广泛的认同，因此土壤环境的评价因子、方法和标准都很难选择。

在我国，相关的研究工作始于 19 世纪 70 年代。例如，根据植被特点，将植被类型分为农作物、乔木林、灌丛、草原和草甸、沼泽湿生植物等，对土壤重金属环境承载能力进行研究；采用霍坎松（Hakanson）潜在生态危害指数法和环境指数法对土壤环境进行潜在生态危害评价和环境承载能力分析。土壤环境承载能力研究的重点是重金属污染的方法和模型，大部分是根据土壤环境质量标准或基于当地土壤背景值计算。

2）土壤环境承载能力测度

土壤环境承载能力的测度基于土壤环境质量标准进行。表 5.25 描述了以土壤环境质量标准为基础、以土壤环境容量测度的土壤环境承载能力评价方法。

表 5.25　土壤环境承载能力测度方法

测度层次	标准或模型	参考标准或模型示例	测度方法	计算方法示例
基础测度	土壤环境质量标准	《土壤环境质量 农用地土壤污染风险管控标准（试行）》（GB 15618—2018）	—	—

续表

测度层次	标准或模型	参考标准或模型示例	测度方法	计算方法示例
容量测度	土壤环境绝对容量(静容量)、土壤环境年容量(动容量)	陈玲 等,2014	水环境容量＝F2(污染物浓度,土壤容量),F2 为计算模型或函数关系	陈玲 等,2014

5.3.5　地质环境承载能力测度

1. 地质环境质量标准

《地质灾害危险性评估规范》(DZ/T 0286—2015)、《县(市)地质灾害调查与区划基本要求》实施细则(修订稿)等相关标准,规定了地质环境评价的对象、方法和分级标准。参考上述规程和《国土资源环境承载力评价技术要求(试行)》,根据影响程度可将国土开发的限制因子分为强限制与较强限制两类。其中,强限制因子包括活动断裂(可能诱发 8 级以上地震)影响区、难以治理的采空塌陷区、地质公园、重要地质遗迹和湿地等,以及综合划定的生态红线区;较强限制因子包括地震活动及地震断裂带、突发性地质灾害、地面沉降和地裂缝、水土环境质量、地质遗迹等。选取反映区域承载能力的主要地质环境因素,应综合考虑第 3 章中环境要素范畴的划分结果,并协调水环境、土壤环境和自然灾害的影响因子,保证可连续获取其量化指标,从而实现地质承载能力的动态评价和分析。本节主要从人类活动可能引发的地质构造安全风险角度进行地质环境质量因子测度,如地面沉降、地裂缝、岩溶坍塌等。

2. 地质环境承载能力

1)地质环境承载能力计算方法与模型简介

人类活动的领域离不开地质环境,任何人类的社会经济活动都可能对地质环境产生影响,这些影响可正可负,可大可小。地质环境是一个相对稳定的系统,对于人类工程经济活动的影响有一定的忍受程度,即临界状态。研究地质环境承载能力就是要研究在这个临界状态下,各个地质环境要素的阈限值。

蔡鹤生等(1998)指出地质环境承载能力有狭义和广义之分:狭义的地质环境承载能力是指地质环境对污染物的最大容纳能力,局限于污染物的产生、处理;广义的地质环境承载能力是指地质环境对人类在地质环境中的各种活动的承受能力,除了传统的污染承受能力之外,还有一个主要的表现是地质环境对人类工程活动(地上建筑和地下建筑等)的承受限度。地质环境承载能力不仅反映地质环境消纳污染物的能力,还反映地质环境提供给人类的资源,甚至包括相应的社会经济技术支持水平指标。

阈限值的确定是地质环境承载能力评价中最重要的环节,通常情况下人们通过长期的监测观察及类比研究,得出每一个地质环境评价因子的临界状态。尤孝才(2002)从三个方面论述了矿山地质环境承载能力的特点,并在此基础上提出了评价矿山地质环境承载能力的三个定性指标,即矿产资源储量的临界值、地应力和地质结构状态变化的阈限值,以及矿山环境能够承受有害废弃物的种类和含量的临界值。

2)地质环境承载能力测度

基于地质环境构造安全风险性的评估标准进行地质环境承载能力的测度,所用到的评价因子和模型及参考规程如表 5.26 所示。

表 5.26　地质环境承载能力测度方法

测度层次	标准或模型	参考标准或模型示例	测度方法	计算方法示例
基础测度	地质环境构造安全风险的评价标准	参考地质灾害灾情统计、地质调查标准等	—	—
承载能力测度	地质环境承载能力评价模型	《国土资源环境承载力评价技术要求(试行)》	本底评价,评价因子为构造稳定性、地面塌陷、地面沉降	参见《国土资源环境承载力评价技术要求(试行)》地质环境评价部分

§5.4　区域自然资源与环境承载能力评价

5.4.1　承载能力评价的基础数据

承载能力评价所需的基础数据包括评价输入指标数据和参数指标数据。其中,输入指标数据有自然资源与环境适宜性评价结果数据、自然资源承载能力评价需要的自然资源需求或消耗水平计算相关数据、自然资源供给能力统计数据等,参数指标有定额规范、统计数据等。

5.4.2　自然资源与环境承载能力指标

自然资源与环境承载能力的评价指标用以定量反映和衡量不同区域不同资源系统特征及其对社会经济系统和生态系统的承载状况,识别和诊断、保持或维持承载客体正常运行的限制性环节及其制约程度。资源承载能力或环境承载能力评价指标体系的构建是资源承载能力研究中的一个基础性工作(党丽娟 等,2015)。评价工作中抽取的指标均来自于资源环境领域的相关法律法规或权威部门发布的标准,同时参考了法规与标准中规定的指标的度量方式。

1. 自然资源承载能力指标

1)土地资源承载能力指标

土地资源承载能力指标的选择主要分为四类(表 5.27):由于土地资源承载能力评价是基于土地利用的,其与规划指标和人口统计指标相关,故第一类指标是以行政区划为基础下达的规划指标和人口相关指标(参数指标);第二类指标为国家相关规程中关于土地资源承载能力评价计算的相关指标(输入指标);第三类指标为土地资源的利用适宜性指标,即适宜、较适宜两类单元合并形成的适宜性单元所搭载承载能力的量化评价指标(输入指标);第四类指标为输出指标。

表 5.27 土地资源承载能力指标示例(部分)

承载能力评价指标	指标说明	参考来源
规划人均建设用地	输入指标	《国土资源环境承载力评价技术要求(试行)》
建设用地承载能力	输出指标	《国土资源环境承载力评价技术要求(试行)》

2)水资源承载能力指标

水资源承载能力指标主要分为四类(表 5.28):由于水资源承载能力评价是基于水资源利用的,其与行政区划总量控制指标相关,故第一类指标直接承载由省、地级市总量控制指标分解下达的限值指标(参数指标);第二类指标为国家相关规程中关于水资源承载能力评价计算的相关指标(输入指标);第三类指标为水资源利用适宜性评价中高度适宜、基本适宜、比较适宜三类单元合并形成的饮用水、灌溉用水、工业用水适宜性评价单元所搭载承载能力的量化评价指标(输入指标);第四类指标为输出指标。

表 5.28 水资源承载能力指标示例(部分)

承载能力评价指标	指标说明	参考来源
用水总量控制指标	参数指标	《建立全国水资源承载能力监测预警机制技术大纲》
氨氮入河限排量	输入指标	
工业用水承载能力	输出指标	《城市给水工程规划规范》(GB 50282—2016)
现状合格综合生活供水量	适宜性评价指标	《城市饮用水水源地安全状况评价技术细则》

3)矿产资源承载能力指标

参照《国土资源环境承载力评价技术要求(试行)》,从人口承载能力、持续可开采年限两个方面评价矿产资源的承载能力。矿产资源承载能力指标的选择主要分为四类(表 5.29):由于矿产资源承载能力评价是基于矿产资源利用的,其与行政区划总量控制指标相关,故第一类指标以固体矿产资源、油气资源为载体,参照相关规范,从人口和经济两方面选用规划下达的区域分解指标(参数指标);第二类指标为国家相关规程中关于矿产资源承载能力评价计算的相关指标(输入指标);第三类指标为矿产资源利用适宜性评价中高度适宜、基本适宜、比较适宜三类评价单元合并形成的适宜性单元(输入指标);第四类指标为输出指标,是搭载承载能力的量化评价指标。

表 5.29　矿产资源承载能力指标示例(部分)

承载能力指标	指标说明	参考来源
固体矿产资源(煤炭)开采量	输入指标	《国土资源环境承载力评价技术要求(试行)》
固体矿产资源(煤炭)人口承载能力	输出指标	《国土资源环境承载力评价技术要求(试行)》

4)海洋资源承载能力指标

海洋资源承载能力指标选取主要参考三个规程,即《海洋资源环境承载能力监测预警指标体系和技术方法指南》《资源环境承载能力监测预警技术方法(试行)》及《海洋功能区划技术导则》(GB/T 17108—2006),分别从岸线、海域单元、海洋渔业资源、海岛资源三方面对相应开发方式的承载能力计算指标的规定,如表 5.30 所示。

表 5.30　海洋资源承载能力指标示例(部分)

承载能力指标	指标说明	参考来源
岸线适宜开发长度	输入指标	《资源环境承载能力监测预警技术方法(试行)》
无居民海岛开发强度阈值	输出指标	《海洋资源环境承载能力监测预警指标体系和技术方法指南》

2. 环境承载能力指标

环境承载能力指标的确定主要依据各类国家及省市的环境红线标准及相关规程中对环境承载能力指标的规定。环境承载能力指标如表 5.31 所示。

表 5.31　环境承载能力指标示例

要素类型	要素分类	指标示例	指标来源
环境要素	地质环境	地面塌陷风险性	《国土资源环境承载力评价技术要求(试行)》
		地面沉降累计沉降量、地裂缝发育程度	
	水环境	溶解氧浓度限值	《地表水环境标准》(GB 3838—2002)、《重点流域水污染防治规划(2016—2020)》
	土壤环境	重金属及无机物管制值	《土壤环境质量 建设用地土壤污染风险管控标准(试行)》(GB 36600—2018)
	大气环境	二氧化硫浓度限值	《环境空气质量标准》(GB 3095—2012)
	海洋环境	海洋功能区水质标准	《海洋资源环境承载能力监测预警指标体系和技术方法指南》

5.4.3　承载能力参数指标的统计方法

　　评价中,参数指标是评价工作开展的中间性指标,用以辅助得到输出指标。区域资源环境承载能力评价环节参与计算处理的参数指标有两类:利用定额标准和利用制度标准两类参数,根据评价对象的差异确定参数度量方法。以自然资源承载能力指标为例介绍承载能力参数指标的统计方法,如表 5.32 所示。

表 5.32　承载能力评价参数指标的统计方法

评价要素	参数指标类型	参数指标名称	统计方法
土地资源	利用制度标准	人均资源产品消耗	标准规定
		规划人均建设用地	
水资源	利用制度标准	作物熟制	规范规定
	利用定额标准	综合灌溉用水定额	时序统计和计算
矿产资源	利用定额标准	人均油气资源消费量	生态足迹法
海洋资源	利用制度标准	海洋功能区范围	标准规定
	利用定额标准	岸线允许开发程度	标准规定

§5.5　自然环境与环境承载能力水平分区

5.5.1　承载能力水平分区目的

　　自然资源和环境承载能力水平分区是国土开发适宜性评价的前提和基础,其作用归纳起来主要有三方面:①对自然资源单要素承载能力的分布状况进行聚类分区与大小统计分级,可揭示区域自然资源的禀赋特征,为区域自然资源开发潜力估计提供测算依据;②对生态环境单要素承载能力的分布状况进行聚类分区与大小统计分级,可显示区域生态环境的系统特征,识别自然资源承载能力的限制性要素,为区域的环境保护与生态修复提供工作依据;③对基于短板理论集成单要素承载能力计算的自然资源和环境综合承载能力,进行聚类分区与大小统计分级,可刻画不同区域内资源-环境要素的组合特征,明晰不同资源开发利用的限制约束,基于单要素自然资源开发利用适宜性评价结果,为编制与区域国民经济发展规划协调的国土空间开发与保护优化方案提供决策依据。

5.5.2　承载能力水平分区方法

1. 承载能力水平分区的原则

　　承载能力分区是对单要素承载能力的评价结果按照区域实际情况和相关规程中的分级方法进行标准化分级赋值,再进行聚类,最终实现分区。分区所要参考的强限制性因子为适宜性评价的分区结果,聚类依据指标是承载能力评价结果、距离等。

2. 承载能力水平分区的过程

自然资源承载能力类型区包含的资源要素有土地资源、水资源、矿产资源和海洋资源。环境承载能力类型区包含的环境要素有大气环境、水环境、土壤环境、地质环境和海洋环境。自然资源承载能力类型区与环境承载能力类型区的划分是根据以适宜性和限制性评价中对国土空间开发的各类资源进行的适宜区类型区划分结果,对承载能力进行计算。根据区域内承载能力评价的结果,对单项评价的结果进行标准化分级赋值,以表征区域承载能力的水平。参考《资源环境承载能力和国土空间开发适宜性评价方法指南》,对资源承载能力和环境承载能力进行取值,由高至低可划分为强、较强、中等、较弱、弱 5 个等级,1 分为最低等级,5 分为最高等级,分值越大,承载能力越强。将属性特征值(承载能力水平分级结果)和空间距离等作为聚类特征值进行聚类,得到单要素自然资源承载能力水平类型区;由环境特征综合网格单元,对环境承载能力水平特征值进行聚类,得到单要素环境承载能力类型区。

3. 承载能力水平分区信息统计

承载能力水平分区信息统计是为了确定地区的自然资源、环境要素,以及各承载能力水平级别的区域数量和分布。这是将自然资源与环境承载能力评价定量化的步骤。统计结果可以从宏观上说明区域自然资源与环境的承载能力水平,分析各自然资源与环境要素不同等级的承载能力的区域数量和面积,归纳各自然资源与环境要素的承载能力水平在空间上的分布特征、规律,总结区域地理背景下自然资源与环境单要素承载能力的基本规律,从而辅助区域开发适宜性评价的决策。

5.5.3 分区类型及栅格化处理

单要素承载能力水平的栅格化处理基本流程如图 5.4 所示,分为以下三个步骤:

(1)以资源性状和环境特征栅格图(综合网格单元)为底图,分别计算资源承载能力和环境承载能力。基于资源开发利用适宜性评价(P1)环节得到的资源适宜类型区综合单元计算资源承载能力,基于资源数量与环境特征评价(P0)环节得到的特征类型区综合单元计算环境承载能力。承载能力指标加载于资源环境类型区上,并对资源环境类型区单元进行网格化(在空间尺度上进行统一),将承载能力指标按面积比例分配到网格化后的碎部单元。栅格大小可参照具体的评价范围(如县域可使用 50 m×50 m~100 m×100 m 网格,省域使用 500 m×500 m 网格)确定。

(2)此时各碎部单元直接继承承载能力指标属性。对于以行政区为评价单元的指标,可以将其评价结果均值化转换为自然单元。

　　(3)将资源承载能力和环境承载能力的评价结果按照区域的实际评价要求和情况进行分级。例如,分为 5 级,等级越高,数值越大,承载能力值越大,分别从低到高赋值为 1~5。网格内部以数量表示的承载能力水平,根据距离聚类,并按照面积最大值法继承性质特征指标,形成自然资源与环境承载能力水平类型区综合网格单元。分区类型(1~5 级)如表 5.33、表 5.34 所示。

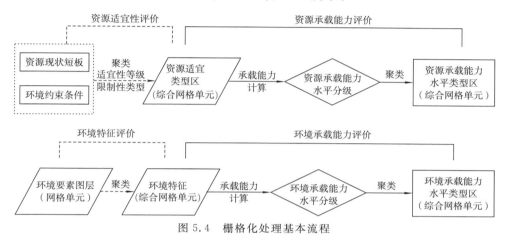

图 5.4　栅格化处理基本流程

表 5.33　自然资源承载能力水平分区类型

资源类型	聚类单元	聚类特征指标	分区结果
土地资源	土地资源适宜单元综合网格	土地资源承载能力	耕地承载能力类型区(1~5 级)
			林地承载能力类型区(1~5 级)
			草地承载能力类型区(1~5 级)
			建设用地承载能力类型区(1~5 级)
水资源	水资源适宜单元综合网格	水资源承载能力	灌溉用水承载能力类型区(1~5 级)
			工业用水承载能力类型区(1~5 级)
			生活用水承载能力类型区(1~5 级)
			水力资源开发承载能力类型区(1~5 级)
矿产资源	矿产资源适宜单元综合网格	矿产资源承载能力	煤炭资源承载能力类型区(1~5 级)
			石油资源承载能力类型区(1~5 级)
			天然气资源承载能力类型区(1~5 级)
			金属和非金属矿产承载能力水平类型区(1~5 级)
海洋资源	海洋资源适宜单元综合网格	海洋资源承载能力	海洋空间承载能力类型区(1~5 级)
			渔业资源承载能力类型区(1~5 级)
			海岛资源承载能力类型区(1~5 级)

表 5.34　环境承载能力水平分区类型

环境类型	聚类单元	聚类特征指标	分区结果
大气环境	大气环境综合网格	大气环境承载能力	大气环境承载能力类型区(1～5 级)
水环境	水环境综合网格	水环境承载能力	水环境承载能力类型区(1～5 级)
土壤环境	土壤环境综合网格	土壤环境承载能力	土壤环境承载能力类型区(1～5 级)
地质环境	地质环境综合网格	地质环境承载能力	地质环境承载能力类型区(1～5 级)
海洋环境	海洋环境综合网格	海洋环境承载能力	海洋环境承载能力类型区(1～5 级)

第6章 潜力:区域自然资源与环境承载压力

美国洛克菲勒大学著名人口学家科恩曾经说过:"地球的承载压力既取决于自然科学和社会科学有待认识的过程,也取决于我们和子孙后代有待做出的选择。"区域自然资源与环境承载压力表征一定时期和一定区域范围内,区域自然资源与环境承载状态与承载能力之间的差异性。基于此,本章首先剖析了自然资源与环境承载压力的基本概念,总结了供需矛盾测度的土地资源、水资源、矿产资源和海洋资源四类自然资源与环境质量状况测度的大气环境、水环境、土壤环境、地质环境和海洋环境五类环境的承载压力;其次从基础数据、评价指标和统计方法三个方面,开展了区域自然资源与环境承载压力评价研究;最后基于区域自然资源与环境承载压力评价结果,开展了自然资源与环境承载压力程度的分区研究,主要包括承载压力程度分区的目的、方法和栅格化处理三方面的内容。

§6.1 自然资源与环境承载压力概念剖析

6.1.1 相关术语概念与内涵剖析

新中国成立以来,我国经历了世界历史上规模最大、速度最快的城镇化进程。社会经济不断发展,城市规模不断扩大都以自然资源的消耗利用为基础。一旦经济发展的资源需求和废弃物排放超出环境的供给能力和消解能力,则会形成一种不平衡状态。这种不平衡的供给需求状态是产生资源环境承载压力的主要原因。

资源环境承载压力的提出是资源承载能力概念的延续与发展。资源承载能力分析为描述自然资源输出服务极限的常规概念,资源环境承载压力侧重评价自然资源输出现状到极限状态的距离和状态。随着资源承载能力概念的广泛运用,许多学者开始用批判的眼光重新审视这一概念,肯塔基大学的 Cliggett 教授就是其中的一员。Cliggett(2001)以部分学者对承载能力概念及其运用的批判理由为切入点,结合其参加的 GTRP(Gwembe Tonga Research Project)项目,客观分析承载能力概念及测量承载能力时存在的一些问题,并在承认人类社会与环境系统之间复杂性联系的基础上考虑原先忽视的方面,进一步完善了承载能力概念。Postel(1994)详细阐释了承载压力的三大来源,即收入差距的扩大、经济增长和人口增长,并说明了国际自由贸易在缓解地球承载压力方面的作用。张引等(2016)

以城镇化质量与生态环境承载能力耦合协调度模型为基础,综合评判了区域的生态压力,为城镇化可持续发展奠定分析基础。中国上海市社会科学院《上海资源环境蓝皮书》课题组也提出了上海建设资源节约、生态型城市的总体战略思路,分析了降低承载压力的建议措施,进一步提出了提高资源环境承载能力的主要对策(王泠一 等,2005)。

资源环境承载压力涉及承载的双方,即承载媒介和承载对象。承载媒介就是指环境系统用以承受压力所凭借的物质载体,承载对象则是指环境系统所承受压力的来源。简而言之,资源环境系统的承载压力源自人类作用,即承载对象是人类作用。人类社会的所有活动,以其不同的性质、目的为划分依据,可以总结为生活和生产两大类。就生活而言,人类向环境系统排放各种生活垃圾,需要占用一定份额的环境承载压力。随着人口规模的不断扩大和人均消费水平的逐步提高,人类正在制造越来越多的生活垃圾,这已经成为环境系统必须承载的压力中越来越不可忽视的一部分。生产活动在人类社会中始终占据着绝对核心的地位,是环境系统承载压力的主要来源。从生产活动对环境系统的依赖关系分析,生产总是经济系统与环境系统进行物质、能量交换的过程,始于原材料的输入,继而借助生产流程将其转化为产品,同时向环境系统输出生产过程中产生的废弃物。

城市不断地索取和消耗周边资源,而自然资源的再生能力与废弃物消解能力被不断地透支,将导致城市的生态安全、灾害安全及城市韧性大大降低,违背了生态文明和可持续发展的理念。资源环境承载压力来源于人口、经济与土地三者之间的承载关系。城市需要不断地扩张以容纳更多的人口和满足更多的产业需求,使生产、生态资源被不断侵占。在一定空间区域内,自然资源承载压力越高则说明城市的发展模式越紧凑、密度越高,而生产和生态资源的承载压力越高,则说明城市对于自然环境的索取力量越大,一旦超出一定的强度,这个空间区域就处于一种不平衡的脆弱状态。

6.1.2 自然资源承载压力概念界定

自然资源承载压力的实质就是承载现状和承载能力之间的差异关系。如果承载现状大于承载能力,则超载;如果承载现状约等于承载能力,则临界;如果承载现状小于承载能力,则可载。对于自然资源,承载现状与承载能力关系受社会、经济、自然、人文等多层次因子影响,一定程度上依赖于评价指标的完整性。例如,张永勇等(2007)以城市化地区为重点,从水循环过程出发,探讨了城市化发展与"社会经济-水资源-生态与环境"系统交互胁迫产生的承载关系变化。于广华等(2015)对环渤海沿海地区土地承载能力进行了时空分析,得出土地的承载能力情况不仅受经济发展水平的作用,还是在资源、环境、人口、区位及政策等其他因素耦合的情况下,对复杂关系进行综合评价的结果。薄文广等(2014)则针对天津市海洋资源承载能力,从经济、生态及管理机制等维度切入,构建了比较完整的衡量指标体系,定量分析了海洋的承载压力状态,为后续有针对性地进行自然资源与环境优化调配提供了有利的基础。

对水资源承载压力、土壤资源承载压力等单一自然资源承载压力有部分学术研究。黄敬军等(2015)提出了土地资源、水资源的承载压力指标主要考虑人口密度、工业化率。顾晨洁等(2010)将资源环境承载能力评价、情景分析、强度因子估算、资源环境压力评价和 HSY 算法集成为一个完整的定量研究方法框架,以河南平宝叶鲁地区为例,得出其主导产业为煤炭开采和选洗业,在土地资源约束下,预测其 2015 年的产业适宜规模。总之,自然资源承载压力是可以用地区使用自然资源的人口密度、人均资源拥有量等进行衡量和判断,也可以根据长时间序列的资源消耗情况及人口变化规律,预测未来的自然资源承载压力。

6.1.3　环境承载压力概念的界定

如果人类社会经济活动对环境的影响超过了环境所能支持的极限,即外界的"刺激"超过了环境系统维护其动态平衡与抗干扰的能力,就认为人类社会行为对环境的作用力超过了环境承载能力。因此,人们将环境承载能力作为衡量人类社会经济与环境协调程度的标尺。环境承载能力决定着一个流域(或区域)经济社会发展的速度和规模。如果在一定社会福利和经济技术水平条件下,流域(或区域)的人口和经济规模超出其生态环境所能承载的范围,将会导致生态环境的恶化和资源的匮竭,严重时会引起经济社会不可持续发展。因此,当下针对环境承载压力的研究,主要集中于压力状态的差异化评价,并从承载压力的高低入手,探索降低压力、促进发展的技术方法。宁佳等(2014)对西部地区多个省区市大气环境、水环境的承载压力超限程度进行评价,并根据污染程度与社会经济发展情况提出了针对性的优化措施;周侃等(2015)以宁夏西海固和云南怒江州为例,探讨了人口流动、区域生态环境综合治理、资源环境要素区际交互、大规模工程建设及自然灾害突发与气候变暖等新兴因素对欠发达地区环境承载压力的多重影响,并提出了优化提升总体承载能力的对策与建议。

环境承载压力反映了环境与人类的相互作用关系,实质就是排放现状和承载能力之间的差异关系。如果排放现状大于承载能力,则超载;如果排放现状约等于承载能力,则临界;如果排放现状小于承载能力,则可载。

§6.2　供需矛盾测度的自然资源承载压力

自然资源产生承载压力的关键原因在于资源的利用层面产生了供需矛盾,即围绕资源的两大维度——供给与需求可作为衡量资源承载压力的核心要素。具体而言,承载压力的情况主要受自然资源空间分布、人口分布、产业布局及国家政策方针与战略的影响。

自然资源单项承载压力将各类资源开发压力状态指数作为评价指标,可通过资源开发利用现状与资源承载能力的偏离程度反映,即

$$资源开发压力状态指数 = \frac{资源开发利用现状 - 资源承载能力}{资源承载能力} \tag{6.1}$$

参考相关规程,承载压力评价中的现状评价结果度量方式与承载能力评价结果的一致,便于进行承载压力的计算。资源承载能力可以通过专家打分法确定承载能力的阈值(如人均耕地生产能力阈值),或根据相关人口承载能力模型、经济承载能力模型等计算承载能力。现状评价的方法与资源的要素类型、区域评价具体的需求相关,在下文中将逐一进行介绍。

6.2.1　土地资源承载压力测度

土地资源的承载压力主要对土地资源的供需关系进行分析,发现供需矛盾,结合第 5 章中土地资源不同利用方式下的承载能力测度的方法和指标,以土地资源利用承载压力为对象,对土地资源承载压力进行分析。

1. 耕地资源承载压力测度

耕地资源承载压力表现为耕地承载现状与耕地承载能力之间的差异关系。要分析耕地资源承载压力,需要明确对应的耕地承载能力的测度方式。

1)耕地资源承载现状测度

(1)参考《国土资源环境承载力评价技术要求(试行)》中耕地承载压力的测度方式,结合地域特点采用专家打分等方式确定当地人均耕地生产能力预警阈值,结合区域人口数量,体现区域的耕地资源承载能力。在此基础上,对比分析实际人均耕地生产能力阈值之间的关系,可以确定耕地开发压力。下面介绍人均耕地生产能力的计算方法。

根据乡镇(街道)单元变更调查数据及耕地分等定级成果,计算人均耕地生产能力。计算公式为

$$PC = \frac{\sum_{i=1}^{n} S_i D_i P_i}{N} \tag{6.2}$$

式中,PC 为乡镇(街道)单元人均耕地生产能力,S_i 为第 i 宗耕地面积,D_i 为第 i 宗耕地等别,P_i 为第 i 宗耕地等别对应的粮食生产当量,N 为评价范围常住人口。S_i 数据来源于土地资源实物性状中耕地资源的分类,D_i 数据来源于自然资源部耕地质量等别更新评价结果,耕地等别对应的粮食生产当量 P_i 可结合各地已完成的农用地产能核算成果确定。

承载压力计算需要先分析现状耕地与耕地后备资源之间的关系,并计算乡镇(街道)单元现状耕地开发程度。计算公式为

$$P_{耕地} = \frac{现状耕地总面积}{现状耕地总面积 + 耕地后备资源面积} \quad (6.3)$$

式中,$P_{耕地}$ 为乡镇(街道)单元耕地开发利用程度。现状耕地总面积数据来自土地资源实物性状评价得到的区域耕地资源面积,耕地后备资源面积数据来自自然资源部全国耕地后备资源调查成果。

(2)第 5 章中介绍的土地资源承载能力评价环节中,以可承载人口规模表示耕地承载能力,因此在分析耕地承载现状时,可以从耕地资源现状可承载的人口方面进行测度。

2)耕地资源承载压力测度

(1)参考《国土资源环境承载力评价技术要求(试行)》中耕地承载压力的测度方式,结合地域特点采用专家打分等方式确定当地人均耕地生产能力预警阈值。对比分析实际人均耕地生产能力与阈值之间的关系,可以确定耕地开发压力状态指数。计算公式为

$$A = \frac{PC - V_{阈}}{V_{阈}} P \quad (6.4)$$

式中,A 为耕地开发压力状态指数(耕地承载压力),PC 为人均耕地生产能力,$V_{阈}$ 为基于专家打分确定的人均耕地生产能力预警阈值,P 为耕地开发利用程度。

(2)用耕地可承载人口规模表示耕地承载能力,则构建的耕地承载压力计算公式为

$$A = \frac{现状人口规模 - 耕地承载能力}{耕地承载能力} \quad (6.5)$$

式中,A 为耕地开发压力状态指数(耕地承载压力)。现状人口规模数据由根据人口特征指标估算的人口密度和行政区划中乡镇(街道)单元土地总面积计算得到,耕地承载能力数据来自耕地承载能力评价。

2. 林地资源承载压力测度

林地资源承载压力表现为林地承载现状与林地承载能力之间的差异关系。要分析林地资源承载压力,需要明确对应的林地承载能力的测度方式。

1)林地资源承载现状测度

(1)参考《国土资源环境承载力评价技术要求(试行)》中林地承载压力的测度方式,结合地域特点,采用专家打分等方式确定当地单位面积蓄积量预警阈值,结合可利用林地面积,表征林地承载能力。要分析计算压力需要明确现状林地面积与林地可利用面积之间的关系,并计算乡镇(街道)单元现状林地开发程度。计算公式为

$$P_{\text{林地}} = \frac{\text{现状林地总面积}}{\text{林地可利用面积}} \tag{6.6}$$

式中，$P_{\text{林地}}$ 为乡镇（街道）单元林地开发利用程度。现状林地总面积数据来源于土地资源实物性状评价得到的区域林地资源面积，林地可利用面积数据来源于林地资源承载能力评价中林地资源的供给水平。

（2）根据第 5 章介绍的土地资源承载能力评价环节，可以以林地可利用面积、人均木材消耗量林地等指标表示林地承载能力。在分析林地承载现状时，从简化计算的角度，主要从现状林地总面积方面考虑，因此可以用现状林地面积和林地可利用面积之间的差异度量承载压力。

2）林地资源承载压力测度

（1）参考《国土资源环境承载力评价技术要求（试行）》中林地承载压力的测度方式，结合地域特点，采用专家打分等方式确定当地单位面积蓄积量预警阈值。对比分析实际单位面积蓄积量阈值之间的关系，可以确定林地开发压力状态指数。计算公式为

$$W = \frac{PS - V_{\text{阈}}}{V_{\text{阈}}} P \tag{6.7}$$

式中，W 为林地开发压力状态指数（林地承载压力），PS 为单位面积蓄积量，$V_{\text{阈}}$ 为基于专家打分确定的单位面积蓄积量预警阈值，P 为林地开发利用程度。

（2）林地资源承载能力评价环节，可用林地可利用面积等指标计算林地承载能力，则构建的林地承载压力计算公式为

$$W = \frac{\text{现状林地总面积} - \text{林地可利用面积}}{\text{林地可利用面积}} \tag{6.8}$$

式中，W 为林地开发压力状态指数（林地承载压力）。现状林地总面积数据来源于林地资源特征指标，林地可利用面积数据来源于林地承载能力的评价结果。

3. 草地资源承载压力测度

草地资源承载压力表现为草地承载现状与草地承载能力之间的差异关系。要分析草地资源承载压力，需要明确对应的草地承载能力的测度方式。

1）草地资源承载现状测度

参考《国土资源环境承载力评价技术要求（试行）》中草地承载压力的测度方式，以理论载畜量和草地可开发利用面积等属性表征草地资源承载能力，相对应的，实际载畜量表征了草地的承载现状。

将一年中乡镇（街道）单元内草地实际承载的不同牲畜折算为标准羊单位，然后相加得到实际载畜量。折算系数如表 6.1、表 6.2 所示。暖季草地实际载畜量为当年 6 月 30 日草地家畜存栏数，冷季草地实际载畜量为当年 12 月 31 日草地家畜存栏数。全年利用草地实际载畜量为冷、暖季实际载畜量与其放牧时间占全年

时间的比例相加,其他利用时期草地的实际载畜量按该草地利用截止时的草地实际载畜量计算。实际载畜量数据来源于农业农村部草原监理中心。

表 6.1　各种成年家畜折合为标准羊单位的折算系数

畜种	体重/kg		标准羊单位折算系数	代表性品种
绵羊	大型	>50	1.2	中国美利奴羊(军垦型、科尔沁型、吉林型、新疆型)、敖汉细毛羊、山西细毛羊、甘肃细毛羊、鄂尔多斯细毛羊、进口细毛羊和半细毛羊及 2 代以上的高代杂种、阿勒泰羊、哈萨克羊、大尾寒羊、小尾寒羊、乌珠穆沁羊、塔什库尔干羊
	中型	40~45	1.0	巴音布鲁克羊、藏北草地型藏羊、中国卡拉库尔羊、兰州大尾羊、广灵大尾羊、蒙古羊、高原型藏羊、滩羊、和田羊、青海高原半细毛羊、欧拉羊、同羊、柯尔克孜羊
	小型	<40	0.8	雅鲁藏布江型藏羊、西藏半细毛羊、贵德黑裘皮羊、云贵高原小型山地型绵羊、湖羊
山羊	大型	>40	0.9	关中奶山羊、崂山奶山羊、雅安奶山羊、辽宁绒山羊
	中型	35~40	0.8	内蒙古山羊、新疆山羊、亚东山羊、雷州山羊、龙凌山羊、燕山无角山羊、马头山羊、阿里绒山羊
	小型	<35	0.7	中卫山羊、济宁山羊、成都麻羊、西藏山羊、柴达木山羊、太行山山羊、陕西白山羊、槐山羊、贵州白山羊、福清山羊、子午岭黑山羊、东山羊、阿尔巴斯绒山羊
黄牛	大型	>500	8.0	进口纯种肉用型牛、短角牛、西门塔尔牛、黑白花牛、中国草原红牛、三河牛、进口大型肉用型牛和兼用品种的二代以上高代杂种牛
	中型	400~500	6.5	秦川牛、南阳牛、鲁西牛、晋南牛、延边牛、荡脚牛、进口肉用及兼用型品种低代杂种
	小型	<400	5.0	蒙古牛、哈萨克牛、新疆褐牛、关岭牛、海南高峰牛、大别山牛、邓川牛、湘西黄牛、西藏黄牛、华南黄牛、南方山地黄牛
水牛	大型	>500	8.0	上海水牛、海子水牛、摩拉水牛和尼里水牛及其高代杂种等
	中型	400~500	7.0	滨湖水牛、江汉水牛、德昌水牛、兴隆水牛、德宏水牛、摩拉水牛和尼里水牛的低代杂种
	小型	<400	6.0	温州水牛、福安水牛、信阳水牛、西林水牛及其他南方山地品种水牛
牦牛	大型	>350	5.0	横断山型牦牛、玉树牦牛、九龙牦牛、大通牦牛
	中型	300~350	4.5	青海高原型牦牛、西藏牦牛
	小型	<300	4.0	藏北阿里牦牛、新疆牦牛

畜种	体重/kg		标准羊单位折算系数	代表性品种
马	大型	>370	6.0	伊犁马、三河马、山丹马、铁岭马
	中型	300~370	5.5	蒙古马、哈萨克马、河曲马、大通马
	小型	<300	5.0	藏马、建昌马、丽江马、乌蒙马、云贵高原小型山地马
驴	大型	>200	4.0	关中驴、德州驴、佳米驴
	中型	130~200	3.0	凉州驴、庆阳驴、汝阳驴、晋南驴
	小型	<130	2.5	西藏驴、新疆驴、内蒙古驴
骆驼	大型	>570	9.0	阿拉善驼、苏尼特驼
	小型	<570	8.0	新疆驼、帕米尔高原驼、柴达木驼

表 6.2　幼畜折合为同类成年畜的折算系数

畜种	幼畜年龄	相当于同类成年家畜当量
绵羊、山羊	断奶前羔羊	0.2
	断奶~1岁	0.6
	1岁~1.5岁	0.8
马、牛、驴	断奶~1岁	0.3
	1岁~2岁	0.7
骆驼	断奶~1岁	0.3
	1岁~2岁	0.6
	2岁~3岁	0.8

分析承载压力还要确定现状草地面积与草地可利用面积之间的关系,并计算乡镇(街道)单元现状草地开发程度。计算公式为

$$P_{草地} = \frac{现状草地总面积}{草地可利用面积} \tag{6.9}$$

式中,$P_{草地}$ 为乡镇(街道)单元草地开发利用程度。

2)草地资源承载压力测度

根据草地承载能力的评价过程,草地开发压力状态指数(草地承载压力)计算公式为

$$G = \frac{AS - TS}{TS}P \tag{6.10}$$

式中,G 为草地开发压力状态指数(草地承载压力),AS 为实际载畜量,TS 为理论载畜量,P 为草地开发利用程度,TS 理论载畜量数据来源于草地承载能力评价指标。

4. 建设用地承载压力测度

建设用地承载压力表现为建设用地承载现状与建设用地承载能力之间的差异关系。要分析建设用地资源承载压力,需要明确对应的建设用地承载能力的测度

方式。

1)建设用地资源承载现状测度

(1)参考《国土资源环境承载力评价技术要求(试行)》中建设用地承载压力的测度方式,结合区域发展阶段及发展目标,采用专家打分等方法确定当前发展阶段的建设开发程度阈值,或直接将依据土地利用总体规划中确定的建设用地目标年测算的开发程度视为规划目标年的建设开发程度阈值,并用规划年增用地量将阈值修正至评价基准年,将相关阈值评价的结果作为测度承载能力的因子。

因此,对建设用地承载现状的评价需要根据现状建设用地面积计算建设用地现状开发程度。建设用地开发强度的计算方法是分析极限开发强度与现状开发强度之间的关系,并结合现状建设用地布局匹配度计算区域现状建设开发程度。计算公式为

$$P_{建设用地} = \frac{DI}{LDI} \qquad\qquad (6.11)$$

式中,$P_{建设用地}$ 为乡镇(街道)单元建设用地现状开发程度,DI 为现状开发强度,LDI 为极限开发强度。

现状开发强度 DI 的计算公式为

$$DI = C/S \qquad\qquad (6.12)$$

式中,C 为乡镇现状建设用地面积,S 为乡镇(街道)单元国土总面积。

极限开发强度 LDI 依据建设用地适宜性与限制性评价结果,将适宜、较适宜两类空间与现状建设用地空间的并集视为极限开发规模,并测算极限开发强度。计算公式为

$$LDI = [(E_1 + E_2) \cup C]/S \qquad\qquad (6.13)$$

式中,E_1 与 E_2 分别为建设用地适宜性与限制性评价中的适宜和较适宜区域面积。

(2)根据第 5 章中介绍的土地资源承载能力评价环节,可以以可承载人口规模表示建设用地承载能力,因此在分析建设用地承载现状时,可以从建设用地资源现状可承载的人口方面进行测度。

2)建设用地资源承载压力测度

(1)参考《国土资源环境承载力评价技术要求(试行)》中建设用地承载压力的测度方式,综合考虑现状建设用地布局匹配度、现状建设用地开发程度及建设开发程度阈值之间的关系,通过偏离度计算,确定建设用地开发压力状态指数(建设用地承载压力)。计算公式为

$$D = \left[\frac{P}{1 - P(1 - CLRI)} - T\right]/T \qquad\qquad (6.14)$$

式中,D 为建设用地开发压力状态指数(建设用地承载压力),P 为现状建设开发程度,$CLRI$ 为现状建设用地布局匹配度,T 为基于发展阶段分析测算的建设开

发程度阈值。

（2）用建设用地可承载人口规模表示建设用地承载能力,则构建的建设用地承载压力计算公式为

$$D = \frac{现状人口规模 - 建设用地承载能力（可承载人口）}{建设用地承载能力（可承载人口）} \tag{6.15}$$

式中,现状人口规模数据由根据人口特征指标估算的人口密度和行政区划乡镇（街道）单元土地总面积计算得到,建设用地承载能力数据来自建设用地承载能力评价指标。

在土地资源承载压力评价结果的基础上,对土地资源的承载压力状况进行分析。根据实际的测度方式和评价结果,承载状况判别为超载、临界、可载。压力状况的分级和判别是进行土地资源承载压力分区和预警的前提,也是确定开发适宜方向的重要参考。

6.2.2　水资源承载压力测度

水资源承载压力表现为水资源承载现状与水资源承载能力之间的差异关系。可以将水资源总量承载压力作为评价对象,从水量、水质两方面评价水资源承载压力状况;也可以将水资源利用承载压力作为评价对象,结合第5章中水资源不同利用方式下的承载能力测度的方法和指标评价水资源承载压力状况。本节中以水资源利用的承载压力为对象,对水资源承载压力进行分析。

1. 水资源承载压力——灌溉用水方向

1）灌溉用水承载现状测度

灌溉用水承载现状的确定需要参考灌溉用水承载能力的测度方式。灌溉用水承载能力以特定作物在一定灌溉定额下可满足的灌溉面积表示,因此在确定灌溉用水承载压力时需要明确现状灌溉面积,可以将综合灌溉定额换算为特定作物灌溉面积。

2）灌溉用水承载压力测度

比较现状乡镇（街道）单元需灌溉面积（将综合灌溉定额换算为特定作物灌溉面积）与灌溉用水承载能力,对水资源的灌溉用水承载压力进行评价。计算公式为

$$灌溉用水开发压力状态指数 = \frac{现状乡镇灌溉面积}{灌溉用水承载能力} \tag{6.16}$$

2. 水资源承载压力——生活用水方向

1）生活用水承载现状测度

生活用水承载现状的确定需要参考生活用水承载能力的测度方式。生活用水承载能力以生活用水总量可承载人口表示,因此在确定生活用水承载压力时需要计算现状供水人口,其数据可参考相关的区域人口统计数据。

2)生活用水承载压力测度

生活用水承载压力的计算需要比较生活用水承载能力与现状总供水人口,构建生活用水开发压力状态指数。计算公式为

$$生活用水开发压力状态指数 = \frac{现状总供水人口}{生活用水承载能力} \tag{6.17}$$

3. 水资源承载压力——工业用水方向

1)工业用水承载现状测度

工业用水承载现状的确定需要参考工业用水承载能力的测度方式。工业用水承载能力以工业用水开发的地表水资源可承载的工业用地规模表示,因此在确定工业用水承载压力时需要计算现状工业用地规模,其数据可参考政府规划和统计中工业用地规模的数据。

2)工业用水承载压力测度

参照《城市给水工程规划规范》(GB 50282—2016)给出的工业用地用水量指标,构建工业用水开发压力状态指数,比较现状乡镇工业用地规模与工业用水承载能力,对水资源的工业用水承载压力进行评价。计算公式为

$$工业用水开发压力状态指数 = \frac{现状乡镇工业用地规模}{工业用水承载能力} \tag{6.18}$$

4. 水资源承载压力——水力资源开发方向

水资源作为水力资源开发截流用水时,由于现状水力资源开发水资源利用状态不可能高于水资源利用的最大值,故其现状承载状态与承载能力之间的承载压力为 0。而水力资源开发过程中已截流的水资源的势能发生了改变,一方面提高了本区域内的可发电量——水力资源开发的产品,水力资源开发方面的承载能力值是上升的;另一方面,截流会对下游的水资源利用、其他资源利用产生利用方面的负面影响,甚至产生生态气候方面的影响,因此水力资源开发利用可能对其他区域的水资源利用及其他资源利用和环境承载能力产生影响。

在水资源承载压力评价结果的基础上,对水资源的承载压力状况进行分析。根据实际的测度方式和评价结果,承载状况判别为超载、临界、可载。压力状况的分级和判别是进行水资源承载压力分区和预警的前提,也是确定开发适宜方向的重要参考。

6.2.3　矿产资源承载压力测度

矿产资源承载压力的测度参考矿产资源的承载能力测度,可以从矿产资源开发和利用两个方面分析矿产资源的承载压力。从资源开发入手,根据矿产资源开发的经济模型,评价压力时需要考虑矿产开发量、开发限制等。从矿产资源利用入手,根据矿产资源利用的人口承载能力模型,评价压力时需要考虑矿产资源的供需

比例。

1. 矿产资源承载压力——开发方面

参考《国土资源环境承载力评价技术要求(试行)》中矿产资源承载压力的测度方式,矿产资源承载状态评价利用一个综合指标(固体矿产资源开发压力状态指数,MDI)反映评价区域上可利用矿产资源适宜开发的整体状况,油气资源的开发压力的评价可以参考固体资源的开发压力状态指数的评价过程,按照实际资源实物类型和开发情况进行计算。限制指数是约束性指标,根据区域内因矿业开发出现的严重影响现在或未来人居生活安全的事项进行限制和调节。依据《国土资源环境承载力评价技术要求(试行)》,其数值范围为 0~100,各项指标权重如表 6.3 所示。

表 6.3　各项评价指标权重

评价指标	矿业经济占比指数	矿业就业指数	采矿破坏指数	废物排放强度	开发限制指数
权重或作用	0.2	0.3	0.25	0.25	承载状态等级调整

固体矿产资源开发压力状态指数的计算公式为

固体矿产资源开发压力状态指数=0.2×矿业经济占比指数+0.3×矿业就业指数+0.25×(100-采矿破坏指数)+0.25×(100-废物排放强度)+开发限制指数

在完成上述评价的基础上,对固体矿产资源承载状态进行综合评价,承载状态等级划分为盈余、均衡、超载三个等级,划分标准如表 6.4 所示。

表 6.4　固体矿产资源承载状态评价分级标准

评价指标	承载状态分级		
	盈余	均衡	超载
固体矿产资源开发压力状态指数	MDI≥80	60≤MDI<80	MDI<60

1)矿业经济占比指数

矿业经济占比指数计算公式为

$$E_m = A_{ke} \frac{M_{iav}}{GDP} \qquad (6.19)$$

式中,E_m 为矿业经济占比指数,A_{ke} 为矿业经济占比指数的归一化系数,M_{iav} 为矿产开发工业增加值,GDP 为地区国民生产总值。矿业经济占比指数的归一化系数计算方法与矿业就业指数计算方法相同。矿产开发工业增加值的数据来源于全国各地区的矿产资源开发利用统计工作总结的报告、全国年度矿产储量通报、各地绿色矿业发展规划及各矿产统计年鉴。地区国民生产总值数据来源于各行政区经济统计年鉴。

2)矿业就业指数

矿业就业指数计算公式为

$$J_m = A_{kj} \frac{N_e}{N} \tag{6.20}$$

式中,J_m 为矿业就业指数,A_{kj} 为矿业就业指数的归一化系数,N_e 为矿业从业人员总数,N 为区域内人口总数。区域内人口总数数据来源于各行政区年度人口统计年鉴。矿业就业指数的归一化系数是指对数据进行无量纲化处理的系数,取为一系列数据中最大值的倒数的 100 倍,即

$$归一化系数 = \frac{100}{A_{最大值}} \tag{6.21}$$

式中,$A_{最大值}$ 为矿业就业指数归一化处理前的最大值。

3)采矿破坏指数

采矿破坏指数计算公式为

$$I_{mdb} = A_{mdb} \frac{S_b}{S_T} \tag{6.22}$$

式中,I_{mdb} 为采矿破坏指数,A_{mdb} 为采矿破坏指数的归一化系数,S_b 为采矿破坏面积,S_T 为区域总面积。采矿破坏指数的归一化系数计算方法与矿业就业指数计算方法相同。采矿破坏面积数据来源于各地绿色矿业发展规划、各地生态环境现状调查报告、各地区各矿山环评报告等。区域总面积为各行政区年度面积统计调查成果。

4)废物排放强度

废物排放强度是指评价区域内单位面积实际排放的工业废气、工业废水、固体废弃物、有害元素等在评价期内的排放量之和。废物排放强度的强弱反映在矿产开发过程中,一定规模等级的矿产开采能够对开发地造成的污染程度,用来预警矿产开发或继续开发的可行性。计算公式为

$$T_{PDQ} = \frac{M}{S_T} \sum A_i W_i C_i \tag{6.23}$$

式中,T_{PDQ} 为废物排放强度,M 为矿产资源年开采量(或产能),S_T 为矿产开发区区域总面积,A_i 为第 i 类废物的归一化系数,W_i 为第 i 类废物在总排放物中的权重,C_i 为第 i 类废物的排污系数。第 i 类废物的归一化系数计算方法与矿业就业指数计算方法相同。具体矿种开采行业涉及的污染物种类及产污系数参照《第一次全国污染源普查工业污染源产排污系数手册》(2010 修订)执行。当废物不需要经过末端治理直接排放时,排放系数不存在,此时用产污系数代替。

5)开发限制指数

开发限制指数是矿产开发指数的约束性指标,根据评价区域内因矿产开发出

现的严重影响人居生活可持续发展的事项,如重特大事故等,对矿产开发进行限制或调节,如表 6.5 所示。开发限制指数评价数据来源于各地年底矿产资源开发利用报告、各地生态环境现状调查报告、各地区各矿山等环评报告。

表 6.5　矿产开发限制指数约束内容

状况分类	判断依据	约束内容
重、特、大矿山环境突发事件	评价区域内发生重大、特大、大型突发矿山环境事件,若发生 1 次以上的,以最严重等级为准	承载状态为超载
普通矿山环境事件	评价区域内发生普通矿山环境事件	承载状态降 1 级
重、特、大环境污染、生态破坏	评价区域内存在被相关部门曝光或通报的典型事件	承载状态为超载
普通环境污染、生态破坏	评价区域在被调查认定为超标区域内	承载状态降 1 级
绿色矿山达标数量	评价区域内绿色矿山比例未达到区域规划标准	承载状态降 1 级
矿业开发违法案件	存在相关部门挂牌督办的矿业开发违法案件	承载状态降 1 级
政策限制性开发区域	评价区域已被相关部门列入限制性开发区域	承载状态降 1 级

2. 矿产资源承载压力——利用方面

从矿产资源利用的角度分析其承载压力,应考虑矿产资源的供需比例。若需大于供,则超载;若需约等于供,则临界;若需小于供,则可载。矿产资源供需比例是体现该地区某种矿产资源承载压力的重要指标,反映各地区矿产资源供需紧张程度。其计算公式为

$$矿产资源供需比例 = \frac{矿产资源年消费量(省、市、县、乡镇等各级)}{矿产开采总量控制指标(省、市、县、乡镇等各级)}$$

(6.24)

在矿产资源承载压力评价结果的基础上,对矿产资源的承载压力状况进行分析。根据实际的测度方式和评价结果,承载状况判别为超载、临界、可载。压力状况的分级和判别是进行承载压力分区和预警的前提,也是确定开发适宜方向的重要参考。

6.2.4　海洋资源承载压力测度

海洋资源承载压力需要从海洋资源的利用类型出发,结合海洋资源承载能力的评价过程,选择相关的评价因子和评价方法,一般使用压力状态指数表征。

1. 海洋空间资源承载压力

参考《海洋资源环境承载能力监测预警指标体系和技术方法指南》,海洋空间资源承载压力测度方法如下:

(1)根据岸线人工化指数(承载现状)与岸线资源承载能力之比,得到岸线开发强度(岸线资源承载压力)。计算公式为

$$S_1 = P_A/P_{CO} \qquad (6.25)$$

式中,S_1 为岸线开发强度(岸线资源承载压力),P_A 为岸线人工化指数(计算方法可参考《海洋资源环境承载能力监测预警指标体系和技术方法指南》),P_{CO} 为岸线资源承载能力。通常,当 $S_1 \geqslant 1.1$ 时,或区域自然岸线保有率低于海洋生态保护红线等管控要求时,岸线开发强度(岸线资源承载压力)较高;当 S_1 介于 $0.9 \sim 1.1$ 时,岸线开发强度(岸线资源承载压力)临界;当 $S_1 \leqslant 0.9$ 时,岸线开发强度(岸线资源承载压力)适宜。

(2)根据海域开发资源效应指数(承载现状)与海域资源承载能力之比,得到海洋空间开发强度(海洋空间资源承载压力)。计算公式为

$$S_2 = P_E/P_{MO} \qquad (6.26)$$

式中,S_2 为海洋空间开发强度(海洋空间资源承载压力),P_E 为海洋空间开发资源效应指数(计算方法可参考《海洋资源环境承载能力监测预警指标体系和技术方法指南》),P_{MO} 为海洋空间资源承载能力。当 $S_2 \geqslant 0.3$ 时,海洋空间开发强度(海洋空间资源承载压力)较高;当 S_2 介于 $0.15 \sim 0.3$ 时,海洋空间开发强度(海洋空间资源承载压力)临界;当 $S_2 \leqslant 0.15$ 时,海洋空间开发强度(海洋空间资源承载压力)适宜。

2. 海洋渔业资源承载压力

参考《海洋资源环境承载能力监测预警指标体系和技术方法指南》,海洋渔业资源承载压力测度方法如下:

(1)用海洋渔业资源综合承载指数表征海洋渔业资源承载压力。对游泳动物指数(F_1)、鱼卵仔稚鱼指数(F_2)的单指标评估结果加权平均得出海洋渔业资源综合承载指数(F)。 计算公式为

$$F = F_1 \times 0.6 + F_2 \times 0.4 \qquad (6.27)$$

根据海洋渔业资源综合承载指数,将评价结果划分为超载、临界和可载三种类型。通常,当 $F < 1.5$ 时,海洋渔业资源超载;当 F 介于 $1.5 \sim 2.5$ 时,海洋渔业资源临界;当 $F \geqslant 2.5$ 时,海洋渔业资源可载。

(2)在海洋渔业资源承载能力评价环节,用可捕量衡量海洋渔业资源承载能力,则构建的海洋渔业资源承载压力计算公式为

$$F = \frac{渔获物总量 - 可捕量}{可捕量} \qquad (6.28)$$

式中，F 为海洋渔业资源综合承载指数（海洋渔业资源承载压力）。渔获物总量数据由各类鱼类渔获量求和得到。

3. 无人岛礁资源承载压力

参照《海洋资源环境承载能力监测预警指标体系和技术方法指南》可以确定无居民海岛开发强度指标的计算方法，即采用无人岛礁人工岸线比例和无人岛礁开发用岛规模指数两个具体指标表征。其中，从岸线空间开发利用的角度，无人岛礁人工岸线比例指评价单元所在区域的无人岛礁的人工岸线长度占总岸线长度的比例，表征自然岸线被改变的程度；从海岛空间开发利用的角度，无人岛礁开发用岛规模指数指无人岛礁开发利用的总规模在海岛总面积的占比，表征海岛空间的开发利用规模，比较无人岛礁开发强度和开发阈限得到无人岛礁的承载压力。无人岛礁开发用岛规模指数计算方法为

$$I_{12C} = \sum_{i=1}^{4} IA_i \times IF_i \tag{6.29}$$

式中，$i=1,2,3,4$，分别代表工矿仓储及交通、水利设施及坑塘养殖、住宅及公共服务、耕地和园地及经济林四类海岛利用类型；IA_i 为第 i 类海岛利用类型的面积；IF_i 为第 i 类海岛利用类型对资源环境的影响系数（$IF_1=1, IF_2=0.8, IF_3=0.6, IF_4=0.2$）。

§6.3　环境质量状况测度的环境承载压力

环境承载压力主要体现的是污染排放与环境承载能力之间的差异关系，为环境质量监测提供依据，并解决环境利用破坏与保护之间的矛盾。环境承载能力评价是基于国家各类质量标准中的环境污染物限制的，因此环境承载压力可使用污染物超标指数进行度量。

6.3.1　大气环境承载压力测度

参考《国土资源环境承载力评价技术要求（试行）》中，对主要大气污染物浓度现值与大气环境承载阈值进行比较，求算单项大气污染物浓度超标指数，依据"短板理论"集成单项指标，将区域内污染程度最严重的污染物的浓度超标指数作为区域大气污染物浓度超标指数。不同区域单项污染物浓度超标指数计算公式为

$$R_{\text{气}ij} = C_{ij}/S_{ai} - 1 \tag{6.30}$$

式中，$R_{\text{气}ij}$ 为区域 j 内第 i 项大气污染物浓度超标指数；C_{ij} 为该污染物的年均浓度监测值（其中，一氧化碳的取 24 小时平均浓度的第 95 百分位，臭氧的取日最大 8 小时平均浓度的第 90 百分位），数据来源于承载状态指标；S_{ai} 为该污染物浓度的二级标准限值，即大气环境承载阈值，数据来源于承载能力评价指标；$i=1,2,\cdots,6$，

分别对应二氧化硫、二氧化氮、PM_{10}、一氧化碳、臭氧、$PM_{2.5}$。

区域 j 内大气污染物浓度超标指数计算公式为

$$R_{\text{气}j} = \max(R_{\text{气}ij}) \tag{6.31}$$

式中,$R_{\text{气}j}$ 为区域 j 的大气污染物浓度超标指数,其值为各类大气污染物浓度超标指数的最大值。

根据大气环境承载压力评价的结果,对大气环境的承载压力状况进行分析。压力状况的分级和判别是进行承载压力分区和预警的前提,也是确定开发适宜方向的重要参考。

6.3.2　水环境承载压力测度

参考《资源环境承载力监测预警技术方法(试行)》中单项水污染物浓度超标指数以各控制断面主要污染物年均浓度与该项污染物一定水质目标下水质标准限值(即地表水环境承载阈值的差值)为水污染物超标量。计算方法如下

(1)当 $i=1$ 时,为

$$R_{\text{水}ijk} = 1/(C_{ijk}/S_{\text{水}ik}) - 1$$

(2)当 $i=2,\cdots,7$ 时,为

$$\left.\begin{aligned}R_{\text{水}ijk} &= C_{ijk}/S_{\text{水}ik} - 1\\R_{\text{水}ij} &= \sum_{k=1}^{N_j} R_{\text{水}ijk}/N_j\end{aligned}\right\} \tag{6.32}$$

式中,$R_{\text{水}ijk}$ 为区域 j 第 k 个断面第 i 项水污染物浓度超标指数;$R_{\text{水}ij}$ 为区域 j 第 i 项水污染物浓度超标指数;C_{ijk} 为区域 j 第 k 个断面第 i 项水污染物的年均浓度监测值;$S_{\text{水}ik}$ 为第 k 个断面第 i 项水污染物的环境承载阈值;$i=1,2,\cdots,7$,分别对应 DO、CODMn、BOD5、CODCr、NH_3-N、TN、TP;k 为某一控制断面编号,$k=1,2,\cdots,N_j$,N_j 表示区域 j 内控制断面个数。这里,当第 k 个断面为河流控制断面且计算 $R_{\text{水}ijk}$ 时,$i=1,2,\cdots,5,7$;当第 k 个断面为湖库控制断面且计算 $R_{\text{水}ijk}$ 时,$i=1,2,\cdots,7$。

水污染物浓度超标指数计算公式为

$$\left.\begin{aligned}R_{\text{水}jk} &= \max_i(R_{\text{水}ijk})\\R_{\text{水}j} &= \sum_{k=1}^{N_j} R_{\text{水}jk}/N_j\end{aligned}\right\} \tag{6.33}$$

式中,$R_{\text{水}jk}$ 为区域 j 第 k 个断面的水污染物浓度超标指数,$R_{\text{水}j}$ 为区域 j 的水污染物浓度超标指数。

根据水环境承载压力评价的结果,对水环境的承载压力状况进行分析。压力状况的分级和判别是进行承载压力分区和预警的前提,也是确定开发适宜方向的重要参考。

6.3.3　海洋环境承载压力测度

第 5 章对海洋环境承载能力的测度主要基于海洋水质质量和海洋生物多样性两方面,因此参考《海洋资源环境承载能力监测预警指标体系和技术方法指南》对海洋水质承载状况和海洋生物承载状况进行计算。

1. 海洋水质承载状况

结合海洋功能区类型、对应水质标准及现状海水水质条件,统计海区单元内符合海洋功能区水质要求的面积(S_{e1})占海域总面积(S)的比重,即用海洋功能区水质达标率反映海洋环境承载状况(E_1)。计算公式为

$$E_1 = \frac{S_{e1}}{S} \tag{6.34}$$

参照相关阈值标准,当 $E_1 \leqslant 80\%$ 时,海洋环境为超载,赋分为 1;当 E_1 介于 $80\% \sim 90\%$ 时,海洋环境为临界超载,赋分为 2;当 $E_1 > 90\%$ 时,海洋环境为可载,赋分为 3。

计算所需数据包括区域海洋环境监测数据、各类水质等级分布及面积评价结果、各类海洋功能区水质要求,相关资料来源于海域使用管理部门、海洋生态环境调查与监测机构。

2. 海洋生物承载状况

采用全国海洋生物多样性监测中的浮游动物Ⅰ型网中鱼卵仔鱼的监测数据,参照承载能力评价中的海洋生物多样性中的鱼卵仔鱼密度评估阈值标准,评估承载压力状况(E_2),如表 6.6 所示。

表 6.6　鱼卵仔鱼密度状况分级评估和赋值方法

评估依据/(个/立方米)	评估结果	赋分值
$E_2 > 50$	可载	3
$50 \geqslant E_2 > 5$	临界超载	2
$E_2 \leqslant 5$	超载	1

3. 海洋环境承载压力状况

综合海洋水质承载状况(E_1)、海洋生物承载状况(E_2)评价结果,结合"短板理论"综合判定海洋生态环境承载压力状况(E)。计算公式为

$$E = \min(E_1, E_2) \tag{6.35}$$

综合评价得到 E 的分值,1～3 分别表示海洋生态环境承载压力状况为超载、临界超载、可载。

6.3.4　土壤环境承载压力测度

参考《国土资源环境承载力评价技术要求(试行)》中,对土壤污染物基本项目含量现状值与土壤环境承载阈值进行比较,求算单项土壤污染物浓度超标指数,依据

"短板理论"集成单项指标,将区域内污染程度最严重的污染物的浓度超标指数作为区域土壤污染物浓度超标指数。不同区域单项土壤污染物浓度超标指数计算公式为

$$R_{\pm ij} = C_{ij}/S_{ai} - 1 \tag{6.36}$$

区域 j 内土壤污染物浓度超标指数计算公式为

$$R_{\pm j} = \max(R_{\pm ij}) \tag{6.37}$$

式中,$R_{\pm j}$ 为区域 j 的土壤污染物浓度超标指数,其值为各类土壤污染物浓度超标指数的最大值。

根据土壤环境承载压力评价的结果,对土壤环境的承载压力状况进行分析。压力状况的分级和判别是进行承载压力分区和预警的前提,也是确定开发适宜方向的重要参考。

6.3.5 地质环境承载压力测度

参考《国土资源环境承载力评价技术要求(试行)》,地质环境承载能力的本底评价因子主要有构造稳定性、地面塌陷和地面沉降三方面。

1. 构造稳定性的评价方法

构造稳定性以断裂活动性和地震动峰值加速度表征。在石油和天然气输送管道、工程、核电站选址等重大工程场地的地震安全性评价或岩土工程勘察中,必须对距今 1 万年时间内有过较强烈的地震活动或近期正在活动(每年达 0.1 mm 蠕变量)且在将来(100 年内)可能继续活动的断层进行勘察,需要参考调查资料评价区活动断裂分布状况;地震动峰值加速度是与地震动峰加速度反应谱最大值相应的水平加速度,与地震烈度具有紧密的联系,是表征地震作用强弱程度的指标,是确定地震烈度、明确建筑物地震设防等级的重要依据。参考中国地震动峰值加速度区划图中各地区地震动峰值加速度值分布,可以将地震动峰值加速度分为 5 级,如表 6.7 所示。

表 6.7 地震动峰值加速度分级

等级	Ⅰ(稳定)	Ⅱ(次稳定)	Ⅲ(次不稳定)	Ⅳ(不稳定)	Ⅴ(极不稳定)
地震动峰值加速度	$a \leqslant 0.05$	$a = 0.10$	$a = 0.15$	$a = 0.20$	$a \geqslant 0.30$

2. 地面塌陷的评价方法

地面塌陷包括了采空塌陷与岩溶塌陷两类,以地面塌陷易发程度、土地损毁程度及地面塌陷风险性表征。地面塌陷易发程度是对一个地区已经发生或者可能发生的地面塌陷的类型、面积及空间分布的定量或定性评价,通过对形成地面塌陷的地质环境条件和塌陷发生的空间概率统计进行分析评价形成的。地面塌陷易发程度综合考虑地形地貌、碳酸盐岩类型、岩溶发育程度、盖层厚度、地下水

类型、矿山分布密度和规模、土地利用程度要素，采用层次分析法、信息量法等进行评价，分为极高易发、高易发、中易发、低易发、不易发 5 个等级。土地损毁程度是指已经发生地面塌陷无法继续利用的土地总面积，不仅包括塌陷坑范围，也包括未发生塌陷但地表已经发生明显形变的范围。土地损毁程度等级参考《县（市）地质灾害调查与区划基本要求》实施细则（修订稿），根据全国地面塌陷灾情统计数据，以县为单位计算地面塌陷总面积，以（<0.1,0.1~1,1~10）为界分为Ⅰ级、Ⅱ级和Ⅲ级。

地面塌陷风险性主要表征区域地面塌陷发生的可能性与破坏损失程度，通过地面塌陷危险性和易损性综合反映。根据地面塌陷危险性和易损性等级的组合特征，可以建立地面塌陷风险综合评价的判别矩阵，将地面塌陷风险划分为高风险、中风险和低风险三个等级。

3. 地面沉降的评价方法

地面沉降以地面沉降累计沉降量和地缝发育程度表征。地面沉降累计沉降量主要反映地面沉降的历史情况。根据多年地面沉降调查和监测数据，参考《地质灾害危险性评估规范》（DZ/T 0286—2015），可以明确地面沉降累计沉降量分级，编制累计沉降量等值线图。地缝发育程度包括了地缝位置、延伸长度、影响范围（1 km 范围内）等一系列空间属性。

综合评判区域地面沉降的承载状态需要以区域地面沉降沉降速率和沉降中心地面沉降速率两个因子表征，分别对其进行分级评价。根据全国地面沉降防治规划，综合考虑各地区地面沉降防治目标，并参考《地质灾害危险性评估规范》确定指标分级标准。采用就劣原则，将两个指标评价结果中的较高等级作为地面沉降承载状态等级。各类评价因子的承载压力测度可参考《国土资源环境承载力评价技术要求（试行）》进行，如表 6.8 所示。

表 6.8　地质环境承载压力测度

评价因子	评价指标		
	相关规程规范	本底评价	状态评价
构造稳定性	《中国地震动参数区划图》（GB 18306—2015）	地面塌陷易发程度	断裂活动性、地震动峰值加速度
地面塌陷	《县（市）地质灾害调查与区划基本要求》实施细则（修订稿）、《地质灾害危险性评估规范》（DZ/T 0286—2015）	地面塌陷易发程度	损毁土地程度、地面塌陷风险性
地面沉降	《地质灾害危险性评估规范》（DZ/T 0286—2015）	地面沉降累计沉降量	区域地面沉降年均沉降速率、沉降中心地面沉降速率

§6.4　区域自然资源与环境承载压力评价

6.4.1　承载压力评价的基础数据

承载压力评价所需的基础数据包括本底数据和参数数据。其中，本底数据有自然资源与环境承载压力评价需要的承载能力或环境质量测度的环境容量数据，资源现状、人口统计数据，以及区划类型等；参数数据为自然资源与环境承载压力的分级标准。承载压力评价的基础数据如表 6.9、表 6.10 所示。

表 6.9　自然资源承载压力评价的基础数据

基础数据类型	数据描述	资源要素	数据	数据来源
本底数据	资源承载能力评价结果	土地资源	土地资源承载能力值	资源承载能力评价环节
		水资源	水资源承载能力值	资源承载能力评价环节
		矿产资源	矿产资源承载能力值	资源承载能力评价环节
		海洋资源	海洋资源承载能力值	资源承载能力评价环节
	资源现状、人口统计数据、区划等	土地资源	区划国土面积数据	自然资源部统计数据
			区划人口数据	人口普查数据
			耕地后备资源面积	耕地后备资源调查结果
			实际载畜量数据	农业农村部草原监理中心
			……	……
		水资源	用水总量	中国水资源数据库集用水量
			地下水开采量	调查统计成果、水资源公报
			水质达标要求	《重要江河湖泊水功能区纳污能力、核定和分阶段限排总量控制方案实施细则》
			水质数据	中国环境监测总站水质监测实时数据
			……	……
		矿产资源	采矿破坏面积	矿业发展规划、环评报告
			开采量	年度矿产资源开发统计数据
			地区国民生产总值	行政区域经济统计年鉴
			……	……
		海洋资源	海洋功能区类型	《海洋功能区划技术导则》
			海洋功能区范围	各省海洋功能区划
			海域允许开发程度	主体功能区要求
			海域面积	海洋统计数据
			……	……

表 6.10　环境承载压力评价的基础数据

基础数据类型	数据描述	环境要素	数据列表	数据来源
本底数据	环境质量测度的污染物阈限、环境容量等	大气环境	大气环境承载能力值	大气环境承载能力评价环节
		水环境	水环境承载能力值	水环境承载能力评价环节
		土壤环境	土壤环境承载能力值	土壤环境承载能力评价环节
		地质环境	地质环境承载能力值	地质环境承载能力评价环节
		海洋环境	海洋环境承载能力值	海洋环境承载能力评价环节
	环境现状、统计数据	海洋空间	岸线长度	近海海洋综合调查与评价专项
			自然岸线保有率	海籍调查成果
			……	……
		海洋渔业	各类鱼类渔获	海洋渔业统计数据
			海区渔业资源总量	近海海洋综合调查与评价专项
			……	……
		海岛资源	总岸线长度	近海海洋综合调查与评价专项
			海岛面积	近海海洋综合调查与评价专项
			……	……

6.4.2　自然资源与环境承载压力指标

1.自然资源承载压力指标

1）土地资源承载压力指标

综合考虑空间载体、空间影响及评价需要，土地资源承载压力指标需要考虑土地资源适宜性评价、土地资源承载能力评价的结果，并且加入现状评价的指标，其结果指标为土地资源承载压力评价指标。部分指标如表 6.11 所示。

表 6.11　土地资源承载压力指标（部分）

承载压力指标	指标分类	指标参考
人均耕地生产能力	输入指标	《国土资源环境承载力评价技术要求（试行）》
耕地开发压力状态指数（耕地承载压力）	输出指标	《国土资源环境承载力评价技术要求（试行）》

2）水资源承载压力指标

水资源承载能力指标选择可分为两大类：第一类是水资源承载现状指标，参考《建立全国水资源承载能力监测预警机制技术大纲》《城市饮用水水源地安全状况评价技术细则》，以及《灌溉用水定额编制导则》（GB/T 29404—2012）、《城市给水工程规划规范》（GB 50282—2016）等规范选取承载状态评价指标，结合水资源调查、统计数据形成水资源承载状态乡镇（街道）单元图层；第二类是承载压力相关指标,由承载能力及承载状态评价构建压力状态指数,评价水资源承载压力,为开发方向的确定提供依据,如表 6.12 所示。

表 6.12　水资源承载压力指标(部分)

承载压力指标	指标分类	指标参考
水功能区水质达标率	输入指标	《建立全国水资源承载能力监测预警机制技术大纲》
生活用水承载能力	输入指标	《城市饮用水水源地安全状况评价技术细则》
地下水开采控制总量	输入指标	《城市饮用水水源地安全状况评价技术细则》
水量承载压力状况	输出指标	《建立全国水资源承载能力监测预警机制技术大纲》

3)矿产资源承载压力指标

考虑内容,从经济、生态保护等多方面对矿产资源承载压力进行评价;考虑过程,利用一个综合指标(矿业开发指数)反映评价区域可利用矿产资源开发压力的整体状况。承载状态和承载能力是压力评价的依据,结合矿产资源承载状态、承载能力指标,通过矿业经济占比指数、矿业就业指数、采矿破坏指数、废物排放强度、开发限制指数五类指标构造矿业开发指数。矿业开发指数用于评价区域可开采利用的矿产资源在既注重经济发展、又注重生态保护的条件下进行适宜开发的规模和强度,从而评价矿产资源承载压力,如表 6.13 所示。

表 6.13　矿产资源承载压力指标

承载压力指标	指标分类	指标参考
矿产资源年消耗量	输入指标	《国土资源环境承载力评价技术要求(试行)》
固体矿产资源开发压力状态指数(固体矿产资源承载压力)	输出指标	《国土资源环境承载力评价技术要求(试行)》
矿产就业指数	输入指标	《国土资源环境承载力评价技术要求(试行)》

4)海洋资源承载压力指标

参考《海洋资源环境承载能力监测预警指标体系和技术方法指南》和《资源环境承载能力监测预警技术方法(试行)》,规定海洋空间资源、海洋渔业资源和海岛资源在单元指标属性中相应用途的承载压力指标,如表 6.14 所示。

表 6.14　海洋资源承载压力指标(部分)

承载压力指标	指标分类	指标参考
岸线开发强度(岸线资源承载压力)	输出指标	《海洋资源环境承载能力监测预警指标体系和技术方法指南》
海洋渔业资源综合承载指数(海洋渔业资源承载压力)	输出指标	《资源环境承载能力监测预警技术方法(试行)》
无居民海岛开发强度	输出指标	《海洋资源环境承载能力监测预警指标体系和技术方法指南》

2. 环境承载压力指标

环境承载压力指标选取方法与自然资源承载压力近似,由于环境承载能力主要基于环境质量标准,因此环境承载压力指标主要需要考虑环境污染物的现状特征。下面以输入、输出指标进行分类说明,如表 6.15 所示。

表 6.15　环境承载压力指标

环境要素	承载压力指标	指标分类	指标参考
大气环境	大气污染物浓度超标指数	输出指标	《海洋资源环境承载能力监测预警指标体系和技术方法指南》《资源环境承载能力监测预警技术方法(试行)》
	大气污染物现值	输入指标	
	大气污染物基本项目浓度值	输入指标	
水环境	水污染物浓度超标指数	输出指标	
	水污染物年浓度	输入指标	
	水污染物基本项目浓度限值	输入指标	
土壤环境	土壤污染物含量超标指数	输出指标	
	土壤污染物基本项目含量现状值	输入指标	
	土壤污染物含量管制值	输入指标	
地质环境	地面塌陷风险性	输出指标	
	区域地面沉降速率变化	输出指标	
	地面塌陷面积	输出指标	
海洋环境	海洋生态承载状况	输出指标	《海洋资源环境承载能力监测预警指标体系和技术方法指南》
	鱼卵仔鱼密度状况	输入指标	
	海水水质类别	输入指标	

6.4.3　承载压力参数指标的统计方法

在区域资源环境承载压力评价环节参与计算处理的参数指标为承载压力分级标准,区域资源环境承载压力评价(P3)往往是集成多项资源环境要素的综合性评价,指标的分级标准并无明确规定,需要采取规律模拟的方法给定标准参数。

§6.5　自然资源与环境承载压力程度分区

6.5.1　承载压力程度分区的目的

对土地资源、水资源等单项自然资源进行承载压力评价时,通过评价结果聚类可以得到不同的承载压力分区。对于资源环境承载压力分区应该综合考虑所有资源类型基本条件及资源环境的承载压力、红线等。承载压力评价的分区结果可以作为国土空间开发适宜性评价和规划的指导。

6.5.2 承载压力程度分区的方法

1. 承载压力程度分区的原则

承载压力分区主要是对单要素承载压力的聚类结果进行分区,以现状评价为特征聚类分区结果。聚类过程中需要考虑的指标是承载压力评价指标的结果、现状评价等属性特征和聚类距离。

2. 承载压力程度分区的过程

自然资源承载压力类型区包含的资源要素有土地资源、水资源、矿产资源和海洋资源。环境承载压力类型区包含的环境要素有大气环境、水环境、土壤环境、地质环境和海洋环境。以自然资源承载能力综合网格为基础单元,结合自然资源与环境现状,计算自然资源与环境开发压力状态指数,对计算结果按照承载压力的分级标准化结果进行赋值,然后再次进行聚类,得到资源承载压力类型区和环境承载压力类型区。

3. 承载压力程度分区信息统计

承载压力程度分区信息统计是为了确定地区的不同资源、环境要素,在不同承载压力程度级别的区域数量和分布。这是将自然资源与环境承载压力评价定量化的步骤,统计结果可以从宏观上说明区域自然资源与环境的承载压力程度。分析不同自然资源与环境要素承载压力的不同等级的数量和面积,归纳不同自然资源与环境要素的承载压力程度分级状况在空间上的分布特征、规律,总结区域地理背景下自然资源与环境单要素承载压力的基本规律,对超载类型可以进一步划分预警等级,辅助区域开发利用适宜性评价的决策。

6.5.3 分区结果的栅格化处理

单要素承载压力程度分区方法如图 6.1 所示,分为以下三个步骤:

(1)以自然资源与环境承载能力评价结果(综合网格单元)为底图分别计算自然资源承载压力和环境承载压力,结合现状环境调查的结果指标和承载能力评价的结果,得到自然资源与环境单要素承载压力。栅格大小可参照具体的评价范围,如县域使用 30 m×30 m～50 m×50 m 网格、省域使用 500 m×500 m 网格。

(2)自然资源承载压力值和环境承载压力值指标按面积比例分配到网格化后的碎部单元,同时各碎部单元直接继承承载压力指标属性。对于以行政区为评价单元的指标,可以将其评价结果均值化转换为自然单元。

(3)对自然资源承载压力和环境承载压力的评价结果按照临界、超载、可载程度大致分为 3 级,也可根据超载程度的加剧或趋缓进一步划分预警等级。按照可载、临界、超载分别从低到高赋值为 1～3 级。网格内部以数量表示的承载压力程度,根据距离聚类,按照面积最大值法继承性质特征指标,形成自然资源与环境承载压力程度类型区综合网格单元,如表 6.16、表 6.17 所示。

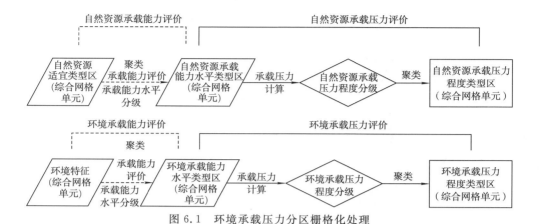

图 6.1　环境承载压力分区栅格化处理

表 6.16　自然资源承载压力分区类型

自然资源要素	聚类单元	聚类特征指标	分区结果
土地资源	土地资源承载能力综合网格	耕地承载压力	耕地承载压力类型区(1~3级)
		林地承载压力	林地承载压力类型区(1~3级)
		草地承载压力	草地承载压力类型区(1~3级)
		建设用地承载压力	建设用地承载压力类型区(1~3级)
水资源	水资源承载能力综合网格	灌溉用水承载压力	灌溉用水承载压力类型区(1~3级)
		工业用水承载压力	工业用水承载压力类型区(1~3级)
		生活用水承载压力	生活用水承载压力类型区(1~3级)
		水力资源开发承载压力	水力资源开发承载压力类型区(1~3级)
矿产资源	矿产资源承载能力综合网格	固体矿产资源承载压力	固体矿产资源承载压力类型区(1~3级)
		油气资源承载压力	油气资源承载压力类型区(1~3级)
		金属和非金属矿产资源承载压力	金属和非金属矿产资源承载压力类型区(1~3级)
海洋资源	海洋资源承载能力综合网格	海洋空间承载压力	海洋空间承载压力类型区(1~3级)
		渔业资源承载压力	渔业资源承载压力类型区(1~3级)
		海岛资源承载压力	海岛资源承载压力类型区(1~3级)

表 6.17　环境承载压力分区类型

环境要素	聚类单元	聚类特征指标	分区结果
大气环境	大气环境承载能力综合网格	大气环境承载压力	大气环境承载压力类型区(1~3级)
水环境	水环境承载能力综合网格	水环境承载压力	水环境承载压力类型区(1~3级)
土壤环境	土壤环境承载能力综合网格	土壤环境承载压力	土壤环境承载压力类型区(1~3级)

环境要素	聚类单元	聚类特征指标	分区结果
地质环境	地质环境承载能力综合网格	地质环境承载压力	地质环境承载压力类型区(1~3级)
海洋环境	海洋环境承载能力综合网格	海洋环境承载压力	海洋环境承载压力类型区(1~3级)

第7章 决策:区域国土空间的开发适宜方向

乔治·马什曾经说过:"人们久已忘却:土地只是供他们使用的,而不是供他们浪费的,更不是供他们恣意滥用的。"随着我国城市化进程的加快,人们逐渐意识到国土空间开发适宜性的重要性。中国共产党的十八大报告首次提出优化国土空间开发格局这一理念,着重强调推进生态文明建设的重要性,严格控制开发强度,促进人口、资源、环境与发展相协调。基于此,本章首先剖析了国土空间开发适宜性评价的基本概念,探讨了生态环境协调、综合效益优先、供需关系平衡和总体目标制约等国土空间开发的多层次决策体系;其次,从基础数据、指标体系和方法程序三个方面开展了区域国土空间开发的适宜性评价研究;最后,基于适宜性评价的结果,开展了区域国土空间开发适宜方向分区研究,主要包括开发适宜方向分区的目的、方法和栅格化处理三方面的内容。

§7.1 国土空间开发适宜性概念剖析

7.1.1 国土空间与国土空间开发的概念

国土是指一个主权国家管辖下的包括领土、领空、领海的地域空间的总称(吴次芳 等,2003)。国土空间与国土的含义基本相同,都是指一个主权国家管辖下的地域空间。国土空间具体是指国民生存的场所与环境,包括陆地、陆上水域、内水、领海、领空等,是一个国家进行各种政治、经济、文化活动的场所,是经济社会发展的载体,是人们赖以生存和发展的家园。按照提供的产品类别,一国的国土空间可以划分为城市空间、农业空间、生态空间和其他空间四类。国土空间主要有生产功能、生活功能和生态功能等作用,这三种功能相互影响,相互支撑。生产功能是生活功能和生态功能的决定性因素,影响并干预生活功能和生态功能,而生态功能是生活功能和生产功能的根本保障。因此,按照国土功能类别,国土空间可以划分为生产、生活、生态空间,即"三生空间"。国土空间虽然是在政治视角下界定的概念,其本质仍是以土地为实体,以地域为表现形式(吴传钧 等,1990)。

国外最早的国土空间开发研究和国土规划理论,是在英国学者霍华德提出城市应与乡村相结合的思想之后逐渐被提出的。我国也是世界上较早开展国土空间开发研究的国家之一,古代就有以河流或山脉为界限将土地划分为"几州几区"的思想,体现了最初的国土区划意图,是我国古代国土空间开发的思想萌芽,对以后的国土空间开发研究具有借鉴意义。

新中国成立以来,我国国土空间资源不断开发,国土空间结构不断变化,国土空间格局不断调整。改革开放前,我国国土空间开发主要倾向于资源开采及重工业开发,强调区域之间均衡发展(宋志强,2010)。这一时期的国土空间开发主要借鉴、模仿前苏联的国土空间开发模式,国土空间规划与区域经济规划结合在一起进行,逐渐形成土地资源浪费、区域经济发展协调程度不高、生产力布局十分片面等问题。20 世纪 80 年代,我国实行改革开放,国土开发强度增大,土地利用明显多元化,国土空间的开发不再局限于土地开发,涉及矿产开发、大河流开发、综合开发等,相应的立法及规划工作逐步到位。这个时期,自然资源得以利用的同时,资源消耗速度也加快了,众多专家提出国土整治的思想,对国土空间的开发有了清楚的界定。随着中国城市化进程的快速推进,城市发展对空间的需求增大,尤其是许多大中城市面临着城市空间外向快速扩展及城市内部空间的频繁重组。中国国土空间辽阔,但适宜开发的面积并不宽裕,人均面积就更少,约 60% 的国土空间为山地和高原。这些决定了我国的城市化可供选择的国土空间极为有限。国土空间资源作为重要的生产物质基础资源,是落实生态文明建设的基本物质载体,也是政府进行宏观调控和管理的重点。当前,我国正在全面深化改革,政府职能在积极转变,体现了国家要对空间资源实现统一管制的决心。

综上所述,国土空间开发是以一定的空间组织形式,通过人类的生产建设活动,获取人类生存和发展的物资资料的过程(肖金成 等,2015),是建构人类经济社会活动空间的根本方式,强调以土地的空间承载功能满足人类的多样化、多层次需求(史同广 等,2007)。其目标是追求国土空间的综合功能效用,而非仅追求自然生态过程不受干扰和经济效益最大化。开发利用行为是依据区域自然资源禀赋差异、社会经济条件发展特征、土地政策对区域某种预留用途进行的。理想的国土空间开发格局要能够促进要素充分流动和对其进行优化配置,使空间中人的发展机会和福利水平相对公平,生态环境可持续发展,经济、社会、环境发展与人的发展相协调。国土空间开发最主要的作用便是使资源被高效、充分利用,协调人地关系可持续发展,建立生产发展、生态平衡和生活舒适的国土空间环境。

7.1.2   国土空间开发适宜性概念界定

随着人口的不断增长,城市化、工业化进程的加快,人多地少的矛盾日益突出,国土空间开发利用格局发生剧烈变化,城镇建设空间快速扩张,自然空间不断减少。在不同尺度的国土空间中,都存在着人和自然、工业和农业、建设和环保之间不尽协调的矛盾。20 世纪初,苏格兰人文主义规划大师 Geddes 注意到工业化和不合理的城市扩张会对人类社会产生负面影响。面对严峻的人地关系问题,从可持续发展战略和生态文明建设的目标出发,必须要合理开发国土空间资源,优化国土空间开发布局。

国土空间开发适宜性概念源于土地适宜性,但其内涵却有所差异。诞生于景观设计领域的土地适宜性,强调人类景观改造要遵循自然生态过程(麦克哈格,2006)。其早期研究以农业适宜性为主,强调气候、水文、土壤、地形地貌等属性与种植对象生长需求的匹配适宜性,目的是实现土地产出经济效益的最大化。

近年来,国土空间开发适宜性评价的价值颇受重视。地理学、生态学和城市规划等领域的学者针对不同地域类型、不同开发方式,基于不同尺度和评价单元进行了大量研究,评价方法得到不断改进,研究视角日益丰富,指标体系日趋完善。中国人文经济地理学"以任务带学科"的发展模式在国土空间开发适宜性研究中也得到充分体现。有关国土空间开发适宜性评价的研究大多聚焦于省域或区域等大尺度上,以生态优先为指导,选取并识别区域主要自然约束因素,针对单一要素或者多要素构建评价模型,得到适宜性分区结果。

随着经济社会的不断发展,城市建设土地供需矛盾不断加剧,国土空间开发适宜性研究开始引起广泛关注,最后逐渐发展为从宏观尺度上对土地供给、建设用地需求匹配程度的供需进行分析,以及根据不同地域自然资源条件、社会经济差异,实现和谐人地关系的国土空间适宜性分析。国土空间开发适宜性是指国土空间对城镇开发、农业生产、生态保护等不同开发利用方式的适宜程度(樊杰,2019b)。它是在一定地域空间范围内,由资源环境承载能力、经济发展基础与潜力所决定的承载城镇化和工业化发展的适宜程度(喻忠磊 等,2015)。

2019年5月,《中共中央 国务院关于建立国土空间规划体系并监督实施的若干意见》正式印发。文件明确建立"五级三类"国土空间规划体系,要求国土空间规划编制要提高科学性,在资源环境承载能力和国土空间开发适宜性评价的基础上,科学有序地统筹布局生态、农业、城镇等功能空间。随着空间开发失控与区域无序竞争问题的日益突出,开发格局优化和区域协调发展已成为中国当前亟待解决的重大科学与实践命题,而国土空间开发适宜性综合评价是研究解决该命题的重要基础。

国土空间开发适宜性评价是以资源环境承载能力评价为前提,对国土空间开发和保护适宜程度的综合评价,是合理划定"三区三线"的重要依据(樊杰,2019b)。国土空间开发适宜性侧重从宏观尺度判断国土空间承载城镇化、工业化开发这一地域功能的适宜程度,目的在于从空间上合理组织开发活动,是根据国土空间的自然资源条件、社会经济发展特征、人类生产生活方式及政府政策等因素,研究国土空间对预定发展用途的适宜程度(刘丰有 等,2014)。这有助于指导区域国土空间的开发选择,促进国土优化开发和区域协调发展,是国土开发格局优化与区域协调发展的科学基础。

§7.2 国土空间开发的多层次决策体系

7.2.1 生态环境协调的开发决策

生态环境是资源环境承载能力评价与国土空间开发适宜性评价综合系统中的重要组成部分。由生态环境基本特征衍生出的生态空间、生态环境脆弱区及生态红线等要素,能对评价成果及规划方式提供约束和导向,对决定资源利用与社会经济布局的组合能否落地实施具有不可替代的作用,能够更有效地解决经济发展过程中资源开发与生态保护之间的矛盾。生态环境约束条件主要针对在国土空间规划系统中应用不同资源进行发展时可能面临的生态环境层面的各类限制,以资源环境承载能力评价中生态环境容量与红线的评价成果为依据,明确"三区三线"中的生态功能区与划定的生态红线,确保开发利用不触碰生态红线、不挤占生态功能区的空间。

生态空间的主要作用与目的在于维持山水自然地貌特征,进而改善陆海生态系统、流域水系网络与区域绿道绿廊的系统性、整体性和连通性,以明确生态屏障、生态廊道和生态系统保护格局,并最终确定生态保护与修复重点区域,构建生物多样性保护网络。被划归生态空间的区域,其资源适宜性、开发适宜性及自然资源与环境承载能力相对较弱,需在开发进程中进行规避以改变区域内的综合开发条件。生态红线的划定基本上沿用资源数据环境特征评价阶段获得的本底数据,并参考生态环境承载能力评价相关成果。生态保护红线划定的生态功能利用范围的边界能够有效确保红线内生态功能不降低、面积不减少、性质不改变。

在区域国土空间开发过程中,不但需要避免逾越生态保护红线,而且需确保邻近空间内开发产生的附加影响不超过红线。从双评价的评价阶段与评价成果来看,生态脆弱区由于本身的环境承载能力较低而不适宜进行资源利用与社会经济开发,是生态条件约束发展范围和措施的实际体现。

7.2.2 综合效益优先的开发决策

综合效益优先,要求在评价、决策工作中,按照建设资源节约型社会的要求,把提高空间利用效率作为国土空间开发的重要任务,拓宽、拓深土地利用空间(地上空间、地面空间与地下空间),引导人口相对集中分布、经济相对集中布局,走空间集约利用的发展道路。追求综合效益的优化,需要全面把控自然环境、社会经济与生态系统的协调,在把握自然资源开发利用的适宜方式、促进资源高效产出的同时,确保生态环境所面临的承载压力稳定在承载能力限制内。

具体到不同功能的区域,对于资源环境承载能力较强、人口密度较高的城市化地区,要把城市群作为推进城镇化的主体形态。其他城市化地区要依托现有城市集中布局、据点式开发,建设好县城和有发展潜力的小城镇,严格控制乡镇建设用地扩张。各类开发活动都要充分利用现有建设空间,尽可能利用闲置地、空闲地和废弃地。工业项目建设要按照发展循环经济和有利于污染集中治理的原则集中布局。以工业开发为主的开发区要提高建筑密度和容积率,国家级、省级经济技术开发区要率先提高空间利用效率。各类开发区在空间未得到充分利用之前,不得扩大面积。交通建设要尽可能利用现有基础进行扩能改造,必须新建的也要尽可能利用既有交通走廊。跨江(河、湖、海)的公路、铁路应尽可能共用桥位。

7.2.3　供需关系均衡的开发决策

优化国土空间开发要坚持集约利用资源的原则,促进生产空间集约高效、生活空间适宜居住、生态空间山清水秀。让生产空间、生活空间、生态空间更好地匹配,更好地保护资源,更集约地利用资源,是优化国土空间开发的核心理念。以土地资源为例,土地集约利用是指以合理布局、优化用地结构和可持续发展的思想为指导,通过增加存量土地投入、改善经营管理等途径,不断提高土地的使用效率,实现更高的经济、社会、生态、环境效益。土地集约利用研究的重点是寻找实现集约利用的途径和方法,体现土地可持续发展的思想和科学发展观。国土空间开发适宜性评价研究正是满足这一理论,可以寻找最佳的国土空间开发路径,减少土地资源浪费,实现土地集约利用。

要解决以土地资源为核心的资源供需矛盾,就必须以人地协调理论为基础,充分协调人类经济社会发展对土地的需求和有限土地供给之间的关系。我国人口资源的基本国情和经济发展的阶段性特征,决定了未来资源供需矛盾将是经济社会发展的重大瓶颈。要坚持节约资源的基本国策,落实节约优先战略,实行总量控制、供需双向调节和差别化管理,大幅度提高资源利用效率;要不断健全和完善资源开发利用体制机制,形成有利于节约资源和保护环境的空间格局、产业结构、生产方式、生活方式,提高资源保障水平,增强国土可持续发展能力;要落实土地用途管制,严守耕地保护红线,大规模建设高标准基本农田;要严格水源地保护,加强用水总量管理,提高用水效率,推动水循环利用;要加强矿产资源节约与综合利用,提高矿产资源开采回采率、选矿回收率和综合利用效率;要推动能源生产和消费革命,控制能源消费总量,加强节能降耗,支持节能低碳产业和新能源、可再生能源发展;同时要大力发展循环经济,促进生产、流通、消费过程的减量化、再利用、资源化,大幅降低资源消耗强度。

7.2.4　总体目标制约的开发决策

国土空间利用规划布局与总体战略关系紧密,整体规划流程中各个环节指标的确定、所参考的规范,本质上也属于社会经济与环境空间战略的组成部分。总体上,资源环境、国土空间规划与战略是各规划阶段的参考依据和评价标准。国土空间规划是自上而下编制,同时还规定下级规划要服从上级规划,专项规划和详细规划要落实总体规划。其目的是要把党中央、国务院的重大决策部署,以及国家安全战略、区域发展战略、主体功能区战略等国家战略,通过约束性指标和管控边界逐级落实到最终的详细规划等实施性规划上,以保障国家重大战略的最终落实和落地。

区域发展总体战略与主体功能区战略都是国土空间开发总体部署的重要组成部分,两者一般分别适用于不同尺度的国土空间开发规划。因此,对于不同层次(如国家级、省级、市县级)的空间发展问题,应制定不同的发展战略。大量研究表明,国土空间格局与过程的发生、时空分布、相互耦合等特征都是尺度依存的,只有在特定的国土空间尺度上对其进行考察和研究,才能把握不同空间尺度发展战略的内在规律。另外,尺度性和层次性是紧密联系在一起的,只有深刻认识和详细把握不同尺度国土空间的结构组成、异质性特征、响应与反馈的非线性属性、干扰因素的影响,才能更好地揭示国土空间多层次系统及层次间相互联系的内在规律,最终构建层次明晰、结构合理的国土空间开发体系。

§7.3 区域国土空间开发的适宜性评价

区域国土空间开发的适宜性评价在相当程度上与双评价前序的阶段性评价密切耦合,因此整体决策流程的多个阶段依靠双评价成果,流程接近于决策树的方式,每个规划节点紧密承接"父节点"结果(即前序步骤成果),而当前的不同状态则直接影响后续步骤的方向与结果,总的过程逐层递进、环环相扣(图 7.1)。

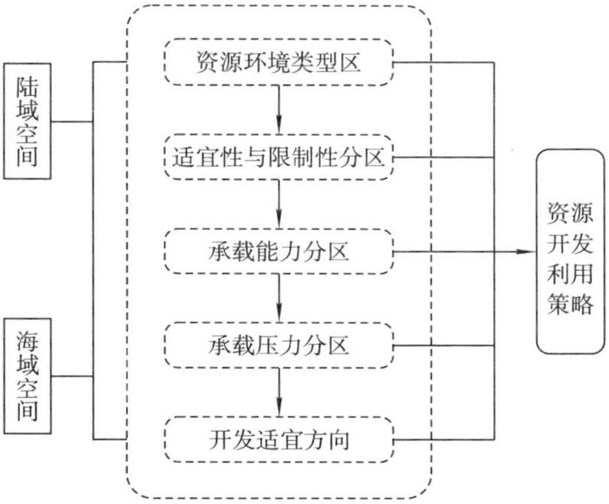

7.3.1 国土空间开发适宜性评价的基础数据

国土空间开发适宜性评价基础数据主要包括资源环境类型分区、适宜性分区、承载能力分区和承载压力分区四个部分。

图 7.1 国土空间开发决策流程

1. 资源环境类型分区图层

资源环境类型分区图层包括基于综合格网单元的自然资源类型分区图层(表 7.1)和环境特征分区图层(表 7.2)。

表 7.1　自然资源类型分区

要素类型	要素分区类型
土地资源	建设用地分布类型区、农田分布类型区、林地分布类型区及草地分布类型区等土地资源类型区
水资源	地表水分布类型区和地下水分布类型区等水资源类型区
矿产资源	以固体矿产分布类型区及油气分布类型区为代表的矿产资源类型区
海洋资源	海洋空间资源:岸线资源类型区、海域资源类型区等海洋空间资源类型区
	海洋渔业资源:以各类海洋生物为代表的海洋渔业资源类型区
	无人岛礁资源:海岛(礁)资源类型区

表 7.2　环境特征分区

要素类型	要素分区类型
自然气候	以干旱气候区、半干旱气候区等为代表的气象气候类型区
大气环境	高压区、低压区等不同的大气环境类型区
水环境	地下水环境类型区、地表水环境类型区等水环境类型区
土壤环境	不同类型的土壤环境类型区
地形地貌	以山地、平原等为代表的地形地貌类型区
交通区位	核心城区、郊区等不同的交通区位类型区
地质环境	水文地质类型区及工程地质类型区等地质环境类型区
自然灾害	各类自然灾害类型区,如地质灾害类型区等
海洋环境	各类海洋环境类型区,如海底环境类型区等

2. 适宜性分区图层

自然资源开发利用适宜性分区是建立在对各项自然资源开发利用方式的限制性类型,以及等级分区、利用适宜性分区、经济适宜性分区的基础之上的。其中,土地资源和水资源的开发利用存在多宜性,而矿产资源和海洋资源的开发利用是基于其资源禀赋特征的(表 7.3)。

表 7.3　自然资源适宜性分区

要素类型	要素分区类型
土地资源	建设用地适宜类型区、耕地适宜类型区、林地适宜类型区、草地适宜类型区
水资源	生活用水适宜类型区、灌溉用水适宜类型区、工业用水适宜类型区、水力资源开发适宜类型区
矿产资源	煤炭资源开发适宜类型区、金属和非金属矿石资源开发适宜类型区、石油资源开发适宜类型区、天然气资源开发适宜类型区
海洋资源	海洋空间资源开发适宜类型区、海洋渔业资源开发适宜类型区、无人岛礁资源开发适宜类型区

3. 承载能力分区图层

区域自然资源与环境承载能力分区图层主要包括基于综合格网单元的自然资源承载能力类型区图层和环境承载能力类型区图层(表 7.4)。自然资源承载能力类型区包括土地资源、水资源、矿产资源和海洋资源承载能力类型区。环境承载能力类型区包括大气环境、水环境、土壤环境、地质环境和海洋环境承载能力类型区。

表 7.4　自然资源与环境承载能力分区

要素类型	要素分区类型
土地资源	耕地承载能力类型区、林地承载能力类型区、草地承载能力类型区、建设用地承载能力类型区
水资源	灌溉用水承载能力类型区、工业用水承载能力类型区、生活用水承载能力类型区、水力资源开发承载能力类型区
矿产资源	煤炭资源承载能力类型区、金属和非金属矿石资源承载能力类型区、石油资源承载能力类型区、天然气资源承载能力类型区
海洋资源	海洋空间资源承载能力类型区、海洋渔业资源承载能力类型区、无人岛礁资源承载能力类型区
大气环境	大气环境承载能力类型区
水环境	水环境承载能力类型区
土壤环境	土壤环境承载能力类型区
地质环境	地质环境承载能力类型区
海洋环境	海洋环境承载能力类型区

4. 承载压力分区图层

区域自然资源与环境承载压力分区图层主要包括基于综合格网单元的自然资源承载压力类型区图层和环境承载压力类型区图层(表 7.5)。自然资源承载压力类型区包括土地资源、水资源、矿产资源和海洋资源承载压力类型区。环境承载压力类型区包括大气环境、水环境、土壤环境、地质环境和海洋环境承载压力类型区。

表 7.5　自然资源与环境承载压力类型区

要素分类	要素分区类型
土地资源	耕地承载压力类型区、林地承载压力类型区、草地承载压力类型区、建设用地承载压力类型区
水资源	灌溉用水承载压力类型区、工业用水承载压力类型区、生活用水承载压力类型区、水力资源开发承载压力类型区
矿产资源	煤炭资源承载压力类型区、金属和非金属矿石资源承载压力类型区、石油资源承载压力类型区、天然气资源承载压力类型区
海洋资源	海洋空间资源承载压力类型区、海洋渔业资源承载压力类型区、无人岛礁资源承载压力类型区
大气环境	大气环境承载压力类型区
水环境	水环境承载压力类型区
土壤环境	土壤环境承载压力类型区
地质环境	地质环境承载压力类型区
海洋环境	海洋环境承载压力类型区

7.3.2　国土空间开发适宜性评价的指标体系

合理的国土空间开发适宜性评价是建立在运用一套科学的指标体系对国土空间进行客观评价的基础上的。选用个别指标不足以反映国土空间的差异性,因此整合多因素构建全面的指标体系一直是学界不断努力的方向。下面从陆域和海域两个方面对国土空间开发适宜性评价指标体系进行整理。

1. 陆域资源开发适宜性评价指标

陆域资源开发适宜方向主要包括城市化地区、种植业地区、牧业地区及重点生态功能区。参考《全国主体功能区规划》《省级主体功能区划分技术规程(试用)》等规范文件,首先确定陆域资源环境禀赋,集成陆域资源环境单项适宜性评价、承载能力评价及承载压力评价成果;其次依据短板理论确定资源环境类型区综合承载能力和综合承载压力,以此为依据划分开发适宜方向,即优化开发、重点开发、限制开发、禁止开发;最后针对区域短板和开发适宜方向提出资源开发利用策略。

1)城市化地区

城市化地区开发适宜性方向的影响因素包括土地、水、矿产三类资源要素,以及自然气候、大气环境、水环境、土壤环境等八类环境要素,各资源环境要素的阶段性评价指标可以作为城市化地区开发适宜性评价的基础属性指标参与开发方向的判定(表7.6)。

表7.6　城市化地区基础评价单元属性指标

指标来源	要素分类	指标
资源数量与环境特征评价(P0)	土地资源	建设用地分布类型区
	水资源	地表水分布类型区、地下水分布类型区等水资源类型区
	矿产资源	固体矿产分布类型区、油气分布类型区
	自然气候	气象气候类型区
	大气环境	大气环境类型区
	水环境	地下水环境类型区、地表水环境类型区
	土壤环境	土壤类型区
	地形地貌	地形地貌类型区
	交通区位	交通区位类型区
	地质环境	地质环境类型区
	自然灾害	自然灾害类型区
资源开发利用适宜性评价(P1)	土地资源——建设用地	建设用地限制性类型、建设用地条件适宜性等级、建设用地经济适宜性等级、建设用地环境条件限制性分区、建设用地条件适宜性分区、建设用地经济适宜性分区
	水资源——生活用水	生活用水限制性类型、生活用水条件适宜性等级、生活用水经济适宜性等级、生活用水限制性分区、生活用水条件适宜性分区、生活用水经济适宜性分区

续表

指标来源	要素分类	指标
资源开发利用适宜性评价（P1）	水资源——工业用水	工业用水限制性类型、工业用水条件适宜性等级、工业用水经济适宜性等级、工业用水限制性分区、工业用水条件适宜性分区、工业用水经济适宜性分区
	矿产资源——煤炭资源利用	煤炭资源利用限制性类型、煤炭资源利用条件适宜性等级、煤炭资源利用经济适宜性等级、煤炭资源利用限制性分区、煤炭资源利用条件适宜性分区、煤炭资源利用经济适宜性分区
	矿产资源——金属、非金属矿石资源利用	金属、非金属矿石资源利用限制性类型,金属、非金属矿石资源利用条件适宜性等级,金属、非金属矿石资源利用经济适宜性等级,金属、非金属矿石资源利用限制性分区,金属、非金属矿石资源利用条件适宜性分区,金属、非金属矿石资源利用经济适宜性分区
	矿产资源——天然气资源利用	天然气资源利用限制性类型、天然气资源利用条件适宜性等级、天然气资源利用经济适宜性等级、天然气资源利用限制性分区、天然气资源利用条件适宜性分区、天然气资源利用经济适宜性分区
	矿产资源——石油资源利用	石油资源利用限制性类型、石油资源利用条件适宜性等级、石油资源利用经济适宜性等级、石油资源利用限制性分区、石油资源利用条件适宜性分区、石油资源利用经济适宜性分区
区域资源环境承载能力评价（P2）	土地资源——建设用地	建设用地承载能力、建设用地承载能力类型区
	水资源——生活用水	生活用水承载能力、生活用水承载能力类型区
	水资源——工业用水	工业用水承载能力、工业用水承载能力类型区
	矿产资源——固体矿产	固体矿产资源人口承载能力、固体矿产资源的持续开采年限、固体矿产资源承载能力类型区
	矿产资源——油气资源	油气资源人口承载能力、油气资源的持续开采年限、油气资源承载能力类型区
	大气环境	大气污染物浓度限值、大气环境承载能力类型区
	水环境	水污染物浓度限值、水环境承载能力类型区
	土壤环境	土壤污染物浓度限值、土壤环境承载能力类型区
	地质环境	地质环境承载能力、地质环境承载能力类型区
区域资源环境承载压力评价（P3）	土地资源	建设用地开发压力状态指数（建设用地承载压力）、建设用地承载压力类型区
	水资源	生活用水承载压力状态指数、工业用水开发压力状态指数、生活用水承载压力类型区、工业用水承载压力类型区

续表

指标来源	要素分类	指标
区域资源环境承载压力评价（P3）	矿产资源	固体矿产资源开发压力状态指数、固体矿产资源供需比例、固体矿产资源承载压力类型区、油气资源开发压力状态指数、油气资源供需比例、油气资源承载压力类型区
	大气环境	大气污染物浓度超标指数、大气污染物承载压力类型区
	水环境	水污染物浓度超标指数、水污染物承载压力类型区
	土壤环境	土壤污染物浓度超标指数、土壤环境承载压力类型区
	地质环境	地面塌陷面积、地质环境承载压力类型区

　　将参与判定城市化地区开发适宜性方向的基础属性指标集成到对应评价层级的网格单元中，由单项资源环境要素评价集成求得的区域综合承载能力、综合承载压力指标，结合单要素适宜性评价结果，划分城市化地区开发适宜方向。依据划定的开发适宜方向、区域开发存在的短板及区域发展要求，以生态环境保护优先为原则，衡量各类资源开发与保护之间的优先级别，制定区域资源开发利用策略，为未来区域发展规划提供指导。

　　2）种植业地区

　　种植业地区开发适宜性方向的影响因素包括土地、水、矿产三类资源要素，以及自然气候、大气环境、水环境、土壤环境等八类环境要素，各资源环境要素的阶段性评价指标可以作为种植业地区开发适宜性评价的基础属性指标参与开发方向的判定（表7.7）。

表 7.7　种植业地区基础评价单元属性指标

指标来源	要素分类	指标
资源数量与环境特征评价（P0）	土地资源	建设用地分布类型区、耕地分布类型区、林地分布类型区
	水资源	地表水分布类型区、地下水分布类型区等水资源类型区
	矿产资源	固体矿产分布类型区、油气分布类型区
	自然气候	气象气候类型区
	大气环境	大气环境类型区
	水环境	地下水环境类型区、地表水环境类型区
	土壤环境	土壤类型区
	地形地貌	地形地貌类型区
	交通区位	交通区位类型区
	地质环境	地质环境类型区
	自然灾害	自然灾害类型区
资源开发利用适宜性评价（P1）	土地资源——耕地	耕地限制性类型、耕地条件适宜性等级、耕地经济适宜性等级、耕地限制性分区、耕地条件适宜性分区、耕地经济适宜性分区

续表

指标来源	要素分类	指标
资源开发利用适宜性评价（P1）	土地资源——林地	林地限制性类型、林地条件适宜性等级、林地经济适宜性等级、林地限制性分区、林地条件适宜性分区、林地经济适宜性分区
	水资源——生活用水	地表生活用水适宜性评分、地表生活用水限制性类型、地表生活用水适宜性等级、地下生活用水适宜性评分、地下生活用水限制性类型、地下生活用水适宜性等级、生活用水条件限制性分区、生活用水条件适宜性分区、生活用水经济适宜性分区
	水资源——灌溉用水	灌溉用水限制性类型、灌溉用水条件适宜性等级、灌溉用水经济适宜性等级、灌溉用水限制性分区、灌溉用水条件适宜性分区、灌溉用水经济适宜性分区
	矿产资源——煤炭资源利用	煤炭资源利用限制性类型、煤炭资源利用条件适宜性等级、煤炭资源利用经济适宜性等级、煤炭资源利用限制性分区、煤炭资源利用条件适宜性分区、煤炭资源利用经济适宜性分区
	矿产资源——金属、非金属矿石资源利用	金属、非金属矿石资源利用限制性类型,金属、非金属矿石资源利用条件适宜性等级,金属、非金属矿石资源利用经济适宜性等级,金属、非金属矿石资源利用限制性分区,金属、非金属矿石资源利用条件适宜性分区,金属、非金属矿石资源利用经济适宜性分区
	矿产资源——天然气资源利用	天然气资源利用限制性类型、天然气资源利用条件适宜性等级、天然气资源利用经济适宜性等级、天然气资源利用限制性分区、天然气资源利用条件适宜性分区、天然气资源利用经济适宜性分区
	矿产资源——石油资源利用	石油资源利用限制性类型、石油资源利用条件适宜性等级、石油资源利用经济适宜性等级、石油资源利用限制性分区、石油资源利用条件适宜性分区、石油资源利用经济适宜性分区
区域资源环境承载能力评价（P2）	土地资源	耕地承载能力、耕地承载能力类型区、林地承载能力、林地承载能力类型区
	水资源	灌溉用水承载能力、灌溉用水承载能力类型区、生活用水承载能力、生活用水承载能力类型区
	矿产资源	固体矿产资源人口承载能力、固体矿产资源的持续开采年限、固体矿产资源承载能力类型区、油气资源人口承载能力、油气资源的持续开采年限、油气资源承载能力类型区
	水环境	水污染物浓度限值、水环境承载能力类型区
	大气环境	大气污染物浓度限值、大气环境承载能力类型区
	土壤环境	土壤污染物浓度限值、土壤环境承载能力类型区

指标来源	要素分类	指标
区域资源环境承载压力评价（P3）	土地资源	耕地开发压力状态指数（耕地承载压力）、耕地承载压力类型区、林地开发压力状态指数（林地承载压力）、林地承载压力类型区
	水资源	生活用水承载压力状态指数、生活用水承载压力类型区、灌溉用水开发压力状态指数、灌溉用水承载压力类型区
	矿产资源	固体矿产资源开发压力状态指数、固体矿产资源供需比例、固体矿产资源承载压力类型区、油气资源开发压力状态指数、油气资源供需比例、油气资源承载压力类型区
	大气环境	大气污染物浓度超标指数、大气环境承载压力类型区
	土壤环境	土壤污染物浓度超标指数、土壤环境承载压力类型区
	水环境	水污染物浓度综合超标指数、水环境承载压力类型区

将参与判定种植业地区开发适宜性方向的基础属性指标集成到对应评价层级的网格单元中，由单项资源环境要素评价集成求得的区域综合承载能力、综合承载压力指标，结合单要素适宜性评价结果，划分种植业地区开发适宜方向。依据划定的开发适宜方向、区域开发存在的短板以及区域发展要求，以生态环境保护优先为原则，衡量各类资源开发与保护之间的优先级别，制定区域资源开发利用策略，为未来区域发展规划提供指导。

3）牧业地区

牧业地区开发适宜性方向的影响因素包括土地、水、矿产三类资源要素，以及自然气候、大气环境、水环境、土壤环境等八类环境要素，各资源环境要素的阶段性评价指标作为牧业地区开发适宜性评价的基础属性指标参与开发方向的判定（表7.8）。

表7.8　牧业地区基础评价单元属性指标

指标来源	要素分类	指标
资源数量与环境特征评价（P0）	土地资源	草地分布类型区、建设用地分布类型区
	水资源	地表水分布类型区、地下水分布类型区等
	矿产资源	固体矿产分布类型区、油气分布类型区
	自然气候	气象气候类型区
	大气环境	大气环境类型区
	水环境	地下水环境类型区、地表水环境类型区
	土壤环境	土壤类型区
	地形地貌	地形地貌类型区
	交通区位	交通区位类型区
	地质环境	地质环境类型区
	自然灾害	自然灾害类型区

续表

指标来源	要素分类	指标
资源开发利用适宜性评价(P1)	土地资源——草地	草地限制性类型、草地条件适宜性等级、草地经济适宜性等级、草地限制性分区、草地条件适宜性分区、草地经济适宜性分区
	水资源——生活用水	生活用水限制性类型、生活用水条件适宜性等级、生活用水经济适宜性等级、生活用水限制性分区、生活用水条件适宜性分区、生活用水经济适宜性分区
	水资源——灌溉用水	灌溉用水限制性类型、灌溉用水条件适宜性等级、灌溉用水经济适宜性等级、灌溉用水限制性分区、灌溉用水条件适宜性分区、灌溉用水经济适宜性分区
	矿产资源——煤炭资源利用	煤炭资源利用限制性类型、煤炭资源利用条件适宜性等级、煤炭资源利用经济适宜性等级、煤炭资源利用限制性分区、煤炭资源利用条件适宜性分区、煤炭资源利用经济适宜性分区
	矿产资源——金属、非金属矿石资源利用	金属、非金属矿石资源利用限制性类型,金属、非金属矿石资源利用条件适宜性等级,金属、非金属矿石资源利用经济适宜性等级,金属、非金属矿石资源利用限制性分区,金属、非金属矿石资源利用条件适宜性分区,金属、非金属矿石资源利用经济适宜性分区
	矿产资源——天然气资源利用	天然气资源利用限制性类型、天然气资源利用条件适宜性等级、天然气资源利用经济适宜性等级、天然气资源利用限制性分区、天然气资源利用条件适宜性分区、天然气资源利用经济适宜性分区
	矿产资源——石油资源利用	石油资源利用限制性类型、石油资源利用条件适宜性等级、石油资源利用经济适宜性等级、石油资源利用限制性分区、石油资源利用条件适宜性分区、石油资源利用经济适宜性分区
区域资源环境承载能力评价(P2)	土地资源	理论载畜量、草地承载能力、草地承载能力类型区
	水资源	灌溉用水承载能力、灌溉用水承载能力类型区、生活用水承载能力、生活用水承载能力类型区
	矿产资源	固体矿产资源人口承载能力、固体矿产资源的持续开采年限、固体矿产资源承载能力类型区、油气资源人口承载能力、油气资源的持续开采年限、油气资源承载能力类型区
	水环境	水污染物浓度限值、水环境承载能力类型区
	大气环境	大气污染物浓度限值、大气环境承载能力类型区
区域资源环境承载压力评价(P3)	土地资源	草地开发压力状态指数(草地承载压力)、草地承载能力类型区
	水资源	生活用水开发压力状态指数、生活用水承载能力类型区、灌溉用水开发压力状态指数、灌溉用水承载能力类型区

指标来源	要素分类	指标
区域资源环境承载压力评价（P3）	矿产资源	固体矿产资源开发压力状态指数、固体矿产资源供需比例、固体矿产资源承载压力类型区、油气资源开发压力状态指数、油气资源供需比例、油气资源承载压力类型区
	大气环境	大气污染物浓度超标指数、大气环境承载压力类型区
	水环境	水污染物浓度超标指数、水环境承载压力类型区

　　将参与判定牧业地区开发适宜性方向的基础属性指标集成到对应评价层级的网格单元中，由单项资源环境要素评价集成求得的区域综合承载能力、综合承载压力指标，结合单要素适宜性评价结果，划分牧业地区开发适宜方向。依据划定的开发适宜方向、区域开发存在的短板及区域发展要求，以生态环境保护优先为原则，衡量各类资源开发与保护之间的优先级别，制定区域资源开发利用策略，为未来区域发展规划提供指导。

　　4）重点生态功能区

　　重点生态功能区开发适宜性方向的影响因素包括土地、水、矿产三类资源要素，以及自然气候、大气环境、水环境、土壤环境等七类环境要素，各资源环境要素的阶段性评价指标作为重点生态功能区开发适宜性评价的基础属性指标参与开发方向的判定（表 7.9）。

表 7.9　重点生态功能区基础评价单元属性指标

指标来源环节	要素分类	指标
资源数量与环境特征评价（P0）	土地资源	建设用地分布类型区、耕地分布类型区、林地分布类型区、草地分布类型区
	水资源	地表水分布类型区、地下水分布类型区
	矿产资源	固体矿产分布类型区、油气分布类型区
	自然气候	气象气候类型区
	大气环境	大气环境类型区
	水环境	地下水环境类型区、地表水环境类型区
	土壤环境	土壤类型区
	地形地貌	地形地貌类型区
	地质环境	地质环境类型区
	自然灾害	自然灾害类型区
资源开发利用适宜性评价（P1）	土地资源——林地	林地限制性类型、林地条件适宜性等级、林地经济适宜性等级、林地限制性分区、林地条件适宜性分区、林地经济适宜性分区
	土地资源——草地	草地限制性类型、草地条件适宜性等级、草地经济适宜性等级、草地限制性分区、草地条件适宜性分区、草地经济适宜性分区

续表

指标来源环节	要素分类	指标
资源开发利用适宜性评价（P1）	土地资源——耕地	耕地限制性类型、耕地条件适宜性等级、耕地经济适宜性等级、耕地限制性分区、耕地条件适宜性分区、耕地经济适宜性分区
	土地资源——建设用地	建设用地限制性类型、建设用地条件适宜性等级、建设用地经济适宜性等级、建设用地环境条件限制性分区、建设用地条件适宜性分区、建设用地经济适宜性分区
	水资源——水力资源开发	水力资源开发限制性类型、水力资源开发条件适宜性等级、水力资源开发经济适宜性等级、水力资源开发限制性分区、水力资源开发条件适宜性分区、水力资源开发经济适宜性分区
	矿产资源——煤炭资源利用	煤炭资源利用限制性类型、煤炭资源利用条件适宜性等级、煤炭资源利用经济适宜性等级、煤炭资源利用限制性分区、煤炭资源利用条件适宜性分区、煤炭资源利用经济适宜性分区
	矿产资源——金属、非金属矿石资源利用	金属、非金属矿石资源利用限制性类型，金属、非金属矿石资源利用条件适宜性等级，金属、非金属矿石资源利用经济适宜性等级，金属、非金属矿石资源利用限制性分区，金属、非金属矿石资源利用条件适宜性分区，金属、非金属矿石资源利用经济适宜性分区
	矿产资源——天然气资源利用	天然气资源利用限制性类型、天然气资源利用条件适宜性等级、天然气资源利用经济适宜性等级、天然气资源利用限制性分区、天然气资源利用条件适宜性分区、天然气资源利用经济适宜性分区
	矿产资源——石油资源利用	石油资源利用限制性类型、石油资源利用条件适宜性等级、石油资源利用经济适宜性等级、石油资源利用限制性分区、石油资源利用条件适宜性分区、石油资源利用经济适宜性分区
区域资源环境承载能力评价（P2）	土地资源	建设用地承载能力、建设用地承载能力类型区、耕地承载能力、耕地承载能力类型区、理论载畜量、草地承载能力、草地承载能力类型区、林地承载能力、林地承载能力类型区
	水资源	生活用水承载能力、生活用水承载能力类型区、工业用水承载能力、工业用水承载能力类型区、灌溉用水承载能力、灌溉用水承载能力类型区
	矿产资源	固体矿产资源人口承载能力、固体矿产资源的持续开采年限、固体矿产资源承载能力类型区、油气资源人口承载能力、油气资源的持续开采年限、油气资源承载能力类型区
	大气环境	大气污染物浓度限值、大气环境承载能力类型区
	土壤环境	土壤污染物浓度限值、土壤环境承载能力类型区
	水环境	水污染物浓度限值、水环境承载能力类型区
	地质环境	地质环境承载能力、地质环境承载能力类型区

指标来源环节	要素分类	指标
区域资源环境承载压力评价（P3）	土地资源	建设用地开发压力状态指数（建设用地承载压力）、建设用地承载压力类型区、耕地开发压力状态指数（耕地承载压力）、耕地承载压力类型区、林地开发压力状态指数（林地承载压力）、林地承载压力类型区、草地开发压力状态指数（草地承载压力）、草地承载压力类型区
	水资源	生活用水开发压力状态指数、生活用水承载压力类型区、工业用水开发压力状态指数、工业用水承载压力类型区、灌溉用水开发压力状态指数、灌溉用水承载压力类型区
	矿产资源	固体矿产资源开发压力状态指数、固体矿产资源供需比例、固体矿产资源承载压力类型区、油气资源开发压力状态指数、油气资源供需比例、油气资源承载压力类型区
	大气环境	大气污染物浓度超标指数、大气环境承载压力类型区
	土壤环境	土壤污染物浓度超标指数、土壤环境承载压力类型区
	水环境	水污染物浓度超标指数、水环境承载压力类型区
	地质环境	地面塌陷面积、地质环境承载压力类型区

将参与判定重点生态功能区开发适宜性方向的基础属性指标集成到对应评价层级的网格单元中，由单项资源环境要素评价集成求得的区域综合承载能力、综合承载压力指标，结合单要素适宜性评价结果，划分重点生态功能区开发适宜方向。依据划定的开发适宜方向、区域开发存在的短板及区域发展要求，以生态环境保护优先为原则，为后续资源开发与挖潜提供基础。

2. 海域资源开发适宜性评价指标

海域资源开发适宜方向主要包括产业与城镇建设用海区、海洋渔业保障区、重要海洋生态功能区。参考《全国海洋主体功能区规划》等规范文件，首先，确定海域资源环境禀赋，集成海域资源环境单项适宜性评价、承载能力评价及承载压力评价结果；其次，依据短板理论确定资源环境类型区综合承载能力和综合承载压力，以此为依据划分开发适宜方向，即优化开发、重点开发、限制开发、禁止开发；最后，针对区域短板和开发适宜方向提出资源开发利用策略。

1）产业与城镇建设用海区

产业与城镇建设用海区开发适宜性方向的影响因素包括海洋空间、海洋渔业、无人岛礁三类资源要素，以及海洋环境一类环境要素，各资源环境要素的阶段性评价指标作为产业与城镇建设用海区开发适宜性评价的基础属性指标参与开发方向的判定（表7.10）。

表 7.10 产业与城镇建设用海区基础评价单元属性指标

指标来源	要素分类	指标
资源数量与环境特征评价（P0）	海洋空间资源	岸线资源类型区、海域资源类型区
	海洋渔业资源	海洋渔业资源类型区
	无人岛礁资源	海岛（礁）资源类型区
	海洋环境	海洋环境类型区
资源开发利用适宜性评价（P1）	海洋空间资源	海洋空间开发限制性类型、海洋空间开发条件适宜性等级、海洋空间开发经济适宜性等级、海洋空间开发适宜类型区
	海洋渔业资源	海洋渔业开发限制性类型、海洋渔业开发条件适宜性等级、海洋渔业开发经济适宜性等级、海洋渔业开发适宜类型区
	无人岛礁资源	无人岛礁开发限制性类型、无人岛礁开发条件适宜性等级、无人岛礁开发经济适宜性等级、无人岛礁开发适宜类型区
区域资源环境承载能力评价（P2）	海洋空间资源	岸线资源承载能力、海域资源承载能力
	海洋渔业资源	可捕量
	无人岛礁资源	无居民海岛开发强度阈值、无居民海岛生态状况阈值
	海洋环境	海洋功能区水质达标率评估阈值标准、鱼卵仔鱼密度评估阈值标准、近海渔获物的平均营养级指数变化率评估阈值标准、典型生境的最大受损率评估阈值标准、海洋赤潮灾害评估阈值标准、海洋溢油事故风险评估阈值标准
区域资源环境承载压力评价（P3）	海洋空间资源	岸线开发强度（岸线资源承载压力）、海域开发强度（海域资源承载压力）
	海洋渔业资源	海洋渔业资源综合承载指数（海洋渔业资源承载压力）
	无人岛礁资源	无居民海岛开发强度、无居民海岛生态状况
	海洋环境	海洋水质承载状况、海洋生物承载状况、海洋环境承载压力状况

将参与判定产业与城镇建设用海区开发适宜性方向的基础属性指标集成到对应评价层级的网格单元中,由单项资源环境要素评价集成求得的区域综合承载能力、综合承载压力指标,结合单要素适宜性评价结果,划分产业与城镇建设用海区开发适宜方向。依据划定的开发适宜方向、区域开发存在的短板及区域发展要求,以生态环境保护优先为原则,为后续资源开发与挖潜提供基础。

2)海洋渔业保障区

海洋渔业保障区开发适宜性方向的影响因素包括海洋空间、海洋渔业两类资源要素,以及海洋环境一类环境要素,各资源环境要素的阶段性评价指标作为海洋渔业保障区开发适宜性评价的基础属性指标参与开发方向的判定(表 7.11)。

表 7.11 海洋渔业保障区基础评价单元属性指标

指标来源	要素分类	指标
资源数量与 环境特征评价 （P0）	海洋空间资源	岸线资源类型区、海域资源类型区
	海洋渔业资源	海洋渔业资源类型区
	海洋环境	海洋环境类型区
资源开发利用 适宜性评价 （P1）	海洋空间资源	海洋空间开发限制性类型、海洋空间开发条件适宜性等级、海洋空间开发经济适宜性等级、海洋空间开发适宜类型区
	海洋渔业资源	海洋渔业开发限制性类型、海洋渔业开发条件适宜性等级、海洋渔业开发经济适宜性等级、海洋渔业开发适宜类型区
区域资源环境 承载能力评价 （P2）	海洋空间资源	岸线资源承载能力、海域资源承载能力
	海洋渔业资源	可捕量
	海洋环境	海洋功能区水质达标率评估阈值标准、鱼卵仔鱼密度评估阈值标准、近海渔获物的平均营养级指数变化率评估阈值标准、典型生境的最大受损率评估阈值标准、海洋赤潮灾害评估阈值标准、海洋溢油事故风险评估阈值标准
区域资源环境 承载压力评价 （P3）	海洋空间资源	岸线开发强度（岸线资源承载压力）、海域开发强度（海域资源承载压力）
	海洋渔业资源	海洋渔业资源综合承载指数（海洋渔业资源承载压力）
	海洋环境	海洋水质承载状况、海洋生物承载状况、海洋环境承载压力状况

　　将参与判定海洋渔业保障区开发适宜性方向的基础属性指标集成到对应评价层级的网格单元中，由单项资源环境要素评价集成求得的区域综合承载能力、综合承载压力指标，结合单要素适宜性评价结果，划分海洋渔业保障区开发适宜方向。依据划定的开发适宜方向、区域开发存在的短板及区域发展要求，以生态环境保护优先为原则，为后续资源开发与挖潜提供基础。

　　3）重要海洋生态功能区

　　重要海洋生态功能区开发适宜性方向的影响因素包括海洋渔业一类资源要素和海洋环境一类环境要素，各资源环境要素的阶段性评价指标作为重要海洋生态功能区开发适宜性评价的基础属性指标参与开发方向的判定（表 7.12）。

表 7.12 重要海洋生态功能区基础评价单元属性指标

指标来源	要素分类	指标
资源数量与环境 特征评价（P0）	海洋渔业资源	海洋渔业资源类型区
	海洋环境	海洋环境类型区
资源开发利用 适宜性评价（P1）	海洋渔业资源	海洋渔业开发限制性类型、海洋渔业开发条件适宜性等级、海洋渔业开发经济适宜性等级、海洋渔业开发适宜类型区

指标来源	要素分类	指标
区域资源环境 承载能力评价 (P2)	海洋渔业资源	可捕量
	海洋环境	海洋功能区水质达标率评估阈值标准、鱼卵仔鱼密度评估阈值标准、近海渔获物的平均营养级指数变化率评估阈值标准、典型生境的最大受损率评估阈值标准、海洋赤潮灾害评估阈值标准、海洋溢油事故风险评估阈值标准
区域资源环境 承载压力评价 (P3)	海洋渔业资源	海洋渔业资源综合承载指数(海洋渔业资源承载压力)
	海洋环境	海洋水质承载状况、海洋生物承载状况、海洋环境承载压力状况

将参与判定重要海洋生态功能区开发适宜性方向的基础属性指标集成到对应评价层级的网格单元中,由单项资源环境要素评价集成求得的区域综合承载能力、综合承载压力指标,结合单要素适宜性评价结果,划分重要海洋生态功能区开发适宜方向。依据划定的开发适宜方向、区域开发存在的短板及区域发展要求,以生态环境保护优先为原则,为后续资源开发与挖潜提供基础。

7.3.3 国土空间开发适宜性评价的方法程序

基于地理信息系统平台,国土空间开发适宜性评价采用主客观相结合的方法,对自然资源与环境单要素各阶段的评价结果进行汇聚,通过决策、聚类、统计确定区域的主体功能区;结合单要素分区结果和主体功能区的分区结果,评价区域的综合承载能力和区域综合承载压力;针对国土开发过程中的约束和适宜程度,判断区域内各类国土空间适合进行开发的适宜性方向。方法程序主要包括五个步骤:单要素评价结果汇聚、区域主体功能区确定、区域综合承载能力评价、区域综合承载压力评价和开发适宜方向(图 7.2)。

1. 单要素评价结果汇聚

对自然资源与环境单要素的评价结果进行叠置、聚类,并根据评价阶段的分区目标确定分区类型。对自然资源与环境要素在四个阶段的评价结果图斑单元进行叠置与聚类,即自然资源实物性状与环境特征评价、自然资源开发利用适宜性评价、自然资源与环境承载能力评价和自然资源环境承载压力评价。根据四个阶段的分区目标,参考第 3、4、5、6 章的相关内容和海域、陆域的特征分异,确定单要素评价的分区类型,保证叠置、聚类获得的每一个分区内单一类型的资源、环境评价结果在分区条件下具有一致性。

2. 区域主体功能区确定

区域主体功能区的确定主要分为三个步骤:先对区域开发的单项主要用途进行决策,再对单要素评价的结果和分区进行聚类和分析,最终对聚类和分析结果进行统计,并将区域空间分为城市地区、资源地区、生态地区和农业地区四类。其中,在决策单项用途时,需要考虑生态或经济因素的优先性,对地表资源环境的开发利用和地下资源环境的开发利用的冲突进行考量和分析,并以国家战略层面为纲进行决策。当遇到同一类资源有多重开发利用方式时,需要同时权衡其利用适宜性和经济适宜性。

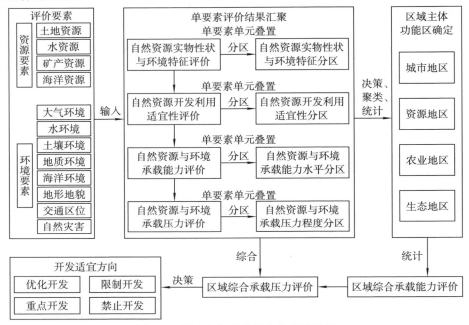

图 7.2　国土空间开发适宜性评价流程

3. 区域综合承载能力评价

自然资源与环境承载能力类型区划分的具体步骤为:首先,基于适宜性和限制性评价中各类资源环境适宜性类型区划分的结果(综合网格单元),计算单要素承载能力;其次,按照适宜性评价的聚类标准,对单要素承载能力再次进行聚类,得到综合承载能力类型区。其中,单要素承载能力评价是以土地资源、水资源、矿产资源、海洋资源、大气环境、水环境、土壤环境、地质环境和海洋环境等具体自然环境要素为研究对象的,综合承载能力评价是从区域整体角度进行的研究。单要素承载能力评价是综合承载能力评价研究的前提,综合承载能力评价研究是对单要素承载能力评价在区域尺度上的系统集成。

4. 区域综合承载压力评价

自然资源与环境承载压力类型区分为土地资源承载压力类型区、水资源承载压力类型区、矿产资源承载压力类型区、环境承载压力类型区、生态承载压力类型区。自然资源与环境承载压力评价继承于承载能力评价,自然资源与环境承载压力类型区由自然资源与环境承载能力评价结果聚类得到。具体步骤为:结合现状调查成果,计算资源环境消耗利用现状与其承载上限之间的差距(预警阈值区间),得到单项要素承载压力,应用短板理论判断综合承载压力。监测预警阈值的确定与承载压力的评估相辅相成。自然资源环境承载压力类型区的评价结果状态分为可载、临界和超载三种。

5. 区域资源环境开发适宜方向

依据评价区域所属类型分区的综合承载压力值,通过叠置分析,应用多因素综合分析法计算各个类型区的资源环境承载压力;根据各类区域的空间分布格局与综合承载压力值,由低到高划分为优化开发、重点开发、限制开发、禁止开发四类开发方向。开发适宜方向的划分以明确当前状态与临界状态为实际导向,确定开发与保护的趋势、方向及调整的幅度,对区域资源环境的后续发展、利用提供方向指引。

§7.4 区域国土空间开发适宜方向分区

7.4.1 开发适宜方向分区的目的

国土空间开发适宜方向分区是根据不同区域的资源环境承载能力、现有开发强度和发展潜力,统筹谋划未来城镇化、人口分布、三次产业发展、生态环境保护等重大国土开发利用的空间格局。通过设立优化开发、重点开发、限制开发和禁止开发四类开发方向,将农业与生态环境保护、区域均衡统筹等重点问题进行充分融合。其目的是确定主体功能定位,明确开发方向,控制开发强度,规范开发秩序,完善开发政策,逐步形成人口、经济、资源环境相协调的空间开发格局。从空间规划编制理念的角度理解,主体功能区规划的本质还是空间"开发"差别化部署方案。这种以"开发"差别化为核心思路的空间组织模式,有助于进一步落实不同区域,各项城镇化、工业化及大型国土开发项目的差别化部署,是全面落实科学发展观、构建社会主义和谐社会的全新国土空间开发部署的战略方案。该模式有利于缩小地区间公共服务的差距,促进区域协调发展,引导经济布局、人口分布与资源环境承载能力相适应,促进人口、经济、资源环境的空间均衡。同时,这种模式也有利于从源头上扭转生态环境恶化趋势,实现资源开发利用的节约、集约,制定打破行政界限的政策措施和绩效考评体系,加强和改善区域调控。这种模式为编制其他相关重要规划提供了基本战略方向指引和宏观层次的政策支撑,具有跨时代的重要意义。

7.4.2 开发适宜方向分区的方法

国土空间开发的决策流程,总体上参考以《全国主体功能区规划》为代表的规范文件,明确自然资源及其他发展要素的实物量特征,明确规划作用区域内生态约束条件,并从利用适宜性、经济适宜性、社会与环境限制性三大层面认知区域内规划要素的适宜性与限制性,进而通过资源环境要素的承载压力现状,结合短板理论,综合判定各级国土空间的开发适宜方向。

1. 适宜性与限制性分区

在国土空间开发决策中,对于不同的资源开发利用方式需要分析其开发适宜性、经济适宜性及社会与环境限制性。适宜性与限制性分区是以资源环境承载能力评价和国土空间开发适宜性评价的成果为依托的,综合补充其他社会经济和技术方面的有利条件与不利影响,通过聚类确定不同利用组合下的适宜性分区与限制性分区(图 7.3)。

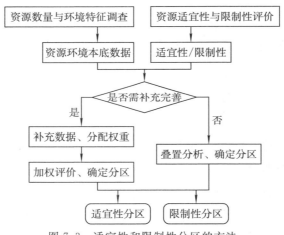

图 7.3　适宜性和限制性分区的方法

在国土空间开发中,资源利用的不同组合方式还可能受到社会文化或其他方面的软性影响,从而改变其适宜性或限制性。因此,除资源的利用适宜性、利用限制性及经济适宜性评价外,其余层面的适宜性或限制性可忽略不计,直接对已有适宜性或限制性评价结果在资源环境本底数据基础上进行聚类;反之,则需要综合其他需要特别考虑的适宜性或限制性因素后,再进行聚类生成分区。

2. 主体功能分区

1)综合承载压力确定

区域资源环境的综合承载压力可通过汇总单项的、独立的资源环境承载压力得出,主要依据资源环境承载压力评价结果,结合具体的综合利用分区,通过叠置聚类的空间分析方法进行判定。针对陆域空间,单项承载压力主要包含土地资源、水资源、矿产资源,以及大气环境、水环境、土壤环境、地质环境等承载压力;针对海域空间,则有海洋空间资源、海洋渔业资源、无人岛礁资源及海洋环境等单项承载压力类型(图 7.4)。

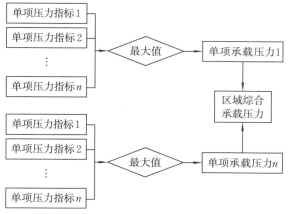

图 7.4　区域综合承载压力示意

区域综合承载压力的计算是对区域内的资源环境类型分区子系统进行的。首先,对其单项承载能力的各项指标进行归一化处理,加权计算评价区域单项资源环境承载能力;其次,根据按照实际情况修正后的指标权重及各子系统的承载压力值,根据最小限制率,对压力值求最大值,得出区域的综合承载压力值。区域发展通常具有复合性,一个较大的区域内可能同时存在多种分区关系。因此,对综合承载能力进行计算有利于对多个关系进行综合考虑、全面评估,进而有利于在决策中客观认识相关的自然资源与生态环境的稀缺性,确定地区可持续发展的短板,便于对区域空间规划的后续完善方向进行决策。

2)发展短板与效益影响

明确资源环境承载压力大小,有利于针对发展短板对规划做出预警,以实现国土空间总体布局优化。效益分析则需综合分析相应资源开发利用组合的预期经济效益与社会效益,从而确定开发的必要性。基于资源环境特征调查的本底数据、资源利用适宜性评价及资源环境承载能力评价的多阶段成果,对各类资源按照分区的承载能力大小进行排序,排位靠后的要素即为国土空间开发中的短板要素(图 7.5)。对资源环境承载能力评价中的经济适宜性评价结果进行排序,是确定区域发展短板要素排序的简便方法。

3. 开发适宜程度分区

依据双评价阶段性评价结果能够确定区域自然资源环境类型分区,并结合承载能力评价指标、承载压力评价指标,完成区域综合承载能力及承载压力的计算。根据各类区域的空间分布格局、综合承载能力、承载压力最值,可以判断区域开发适宜方向(图 7.6)。

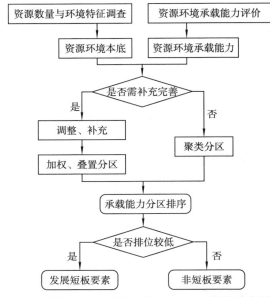

图 7.5   基于资源环境本底与资源环境承载能力评价确定的发展短板

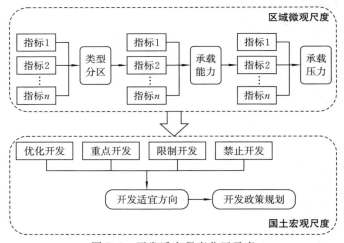

图 7.6   开发适宜程度分区示意

7.4.3   开发适宜方向栅格化处理

国土空间开发适宜方向评价结果的空间离散通常采用栅格划分法。与矢量数据单元相比,栅格数据单元比较适用于空间建模、叠置分析和空间尺度分析等空间数据处理。栅格大小与评价质量、工作量的大小及评价结果的应用有着密切的关系。栅格大小根据不同的研究区范围确定,全国层级的评价网格建议以 500 m×

500 m～1 000 m×1 000 m 栅格为基本单元进行分项评价,省级(区域)层面的评价网格建议以 100 m×100 m～500 m×500 m 栅格为基本单元进行分项评价;市级、县级层面建议优先使用矢量数据进行分项评价,或市县、镇、村建议以 50 m×50 m～100 m×100 m 栅格为基本单元进行评价。地形条件复杂或幅员较小的区域可适当提高评价精度。根据可获取数据情况,海域评价可适当降低评价精度,全国层级海洋资源建议格网大小为 1 000 m×1 000 m。

　　国土空间开发适宜方向栅格化处理流程主要包括(图 7.7):①输入栅格图层,包含四个属性特征,即自然资源类型与环境特性分区、自然资源开发利用的适宜性分区、自然资源与环境承载能力水平分区和自然资源类型与环境承载压力程度分区;②按照类型区、适宜性和限制性等专题特征进行聚类,生成主体功能分区图层,即陆域包括城市化地区图层、种植业地区图层、牧业地区图层、重点生态功能区图层,海域包括产业与城镇建设用海区、海洋渔业保障区及重要海洋生态功能区,其中每个图层的属性特征主要包括主体开发方向、生态约束、开发的适宜性和开发的限制性;③主体功能分区图层再汇总返回输入栅格图层及行政单元栅格图层,实现国土空间开发适宜方向分区结果的多层级统计,减少了运算的同时,还实现了国土空间开发适宜方向结果的可视化。

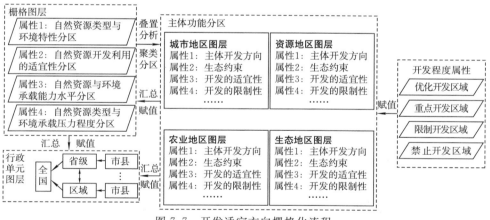

图 7.7　开发适宜方向栅格化流程

第8章 应用:自然资源监测与国土空间规划

双评价是自然资源管理领域的一项重要工作,形成了丰富的数据成果,被广泛应用于自然资源管理的各项工作中。基于此,本章首先总结了双评价成果的内容体系和应用方向,从自然资源环境调查监测要求、体系构成和数据体系三个方面,阐述了自然资源与环境监测方法,给出了双评价对自然资源与环境监测的数据需求;其次梳理了国土空间规划"五级三类"体系,分析了双评价对总体规划、详细规划和专项规划的数据支撑功能;最后探讨了双评价在自然资源资产的统一登记、自然资源资产的价值评估、生态环境开发整治与修复、自然灾害防治与损毁评估等自然资源管理工程中的应用。

§8.1 双评价的数据成果及应用方向

8.1.1 双评价成果的内容体系

双评价涵盖资源数量与环境特征调查、资源开发利用适宜性评价、区域资源环境承载能力评价、区域资源环境承载压力评价、国土空间开发适宜方向评价多个环节的工作,各环节均会形成相应的数据成果,共同构成双评价成果的内容体系。

1. 资源数量与环境特征评价

资源数量与环境特征评价(P0)工作形成了丰富的资源要素和环境特征本底数据(表 8.1),为双评价的后续环节、国土空间规划、自然资源环境监测等资源环境管理工程提供了翔实的基础数据。

表 8.1 资源数量与环境特征评价成果内容体系

要素类型	成果内容
土地资源	全国主要地类数据、耕地分布与质量状况、耕地红线、水资源调查评价基础信息平台等数据成果;土地利用现状图、耕地地力评价等级图、中低产田类型分布图等图件成果;土地资源调查报告等文字成果;森林生态系统环境特征分区(稳定气候区、地表稳定区等)、草原生态系统环境特征分区(稳定气候区、地表稳定区等)、农田生态系统环境特征分区(水土流失敏感区、生态土壤稳定区等)、城市生态系统环境特征分区(稳定气候区、地表稳定区等)

续表

要素类型	成果内容
水资源	水资源空间分布、数量统计数据图层等数据成果；水域生态系统环境特征分区（水源稳定区、生态地质构造稳定区等）
矿产资源	矿区储量核查、调查成果数据库、省级汇总成果数据库、全国汇总成果数据库等数据成果；全国单矿种储量、产能、产量分布图，各省单矿种储量、产能、产量分布图等图件成果；全国矿产资源储量利用调查总报告、单矿种汇总报告、我国重要矿产资源保障程度与资源安全评估报告、矿产资源综合性专题研究报告等文字成果
海洋资源	海岸带工业生产类型、灾害性天气发生频率、潮滩稳定程度、海岸带地质灾害重现期等数据资料，海洋水产资源分布空间数据，各类海洋资源分布空间数据（盐场、渔场等）；海洋生态系统环境特征分区（生物多样性稳定区、生物多样性敏感区等）
自然气候	全球气象台站地面和高空观测数据，卫星云图、温度、降水、大气环流、海洋、冰雪、辐射、植被、大气化学等台站观测资料数据
大气环境	行政区实时环境空气质量指数分布数据图层等实时资料数据
水环境	行政区划、背景遥感、流域分布等基础数据，如流域的河流水系分布图、水系分区图、流域水资源分区图、遥感影像等空间数据，以及社会经济基础信息、统计图等流域基础地理信息数据；水质、水文、水功能区等相关数据，如水文监测站点、水电站、流域水量信息、水位信息数据、水质监测站点空间数据、污染源信息、水质监测数据及水质调查数据、水功能区分布、水功能区监测、水功能区水质监测数据等水环境专题数据
土壤环境	土壤污染物（汞、镉等重金属污染物，以及氧化物、硫化物等有机污染物等）浓度及空间分布数据图层、土壤养分空间分布数据图层
地形地貌	地貌类型图、地形特征及海拔高程数据（如数字高程模型）等
交通区位	交通节点空间分布及运力布局数据、社会经济活动中心空间分布数据、交通网络空间布局（如高铁及客运专线、动车路线、普通铁路线路分布）及流量数据
地质环境	以相应的地质符号标注和封闭曲线圈定的各类地质体，以及用各种线形表示的遥感解译影像中的构造、崩塌、滑坡、地裂缝、塌陷、泥石流、路基下沉、建筑物裂缝等显示性信息；灾害类型、发生时间、经济损失、死亡人数、位置、规模形成机制发育条件等地质灾害信息
自然灾害	区域自然灾害类型、受灾人次、经济损失等社会经济统计数据；自然灾害事件空间分布数据
海洋环境	污染海域分布示意图、海水水质动态变化统计数据，以及浮游植物、浮游动物（包括鱼卵及仔稚鱼）、底栖生物和游泳动物的种类组成、数量分布、群体组成、群落结构和生物多样性特征等海洋生物环境特征数据

2. 资源开发利用适宜性评价

资源开发利用适宜性评价（P1）识别了开发资源利用的短板与限制条件，评价了在不同开发利用方向下的资源适宜性等级，划定了适宜性与限制性分区，形成了丰富的工作成果（表 8.2），可为空间布局及优化提供参考。

表 8.2　资源开发利用适宜性评价成果内容体系

要素名称	成果内容
土地资源	单因子环境限制性指标(积温、年平均温度、年平均降水量等)、单因子条件适宜性评价图(如坡度分级图、高程分级图等)、单因子经济适宜性评价数据(如农作物产量及价格、建筑面积及房价、旅游观光游客数量及门票价格等)、建设用地限制性类型及分区、建设用地条件适宜性等级及分区、建设用地经济适宜性等级及分区、耕地限制性类型及分区、耕地条件适宜性等级及分区、耕地经济适宜性等级及分区、林地限制性类型及分区、林地条件适宜性等级及分区、林地经济适宜性等级及分区、草地限制性类型及分区、草地条件适宜性等级及分区、草地经济适宜性等级及分区、种植园限制性类型及分区、种植园条件适宜性等级及分区、种植园经济适宜性等级及分区、生态用地限制性类型及分区、生态用地条件适宜性等级及分区、生态用地经济适宜性等级及分区
水资源	单因子环境限制性指标(如降水量、自然灾害等)、单因子条件适宜性评价图(如地表水径流量分级图、地下水埋深分级图等)、单因子经济适宜性评价数据(如农村用水总量及价格、工业用水总量及价格、水力发电中电能的价格等)、生活用水限制性类型及分区、生活用水条件适宜性等级及分区、生活用水经济适宜性等级及分区、灌溉用水限制性类型及分区、灌溉用水条件适宜性等级及分区、灌溉用水经济适宜性等级及分区、工业用水限制性类型及分区、工业用水条件适宜性等级及分区、工业用水经济适宜性等级及分区、水力资源开发限制性类型及分区、水力资源开发条件适宜性等级及分区、水力资源开发经济适宜性等级及分区
矿产资源	单因子环境限制性指标(如崩塌、滑坡、泥石流的易发程度和断裂活动性等)、单因子条件适宜性评价图(如矿产资源固体矿产品级、位置等)、单因子经济适宜性评价数据(如煤炭等工业原料价格、矿产消耗、基础设施建设成本等)、煤炭资源利用限制性类型及分区、煤炭资源利用条件适宜性等级及分区、煤炭资源利用经济适宜性等级及分区、金属和非金属矿石开发环境条件限制性类型及分区、金属和非金属矿石开发条件适宜性等级及分区、金属和非金属矿石开发经济适宜性等级及分区、石油资源开发环境条件限制性类型及分区、石油资源开发条件适宜性等级及分区、石油资源开发经济适宜性等级及分区、天然气资源开发环境条件限制性类型及分区、天然气资源开发条件适宜性等级及分区、天然气资源开发经济适宜性等级及分区
海洋资源	单因子环境限制性指标(如赤潮灾害年均发生频次、海洋溢油事故风险状况等)、单因子条件适宜性评价图(如海域面积、岸线长度、水温、无人岛礁面积等)、单因子经济适宜性评价数据(如占用海洋资源空间的成本、基础设施建设成本、捕捞养殖成本等)、海洋空间开发限制性类型及分区、海洋空间开发条件适宜性等级及分区、海洋空间开发经济适宜性等级及分区、海洋渔业开发限制性类型及分区、海洋渔业开发条件适宜性等级及分区、海洋渔业开发经济适宜性等级及分区、无人岛礁开发限制性类型及分区、无人岛礁开发条件适宜性等级及分区、无人岛礁开发经济适宜性等级及分区

3. 区域资源环境承载能力评价

区域资源环境承载能力评价(P2)量化了资源环境的承载能力,为自然资源明确了开发利用的"天花板",为国土空间规划划定了不得突破的"红线",形成了资源承载能力分级图、环境承载能力分级图等数据成果(表 8.3)。

表 8.3 区域资源环境承载能力评价成果内容体系

要素名称	成果内容
土地资源	耕地的承载能力测度(耕地可利用面积、耕地承载能力分级图)、林地的承载能力测度(林地可利用面积、林地承载能力分级图)、草地的承载能力测度(草地可利用面积、草地承载能力分级图)、建设用地的承载能力测度(建设用地可利用面积、建设用地产品供给量、建设用地的承载能力分级图);耕地承载能力类型区、林地承载能力类型区、草地承载能力类型区、建设用地承载能力类型区
水资源	灌溉用水的消耗量、灌溉用水的供给量、灌溉用水承载能力分级图、生活用水的消耗量、生活用水的供给量、生活用水承载能力分级图、工业用水的消耗量、工业用水的供给量、工业用水承载能力分级图、水力资源开发的需求标准、水力资源开发的供给能力、水力资源开发承载能力分级图;灌溉用水承载能力类型区、工业用水承载能力类型区、生活用水承载能力类型区、水力资源开发承载能力类型区
矿产资源	矿产资源承载能力评价与监测预警报告、研究区矿产资源承载能力状况图及数据表等、固体矿产资源承载能力类型区、油气资源承载能力类型区
海洋资源	海洋资源承载能力专题数据等,岸线资源承载能力类型区、海洋空间资源承载能力类型区、海洋渔业资源承载能力类型区、无人岛礁资源承载能力类型区
大气环境	大气环境纳污能力评价专题数据等,大气环境承载能力类型区
水环境	水环境纳污能力评价专题数据等,水环境承载能力类型区
土壤环境	土壤环境承载能力专题数据等,土壤环境承载能力类型区
地质环境	地质环境风险接受程度评价数据、地质环境容许承载能力结果图层、地质环境极限承载能力结果图层、地质环境承载能力类型区
海洋环境	海洋赤潮灾害风险分级图、海洋溢油事故风险分级图、海洋环境承载能力评价专题图等,海洋环境承载能力类型区

4. 区域资源环境承载压力评价

区域资源环境承载压力评价(P3)明确了现状条件下的资源环境利用程度相对于承载能力的承载状态,形成了各资源环境要素利用的压力分级、综合预警等成果(表 8.4)。这些成果作为资源利用强度的指示信号,为国土空间布局优化提供参考。

表8.4　区域资源环境承载压力评价成果内容体系

要素名称	成果内容
土地资源	耕地资源承载现状测度、耕地承载压力分级图、林地资源承载现状测度、林地承载压力分级图、草地资源承载现状测度、草地承载压力分级图、建设用地资源承载现状测度、建设用地承载压力分级图;耕地承载压力类型区、林地承载压力类型区、草地承载压力类型区、建设用地承载压力类型区
水资源	灌溉用水承载现状测度、灌溉用水承载压力综合预警图、工业用水承载现状测度、工业用水承载压力综合预警图、生活用水承载现状测度、生活用水承载压力综合预警图、水力资源开发承载压力综合预警图;灌溉用水承载压力类型区、工业用水承载压力类型区、生活用水承载压力类型区、水力资源开发承载压力类型区
矿产资源	固体矿产资源承载压力综合预警图、油气资源承载压力综合预警图;固体矿产资源承载压力类型区、油气资源承载压力类型区
海洋资源	海洋空间承载压力测度(如岸线开发强度分级图、海域开发强度分级图)、海洋渔业承载压力分级图、无人岛礁开发强度分级图;岸线资源承载压力类型区、海洋空间资源承载压力类型区、海洋渔业资源承载压力类型区、无人岛礁资源承载压力类型区
大气环境	单项指标承载状态分级图(如二氧化硫、二氧化氮等污染物承载状态分级图等)、大气环境综合预警图;大气污染物承载压力类型区
水环境	单项指标承载状态分级图(如溶解氧承载状态分级图等)、水环境生态安全等级预警图;水污染物承载压力类型区
土壤环境	单项指标承载状态分级图(如铅、铜等重金属污染物承载状态分级图等)、土壤环境综合预警图;土壤污染物承载压力类型区
地质环境	地质灾害预警预报趋势图层等
海洋环境	海洋生态承载状况分级图、鱼卵仔鱼密度状况分级图、海水水质分级图、海洋环境承载压力分级图、海洋环境承载状态综合预警图;海洋环境承载压力类型区

5. 国土空间开发适宜方向评价

国土空间开发适宜方向评价(P4)基于前述四项(P0～P3)评价成果划定了各资源环境类型区内部重点、优化、限制、禁止四类开发利用适宜方向,并对区域短板要素进行了识别,针对性地给出了开发利用策略,形成了国土空间开发适宜方向评价成果(表8.5),为国土空间规划决策提供参考。

表8.5　国土空间开发适宜方向评价成果内容体系

资源环境类型区名称	成果内容
城市化地区	城市化地区开发适宜方向分区图层、城市化地区开发利用指南
种植业地区	种植业地区开发适宜方向分区图层、种植业地区开发利用指南
牧业地区	牧业地区开发适宜方向分区图层、牧业地区开发利用指南
重点生态功能区	重点生态功能区开发适宜方向分区图层、重点生态功能区开发利用指南
产业与城镇建设用海区	产业与城镇建设用海区开发适宜方向分区图层、产业与城镇建设用海区开发利用指南

续表

资源环境类型区名称	成果内容
海洋渔业保障区	海洋渔业保障区开发适宜方向分区图层、海洋渔业保障区开发利用指南
重要海洋生态功能区	重要海洋生态功能区开发适宜方向分区图层、重要海洋生态功能区开发利用指南

8.1.2　双评价成果的应用方向

双评价涵盖了自然资源环境管理领域的多项工作，如本底调查、适宜性与限制性评价、利用评价、信息化建设等，通过海量基础数据采集、多环节数据处理，形成了丰富的数据成果，能在自然资源环境监测、国土空间开发等资源环境管理的众多方向上得到应用，图 8.1 展示了双评价成果的几大应用方向。

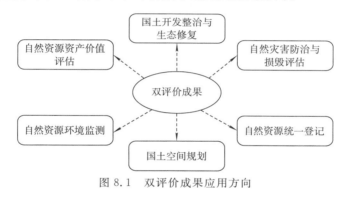

图 8.1　双评价成果应用方向

§8.2　自然资源与环境监测的需求指引

8.2.1　自然资源与环境监测工作概述

自然资源监测是在基础调查和专项调查形成的自然资源本底数据基础上，追踪资源要素自身变化及人类活动引起的变化的一项工作，以实现"早发现、早制止、严打击"的监管目标（中华人民共和国自然资源部，2020b）。环境监测是指环境监测机构对环境质量状况进行监视和测定的活动，通过对反映环境质量的指标进行监视和测定，以确定环境污染状况和环境质量的优劣（胡志民 等，2006）。自然资源监测工作与环境监测工作是摸清资源环境家底、跟踪资源环境状态变化的关键性工作，为科学编制国土空间规划，逐步实现山水林田湖草整体保护、系统修复和综合治理，保障国家生态安全提供数据支撑，为实现国家治理体系和治理能力现代化提供服务保障。

我国自然资源与环境监测工作的起点，可以追溯到 20 世纪 70 年代，全国范围部分主要自然资源的专项调查、普查、清查工作陆续开展;发展至 80 年代,面向土地、矿产、水、海洋、地质环境、生态环境等资源环境要素的调查监测工作全面展开;90 年代后,资源可持续利用评价、资源环境预警工作及相关研究逐步开展。历时 20 多年,我国初步建立了资源环境监测体系,但尚未形成统一的资源环境监测管理体制与机制。这一阶段,资源环境要素的调查、评价、监测、预警、数据采集、信息发布及基础数据库建设等职能分散在国土、环保、农业、林业、水利、海洋等行业主管部门,各部门的监测工作相对独立,除共同执行少部分国家标准外,各部门标准、技术自成体系,导致部门间分类体系不衔接、基础性调查监测数据共享受阻等问题。

　　进入 21 世纪,我国资源环境监测体系建设有了长足发展。在自然资源监测领域,其统一监测制度于 2020 年正式建立,通过《自然资源调查监测体系构建总体方案》明确了自然资源调查监测工作的任务书、时间表,为加快建立自然资源统一调查、评价、监测制度,健全自然资源监测管理体制,切实履行自然资源统一调查监测职责,提供了重要的行动指南;在环境监测方面,我国已建成世界范围内规模最大的生态环境监测网络(季江云 等,2018),开创了高端实用的生态环境监测业务系统,出台了较健全的生态环境监测制度,组建了较完善的生态环境监测组织机构及行业优秀人才团队,从起步至今实现了跨越式的发展。

1.自然资源环境调查监测要求

　　为保证自然资源环境调查监测工作全面、高效、规范开展,从工作内容、周期、推进步骤等方面明确了监测的多项要求(表 8.6)。

表 8.6　自然资源环境调查监测要求

序号	内容	要求
1	工作内容	构建"1+X"型资源环境体系,"1"是"基础调查","X"是多项"专业调查"
2	工作周期	自然资源基础调查每 10 年开展 1 次;专业调查以 5 年为 1 个周期;变更调查每年开展 1 次;对于对外界变化敏感的资源环境要素,借助遥感等技术手段,提升监测时间精度
3	推进步骤	第一步:通过形成新的"三调"工作分类,调整工作内容,完善工作方案,加快推进与水、草原、森林、湿地等自然资源现有调查的实质融合,解决标准不一致和空间重叠的问题,查清各类自然资源在国土空间上的水平分布,支撑国土空间规划和用途管制; 第二步:在查清各类自然资源水平分布的基础上,通过开展专业调查,查清不同自然资源的质量和生态状况,形成统一的自然资源调查,全面支撑山水林田湖草的整体保护、系统修复和综合治理,即将土地调查转为国土调查,再逐步向全面开展自然资源调查过渡,最终建立完备的"1+X"型自然资源调查体系
4	相关调查工作整合和内容融合	要做到工作、内容、底图、要素四个统筹联系;最终实现自然资源环境调查监测"六个统一",即统一组织开展、统一法规依据、统一调查体系、统一分类标准、统一技术规范、统一数据平台

2．自然资源环境监测体系构成

构建自然资源环境监测体系是自然资源环境监测的基础性工作,是全面、规范、高效开展监测工作,形成真实、可靠监测结果的保障。

1)自然资源调查监测体系

自然资源调查监测体系科学地设置了自然资源分层分类模型,明确了自然资源调查监测体系构建的目标任务、工作内容、业务体系和组织实施分工等(中华人民共和国自然资源部,2020b)(表 8.7)。

表 8.7　我国自然资源调查监测体系

体系构成	构成说明
法律制度体系	加强基础理论和法理研究,制定自然资源调查监测法规制度建设规划,为调查监测的长远发展提供法律支撑;建立自然资源的统一调查、评价、监测制度,重点研究制定自然资源调查条例,出台相关配套政策、制度和规范性文件
标准体系	按照自然资源调查监测的总体设计和工作流程,基于结构化思想,构建自然资源调查监测标准体系;按照山水林田湖草是一个生命共同体的理念,研究制定自然资源分类标准;根据地表自然发育程度与地表附着物的本质属性等,研究制定地表覆盖分类标准;在全面梳理自然资源名词术语标准的基础上,制定自然资源调查监测分析评价的系列技术标准、规程规范,包括基础调查技术规程、专项调查技术规程、质量管理技术规程、成果目录规范等
技术体系	充分利用现代测量、信息网络及空间探测等技术手段,构建"天-空-地-网"为一体的自然资源调查监测技术体系,实现对自然资源全要素、全流程、全覆盖的现代化监管
质量管理体系	建立自然资源调查监测质量管理制度,依法严格履行质量监管职责,保障调查监测成果真实准确可靠

2)生态环境监测体系

目前,虽然我国尚未建成统一的生态环境监测体系,但明确了生态环境监测体系的建设目标,即形成陆海统筹、天地一体、上下协同、信息共享的生态环境监测网络,建立健全的政府主导、部门协同、企业履责、社会参与、公众监督的监测格局,以建成科学、独立、权威、高效的监测体系,显著增强生态环境监测能力,实现生态环境管理和生态文明建设的支撑服务水平明显提升(中华人民共和国生态环境部,2020b)。2020 年 6 月 21 日,生态环境部发布了《生态环境监测规划纲要(2020—2035 年)》,明确将建成统一的生态环境监测体系作为生态环境监测规划第一阶段(2020—2025 年)的规划目标。

3．自然资源环境监测数据体系

自然资源环境监测的工作对象包括自然界各类资源要素、环境特征,自然资源要素间存在差异化的理化特性,环境要素间同样表现出不同时间粒度、不同空间尺度的变化特征,因此需要顾及区域范围、数据来源、获取方式、数据精度、时间尺度多方面要求,以建立多源异构的自然资源环境监测数据体系。

　　自然资源环境监测的数据体系,从区域范围层面,表现为全国、地区、省、市、县、乡镇等层级的数据体系;从数据来源、精度和时间尺度层面,则由长周期、大尺度的国家和地方常规监测及专项监测数据,高时间精度的空间遥感数据,实地观测数据和调研数据,以及高频传感器监测数据四个部分构成(图 8.2)。其中,国家和地方常规监测及专项监测数据具有全面性和权威性,但在时间尺度、精度上不能适应所有类型资源环境要素监测,对于状态稳定的资源(如矿产资源)和环境特征(如地质环境、地形地貌)监测具有较高适用性。空间遥感数据发展到现阶段已经具备高精度、高监测频率的优势,在大尺度的资源环境要素监测中具有优势,在海洋资源、土地资源的监测工作中应用广泛。实地观测数据和调研数据可以根据需求个性化地获取,但通常观测和调研成本较高,实施频率相对低,而对土壤环境、地下水资源此类区域性特征显著、状态相对稳定的资源环境要素的监测十分适宜。传感器监测数据具有最高的时间精度,适用于变化频繁、对外界干扰反应灵敏的资源环境要素监测,在水环境监测、大气环境监测、声环境监测工作中应用十分广泛。

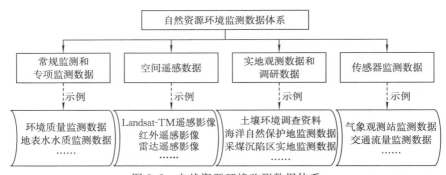

图 8.2　自然资源环境监测数据体系

　　基于自然资源环境监测数据体系架构,通过具体监测业务实施和数据采集过程建立自然资源环境监测数据库。与此同时,为使数据在资源环境管理领域得到更广泛的应用,提升各部门、各类工程实施效率,还应配套构建自然资源环境监测数据统计分析系统、共享分发系统等,与自然资源环境监测数据库共同组成自然资源数据服务体系,以加快推进监测数据整合工作,健全自然资源数据共享工作机制,并利用大数据技术和数据分析模型,推进数据集成和深度开发利用。

8.2.2　双评价对资源监测的数据需求

　　自然资源监测工作为双评价提供基础数据,双评价同样也对资源监测工作提出数据需求。双评价工作中自然资源评价的对象包括土地资源、水资源、矿产资源、海洋资源四类资源要素,不同主体均具有差异化的属性特征,从而形成了各具特色的基础评价数据需求。监测工作为基础评价数据的重要来源,因此受到评价数据的需求驱动,主要体现在监测内容、时间粒度、空间尺度三个方面。

评价指标内容上，不同资源类型具有个性化的评价指标体系，因此对资源监测工作提出了监测内容方面的需求；数据时间粒度上，不同资源类型的稳定性、对外部变化的敏感性不同(图 8.3)，资源要素评价指标表现出不同的时序变化特征，如矿产资源在自然条件下的储量和质量均变化得极缓慢，而水资源的数量和质量则变化得复杂且频繁，因此对监测工作提出了差异化的时间粒度需求；空间尺度上，各类资源存在空间分布特征的差异，因此产生了对评价数据空间尺度的差异化需求，为满足自然资源调查监测工作在不同空间尺度上的需求，我国基于尺度范围和服务对象细分了调查监测类型(表 8.8)。

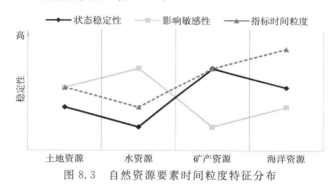

图 8.3 自然资源要素时间粒度特征分布

表 8.8 基于尺度范围和服务对象的自然资源监测分类体系

监测类型	监测内容
常规监测	常规监测是围绕自然资源管理目标，对我国范围内的自然资源定期开展全覆盖动态遥感监测，及时掌握自然资源年度变化等信息，支撑基础调查成果年度更新，也为年度自然资源督察执法及各类考核工作等提供服务；常规监测以每年 12 月 31 日为时点，重点监测包括土地利用在内的各类自然资源的年度变化情况
专题监测	专题监测是对地表覆盖和某一区域、某一类型自然资源的特征指标进行动态跟踪，掌握地表覆盖及自然资源数量、质量等变化情况，包括地理国情监测、重点区域监测、地下水监测、海洋资源监测、生态状况监测五大模块
应急监测	对社会关注的焦点和难点问题，组织开展应急监测工作，突出"快"字，即响应快、监测快、成果快、支撑服务快，第一时间为决策和管理提供第一手的资料和数据支撑

对于各类自然资源要素，本节从监测内容、时间粒度、空间尺度三个方面梳理双评价对资源监测的数据需求(表 8.9)。

表 8.9 自然资源监测的数据需求

要素类型	需求方向	需求数据
土地资源	监测内容	现状用地类型、新增建设用地信息、变化图斑占用地类类型
	时间粒度	人类对土地的开发利用活动导致土地资源稳定性不高，而监测工作时间粒度要求高，应采用短监测周期，如季度监测
	空间尺度	开展最小监测单元为图斑的全国土地空间覆盖常规监测

续表

要素类型	需求方向	需求数据
水资源	监测内容	地表水监测:地表水资源量、水资源总量、地表水资源质量、海水淡化水资源量及水质等
		地下水监测:地下水资源量、水质、矿物质含量、重点区域水资源详查等
	时间粒度	地表水监测:流域监测为每月 1 次,具体实施时间由中国环境监测总站与流域网头单位及相关省(自治区、直辖市)确定;省(自治区、直辖市)交界断面中需要重点控制的监测断面每月至少采样 1 次;饮用水源地监测断面每月至少采样 1 次;国控水系、河流、湖、库上的监测断面逢单月采样 1 次,全年 6 次;水系的背景断面每年采样 1 次;国控监测断面每月采样 1 次
		地下水监测:背景值监测井和区域性控制的孔隙承压水井每年枯水期采样 1 次;污染控制监测井逢单月采样 1 次;作为生活用水集中供水的地下水监测井每月采样 1 次
	空间尺度	开展监测单元为自然单元(河段、湖泊等)的全覆盖常规监测
矿产资源	监测内容	矿区地质构造特征、矿体形态、规模、产状、数量、矿石工业类型、自然类型、有用、有害组分特征;采矿过程中矿床地质及矿石质量的变化情况,矿山年度消耗储量,包括开采量、损失量(分正常损失、非正常损失)和矿业权范围内保有储量、累计探明储量;采矿回采率、损失率、矿石贫化率、选矿回收率
	时间粒度	矿产资源形成、性质变化需要经过漫长的时间,对外部影响敏感性弱,可开展时间粒度较大的年度监测
	空间尺度	以矿产资源自然单元的常规监测为主,对于矿山环境地质问题严重的热点地区、发生突发性矿山地质灾害事件的矿区,除了进行常规监测外,还要进行区域性应急监测
海洋资源	监测内容	海岸带、海岛保护、人工用海情况及海洋渔业资源动态状况,具体包括游泳生物种类组成数量分布和资源密度分布,鱼卵、仔稚鱼种类组成和数量分布,珍稀濒危水生野生动植物、潮间带生物种类组成和数量分布,底栖生物种类组成和数量分布,浮游动物种类组成和数量分布,浮游植物种类组成和数量分布
	时间粒度	一、二级建设项目范围内,在季节变化显著的区域,一般应进行 4 次(每季 1 次)海洋生物资源的调查;当情况特殊时,至少应在主要海洋生物种类的产卵盛期和育肥期进行 2 次海洋生物资源的调查;在季节变化不显著的区域,一级评价应在主要海洋生物种类的产卵盛期和育肥期进行 2 次海洋生物资源的调查,二级评价至少应在主要海洋生物种类的产卵盛期进行 1 次海洋生物资源的调查;三级评价以收集和利用最近 3 年的资料为主,当最近 3 年的资料不能满足评价要求时,应在主要海洋生物种类的产卵盛期进行 1 次海洋生物资源的调查
	空间尺度	开展以海域为单元的常规监测

8.2.3　双评价对环境监测的数据需求

环境条件是双评价的重要工作对象，大气环境、水环境、土壤环境、地质环境、自然灾害、交通区位等环境特征数据构成了双评价本底数据的重要成分，可见环境监测工作为双评价提供了丰富的基础数据。与此同时，双评价也对生态环境监测提出了数据需求。

不同环境条件表现出差异化的属性特征，这些特征决定了评价指标内容、数据粒度、数据尺度的差异，相应形成了对环境监测内容、时间粒度、空间尺度等方面的需求。

监测内容方面，测度环境特征的指标众多，评价工作根据需要选取相应的指标，为监测明确了内容需求。时间粒度方面，不同环境要素对评价数据有着不同的时间粒度要求（图 8.4）。例如，大气环境变化复杂且频繁，采用时间粒度大的数据参与评价容易导致评价时点错位，使评价结果失真，因此大气环境评价需要时间粒度小的基础数据，要求大气监测工作以较高频率开展；地质环境多具有稳定性，变化需要经历漫长的时间过程，因此对评价数据的时间粒度要求相对较低，可以从经济合理的角度组织监测工作的开展。空间尺度方面，大气环境、水环境没有固定的空间位置和形态，原则上需要大尺度的基础数据反映环境特征，而地质环境具有稳定空间位置，则可通过小尺度数据反映环境特征，相应地对监测工作的空间尺度形成了差异化的需求。

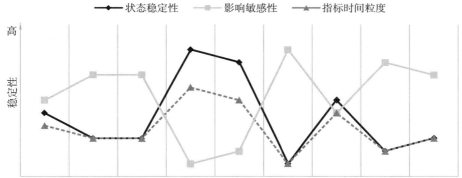

图 8.4　环境条件时间粒度特征分布

双评价对基础数据有着内容、时间粒度、空间尺度方面的需求，相应地形成了对环境监测内容、时间粒度、空间尺度的需求（表 8.10）。

表 8.10　生态环境监测的数据需求

要素类型	需求方向	需求数据
自然气候	监测内容	降水、气温等气候要素和极端气象事件监测,地表温度、反照率和陆面要素监测,大气环流和季风系统监测,海冰和积雪监测
	时间粒度	自然气候条件瞬息万变,应采用时间粒度较小的监测方式开展工作,如逐小时、逐日气候监测
	空间尺度	气候因地形条件、下垫面或海表状况不同存在很大差异,呈现一定中尺度变率,应开展中尺度监测工作,如行政单元尺度监测
大气环境	监测内容	《环境空气质量标准》中各项污染物含量
	时间粒度	大气环境的环境敏感度高,监测工作应采取较小时间粒度,如采用逐小时动态监测
	空间尺度	大气环境具有区域性,应开展乡镇(街道)行政单元监测
水环境	监测内容	总氮、铜、铅、锌、镉、铁、锰、砷、硒、汞、氰化物、挥发酚、石油类等物质含量
	时间粒度	地表水:地表水环境变化与人类活动密切相关,具有突发性,高时间粒度的监测工作不可或缺;同时,地表水环境变化受降水、气温变化影响,具有季节性,也应涵盖月度、季度的监测统计口径
		地下水:地下水饮用水源常规指标每月采样 1 次,非常规指标每年采样 1 次;其他区域(工业聚集区、矿山开采区、地下水饮用水水源补给区等)每季度采样 1 次,全年 4 次;承压水采样频次可以根据地下水水质变化情况确定,每年 1 次
	空间尺度	水环境随流域变化呈现明显分异,应逐河段(流域)开展常规监测
地质环境	监测内容	地下水监测:水位、水温、pH 值、电导率、浑浊度、氧化还原电位、色、嗅和味、肉眼可见物等指标、钾、钠、钙、镁等必测项目含量
		突发性地质灾害监测:岩土体地表和地下形变监测
		缓变性地质灾害监测:地面沉降、地裂缝
		矿山地质环境监测:次生地质灾害、矿区土地占用与破坏、矿区含水层破坏和矿区地形地貌景观破坏(邢丽霞 等,2011)
	时间粒度	地质环境是长时间外力作用的结果,相对稳定,监测频次要求低,年度监测即可满足评价要求
	空间尺度	地下水监测应开展自然单元常规监测,突发性地质灾害监测、缓变性地质灾害监测、矿山地质环境监测可对地层或构造单元开展专题监测、应急监测
地形地貌	监测内容	地貌形态特征、海拔高度、地面坡度、切割深度、坡向等
	时间粒度	地形地貌演化是长时间外力作用的结果,相对稳定,监测频次要求低,年度监测即可满足评价需求
	空间尺度	以网格为单元的全覆盖常规监测
交通区位	监测内容	交通流量、交通节点空间布局及运力部署等
	时间粒度	城市中交通流量变化频繁,一天中各个时间段可能呈现不同状态,监测时间粒度高,可开展逐小时动态监测;交通节点布局及运力部署参照规划确定,相对稳定,监测频次要求低,年度监测即可满足评价需求

要素类型	需求方向	需求数据
交通区位	空间尺度	交通流量监测以交通网络为监测对象,开展全覆盖常规监测;交通节点布局监测可依据评价需要,开展区域性专题监测
土壤环境	监测内容	常规项目:土壤环境质量标准要求的土壤环境质量指标(包括镉、汞、砷等物质含量)
		特定项目:常规项目中未要求控制的污染物,但根据当地环境污染状况,确认在土壤中积累较多、对环境危害较大、影响范围较广、毒性较强的污染物,或者污染事故对土壤环境造成严重不良影响的物质,具体项目由各地自行确定
		选测项目:一般包括新纳入的在土壤中积累较少的污染物、由环境污染导致土壤性状发生改变的土壤性状指标及生态环境指标等,由各地自行选择测定
	时间粒度	土壤环境相对稳定,年度监测可基本满足评价要求;但土壤环境易受到如火灾、化学品泄漏等突发事件影响,需要时应开展应急监测
	空间尺度	以地块为监测单元开展常规监测
自然灾害	监测内容	地质灾害综合防治、地质灾害险情巡查、群测群防、地质灾害速报、地质灾害应急预案信息等
	时间粒度	主要根据现场污染状况确定,事故刚发生时,监测频次可适当增加,待摸清污染物变化规律后,可减少监测频次
	空间尺度	以流域为监测单元开展常规监测,并将西南山区、西北黄土高原、湘鄂桂山区、东南沿海等地质灾害高发区作为工作重点
海洋环境	监测内容	水文气象:气温、气压、风向、风速、简易天气现象、水温、水深、水色、透明度、海况等
		水质:溶剂氧、pH 值、盐度、化学耗氧量、叶绿素 a 含量、有机物、酚含量等
		物理化学参数:营养盐(硝酸盐、亚硝酸盐、磷酸盐等)、重金属等(刘岩 等,2001)
	时间粒度	近岸区(含港口、入海河口、排污口)水质监测每年 3 次;近海区每年 1 次,海域沉积物每 2 年 1 次;生物残毒监测每年 1 次(生物成熟期);大气监测每年 3 次
	空间尺度	以海域为监测单元开展常规监测

§8.3　国土空间规划决策的数据基础

　　双评价作为国土空间规划编制的基础,需要满足国土空间规划提出的"必用性""管用性"和"好用性"等内在要求(岳文泽 等,2018),充分支撑国土空间规划编制,担当国土空间规划决策的数据基础。

8.3.1　国土空间规划的"五级三类"体系

　　《中共中央 国务院关于建立国土空间规划体系并监督实施的若干意见》从规

划层级、内容类型角度将国土空间规划分为"五级三类"。

国家级到乡镇级五级国土空间规划在规划内容类型上进一步细分为三个类别,形成了我国"五级三类"国土空间规划体系。各行政级别负责编制的具体规划类型如表 8.11 所示。

表 8.11　国土空间规划体系

规划级别	规划类型		规划说明
国家级	总体规划	全国国土空间总体规划	对全国国土空间做出的全局安排,是全国国土空间保护、开发、利用、修复的政策和总纲
	专项规划	全国海岸带综合保护利用规划	由自然资源部筹备组织编制,是国土空间规划在海岸带区域针对特定问题的细化、深化和补充,将重点考虑陆海统筹视角下的资源节约集约利用、生态环境保护和空间合理性的相对关系,为海岸带地区资源保护与利用、生态保护与修复、灾害防御等提供管理依据,为海岸带产业与滨海人居环境布局优化提供空间指引,为海岸带地区实施用途管制提供基础
		国家级自然保护地专项规划	涵盖国家公园、自然保护区、自然公园等自然保护地总体布局和发展规划,以明确自然保护地发展目标、规模和划定区域,将生态功能重要、生态系统脆弱、自然生态保护空缺的区域规划为重要的自然生态空间,纳入自然保护地体系
		跨省级行政区域或流域国土空间规划	由自然资源部筹备组织编制,以适应我国城市群和区域协同发展需要,如京津冀城市群规划、长江流域空间规划等
		国家级涉及空间利用的某一领域专项规划	由相关主管部门组织编制,以指导各行业健康有序发展,涵盖交通、能源、水利、农业、信息、市政等基础设施,以及公共服务设施、军事设施,同时涉及生态环境保护、文物保护、林业草原等多领域
省级	总体规划	省级国土空间总体规划	对全国国土空间规划的落实,是全省空间发展的指南、可持续发展的空间蓝图,由省政府组织编制,经省人大常委会审议后报国务院审批,指导市县国土空间规划编制
	专项规划	省级海岸带综合保护与利用总体规划	由沿海各省、自治区、直辖市海洋与渔业厅(局)等自然资源主管部门组织编制,划定海洋生态空间、海洋利用空间和海洋生态保护红线,以探索建立陆海统筹的海岸带地区协调发展新模式和综合管理新机制,推动形成人与自然和谐发展的新时代海岸带治理格局,为编制和实施全国海岸带综合保护与利用总体规划积累经验

续表

规划级别	规划类型		规划说明
省级	专项规划	省级自然保护地专项规划	由省、自治区林业和草原局等自然资源主管部门组织编制,建成有中国特色的以国家公园为主体的自然保护地体系,完成自然保护地优化整合,科学设置各类自然保护地,建立自然生态系统保护的新体制、新机制、新模式,构建健康稳定高效的自然生态系统,为维护区域生态安全和实现经济社会可持续发展筑牢基石
		跨行政区域或流域国土空间规划	由自然资源局筹备组织编制,以适应我国城市群和区域协同发展需要
		省级涉及空间利用的某一领域专项规划	由各省、自治区、直辖市相关主管部门依据省级发展规划、省国土空间规划组织编制,是省级总体规划在特定领域的细化,也是政府指导该领域发展及审批、核准重大项目,安排政府投资和财政支出预算,制定特定领域相关政策的依据,涵盖了交通、能源、水利、农业、信息、市政等基础设施、公共服务设施,军事设施,以及生态环境保护、文物保护、林业草原等规划领域
市级	总体规划	市级国土空间总体规划	由市政府组织编制,对省级规划要求的细化落实和具体安排,可因地制宜,将市县国土空间规划合并编制
	详细规划	市级控制性详细规划	在市级城镇开发边界内,由市自然资源主管部门组织编制,根据城市总体规划的要求,控制建设用地性质、使用强度和空间环境
		市级村庄规划	在市级城镇开发边界外,以一个或几个行政村为单元,由乡镇政府组织编制"多规合一"的实用性村庄规划
	专项规划	市级涉及空间利用的某一领域专项规划	以国民经济和社会发展的特定行业领域为对象编制的规划,是市级总体规划在特定领域的延伸和细化,是指导该领域发展的依据,涵盖交通、能源、水利、农业、信息、市政等基础设施、公共服务设施,军事设施,以及生态环境保护、文物保护、林业草原等多项领域
县级	总体规划	县级国土空间总体规划	对上级规划要求的细化落实和具体安排,可因地制宜,将市县国土空间规划合并编制
	详细规划	县级控制性详细规划	在县级城镇开发边界内,由自然资源主管部门组织编制,根据县级总体规划的要求,用以控制建设用地性质、使用强度和空间环境
		县级村庄规划	在县级城镇开发边界以外的乡村地区,以一个或几个行政村为单元,由乡镇政府组织编制"多规合一"的实用性村庄规划
		县级涉及空间利用的某一领域专项规划	由县相关主管部门组织编制,是县级总体规划在特定领域的延伸和细化,涵盖交通、能源、水利、农业、信息、市政等基础设施、公共服务设施,军事设施,以及生态环境保护、文物保护、林业草原等细分领域

续表

规划级别	规划类型		规划说明
镇（乡）级	总体规划	乡镇总体规划	由乡镇人民政府组织编制，是对上级规划要求的细化落实和具体安排，可因地制宜将乡镇国土空间规划合并编制或以几个乡镇为单元编制
	详细规划	乡镇控制性详细规划	由乡镇人民政府组织编制，担负着总体规划和修建性详细规划之间的承上启下作用，是保障城镇规划建设管理、规划实施和城镇开发建设科学、合理、有序进行的有力手段
		村庄规划	由乡镇人民政府组织编制，在总体规划指导下规划乡镇村庄布点，村庄的选址位置、性质、规模和发展方向，村庄的交通、供水、供电、邮电、商业、绿化等生产和生活服务设施的配置
		集镇规划	由乡镇人民政府组织编制，对乡镇的集镇分布、性质、规模和发展方向，以及服务设施的配置等做出一定期限内的综合布置和具体安排

　　各级各类国土空间规划涵盖不同的规划任务内容，双评价形成的丰富基础数据和各类评价成果在不同类型的规划中以不同形式发挥着数据支撑和决策参考作用，在后续内容中将进行具体阐述。

8.3.2　双评价对总体规划的数据支撑

　　国土空间总体规划按行政级别划分为全国、省、市、县、乡镇五个等级，自上而下规划的空间尺度逐步细化，实施性逐渐增强，但规划内容体系总体上保持了逐级承接，任务一致，涵盖基础评价、上级规划任务落实、总体开发格局明确、"三区三线"划定、建设项目安排、生态保护修复计划等多项规划任务。双评价作为国土空间规划编制的重要工具，为总体规划提供了有力的数据支撑。

　　双评价成果数据体系在总体规划中以工作底图、评价基础、决策参考等形式发挥了数据支撑功能（表 8.12），为规划编制提供指导，同时形成约束。

　　从总体规划任务内容与双评价环节的关系而言，双评价为总体规划的编制提供了一系列数据支撑，主要表现如下：

　　（1）基础评价，该任务是为了摸清国土空间本底条件，从而明确规划前期工作。对城市发展阶段、特色禀赋、发展条件进行的综合分析都建立在资源数量与环境特征评价（P0）成果数据的基础上，同时，基础评价需要识别区域开发的有利条件与限制因素，从而形成对城市定位的认知，因此基础评价离不开资源开发利用适宜性评价（P1）对国土空间开发识别的负面清单（基本农田、自然保护区等）。

　　（2）落实上级规划任务。首先要求明确目标指标的现状水平，从而分析差距，制定任务。资源数量与环境特征评价（P0）形成了资源环境现状数据资料，对比上级规划目标,明确任务差距,制定相应工作方案。

表 8.12　双评价对总体规划的数据支撑

规划任务	双评价成果内容				
	资源数量与环境特征评价(P0)	资源开发利用适宜性评价(P1)	区域资源环境承载能力评价(P2)	区域资源环境承载压力评价(P3)	国土空间开发适宜方向评价(P4)
基础评价	√	√			
落实上级规划任务	√				
明确总体开发格局	√	√	√	√	√
划定"三区三线"		√			
明确建设项目安排		√			
计划生态保护修复		√		√	

（3）明确总体开发格局。该任务建立在对资源环境禀赋、容量和利用状态的充分把握的基础上。资源数量与环境特征评价(P0)为空间分区提供了工作底图,资源开发利用适宜性评价(P1)则为国土空间利用方向的确定提供了依据,并结合国土空间开发适宜方向评价(P4)对资源利用双宜性或多宜性的情况进行综合决策。区域资源环境承载能力评价(P2)、区域资源环境承载压力评价(P3)则通过评价承载状态为后续开发利用方式提供预警,以明确合理的开发利用强度。

（4）划定"三区三线"。国土空间分区工作中,双评价成果对生态、农业和城镇空间"三区",以及生态保护红线、永久基本农田、城镇开发边界"三线"的划定提供直接依据。例如,在具体工作中,初步将生态保护等级及生态斑块集中度均为高或较高的区域纳入生态保护红线范围,这一过程便涉及资源开发利用适宜性评价(P1)单因素评价成果数据;城镇开发边界的划定应尽可能避开城镇建设不适宜区,新增城镇建设空间应尽可能在城镇建设适宜区剩余可用空间范围内进行选择,这一过程同样由资源开发利用适宜性评价(P1)的成果提供数据支撑;农业生产适宜区剩余可用空间应作为后备耕地的优选区域,农业生产不适宜区内的耕地应作为退耕还林、退耕还草的优先选择,由此可见,资源开发利用适宜性评价(P1)同样为农业、生态空间的初步划定提供了预判依据。

（5）明确建设项目安排。土地资源开发利用适宜性评价(P1)初步划定了工业、农业、牧业等不同利用方式下的土地利用适宜性范围,明确了项目建设用地要求后,可参照对应利用方式下的适宜范围进行项目选址。

（6）计划生态保护修复。总体规划需要部署土地整治及生态修复相关工作,区域资源环境承载压力评价(P3)实现了对待整治修复对象的识别,资源开发利用适宜性评价(P1)划定了土地利用适宜性分区,对比分区结果与用地现状,可从用地匹配的角度识别国土空间开发保护的问题和风险。与此同时,区域资源环境承载压力评价(P3)则从利用强度的角度识别了当前利用状态下的风险与问题。

8.3.3　双评价对详细规划的数据支撑

　　详细规划是建立在较小空间尺度上的规划类型,对基础数据有进一步的精度要求。双评价工作建立的数据体系实现了各级、各类数据在不同空间单元上的继承和计算,最终集成于小尺度的网格单元,为详细规划的编制提供具有实用性的数据支撑。

　　控制性详细规划主要以对地块的使用控制和环境容量控制、建筑建造控制和城市设计引导、市政工程设施和公共服务设施的配套控制、交通活动控制及环境保护规定为主要内容,并针对不同地块、不同建设项目和不同开发过程,应用指标量化、条文规定、图则标定等方式对各控制要素进行定性、定量、定位和定界的控制和引导(吴志强 等,2010)。双评价工作形成的资源环境本底评价数据及利用适宜性与限制性评价成果、环境容量评价成果等数据均将在控制性详细规划编制中得到应用(表8.13)。

表 8.13　双评价对控制性详细规划的数据支撑

规划任务	双评价成果内容				
	资源数量与环境特征评价（P0）	资源开发利用适宜性评价（P1）	区域资源环境承载能力评价（P2）	区域资源环境承载压力评价（P3）	国土空间开发适宜方向评价（P4）
建设用地性质管控:明确土地使用性质及其兼容性等用地功能控制要求	√				
建设用地使用强度控制:确定容积率、建筑高度、建筑密度、绿地率等用地指标	√				
设施系统规划:明确基础设施、公共服务设施、公共安全设施的用地规模、范围和具体控制要求,以及地下管线控制要求	√	√	√		
划定基础设施用地的控制界线(黄线)、各类绿地范围的控制线(绿线)、历史文化街区和历史建筑的保护范围界线(紫线)、地表水体保护和控制的地域界线(蓝线)等"四线",并明确控制要求	√				

　　控制性详细规划主要包括了四个方面的工作任务(中华人民共和国住房和城

乡建设部,2010),而双评价数据成果对控制性详细规划编制提供了数据支撑,能在各项任务中得到应用。具体表现如下:

(1)建设用地性质管控。明确土地使用性质及其兼容性等用地功能控制要求,是控制性详细规划的核心控制内容之一,是创造集约、多元、可持续发展城市的重要手段。用地兼容性的控制要求首先建立在明确地类现状布局的基础上,鼓励功能用途不冲突、环境要求相似且相互间没有不利影响的用地混合设置。双评价资源数量与环境特征评价(P0)形成了资源数量与环境特征本底数据,其中土地资源本底数据明确了规划范围内土地使用性质,对接总体规划,结合地类特征,可确定用地兼容性等功能的控制要求。

(2)建设用地使用强度控制。通过容积率、建筑高度、建筑密度、绿地率等用地指标进行建设用地使用强度控制。控制指标的确定是控制性详细规划的强制性内容。容积率、建筑高度、建筑密度、绿地率的管控通过技术规程给定了标准,将资源数量与环境特征评价(P0)形成的资源性状本底资料匹配相应的管控标准,可以确定土地开发强度管控标准。

(3)设施系统规划。明确基础设施、公共服务设施、公共安全设施的用地规模、范围和具体控制要求,以及地下管线控制要求,是控制性详细规划编制的重要工作任务,其规模和控制指标的确定建立在现状条件与规范标准对比的基础上,同时将土地空间承载人类活动的能力纳入考虑。而设施用地范围的确定则需因地制宜,结合土地利用适宜性进行综合考量。双评价资源数量与环境特征评价(P0)为控制指标对比提供了现状基础资料,资源开发利用适宜性评价(P1)为设施空间范围确定提供了备选空间参考,区域资源环境承载能力评价(P2)则为设施规模的确定进行了上限的约束,以避免设施建设过剩导致资源浪费。

(4)划定基础设施用地的控制界线(黄线)、各类绿地范围的控制线(绿线)、历史文化街区和历史建筑的保护范围界线(紫线)、地表水体保护和控制的地域界线(蓝线)等"四线",并明确控制要求。规划区域内的"四线"是基于资源要素现状分布的分区,因此资源数量与环境特征评价(P0)形成了土地资源地类图斑、水资源自然单元空间数据,分别为黄线、绿线、紫线及蓝线的划定提供工作底图。

修建性详细规划是在控制性详细规划的基础上落实某个地块的具体建设,涉及建筑物平面造型、道路基础设施布局、环境小品布置等的确定性规划,其工作尺度较控制性详细规划更为微观。双评价工作的开展建立在精细化的数据尺度上,因此能为修建性详细规划提供地块用途、地表覆盖等资源环境基础数据资料,以支撑规划编制。

8.3.4　双评价对专项规划的数据支撑

新时期国土空间规划体系的专项规划包括海岸带专项规划、自然保护地规划、跨行政区域或流域的国土空间规划,以及涉及空间利用的某一领域专项规划,如交通、能源、水利、农业、信息、市政等基础设施,公共服务设施,军事设施规划等。专项规划的工作对象涵盖总体规划的若干主要方面,是在总体规划总领下的展开。双评价成果数据涉及多要素、多用途的评价成果,在专项规划的编制过程中提供了可靠的数据支撑(表8.14)。

表 8.14　双评价对专项规划的数据支撑

专项规划类型	规划工作内容	双评价成果内容				
		资源数量与环境特征评价(P0)	资源开发利用适宜性评价(P1)	区域资源环境承载能力评价(P2)	区域资源环境承载压力评价(P3)	国土空间开发适宜方向评价(P4)
海岸带专项规划	海岸带生态建设	√		√	√	√
	减灾体系建设		√			
	设施建设选址	√	√			
	功能分区划定	√	√			√
	空间管控措施编制			√	√	
自然保护地规划	明确发展目标	√	√			√
	明确自然保护地类型和规模			√	√	
	协调其他建设		√			
风景名胜区规划	生态价值评价	√				
	生态系统敏感性评价			√		
	生态状况评价				√	
	游客容量的确定		√	√		
	配套设施布局		√			
	分级保护范围的确定				√	
综合交通规划	现状调研	√				
	发展需求预测	√				
	内外交通系统组织	√		√	√	
	各类交通设施布局		√	√		
市政设施规划	设施选址		√			
公服设施规划	设施选址		√			
土地整治规划	土地整治潜力分析			√		
	土地整治重点布局			√		
生态修复规划	基础调查与评估	√				
	重点修复空间识别				√	
	修复措施设计		√		√	√

双评价为海岸带专项规划的各项工作任务提供了以下数据支撑:

(1)海岸带生态建设。基于资源数量与环境特征评价(P0)形成的海岸带岸线、生态等资源环境空间和属性特征数据,对比上层规划任务指标,可以落实生态空间建设任务目标。同时,参照区域资源环境承载能力评价(P2)及区域资源环境承载压力评价(P3)结果,可以提出保护要求,参考国土空间开发适宜方向评价(P4)成果可以确定生态建设方向,并明确工作对策。

(2)减灾体系建设。结合资源开发利用适宜性评价(P1)结果,可以建设适宜性评价及灾害评价,划定风险区域,编制防范措施,为海岸带减灾体系建设提供依据。

(3)设施建设选址。以资源数量与环境特征评价(P0)形成的资源要素现状分布数据为设施建设选址工作底图,结合土地资源开发利用适宜性评价(P1)结果,可以确定设施选址的备选范围参考。

(4)功能分区划定。资源数量与环境特征评价(P0)提供了功能分区划定的数据底图,资源开发利用适宜性评价(P1)结果则为海岸带各利用方向的适宜性程度划定了等级,结合国土空间开发适宜方向评价(P4)结果,对开发利用方向的多宜性进行决策,最终划定各类功能区,形成海岸带功能布局。

(5)空间管控措施编制。综合考虑海岸带不同岸段类型的开发利用适宜性、利用状态可以划定建设管控区,对不同承载能力的海岸带空间制定相匹配的利用强度,并结合区域资源环境承载压力评价(P3)对现状利用方式和强度进行调整。

自然保护地规划是新时期国土空间规划体系中专项规划的重要构成,规划需要完成三项主要任务,即明确发展目标、明确自然保护地类型和规模及划定自然保护地具体区域,并妥善处理国家和区域重大项目建设、当地居民密集区必需生产生活设施建设与自然保护地之间的关系,对因保护对象及生境发生变化的自然保护地规划进行合理修订(宁夏回族自治区林业和草原局,2020)。双评价对其提供的数据支撑如下:

(1)明确发展目标。首先需要明确自然保护地的功能定位,开展自然保护地摸底调查及资源评估。资源数量与环境特征评价(P0)形成了生态系统资源环境各类单项要素基础数据,为该项工作的开展提供了数据基础。资源开发利用适宜性评价(P1)则为自然保护地各利用方向适宜性程度提供了分级数据,结合国土空间开发适宜方向评价(P4),对利用方向的多宜性进行综合决策,最终确定自然保护地发展目标定位。

(2)明确自然保护地类型和规模。自然保护地类型和规模需要依据保护区域的自然属性、生态价值和保护强度高低确定,区域资源环境承载能力评价(P2)成果度量了生态系统的最高生态价值,区域资源环境承载压力评价(P3)则识别了生态系统的承载状态,为保护强度的确定提供了参照。

(3)协调其他建设。在协调与重大项目和居民地的关系过程中,需要充分考虑项目及居民地选址,资源开发利用适宜性评价(P1)为选址提供了参考依据。

风景名胜区规划的生态评价、设施布局、游客容量设计等工作任务均由双评价提供数据支撑。

（1）风景名胜区规划。风景名胜区的生态价值是自然资源环境要素共同作用形成的综合价值，涵盖了土地、水、大气、生物等多类自然资源与环境要素，双评价资源数量与环境特征评价（P0）过程摸清了各资源环境要素本底数据，为生态保护区生态价值评价提供了数据基础。

（2）生态系统敏感性评价。生态系统敏感性是指生态系统对人类活动反应的敏感程度，用来反映产生生态失衡与生态环境问题的可能性大小。生态系统敏感性评价的实质就是评价具体的生态过程在自然状况下潜在变化能力的大小（欧阳志云 等，2000），区域资源环境承载能力评价（P2）则为度量这一限度提供了支撑。

（3）生态状况评价。生态状况评价是针对风景名胜区利用现状开展的综合评价工作，区域资源环境承载压力评价（P3）测度了区域利用现状与极限利用状态的关系，是对生态状况的良好表征。

（4）游客容量的确定。合理的游客容量因区域承载的活动类型和区域定位而异，通过资源开发利用适宜性评价（P1）明确最优承载活动类型及适宜利用的资源规模，进而通过区域资源环境承载能力评价（P2）估计适宜条件下的人口容量，以实现生态效益和经济效益两方面的最优化。

（5）配套设施布局。配套设施由土地空间承载，因此土地资源开发利用适宜性评价（P1）是配套设施布局的参考。

（6）分级保护范围的确定。分级保护范围直接依据国土空间承载能力和压力状态确定，承载能力弱的区域生态环境脆弱，应进行重点保护，现状超载区域应作为重点修复、保护区域；承载能力强但现状利用强度低的区域则可进行适度开发，提升区域总体效益。区域资源环境承载能力评价（P2）和区域资源环境承载压力评价（P3）结果可直接提供判别依据。

各细分领域专项规划中，双评价同样为不同类型规划提供了不同形式的数据支撑。

综合交通规划中：①由于交通规划具有综合性，需通过现状调研采集大量经济社会、国土资源、交通运输和环境保护等文献资料、相关规划及实况数据，以充分了解掌握交通运输发展相关背景、交通供需特征及发展态势，为交通规划方案制订提供必要的信息支撑，资源数量与环境特征评价（P0）形成了丰富的国土资源、环境保护方面的实况数据，可为前期调研开展提供部分数据支撑；②发展需求预测阶段需要分析调研数据，研究对未来交通需求的预测技术和模型，并利用这些技术和模型对所研究区域未来若干年内的交通需求进行预测，交通系统的现状数据是预测方法确定和模型建立的基础数据，因此资源数量与环境特征评价（P0）为发展需求预测提供了基础数据支撑；③交通体系建设直接影响节点及沿线的资源利用和环境条件,因此合理地组织内外交通系统需要充分考虑影响范围内交通需求及资源环境承载能力,资源数量与环境特征评价(P0)通过现状数据明确相关需求,区域资源环境承载能力评价(P2)则度量对范围有影响的开发建设限度;④由于各类交通设施均由土地空间承载,土地资源开发利用适宜性评价(P1)形成土地资源各类利用方向适宜性评价成果,故可辅助重大交通基础设施的布局选址工作。市政设施专项规划中,考虑市政设施布局对人口聚集分布、地质环境安全稳定、环境条件优良等外界条件存在一定要求,因此土地资源开发利用适宜性评价(P1)成果为设施选址提供了参考。公共服务设施专项规划中,由于部分公服设施选址对区位、人口、环境条件具有特殊要求,资源开发利用适宜性评价(P1)工作的开展同样提供了选址数据支撑,如教育设施应选在地势平坦开阔、空气清新、远离污染的位置,因此选址工作的开展应引入土地资源开发利用适宜性评价(P1)中土地资源、区位条件、人口条件、大气环境、水环境适宜性单项评价数据,并进一步集成综合评价成果,为规划工作提供参考。

　　土地整治规划中:①双评价土地区域资源环境承载能力评价(P2)成果可作为土地整治潜力的度量;②区域资源环境承载能力评价(P2)形成了耕地现实生产能力分级图、耕地增产潜力绝对差值图等成果,可据以选取土地整治重点区域。

　　生态修复规划中:①资源数量与环境特征评价(P0)形成的资源环境各要素特征数据为规划区自然生态状况、经济社会概况、重大工程实施情况等生态修复基础情况调查与评估提供了丰富的基础资料;②生态修复规划编制的基础在于识别生态系统现状及短板,区域资源环境承载压力评价(P3)成果表征了生态系统各类资源环境要素的承载状态,结合木桶原理可实现短板识别,使生态修复规划得以有的放矢;③修复措施设计建立在生态环境容量和承载状态评价基础上,同时结合适宜性评价成果最终确定相应的资源、环境利用方向。

§8.4　其他自然资源管理工程的应用

8.4.1　应用于自然资源资产的统一登记

　　2019 年 7 月 11 日,自然资源部、财政部、生态环境部、水利部、国家林业和草原局五部门联合印发《自然资源统一确权登记暂行办法》,标志着我国开始全面实行自然资源统一确权登记制度,自然资源确权登记迈入法治化轨道。同步印发的《自然资源统一确权登记工作方案》明确,从 2019 年起,利用 5 年时间基本完成全国重点区域自然资源统一确权登记,在此基础上,通过补充完善的方式逐步实现全国全覆盖(中华人民共和国自然资源部,2019b)。自然资源资产统一确权登记制度的建设有利于推动归属清晰、权责明确、保护严格、流转顺畅、监管有效的自然资源资产产权制度的建立,支撑对自然资源的合理开发、有效保护和严格监管,具有重要的经济价值、生态价值和社会价值。

自然资源资产统一确权登记涵盖多方面的工作内容,如国家公园自然保护地确权登记,自然保护区、自然公园等其他自然保护地确权登记,江河湖泊等水资源确权登记,湿地、草原确权登记,海域、无居民海岛确权登记,探明储量的矿产资源确权登记,森林资源确权登记等,以期实现对水流、森林、山岭、草原、荒地、滩涂、海域、无居民海岛及探明储量的矿产资源等国土三维空间内的自然资源的全覆盖登记。由此可见,自然资源资产统一确权登记工作建立在分类的、全面的数据资料基础上,其工作对象与双评价高度重合。双评价的工作成果可为自然资源资产的统一确权登记提供系统、庞大的数据支撑。

双评价工作能够从数量属性、质量属性、空间属性等方面为自然资源资产统一确权登记工作提供数据支撑。通过资源数量与环境特征调查对水资源、土地资源、矿产资源、岸线资源、海洋资源的数量和属性特征进行了充分调查,并对气候、地质、地形、人口等环境特征进行了监测,明确了各类资源的空间分布,建立了落实到最小自然单元的数据存储、计算体系,工作成果充分满足了自然资源资产统一确权登记工作的数据需求,在自然资源资产统一确权登记工作中得到充分利用。

8.4.2　应用于自然资源资产的价值评估

开展自然资源资产价值评估并编制自然资源资产负债表,是国家层面的战略要求,也是推进生态文明建设、保护生态环境、建立生态环境保护责任追究制度、落实习近平总书记"绿水青山就是金山银山"重要讲话的重大举措(张颖,2017)。

自然资源资产种类繁多、用途广泛、因素复杂,其价值评估方法同样丰富,表 8.15 列举了自然资源资产评估的几种常用方法。各类评估方法的具体实施均建立在大量基础数据搜集的基础上,其中市场价格、资产维护成本、资产收益等基础数据的分析和处理是价值估算的关键环节,因此相关基础数据的获取也成为自然资源资产价值评估的重要需求。

表 8.15　自然资源资产价值评估方法

评估方法	方法说明
成本法	根据自然资源资产生成或维护的成本评估自然资源资产的价值或价格,成本高则价值或评估价格高
收益法	根据自然资源资产生产或预期产生的收益评估自然资源资产的价值或价格,收益高则价值或评估价格高
市场法	根据市场价格评估自然资源资产的价值
意愿法	根据使用者或消费者为使用或消费自然资源资产的支付意愿,或愿意支付的货币金额,确定自然资源资产的价值或评估价格

自然资源要素的数量、质量及其所处的环境特征直接决定其开发成本、市场价格、收益水平等估价参数。双评价通过资源数量与环境特征评价为自然资源资产的价值评估提供了最基础的数据支撑,明确了自然资源资产的数量、质量、空间分布。资源开发利用适宜性评价与区域资源环境承载能力、区域资源环境承载压力评价则通过资源开发利用难易程度、利用潜力和利用状态,为利用成本、支付意愿、预期收益能力等变量的确定提供参考。

8.4.3　应用于开发整治与生态环境修复

人类社会步入工业文明阶段,创造庞大社会财富的同时,耗竭型的资源高速开发利用方式也导致环境问题日趋严重。生态文明作为人类对环境损毁、资源耗竭威胁的实践反思与理论应答,在这一历史节点应运而生。随着我国发展步入新阶段,生态文明思想也融入经济、政治、文化、社会建设各方面和全过程。在生态文明理念的指导下,为寻求工业文明出路,保障生态安全,开展国土空间整治与生态环境修复需尽快提上日程。

国土空间综合整治是通过政府、市场和社会的合作,利用工程、技术、经济、行政、法律等手段对有待改造的国土进行因地制宜的整治,以期消除国土资源及其统筹利用中的障碍性因素,调适国土资源禀赋,以满足发展需要的技术性工程(严金明 等,2017)。生态环境修复指借助外界作用力使某个受损的生态系统特定对象的部分或全部恢复到原初状态的过程(王治国,2003)。归纳起来,国土空间开发整治与生态环境修复均是通过改变生态要素自身性状,提升国土空间开发的适宜性和美丽度,以高效利用资源提升国土空间承载能力,拓宽国土空间功能及容量,从而走出资源环境困境。

国土空间开发整治与生态环境修复开展的首要工作在于识别开发限制因素及资源环境短板,并正确判断环境承载状态。双评价工作为国土空间开发整治与生态环境修复实现了限制因素识别、承载状态判断,使国土空间开发整治与生态环境修复工作进入有的放矢阶段,可以针对特定的限制条件,采用针对性的整治措施,并制定生态修复方案。资源开发利用适宜性评价对各区域、各类资源、各自然单元的限制条件进行了全面分析,为宏观、中观、微观国土空间开发整治明确了工作方向,有助于"对症下药"地解决限制性短板;区域资源环境承载能力、区域资源环境承载压力评价则测度了自然资源利用潜力和利用状态,明确了生态系统生态服务功能的重要性和受损程度,摸清了人居环境需求和生态环境污染退化程度,为生态修复技术方案的制定提供了重要依据。

8.4.4　应用于自然灾害防治与损毁评估

自然灾害是指由自然异常变化造成的人员伤亡、财产损失、社会失稳、资源破坏等现象或一系列事件,是人与自然相互作用形成的结果。自然界的各种变化或异常事件的本身无所谓成灾和危害,只有当它们作用于人类及其创造的各种物质财富上,并使之造成损失时,才成为灾害。

　　自然灾害的发生可能导致巨大的人身、财产损失,此外,其带来的资源环境破坏同样不容小觑(表 8.16)。为保护人身财产安全和人居环境,提前开展自然灾害防治工作意义显著。与此同时,为维护社会稳定和谐,及时高效开展灾后损毁评估的重要性同样不言而喻。

表 8.16　资源环境要素受灾害影响后的特征

资源环境类型	属性	受灾后特征
土地资源	可再生	恢复缓慢,一旦受灾,将导致森林被毁、土壤破坏、草地退化等环境问题
水资源	可再生	恢复缓慢,受灾可能导致水体结构、水质条件显著变化
矿产资源	不可再生	受灾后无法或极难恢复
生物资源	可再生	总体上属于可再生资源,恢复缓慢,但一个物种灭绝后,就永远消失而不会再生
大气环境	可恢复	恢复缓慢
地质环境	可恢复	恢复极缓慢,且地质状况还会长期不稳定,可能诱发滑坡、山崩、泥石流等灾害

　　自然灾害防治与损毁评估工作中,双评价凭借其全面的工作内容而拥有广泛的应用空间,可应用于预报预警、动态监测、灾害发生成因与规律分析、灾害损失调查、灾情评估等。

　　从灾害防治角度,掌握自然资源、环境现状特征和变化规律可以有效识别潜在风险。资源数量与环境特征评价数据成果真实地反映了资源、环境现状,辅以长期动态监测可总结资源、环境变化规律,从而实现风险识别。对存在风险的资源、环境条件提前开展利用适宜性评价可以优化人类活动空间布局,从而规避灾害风险,防患于未然。与此同时,通过区域资源环境承载能力、区域资源环境承载压力评价,能及时识别资源、环境承载状态,进行风险预报,指导人群、产业及早反应,降低损毁。从损毁评估角度,资源开发利用适宜性评价涵盖经济适宜性评价内容,可应用于损毁区域开发利用成本核算,为灾后评估及重建研究提供参考。

第9章 技术:双评价信息技术需求与系统建设

信息化技术可以辅助双评价工作的开展。通过国土空间规划"一张图"实施监督信息系统,构建双评价指标体系和相应的评价模型,以实现双评价辅助计算、分级统计和成果展示。本章剖析了双评价的信息技术需求,介绍了信息系统建设和软件开发的过程,同时列举了双评价应用的具体案例。

§9.1 双评价工作的信息技术需求

9.1.1 双评价分析计算的信息化特征

借助信息化手段,结合各地实际管理需求,将双评价成果运用到资源环境评价和国土空间规划的各个环节中,可以使双评价工作从研究落到实际应用,从而更好地支撑和服务于国土空间规划与空间治理。双评价分析计算的信息化特征主要表现在以下三个方面。

1. **数据来源广泛**

双评价工作很大程度上受限于可获得的数据情况,其数据来源十分广泛,包括基础地理、土地资源、水资源、环境、生态、灾害、气候气象等。除了要确保数据体量充分、时间和空间维度选择灵活,还应该保障数据的权威性、准确性、时效性与可获取性。一般而言,较发达地区数据资料相对较全,而一些较落后地区数据资料的缺失十分严重,沿海地区还需要进行海洋资源评价和海陆统筹分析。然而相关的评价指标所需数据又会因为标准不统一、清洗不到位、获取难度大等问题而存在数据源获取和使用上的困难。数据问题是双评价工作在实际操作中遇到的最直接的难点,在很大程度上会制约工作的开展。

2. **计算方法多样**

双评价工作中,数据多源且形式多样,不同类型的数据操作处理和计算方法也各有不同。资源环境承载能力部分涉及土地、水文、环境、生态、海洋等不同领域,需要借助各领域的专业理论和技术去完成相应指标的评价,会涉及大量模型和计算公式。在国土空间开发适宜性部分,还会用到一系列复杂的地理信息系统空间分析的操作方法,更增加了评价的复杂性。

3. **处理流程复杂**

双评价的技术流程主要包括资源环境要素单项评价、资源环境承载能力集成评价、国土空间开发适宜性评价,其中涉及海域的,还要展开陆海统筹分析等。在双评价工作中,许多分项专业性很强,操作复杂性较高,也会受数据精度和可靠性的制约。评价目标、评价内容和各地资源禀赋的评价指标,以及指标体系的创建、调整都各有不同,指标、模型管理是辅助做好双评价的两把利器。双评价还具有多组参数优化和多种情景模拟的需求,使构建评价流程复杂。

9.1.2　双评价需解决的信息领域问题

双评价工作需要借助信息化的手段实现从理论研究到实际运用的跨越,以更好地支撑和服务于国土空间规划与空间治理,同时也需要解决一些信息领域的问题。

1. 多语义术语的统一与语义本体的构建

传统 Web 资源中的语义信息以相对多元化的形式存在,部分概念缺乏统一和明确的表达方式,造成资源间的语义关系极易冗余,给术语及概念的应用造成困扰。双评价信息作为一种对特定领域之中某类概念及其相互之间关系的形式化表达,利用本体的理论可以对特定领域内的相关知识进行概念化综合,最终在多语义的主体之间实现知识、概念的传递和互操作。

通过对多层次、多领域、多语言的国土空间开发利用概念进行建模,可以构建多维语义本体,实现多语义的共享和集成应用,具有关联关系类型多样、多语言关联、知识动态变化、可推理计算等特点(刘剑 等,2015)。在信息技术特别是软件开发设计中,基于本体理论构建的关系数据库,通过统一多语义概念体系,可以使多术语通过关系数据库的模式与本体类之间建立语义映射关系,最终消除不必要的歧义(张晓明 等,2009)。

2. 规范化的编码体系

国土空间开发利用的评价系统建设依赖于规范化的编码体系,主要包含信息要素编码、数据编码、过程编码及模型编码等。

(1)信息要素编码以解决信息标准化与数据共享为目的,以实用性、现势性、扩展性、推广性及面向实体对象为要求,基于合理的要素分类,形成不同尺度分段的分类码与执行规范,从而克服同类信息要素相互独立的缺陷,以促进多源、多尺度数据的融合。

(2)数据编码是评价系统处理的关键,可建立数据间的内在联系,便于进行计算机识别和管理。数据编码通常针对不同类型数据采用特定的编码结构,将数据依据一定的编码规则划分为多层次、无缝衔接的编码单元(金安 等,2016),最终形成表达数据间关系的编码集合。

(3)过程编码的存在使评价信息系统能够记录国土空间开发各过程阶段的信息,实现评价流程可追溯。过程编码依据多层次的过程信息,确定各环节的主导要素(居磊 等,2016),通过特定的编码模型使每个环节具有唯一编码。

(4)模型编码针对评价系统涉及的各种方法模型,依据模型分类进行统一的编码,形成包含大类、中类及小类等多级分类在内的复合编码体系(杨长辉,2015)。进一步明确不同方法模型之间的作用与依赖关系,确保信息系统的设计能实现严格契合国土空间开发利用的原则,以及双评价的思想。

3. 流程化的评价过程

在以往的评价实践中,部门的相对独立和管理的分散造成了土地资源、水资源、矿产资源等的调查、统计和评价业务由各个分管部门负责,数据的一致性和时效性难以保障,数据库的建立、评价方法和尺度的选取存在一定难度。这导致双评价的数据难以获取、在部门间难以协调、数据难以处理、评价方法难以统一、评价结果的时效性较低等。但是在自然资源部门业务整合的背景下,各类资源的管理逐渐完善和统一,推动着双评价向着流程化、模块化、时效性发展。评价过程按照评价的需要被分为几个阶段,每一个阶段都有其对应的评价输入和输出结果,流程化和模块化促进了资源环境监测体系的完善;从评价成果方面来说,阶段成果可以按照行政等级逐级汇总,也可以直接从该行政等级向上汇总统计,便于对评价体系进行监管和对数据进行分级监控。

4. 评价模型与指标数据

以往各级部门对自然资源与环境的评价模型较为单一,指标设计不完善,且可参考的文献和规程很少。对于双评价的基础问题,近几年国家和部委逐步颁布了相关的指南和参考。其中,指标的选择和评价可以参照原国土资源部、国家发展和改革委员会、住房和城乡建设部、水利部、农业农村部、原国家林业局、国家海洋局等部委颁布的相关国家标准与行业技术规范,而部分模型和指标需要参考国际标准,如 FAO 的标准,以及各类国内外文献。

以往的调查和统计数据的准确性、时效性、一致性、数据格式统一等方面存在一定的局限性,而现在多元数据、海量数据的融合计算和跨部门数据库的建设,使指标数据获取实现了共享化、信息化、规范化。

5. 信息数据的空间化

在评价的多部门统一概念内涵、完善内容体系、整合数据来源、规范计算方法、固化计算过程的背景下,信息数据的表达也呈现多样化的特征。按空间几何特征,根据评价业务过程中涉及的数据指标空间载体几何特征,以及数据计算、处理与表达的需求,可将双评价的空间单元类型划分为多边形单元和规则网格。资源要素和环境要素的基础承载单元类型多样,根据评价的业务过程,空间单元会发生变化,基于评价需求可将其分为自然单元、空间作用域、决策单元和网格单元等空间单元类型。

6. 分布式的数据存储

双评价工作涉及多层次行政单元和多部门数据源,会产生大量的系统用户、几何式增长的数据,数据存储将给本地存储带来巨大压力,因此必须通过其他手段分散存储系统压力,分布式的数据存储就显得格外重要。自然资源和国土空间规划业务融合数据体系的构建,在范围上应覆盖自然资源本底各要素(土地、矿产、水、森林、草原、海洋、湿地等)、国土空间规划各要素(规划引导、规划约束等)、人类空间利用各要素(人类活动、基础设施、产业等),是国土空间全域数字化表达的信息化底板。按照"分层分级管理"原则,对所有自然资源数据利用分区分库存储的方式进行存储,为双评价工作的管理、决策、服务提供有力的信息支撑。

7. 海量数据并行计算

数据作为基础性战略资源的地位正日益凸显。特别是在"山水林田湖草"的生命共同体思想指引下,无论是国土空间规划,还是自然资源管理,都在步入大数据时代,数据类型不断延展、数据量持续增加。

相应地,在双评价系统构建工作中,海量数据的并行计算能力将作为一个重要的技术指标,对自然资源大数据实行并行计算,要求系统具备亿级数据快速加载访问和分析的能力。利用分布式算法可以实现海量异构多源数据的挖掘,并支撑快速查询和及时处理,提高计算效率。

§9.2　双评价信息系统设计与软件开发

9.2.1　双评价信息系统建设的需求分析

双评价信息系统的建设将创新和转变传统环境和国土资源管理方式。例如,将新型的信息化技术运用到环境和自然资源各领域、各环节,整合现有资源进行集中展示,分析资源及其开发利用状况、自然资源管理行为、地政与矿政市场动态等信息。这将有利于实时掌握相关数据资源信息,提供辅助决策服务。下面介绍其系统建设的需求。

1. 信息共享需求

双评价信息系统建设的目标和任务是构建资源环境和国土空间数据共享机制,实现资源数据信息的共享,辅助发现资源环境和国土空间现状问题及风险,提高业务办理水平,同时为有不同需求的业务办理部门、用户等提供查询、操作等功能。

该系统面对的用户主要有政府部门、注册用户、业务监督部门、系统管理员、普通游客等群体。对于政府部门用户和其他部门注册用户,其主要需求为查看、浏览信息,以及进行功能操作;对于业务监督部门用户,其主要需求为业务跟踪、业务统计;对于系统管理员用户,其主要需求为数据集成管理、系统管理,负责系统数据的管理和维护等。根据对用户的分析,采用基于角色的访问控制策略,将用户角色划分为四个大类,每类角色需给予不同的权限和需求(表 9.1)。

表 9.1 系统角色划分及需求

角色名称	操作权限
政府部门、注册用户	登录、查看系统,浏览数据信息,功能操作
业务监管部门	业务跟踪、业务统计
系统管理员	数据集成管理,系统管理
普通游客	浏览、查看信息

2. 数据管理需求

双评价的数据来源十分广泛,包括基础地理、土地资源、水资源、环境、生态、灾害、气候气象等类别。数据往往会存在多源、异构、多时空、多尺度、不同坐标系等问题,因此需要通过空间数据库对数据进行集中管理,包括数据的获取、清除转换和录入、数据更新、数据查询等。同时,通过发布服务接口,使各种应用系统可以使用数据,为业务管理提供数据支持。应用系统产生的数据也可以通过数据管理模块上传到数据库中。数据管理主要功能需求如下:

(1)数据录入。数据管理员需要将从卫星影像、实地测量等多种渠道获取的多种格式的数据录入空间数据库,要求系统具有处理多源数据的能力,包括空间校正、格式转换等功能。系统支持一键对接和处理资源环境承载能力及国土工作所需要的各种数据,包括 SHP 格式文件、KML 格式文件、GPX 格式文件、CSV 格式文件、TXT 格式文件等。

(2)数据更新。需要具有在数据发生改变时,对数据库中的数据进行更新的功能。该功能支持批量更新、增量更新和同步更新。不同的数据具有不同的更新周期,有的数据需要定期更新,有的数据可能会不定期更新。

(3)关联多源指标管理。双评价建模工作的开展涉及多个数据来源及部门的数据更新、维护。通常,遵循"谁的数据谁维护"原则,才能在保证数据有效更新的前提下,提升数据的安全性。因此,需要采用 1 个数据中心、N 个专业子库的指标集共享交换模式,满足不同阶段的评价对已有评价成果和参数指标的运用。多源指标库能集中管理目标指标、参数指标等"多源指标"数据,提供数据共享交换接口,支持数据在线发布和接入。在各分析评价阶段,通过模型计算而得出的结果会被存入指标库中,保障计算结果的有效存储。同时,上一环节的计算成果也可能会作为下一环节的数据来源,为分析评价提供支撑。

(4)数据库管理应用分析。对基础地理、遥感影像、地质、地质环境、土地资源、矿产资源、社会经济等双评价基础数据进行管理。

(5)数据共享查询接口。需要为其他模块提供数据查询和共享的接口。

3．业务应用需求

业务应用主要是通过建立模型、规则、算法的建模方法体系,进行资源环境承载能力与国土空间开发适宜性评价(包括单项评价、集成评价)和综合分析,需要基于双评价对空间开发利用的趋势及国土开发利用的主要问题进行识别分析。

(1)模型管理应用分析。双评价的评价体系庞大,涉及领域宽广,不同的评价主体所采用的方法截然不同,且会在不同的地区、不同的阶段发生变化。因此需要提取不同的量化评价方法,将其集成进系统,并给予相应的灵活配置,从而达到信息化的需求。此外,双评价应用范围广泛,模型管理系统的可配置化同时也可以支撑国土空间规划相关应用,针对具体的场景做出分析,并研判国土空间变化及发展趋势。双评价的计算机建模一般从几个方面展开:首先,通过要素类型建模,描述完整的组织结构,涉及土壤、水文、气象、生态、地质等多个数据来源及专业的工作方法;其次,根据不同的专业方法创建具体的模型框架,在创建模型框架时,定制化场景的工作流程由环节和流向组成。

(2)大数据应用分析。由于不同部门应用的数据不同,故采用多源数据融合技术,综合各种不同的数据信息,吸取不同数据源的特点,然后从中提取统一的、比单一数据更好、更丰富的信息。对于多源的社会经济类、人口类的大数据,因数据量过大且形式不一,无法简单直接观察数据的内在特点,故只能通过相关指标计算,挖掘数据的潜在特征,从而为算法模型的设计与构建提供依据。

(3)运维管理应用分析。对于系统中的功能,不同用户对于双评价软件的使用需求各不相同。因此,系统可根据不同的用户角色和应用需求,推送不同的结果及功能。运维管理系统可以通过功能和权限的控制,实现不同用户角色的系统功能订制。

4．其他功能需求

除了核心业务外,平台系统还应该具备以下功能。

(1)要求系统对外提供空间大数据的分析功能,提供矢量大数据分析功能和影像大数据分析功能。

(2)集成要求:①能够与自然资源部现有系统及各个数据库实现无缝数据集成;②支持从其他各不同类型的应用系统抽取的数据;③与其他系统接口的交互内容和交互方式应满足数据服务建设的规范。

(3)信息资源整合与共享利用的需求:要规范所有的数据格式,加强整体的数据集成。

(4)权限审批控制功能:针对不同用户对查询信息内容的需求变更,加入权限审批控制功能。

(5)操作日志管理功能:系统要记录查询系统用户的操作日志,并且可按操作时间、日志描述、操作人员、操作类型等条件筛选数据,实现业务监控,责任到位。

5. 性能需求

(1)实用性:系统的建设主要是用来辅助相应的监管决策,因此系统必须满足各用户群体的实际工作需求。

(2)扩展性:系统设计的时候要先满足当前用户业务的需求,同时考虑未来业务发展、规模扩大,应设计具有用户端口灵活的扩充能力,减少二次开发的费用。

(3)先进性和成熟性:系统设计既适应新技术发展的潮流,保证系统的先进性,也兼顾技术上的成熟性,降低由新技术和新产品不成熟因素带来的风险。

6. 安全需求

系统的安全性是非常重要的,合理的安全控制可以使应用环境中信息资源得到有效的保护。在数据库层、应用层都要进行安全方面的设置。

为了保护信息的完整性和机密性,需要根据实际的安全需要和当前技术能力,设计科学有效的安全体系,实现系统的安全防护和隐患发现。在突发情况下,采取应急措施和系统恢复,从各个方面保证双评价信息管理系统的安全运行,需要考虑的因素主要如下:

(1)系统的设计与开发需符合国家和部委安全相关管理的规定,符合国家安全等级保护要求。

(2)构建统一的认证管理体系,实现用户统一注册和可信认证,在此基础上形成多级控制下的授权管理机制。

(3)建立定期备份机制。系统应具备相应的备份与恢复功能,要求保持系统数据最新,并保证能够快速有效地恢复数据。

9.2.2　双评价信息系统的总体架构设计

1. 软件架构设计

双评价信息系统由服务器系统和应用系统两大部分组成,应用系统采用 C/S 与 B/S 结合的模式。该系统以地理信息技术为基础,依托互联网技术,集成多源数据,实现对资源的高效管理和分析应用。系统总体架构主要包括以下四层(图 9.1):

(1)数据层。该层包括双评价涉及的现状、规划、管理、社会经济等数据,并提供统一的数据影像、数据管理及数据服务,以及配套的标准保障和机制保障。

(2)平台层。该层通过数据管理系统、模型管理系统、地理信息系统框架、大数据框架等系统支持,为双评价模型的构建、管理、计算等提供技术支撑。

(3)服务层。该层基于分布式服务框架,为应用提供统一接口调用的标准化业务服务资产,提升系统的内聚性、敏捷性,降低复杂度和耦合度,使系统能够以较低的成本保持高可用性。

(4)应用层。该层主要提供人机交互的业务应用场景,具体包括资源环境禀赋分析、现状问题与风险识别分析、潜力分析和场景分析。

图 9.1　系统总体架构设计

2. 系统功能设计

1) 关联数据融合

双评价是针对资源环境禀赋与国土开发适宜性进行的评价,需要采用时空一体的数据管理模型和历史数据状态变迁表管理这些数据及其历史变化。将现势数据和历史数据置于一个统一的管理过程,可以做到在任何时间点上对历史数据或现状数据的再现,以及获得任何一个指定空间位置上的现状数据随时间的变化情况。针对多尺度、多时空数据一体化管理的实现,利用数据结构,对相关数据进行有效组织,并根据其物理分布建立统一的空间索引,通过数据管理系统进行多尺度、多时空数据的管理。采用统一的空间坐标,可以快速调取数据库中任意范围的数据,达到对整个区域数据的无缝漫游,并可根据现实范围的大小方便地调入不同层次的数据信息。

双评价计算需要实现数据基于统一坐标的集成,且这些数据要在统一的平台上进行展示和共享应用。因此必须保证各部门的成果数据满足数据规范性、一致性和完整性的建库要求。另外,针对不同的区域,尤其是资源本底数据差异较大的多个地区,往往存在多种检测规则的调整,因此整个系统对双评价数据源调整的动态适应性也显得相当重要。

　　基于数据管理系统的质检模块进行数据质量检测，以实现数据质检规则与数据标准的剥离，降低耦合性，并提供基于可视化配置的数据质检和冲突检测模版。快速根据已确定的数据标准和双评价模型构建质检应用，可以在系统中自动对不符合要求的数据内容及不衔接的内容进行提示，以便进行后续处置。

　　2）海量空间数据计算

　　传统的数据处理技术很难对新型的大数据进行经济的、高可用的存储管理和快速分析。目前大数据计算平台采用比较先进的分布式文件存储、并行计算、集群资源管理和作业调度等技术，能够支持不同工作负载类型的数据存储和分析运算处理。

　　海量空间计算主要包括数据采集、数据存储、数据预处理和并行计算几个部分。

　　（1）数据采集。大数据采集框架可通过配置插件式的采集适配器支持主流的网络协议或以主动、被动方式从各个数据源采集数据，主要包括离线数据采集、实时数据采集等几种方式。

　　（2）数据存储。大数据一般都采用分布式文件系统提供数据的持久化、高可用和高性能存储。首先，基于分布式的文件系统方便进行水平扩展；其次，数据要很方便地进行数据分析计算，数据和计算距离比较近，不用大量复制移动数据。

　　（3）数据预处理。采用大数据预处理技术，对已接收的数据进行辨析、抽取、清洗等操作。由于抽取的数据可能具有多种结构和类型，数据抽取过程可以将这些复杂的数据转化为单一的或者便于处理的构型，以达到快速分析处理的目的。另外，大数据具有低价值密度，有些数据则是完全错误的干扰项，因此要进行数据清洗，从而提取出有效数据。

　　（4）并行计算。数据经过采集和处理之后，利用内存分布式计算框架，实现对于 TB 级或是 PB 级数据的快速处理能力。大数据分析可以同时兼容批量数据处理和实时数据处理的逻辑及算法，方便需要历史数据和实时数据联合分析的特定应用场合。

　　3）模型管理

　　双评价的规则与地理信息有着密不可分的关系，传统的规则引擎不支持空间关系运算，因此需要在空间规则结构化解析和空间规则库构建的基础上，设计和开发面向双评价的空间规则引擎，将大量技术规范、管理规范落在对空间对象和属性的管控上，支持陆域空间评价规则、海域空间评价规则的动态管理。

　　采用空间规则引擎技术，将规则模型分解为指标、指标因子、逻辑运算规则等要素，并提供可视化的模型构建支持，通过将管控要求植入系统，满足双评价复杂规则灵活可实现的要求。业务人员应能直接组装规则，不需要程序开发人员参与，以降低业务逻辑实现的复杂性，提高应用程序的可维护性和可扩展性。

空间规则引擎采用算子、模块、规则项、规则、模板的方式实现规则的编写、组装、配置和复用。空间规则引擎主要包括规则配置和规则运行两大模块。将规则配置模块和逻辑业务对象模型（BOM）创建映射到定制的具体领域词汇表中，将业务对象模型与执行模型与可扩展标记语言（XML）模式相关联，同时创建规则、规则项，配置相应的参数；规则运行模块，加载规则模板，调取规则算子，并依据规则流程加载数据进行规则运算，返回规则结果（图9.2）。

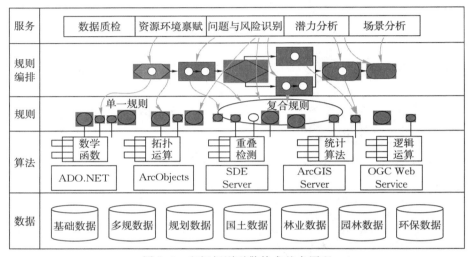

图 9.2　空间规则引擎技术基本原理

通过空间规则引擎技术，可以实现模型动态组合编排，支撑双评价工作。随着系统资源的不断积累，管理业务的不断深化，更多的指标和规则会不断涌现，这些新的指标规则可以通过模型动态编排组合，实现新的规则配置。

4）耦合空间统计方法

借助大数据分析技术，双评价信息系统可以提供各种数据分析建模服务，在用户使用的过程中可以不断地根据需要自行开发各种算法模型，并可快速部署到数据分析建模平台中，对接入平台的数据进行数据挖掘、机器学习、BI（商业智能）分析等。

（1）通过对多源数据进行数据分析，开发相应的基础时空算法，可以确定数据所表达的行为规律，结合多源数据融合算法，可以保障基础算法的合理与精准，满足基础的评价模型开发需求。

（2）根据系统提供的评价模型，进行相应的数字转译，可以形成计算机能够识别的语言，并进行相应的模型算法开发。

（3）按照业务需求，利用地理信息系统技术和图形报表可视化技术，可以实现应用的前端展示（包括统计报表展示、热力图展示、地理信息系统空间查询等内容)。

3. 数据库设计

数据库是地理信息系统的重要组成部分。数据的现势性、一致性、复杂拓扑关系、多用户并发操作等特性使数据库的设计成为双评价信息系统设计的一个重要环节。

数据库的设计主要考虑三个信息方面的范畴,即空间数据、属性数据和时间要素。对于资源环境信息而言,时间要素在分析地理要素的时序变化、阐明地理现象发展的过程规律方面,具有极其重要的作用,要求信息能够及时获取并定期更新,同时注重历史数据的积累和回溯,实现数据在时间维上的表达。图9.3展示了在复杂过程中搭建标准化的数据业务模型的流程。其中,数据包括了基础地理、土地资源、水资源、环境、生态、灾害、气候气象等,可使用数据模型有层次地管理数据。

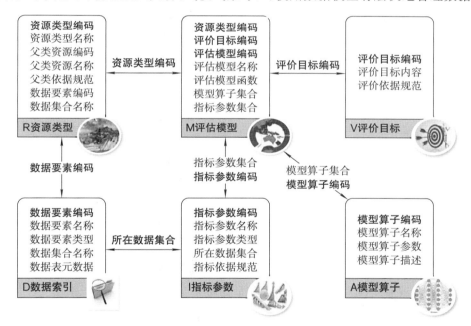

图9.3　标准化的数据业务模型搭建流程

数据库是构建在双评价信息系统服务器上的。应基于大型商用数据库平台建设和开发该数据库,可以有效地提高数据管理的效率和安全性。数据库建设完成后,通过服务器发布数据,客户端可以通过网络请求数据,实现数据的录入、更新和查询等操作。这些操作都要通过数据支撑层的空间数据引擎进行,使用空间数据引擎可以避免客户端直接操作数据库可能导致的非法操作等问题,减少数据受到损坏的可能。

核心数据的建设首先要采集并整理来自不同部门的多种格式的资源管理数

据。不同的区域对数据的要求不同,所以实际建设的时候需要考虑其特殊的需求。收集数据之后,要根据一定的标准和规范筛选可以入库的数据,然后对它们进行空间参考、精度等审计,对符合要求的数据进行格式转换等预处理工作。最后按照数据库采用的数据模型,将数据录入数据库。如果数据质量不符合要求,需要重复以上步骤,直到符合要求为止。核心数据库建设总体流程如图9.4所示。

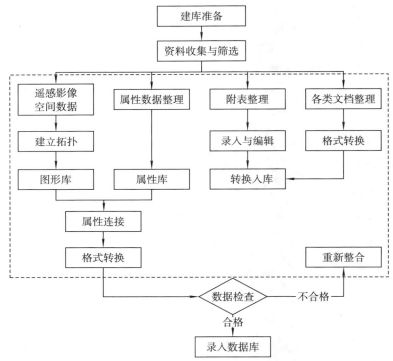

图 9.4 核心数据库建设总体流程

9.2.3 双评价信息系统的功能模块开发

双评价信息系统的应用功能开发主要是指在特定的软件框架与开发技术支持下,实现数据评价、模型统一管理等基本应用功能,以及自动化的适宜性、承载能力评价等双评价特有的评价功能。

1. 自然资源基础分析评价应用系统

自然资源基础分析评价应用系统可以支撑资源环境承载能力与国土开发适宜性评价,辅助发现国土空间现状问题及风险。系统主界面的菜单包含了模型评价和智能分析等功能,根据不同的应用需求,用户可以有选择地、快速地筛选对应模型,满足大量模型集成浏览展示的应用需求。双评价信息系统应用界面如图9.5所示。

图 9.5　自然资源基础分析评价应用系统界面

　　基于自然资源评价，就双评价各项要素或数据资源进行多维智能分析与动态可视化展现，可为模型评价提供发现问题、评估问题的依据；为管理者做持之以恒、稳健发展的决策支持，发挥数据价值，进而驱动需求价值；实现报表查询与展现（报表的快速查询与制作）、数据分析挖掘（结合数据可视化、分析方式等模块，进行数据挖掘）、数据预警（数据加载呈现、指标预警）、数据管理（数据与成果的权限管理、防止数据外露）等功能。

　　系统通过建立相关模型、规则、算法，能够支撑资源环境承载能力评价、国土空间开发适宜性评价等基础评价，并基于此进行包括自然资源现状、国土空间保护、国土空间开发利用的自然资源分析评价，辅助分析空间开发利用的趋势，以及识别国土开发利用的主要问题、分析区域资源环境禀赋条件、研判国土空间开发利用问题和风险、确定生态系统服务功能极重要和生态极敏感空间、明确农业生产和城镇建设的最大合理规模及适宜空间。最终将这些评价成果以专题的形式在系统中进行展示与智能分析。

2．数据管理系统

1）评价数据入库

（1）数据规整。自然资源"一张图"工程为实现资源环境承载能力与国土空间开发适宜性评价提供数据基础。其中，国土空间数据资源成果包含且不限于：基础地理、遥感影像、地质、地质环境、土地资源、矿产资源、社会经济等现状基础数据；不动产登记数据；基本农田、生态保护红线、城镇开发边界、土地利用总体规划、土地整治规划、矿产资源规划等空间管控类数据；建设用地审批、矿业权审批等审批管理数据动态监测数据、多源数据（气候、环境、生态、人口、社会经济等）。图 9.6展示了土地资源评价数据按要素规整的流程。

（2）多源指标关联管理。根据要素体系、指标体系对海量数据进行规整。陆域基础评价环节主要涉及包括土地、水和矿产三类资源的数量指标，以及气候、地貌、地质和交通区位四类环境特征指标及人口特征指标等要素数量指标与空间分布特征指标。土地资源的多源指标如图 9.7所示。土地资源分析评价涉及所有业务过程，以全国第三次国土调查的土地利用现状图斑为承载土地资源数量的基础单元。

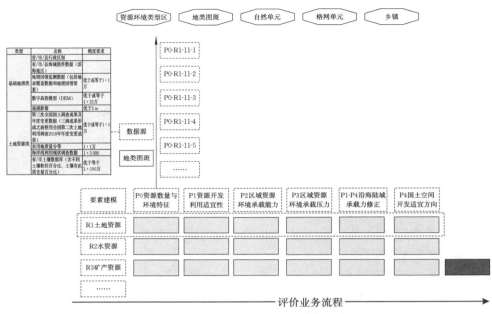

图 9.6　土地资源评价数据按要素规整流程

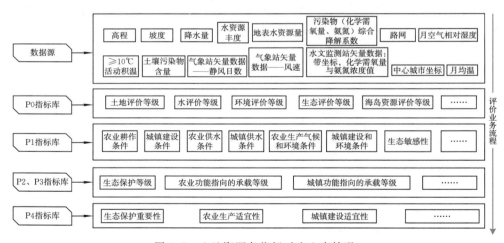

图 9.7　土地资源各指标对应入库情况

（3）数据入库。将海量数据、指标算法模型及应用场景耦合为不同指标集，将多源指标集综合为模型库。模型库包含大量数据与算法，可以支撑实际运用。在工作实践中，可以不断丰富资源环境承载能力和国土空间开发适宜性评价的指标库，为用户提供更多在不同时间维度、不同空间维度、不同应用方向的模型选择。图 9.8 展示了数据入库流程。

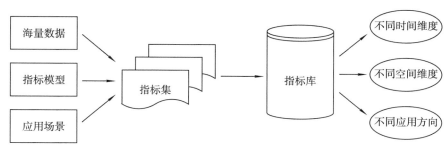

图 9.8　数据入库流程

2)数据管理子系统

双评价模型的搭建要基于综合评价数据库中的现状调查数据、规划数据等不同类型的地理空间数据进行。由于双评价所需的自然资源、环境综合数据库规模通常比较庞大,为了使数据切实服务于评价业务,必须在摸清家底的基础上,形成空间数据的综合管理保障体系,建立高效的数据管理子系统(图 9.9)。也就是说,数据管理子系统通过对各种数据类型、尺度、时态的地理空间数据进行转换入库、集成管理和共享应用等操作,为双评价业务提供便利的存取机制与高效的数据支撑(图 9.9)。

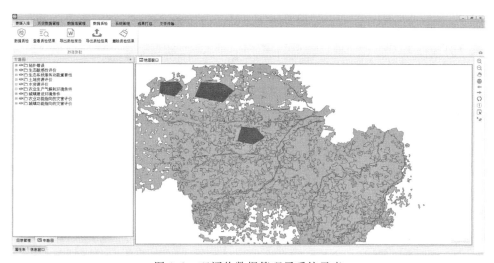

图 9.9　双评价数据管理子系统示意

在功能层面,数据管理子系统主要包括数据目录管理、数据质量管理、数据更新管理、数据提取管理、数据版本管理、数据备份管理、数据日志管理等主要功能,共同构建评价数据综合性、立体化管理体系。

(1)数据目录管理。数据目录管理是按照一定的分类体系对评价所需的基础数据进行归类与展示,以直观展现评价数据的目录层次与逻辑架构,并同时满足数据资源目录扩展和变更的管理需求。该功能主要完成数据资源目录的创建、删除、修改和编排等任务,最终以结构清晰的数据目录进行呈现。

(2)数据质量管理。数据质量管理是指评价数据在其计划、获取、存储、共享、维护、应用、消亡的生命周期的每个阶段里可能引发各类数据质量问题,对这些问题进行识别、度量、监控、预警等一系列管理活动,并通过改善和提高组织的管理水平,进一步提高数据质量。该功能主要形成符合标准规范的数据质检方案、针对各类数据进行质量检查及导出检查结果的报告,以便用户了解评价数据的总体质量情况。

(3)数据更新管理。在双评价业务流程中,数据更新管理是以新的数据项或记录替换数据文件或数据库中与之对应的旧数据项或记录的过程。在评价系统中,可采取基于任务式的更新入库管理方式,将新增数据以增量方式导入空间数据库。更新管理主要通过调度实现历史数据(存入版本库)与新数据(存入现势库)的分流,推动数据的快速更新。

(4)数据提取管理。数据提取也可称为数据导出,是指将评价的基础数据或成果以图层的形式导出为特定格式的空间数据文件。双评价成果需要通过特定的形式进行可视化表达,以更好地辅助决策的进行,因此该功能要求双评价信息系统通过数据提取功能,能够按图层、按空间范围或按用户定义要求等不同的筛选方式,将特定的评价数据以空间要素形式进行提取后导出为需要的文件格式。

(5)数据版本管理。双评价要与国土空间规划及动态监测进行拟合,必须将当前成果与历史评价成果进行对比,从而能够及时发现资源环境利用与国土空间开发中的短板,查漏补缺。数据版本管理是在更新入库过程中对更新数据进行版本记录而产生的对历史数据的全过程管理,在双评价信息系统中一般应包含历史版本数据的查询浏览,按照更新时间和更新任务统计、比对不同节点的多版本数据情况。

(6)数据备份管理。数据备份是双评价信息系统数据容灾的基础,为防止系统出现操作失误或系统故障导致数据丢失,而将全部或部分数据从主体的数据服务器定时导出到备用数据服务器存储的过程。基于数据备份管理功能,双评价信息系统能实现对相关基础数据与评价成果的定时自动备份或用户自定义备份管理。

(7)数据日志管理。合理利用日志信息能保存各时期的数据基本情况,从而便于在未来出现异常后能够快速地定位问题。在双评价信息系统中,数据日志管理功能包含定时自动对系统功能使用情况及数据变动情况进行记录、存储,并支持用户按照更新任务或按照操作执行的时间顺序对日志进行查询。

3. 模型管理系统

1)模型应用的建立

模型应用的建立分为四步:第一步是数据准备阶段,需要整合双评价需要的各类数据，构建双评价的数据基础；第二步是单项评价模型建模，需要将资源环境按照海域和陆域内不同的类型进行划分，这是对各要素进行等级评价，统计并分析短板和资源环境禀赋；第三步是集成评价模型建模，即承载能力评价和适宜性评价阶段，是双评价的中心环节；第四步是综合分析，是对双评价中涉及的评价成果和数据进行全面的数据分析和建模。

（1）评价要素建模。在进行评价分析之前，要对双评价中涉及的资源环境要素进行建模。图 9.10 展示了要素建模的过程：首先，将宏观评价区域按照海陆分界划分为海域和陆域，将功能部分按照利用方式整合为城镇建设、农业生产与生态保护；其次，基于业务流程与理论研究，明晰系统要素关系，确定指标类型，分别为目标指标与参数指标（目标指标为资源环境承载能力与国土空间开发适宜性的评价结果，参数指标为计算中间结果）；最后，指标体系整合后，构建尺度适宜的空间单元体系。

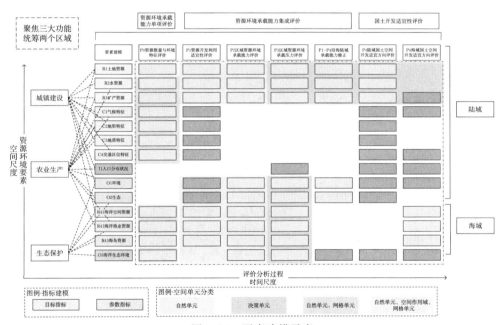

图 9.10　要素建模示意

（2）单项评价模型建模。单项评价模型主要包括土地、水、环境、生态、灾害、海洋资源六大类模型。该模型运用了大量的算法，包含核密度分析、缓冲区分析、叠加分析、相关性分析、空间插值、路径分析、神经网络等空间算法及机器学习算法。对数据源进行处理后，在相同的空间进行空间叠加分析、重分类等处理，从而得出单项评价各要素的评价等级，并将评价结果以决策单元进行统计，对评价区域的资源环境中的短板因素及资源环境禀赋得出初步判断（图 9.11）。

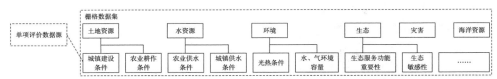

图 9.11　单项评价模型建模示意

　　然后,根据应用需求整理单项评价所需数据源、算法与输出成果,在应用系统中构建相关模型,为双评价提供基础,为辅助决策提供支撑。由于各单项评价的内容不同,涉及土地资源、水资源、环境、生态、区位条件、海洋资源等多方面领域,评价方式也不一致,因此可以根据不同评价的特征,研究计算方式,研发模型,实现定制化的场景应用(图 9.12)。

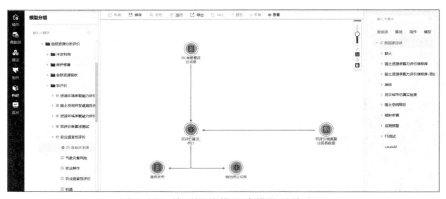

图 9.12　单项评价模型建模的系统应用

　　(3)集成评价模型建模。集成评价模型以空间叠置分析为基础,通过发展不同的指标拟合算法(如等权线性与非线性加权、矩阵组合及人工智能算法等),演绎不同的具体评价方法,可视为对“千层饼”模式的扩展与改进,并处理不同计算单元的分异。土地资源评价以全国土地调查的土地利用现状图斑为承载土地资源数量的基础单元。综合考虑空间载体、空间影响及评价需要,水资源的数据单元可分为三大类:第一类单元是水资源开发利用的目标单元;第二类单元是水资源开发利用影响分析的空间单元;第三类单元是网格单元,主要用于两类水资源的指标汇总及对双评价进行多要素的关联影响分析。海洋空间资源是海洋资源开发的三大主要资源之一,海洋空间资源包括岸线资源和海域资源两方面。海洋空间资源的数据单元可分为两大类:第一类单元是承载海洋空间资源的目标单元;第二类单元是网格单元,主要用于海洋空间资源的指标汇总及对双评价进行多要素的关联影响分析。可以将不同单要素的模型计算单元整合为相同大小的网格单元,对不同等级的决策单元中与之适应的网格单元进行划分,得出每一个具体网格单元的等级值。图 9.13 和图 9.14 分别展示了承载能力评价建模和适宜性评价建模过程。

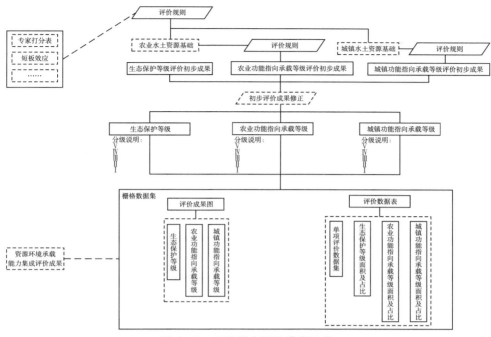

图 9.13   承载能力评价建模示意

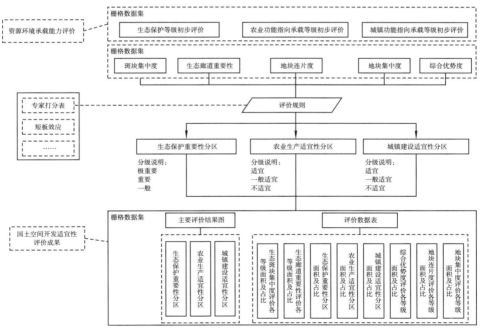

图 9.14   适宜性评价建模示意

然后,模型应用端基于双评价空间计算框架,利用空间原则,优化分布式计算模式,围绕"从单项到集成,从普遍性到特异性,从客观评价到综合分析"的思路,将复杂的评价算法流程封装到模型应用端中,使应用人员可以借助模型,分析资源环境禀赋,识别问题和风险,深入分析成因与解决方案,切实提高规划设计效率与决策科学性。

在实践中,由于影响因子诸多,且阈值广泛,故模型组合十分精细。在模型评价规则这一模块,该模型除了提供根据权重因子计算以外,同样提供了专家打分的方式,支持量化分析与先验信息进行融合,使先验信息尽可能地与现场信息相容,为模型的可靠性评估提供科学、可行的方法,使模型能更好地提供精细化空间尺度上的应用(图9.15)。

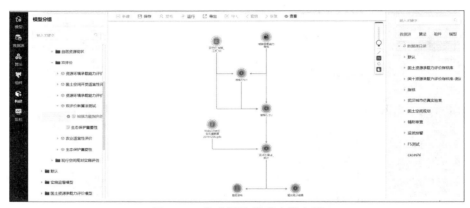

图 9.15　集成评价模型建模应用

(4)综合分析。综合分析主要包含四大板块,分别为资源环境禀赋分析、问题和风险识别、潜力分析、情景分析,这是对双评价中涉及的评价成果和数据进行全面的数据分析与建模。根据上述模型应用系统的建立步骤,建立模型应用系统功能分析流程:第一步是数据准备,第二步是单项评价模型建立,第三步是承载能力集成评价模型建立,第四步是适宜性评价,第五步是综合分析,如图9.16所示。综合分析主要基于多指标综合的叠置分析方法,运用多样化的数理统计与地理信息技术结合的方法进行分析,主要包含了多目标综合评价方法与多属性综合评价方法。

多目标综合评价通过定义多个目标函数,同时评价空间单元针对短板效应的承载尺度及多种开发方式的适宜程度,以确定资源环境承载等级和国土空间开发适宜性与不同空间的关系。多属性综合评价采用层次分析法、线性加权法、极值法、逼近理想点法、有序平均加权法等确定权重,并进行加权综合;也考虑了在不同类别指标间拟合使用数学综合方法,并根据各因素与评价结果的关系构建互斥矩阵,进行逻辑组合判断,从而更充分地挖掘评价结果内部结构特征。

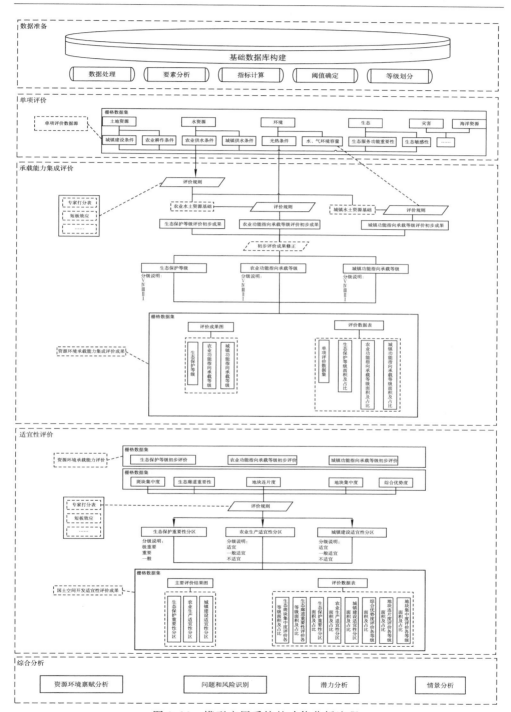

图 9.16　模型应用系统的功能分析流程

2）模型管理子系统

双评价信息系统需要对土地、矿产与海洋等不同的资源、环境主体进行适宜性和承载能力等多重评价，因此一般需预先对要素类型、评价业务的专业算法进行建模，并预留配置参数，以便在评价中能够根据用户确定的参数进行自动化的评价。

双评价信息系统的模型管理子系统主要完成两项任务：一是将整个双评价过程按照评价要素和评价业务，以涉及的专业算法为基础抽象形成评价模型，集成到评价系统；二是提供用户自定义的模块，将模型中非固定的参数交由用户定义，以实现评价系统的"因地制宜"。

为保障模型的统一管理、编排和运行调度，整个子系统应当至少包括模型总览、算法管理、模型构建、运行监控等基础模块（图 9.17）。

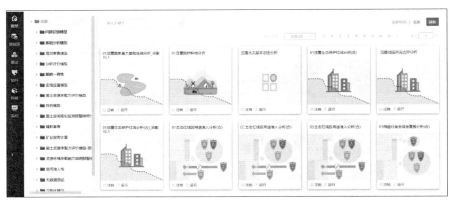

图 9.17　模型管理子系统示意

（1）模型总体概览。为实现整体评价流程、提升用户的操作便捷性，系统需对按照特定模式组织的模型提供简洁明了的说明与提示。因此，概览模块需实现评价模型分类组织、按条件进行模型分组筛选、模型基本信息的详细查看等基本功能，使用户在评价过程中随时查看描述信息、运行参数与相关接口信息。

（2）评价算法管理。资源环境承载能力与国土空间开发适宜性评价涉及大量数学模型，各模型又依赖于特定的算法。但是这些算法并不是一成不变的。由于算法在计算、处理某些指标时可能依赖于特定的规程或标准，故需要对各个算法进行统一的管理，以便及时修订与保持科学性、准确性。因此，在评价算法管理的模块中，需要通过算法注册功能将算法文件注册到系统中，并基于算法管理功能使用户能够在一定程度上编辑或删除特定的过时算法，以便管理人员集约、高效地组织各类算法。

（3）评价模型构建。双评价信息系统能否科学、有效地运行，依赖于其中的评价模型是否能够准确与高效地支持各个评价环节。对于评价模型构建的模块而言，除了应支持并实现根据双评价基础要素和环节建立的基础模型外，还应支持用户模型根据合理、科学的依据,将所需的数据源、算法、组件以可视化的方式添加为模型的步骤节点,将构建好流程的模型信息保存到系统中。

(4)关联多源指标管理。根据系统功能要求,多源指标主要包括评价要素、单项评价和集成评价三类。其中,评价要素涵盖高程、降水量等自然资源数据;单项评价包含各要素分析的结果,如土地资源等;集成评价以评价区域为单位,分析各评价地区资源环境承载与国土空间的开发利用。为了保证数据的准确性及一致性,系统需具备对指标数据进行导入、查看、编辑、下载、删除等功能,方便对指标进行全方位管理与应用。应用界面如图 9.18 所示。

图 9.18　多源数据储存与管理系统应用界面

(5)运行进程监控。双评价信息系统是以数据为基础、以模型为支撑、以任务为驱动的综合性信息系统,因此必须保证其能够通过监控与追溯机制留存模型执行结果、运行时间、运行状态等关键信息,以便在模型、任务运行出现异常的情况下能够及时有效地定位产生问题的原因。

此外,进程监控模块运行还应保证在系统运行期间,模型任务的启动、停止、删除等操作对用户是简便、可控的,以便于用户及时掌握评价业务流程执行情况。

§9.3　基于信息系统的双评价任务实施

9.3.1　评价对象与任务配置

自然资源基础分析评价应用系统是用户利用系统进行评价时直接操作的对象,主要通过简洁的操作流程、流畅的操作体验及友好的用户界面,实现双评价信息系统与用户的交互,通过用户输入的数据信息与操作参数得到准确的评价结果并反馈给用户。

1. 设置评价对象

应用子系统首先应支持用户在评价过程中,根据不同的使用场景、结合本区域的实际特点定制评价的目标要素内容和评价对象范围。同时,系统还应当支持用户选择特定要素后通过地图等多种手段展示相关评价结果的空间分布特征(图9.19)。

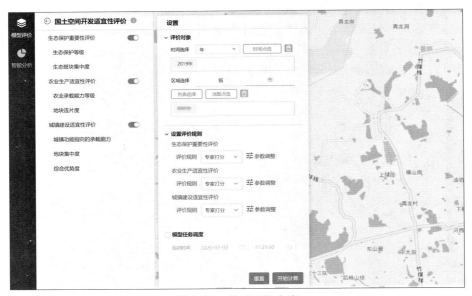

图 9.19　设置评价内容

子系统应支持用户通过一次设置选取后保存关键的操作参数等,即对于有重复在线获取评价结果需求的用户,在其针对某区域的某些要素进行一次设置完成后不用重复操作相同内容,方便重复利用,提升系统效率。

2. 设置评价时间

双评价的数据和模型具有较强的时效性。随着本底条件的不断发展变化,采用不同时期的基础数据进行相同的评价业务,可能得到差异明显甚至完全不同的评价结果。同时,双评价与国土空间规划及国土空间监测的密切联系,使决策者有必要积累不同时期的评价结果,并构成时序化的成果数据,从而快速定位本地区在国土空间开发中面临的突出问题。

为保证用户获取结果的准确性,应在用户选择评价基础参数后,提供对应界面,供用户逐级选择评价的起止时间。在选择时间的形式上,支持手动输入、日历选择或时间轴拾取等多种方式(图9.20)。

此外,针对用户选择的不同时期的评价,还可进行历史评价结果的回溯,并在评价日期更新后实时更新对应的评价结果。

图 9.20　设置评价时间

3. 设置评价地区

在进行双评价的过程中,一些情况下可能不需对整体评价区域进行评价,或用户仅关心部分区域的资源环境与国土空间利用情况,因此应用系统的交互界面应支持用户对数据源已覆盖的行政区划单元进行自定义筛选(图 9.21)。

图 9.21　设置评价地区

地区的选择应尽可能提供多元化的选择方式,以提高应用系统的操作简便性。例如,评价地区的选择可支持依据数据覆盖的行政区划表单进行点选,也可支持通过直接点击地图进行拾取。

4. 配置评价参数

在资源环境承载能力与国土空间开发适宜性评价中,不同的用户可能侧重于不同的评价方面,有不同的评价需求。总体上,侧重于适宜性的评价体现了对资源利用的重视,而侧重于承载能力的评价则更多体现了可持续发展的理念。因此从优化系统可用性、丰富系统功能的角度,系统应支持以交互方式选择定制更详细、更多元的评价方式(图9.22)。

图9.22　配置评价计算参数

　　考虑在更细微的空间尺度下,不同评价主体可能面临不同的具体情况。为满足因地制宜的评价管理需求,应支持用户根据实际情况对评价方法进行调整(图9.23)。根据区域实际情况差异化定制评价,更能体现评价系统的灵活性,提高评价结果的可靠性。例如,某类资源环境要素在某区域内没有分布,则在评价时可支持定制在不同区域内仅评价本区域存在要素。

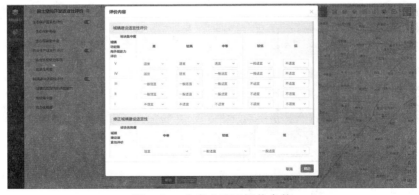

图9.23　自定义配置评价参数

9.3.2　评价数据可视化检视

1. 可视化

系统支持自定义配置地图、确定各类图表的布局、保存为模板,并在模板页面中显示新建的模板。用户可先点击已有的模板,然后配置地图和图表的每个数据源、数据行、数据列及筛选条件,再根据图表的展示规范与要求,配置图表中各种分类的颜色、字体等内容。配置的专题地图、统计图表及文字分析可以以图片的形式下载(图9.24)。

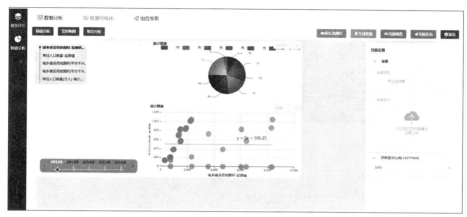

图 9.24　数据可视化

2. 数据分析

系统支持选取指标体系与分析数据及指标维度,如时间、空间;支持查询浏览数据结果并保存指标数据,作为可视化数据输入,以及筛选条件查询;支持保存数据表单;支持基于已有数据资源,开展双评价应用分析。以土地供应分析为例,对建设用地、产业用地、工业用地三大类进行细分,采用图表一体方式,分析城镇建设用地与土地供应的相关性和主要矛盾,科学编制规划(图9.25)。

图 9.25　数据分析

9.3.3　评价模型应用与计算

1．模型总览

按双评价的模型体系组织基础分析评价模型(图 9.26),根据不同的应用需求,用户可以有选择、快速地筛选对应模型,满足大量模型的集成浏览展示的应用需求。

图 9.26　模型总览

2．模型计算

双评价还具有多组参数优化和多种情景模拟的需求,通过模型管理系统,可以对不同的量化评价方法进行注册、集成,并通过可视化、拖拽式的方式进行数据、算法的组合,从而构建双评价模型。最终,可在系统中实现时空评价范围的自定义选择,以及权重参数、评价规则的灵活配置,辅助提高双评价工作效率。

3．任务管理

在模型任务列表中可以查看任务的计算状态,并支持用户对计算任务进行管理(编辑、删除等),可以点击任意计算成果模型查看历次执行成果。此外,可对任务进行重命名及删除操作(同步删除模型评价生成的成果数据服务)(图 9.27)。

图 9.27　模型任务管理

9.3.4　评价结果输出与显示

1. 应用场景

为丰富模型应用场景,根据双评价业务分析流程基线,模型会提供多类组件。前驱业务为数据整合、建库及管理提供系统支撑。双评价前期大量研究与分析的成果,为统一模型计算空间单元提供空间计算数据处理的设计方案,以促进双评价对资源环境调查的驱动作用。在后继业务中,利用模型为双评价的结果确定空间单元的开发适宜方向,使其评价结果与国土空间规划、主体功能区规划、国民经济和社会发展规划耦合,发挥其作为划定"三区三线"的依据作用。对双评价前驱和后继业务的监测,以及对双评价过程的监测,包含了对评价结果在时间维度与空间维度的监测,使其作为规划编制环节的基线任务,提高规划编制的科学性。图 9.28 为模型评价结果样例。

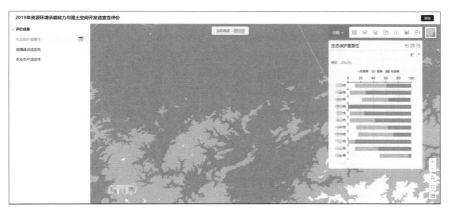

图 9.28　模型评价结果样例(仅供参考,非真实数据)

2. 结果查看

在得到评价结果后,系统应能够通过多种方式及时反馈,供用户查看,并进一步生成多样化的成果分析与展示。其中,成果目录包括指标的目录、报告,点击目录栏中的不同选项,可以查看该目录下的成果。系统还支持通过图表联动展示模型评价输出的结果,或生成报告。例如,通过用户界面直观表达评价结果目录、成果图件、成果表格和成果统计图等,如图 9.29 所示。

评价成果目录应支持以层次化的方式展现评价成果要点,成果图件以地图的形式展现评价成果中的空间数据部分,成果表格以数据报表的方式展现评价成果的丰富属性。三者均应支持从宏观到微观、从总体到局部的立体化成果展示,从而更方便决策者定位区域内存在的问题与风险。

除此之外,参照双评价的相关规程或指南,评价成果一般应按照一定的格式要求进行传递或发布。因此,系统应支持用户按照预置的格式模版生成评价分析报告,以便于后期进行归档、整理(图9.30)。报告应包含模型说明、模型计算参数设置及模型的专题渲染图等版块。用户可以点击"下载"按钮,勾选需要下载的成果。系统支持下载的内容包括统计表(二维表)、成果报告。

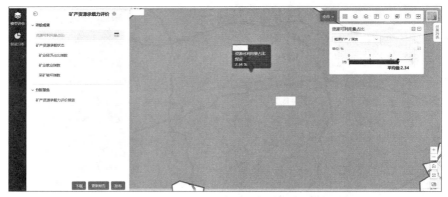

图 9.29　评价成果查看

图 9.30　评价分析报告生成

9.3.5　评价成果的应用示例

双评价成果可以在规划编制阶段发挥重要作用(图9.31)。通过构建双评价综合分析模型,将双评价成果与用地、用海现状分布和规模进行对比分析,可以辅助识别空间冲突、判断农业生产和城镇建设潜力,支撑控制线划定和规划编制。例如,通过模型识别生态保护极重要区中现状耕地、园地、人工商业林、建设用地的空间分布和规模,按照生态保护红线划定和评估调整的要求,各类冲突用地原则上应结合实际情况有序逐步退出;识别农业生产不适宜区中的现状耕地和永久基本农田,可辅助判断耕地与永久基本农田的质量情况,支撑永久基本农田的核实、整改和补划工作;识别城镇建设不适宜区和适宜区中的现状城镇用地分布、规模和占比,在辅助识别城镇集中建设区潜在风险的同时,也为研判城镇发展潜力、确定城镇开发边界规模提供基本依据。

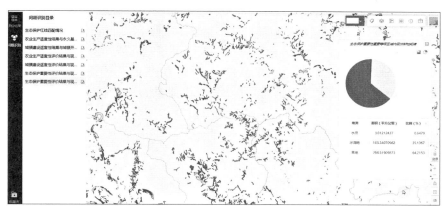

图 9.31 系统应用之现状问题与风险识别

另一方面,双评价成果还能在规划实施过程中作为实施管控的参考依据使用。通过合规性审查功能,以双评价成果为审查要点,建立审查规则,自动检测建设项目是否侵占生态保护极重要区或位于城镇建设不适宜区等。该成果作为项目选址和用地预审的参考依据,以辅助决策。应用界面如图 9.32 所示。

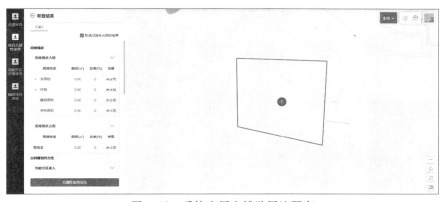

图 9.32 系统应用之辅助用地预审

9.3.6 评价成果发布与管理

1. 成果发布

用户点击系统"发布产品"按钮,即可将成果以产品的形式发布到产品墙。系统支持定义产品的发布属性,如发布单位、产品名称等;也支持对产品共享权限的设置。发布产品成功后,可以在模型评价的主页查看产品成果,也可点击"数据产品",在产品目录中搜索产品。

2. 组合发布

用户可以选择数据表单和数据页面,输入产品的名称、发布单位、发布信息及配置共享权限等。通过数据选取、数据组织、数据展现、数据导出等步骤,为资源环境禀赋分析、现状及风险识别、"三区三线"划定、潜力分析等具体应用提供相应的专题数据产品。数据专题制作流程应可模板化定制并记录任务日志,以适应不同场景和多次使用需求。设置完成后,可以预览需要发布的产品;确认发布后,可以将产品发布到产品墙(图 9.33)。

图 9.33　组合发布

3. 成果管理

在成果列表中可以查看产品目录及目录下的成果。系统支持对成果进行权限管理,分配不同职能用户对不同专题的下载、编辑及删除的权限(图 9.34)。

图 9.34　专题成果管理

参考文献

卞娟娟,郝志新,郑景云,等,2013.1951—2010 年中国主要气候区划界线的移动[J].地理研究,
　　32(7):1179-1187.

薄文广,孙元瑞,左艳,等,2014.天津市海洋资源承载力定量分析研究[J].中国人口、资源与环
　　境,24(S3):407-409.

蔡鹤生,唐朝晖,周爱国,1998.地质环境容量评价指标初步研究[J].水文地质工程地质(3):
　　25-27.

蔡榕硕,齐庆华,2014.气候变化与全球海洋:影响、适应和脆弱性评估之解读[J].气候变化研究
　　进展,10(3):185-190.

曹英志,2014.海域资源配置方法研究[D].青岛:中国海洋大学.

陈百明,2001.中国农业资源综合生产能力与人口承载能力[M].北京:气象出版社.

陈百明,2002.未来中国的农业资源综合生产能力与食物保障[J].地理研究,21(3):294-304.

陈丁江,吕军,金树权,等,2007.非点源污染河流的水环境容量估算和分配[J].环境科学,
　　28(7):1416-1424.

陈国明,朱高庚,朱渊,2019.深水油气开采安全风险评估与管控研究进展[J].中国石油大学学
　　报(自然科学版),43(5):136-145.

陈玲,赵建夫,2014.环境监测[M].2 版.北京:化学工业出版社.

陈美军,段增强,林先贵,2011.中国土壤质量标准研究现状及展望[J].土壤学报,48(5):
　　1059-1071.

陈清运,蔡嗣经,明世祥,等,2004.地下开采地表变形数值模拟研究[J].金属矿山(6):19-21.

陈映,2019.中国生态文明体制改革历程回顾与未来取向[J].经济体制改革(6):24-31.

党丽娟,徐勇,2015.水资源承载力研究进展及启示[J].水土保持研究,22(3):341-348.

党宇,张继贤,邓喀中,等,2017.基于深度学习 AlexNet 的遥感影像地表覆盖分类评价研究[J].
　　地球信息科学,19(11):1530-1537.

邸西京,祝虎林,2010.汉中断陷盆地东部地区水文地质条件分析[J].中国科技信息(16):
　　104-106.

东海宇,2011.北京 54 坐标系向国家 2000 大地坐标系的转换[J].甘肃冶金,33(6):85-86.

董飞,刘晓波,彭文启,等,2014.地表水水环境容量计算方法回顾与展望[J].水科学进展,
　　25(3):451-463.

董锁成,石广义,沈镭,等,2010.我国资源经济与世界资源研究进展及展望[J].自然资源学报,
　　25(9):1432-1444.

董战峰,李红祥,葛察忠,等,2015.生态文明体制改革宏观思路及框架分析[J].环境保护,
　　43(19):15-19.

樊杰,2019a.资源环境承载能力预警技术方法[M].北京:科学出版社.

樊杰,2019b.资源环境承载能力和国土空间开发适宜性评价方法指南[M].北京:科学出版社.

樊杰,兰恒星,周侃,2016.鲁甸地震灾后恢复重建:资源环境承载能力评价与可持续发展研究
　　[M].北京:科学出版社.

樊雷,郝仕龙,2017.黄土丘陵区人地关系演变与土地利用决策研究——以宁夏固原市上黄试区

为例[J].地域研究与开发,36(2):122-127.

方世南,2013.深刻认识生态文明建设在五位一体总体布局中的重要地位[J].学习论坛,29(1):
　　47-50.

封志明,1990.区域土地资源承载能力研究模式雏议——以甘肃省定西县为例[J].自然资源学
　　报,5(3):271-274.

封志明,1994.土地承载能力研究的过去、现在与未来[J].中国土地科学(3):1-9.

封志明,刘登伟,2006.京津冀地区水资源供需平衡及其水资源承载力[J].自然资源学报,
　　21(5):689-699.

封志明,杨艳昭,闫慧敏,等,2017.百年来的资源环境承载力研究:从理论到实践[J].资源科学,
　　39(3):379-395.

封志明,杨艳昭,游珍,2014.中国人口分布的水资源限制性与限制度研究[J].自然资源学报,
　　29(10):1637-1648.

傅湘,纪昌明,1999.区域水资源承载能力综合评价——主成分分析法的应用[J].长江流域资源
　　与环境,8(2):3-5.

高峰,赵雪雁,宋晓谕,等,2019.面向SDGs的美丽中国内涵与评价指标体系[J].地球科学进展,
　　34(3):295-305.

高彦春,刘昌明,1997.区域水资源开发利用的阈限分析[J].水利学报(8):73-79.

顾晨洁,李海涛,2010.基于资源环境承载能力的区域产业适宜规模初探[J].国土与自然资源研
　　究(2):8-10.

关道明,张志锋,杨正先,等,2016.海洋资源环境承载能力理论与测度方法的探索[J].中国科学
　　院院刊,31(9):1241-1247.

郭娟,崔荣国,闫卫东,等,2020.2019年中国矿产资源形势回顾与展望[J].中国矿业,29(1):
　　1-5.

国地科技,2020.国地科技"智慧国土空间规划"解决方案系列之二十八:新时代中国特色国土
　　空间规划的六大特点[EB/OL].[2020-04-10].https://www.zhihu.com/tardis/sogou/
　　art/122885951.

国家测绘地理信息局测绘发展研究中心,2019.建设自然资源大数据中心是自然资源统一管理
　　的现实之举——新体制下测绘地理信息工作新思考之九[EB/OL].[2020-01-15].https://
　　www.sohu.com/a/287949030_505861.

国家统计局,2018.2018中国统计年鉴[M].北京:中国统计出版社.

国土资源部办公厅,2016.国土资源环境承载力评价技术要求(试行)[R].北京:国土资源部办
　　公厅.

韩柯子,朱晨歌,王红帅,2018.可持续发展目标的内涵、进程与评估——从全球社会政策治理的视
　　角[J].中国海洋大学学报(社会科学版)(6):72-79.

韩燕,2013.承载能力理论文献综述[J].经济研究导论(32):12-13.

洪禾,胡玥昕,胡爽,2010.舟山地区无人岛的开发现状及创新发展[J].中国人口、资源与环境,
　　20(S1):439-442.

洪武扬,王伟玺,苏墨,2019.全域全要素自然资源现状数据建设思路[J].中国土地(5):47-49.

侯华丽,2007.矿产资源承载能力研究现状及展望[C]//中国地质矿产经济学会.资源·环境·和

谐社会——中国地质矿产经济学会 2007 年学术年会论文集.北京:中国地质矿产经济学会:452-455.

侯晓虹,张聪璐,2015.水资源利用与水环境保护工程[M].北京:中国建材工业出版社.

胡毅,李萍,杨建功,等,2015.应用气象学[M].2 版.北京:气象出版社.

胡志民,施延亮,龚建荣,2006.经济法[M].上海:上海财经大学出版社.

胡紫薇,2015.W·莱斯"控制自然"思想探究[D].哈尔滨:哈尔滨师范大学.

黄国森,2013.基于 ArcGIS 的 80 西安坐标系转换到 2000 国家坐标系的研究[J].测绘与空间地理信息,36(8):261-263.

黄敬军,姜素,张丽,等,2015.城市规划区资源环境承载能力评价指标体系构建——以徐州市为例[J].中国人口、资源与环境,25(S2):204-208.

黄征学,黄凌翔,2019.国土空间规划演进的逻辑[J].公共管理与政策评论,8(6):40-49.

惠泱河,蒋晓辉,黄强,等,2001.水资源承载力评价指标体系研究[J].水土保持通报,21(1):30-34.

季江云,崔悦,2018.我国建成世界规模最大环境监测网——第二届环境监测与预警技术大会侧记[J].环境与生活(12):34-37.

江宏,马友华,王强,等,2016.土壤环境容量与承载力研究(英文)[J].Agricultural Science and Technology,17(1):217-222.

蒋凡,2017.复杂地质条件下桥梁基础选型研究[D].南京:南京大学.

蒋云志,蒋宇星,2015.基于资源环境调查评价的全域空间综合规划体系构建[J].资源开发与市场,31(6):692-695.

金安,程承旗,2016.基于全球剖分网格的空间数据编码方法[J].测绘科学技术学报(3):284-287.

李干杰,2014."生态保护红线"——确保国家生态安全的生命线[J].求是(2):44-46.

李瑞敏,杨楠,李小磊,等,2019.资源环境承载能力评价方法探索与实践[M].北京:地质出版社.

李世东,陈萍,刘一兵,2001.中国水力资源状况及开发前景[J].水力发电(10):33-37.

李小云,杨宇,刘毅,2016.中国人地关系演进及其资源环境基础研究进展[J].地理学报,71(12):2067-2088.

联合国粮农组织,联合国农发基金,联合国儿基会,等,2019.2019 年世界粮食安全和营养状况[R].罗马:联合国粮农组织.

梁吉义,2011.自然资源总论[M].太原:山西经济出版社.

刘丰有,王沛,2014.基于熵值法的国土空间开发适宜性评价——以皖江城市带为例[J].国土与自然资源研究(3):11-14.

刘贵利,郭健,江河,2019.国土空间规划体系中的生态环境保护规划研究[J].环境保护,47(10):33-38.

刘剑,许洪波,易绵竹,等,2015.面向知识级应用的多维语义本体构建[J].山东大学学报(理学版)(9):13-20.

刘建军,赵文豪,蒯希,等,2015.一种基于 TIN 的地形特征点生成方法[J].地理信息世界(1):91-94.

刘玮,许惠渊,2004.京郊农村土地开发方式的利弊分析[J].中国农业大学学报(社会科学版)(2):30-34.

刘岩,王昭正,2001.海洋环境监测技术综述[J].山东科学,14(3):30-35.

刘叶志,2012.矿产资源承载力评价及其环境约束分析——以福建省煤炭资源为例[J].闽江学院学报,33(3):43-48.

刘云龙,2015.中国木材产品需求研究[D].北京:北京林业大学.

卢宏建,南世卿,甘德清,等,2014.大型铁矿山露天转地下开采过渡方案优化[J].金属矿山(11):1-6.

罗上华,马蔚纯,王祥荣,等,2003.城市生态环境保护规划与生态建设指标体系实证[J].生态学报,23(1):45-55.

骆永明,2017.土壤污染特征、过程与有效性[M].北京:科学出版社.

骆永明,滕应,2020.中国土壤污染与修复科技研究进展和展望[J/OL].土壤学报:1-8.[2020-06-20].http://kns.cnki.net/kcms/detail/32.1119.P.20200617.1115.002.html.

吕红亮,韩青,2019.双评价:新时期国土空间规划的前提与基础[EB/OL].[2020-01-20].http://www.planning.org.cn/news/view? cid=13&id=9655.

马海良,徐佳,王普查,2014.中国城镇化进程中的水资源利用研究[J].资源科学,36(2):334-341.

麦克哈格,2006.设计结合自然[M].芮经纬,译.天津:天津大学出版社.

穆瑞欣,2016.基于等高线的地形特征线提取研究[J].测绘与空间地理信息(12):173-175.

宁佳,刘纪远,邵全琴,等,2014.中国西部地区环境承载力多情景模拟分析[J].中国人口、资源与环境,24(11):136-146.

宁夏回族自治区林业和草原局,2020.宁夏建立以国家公园为主体的自然保护地体系实施意见[EB/OL].[2020-02-15].http://lcj.nx.gov.cn/zwgk/zfxxgkml/flfg/202004/t20200415_2021946.html.

农业农村部渔业渔政管理局,全国水产技术推广总站,中国水产学会,2019.2019中国渔业统计年鉴[EB/OL].[2020-01-15].https://www.cafs.ac.cn/info/1397/34095.htm.

努尔兰·哈再孜,2014.乌伦古河流域水文特征[J].干旱区研究,31(5):798-802.

欧阳志云,王效科,苗鸿,2000.中国生态环境敏感性及其区域差异规律研究[J].生态学报,20(1):9-12.

丘兆逸,付丽琴,2015.国内私人资本与一带一路跨境基础设施建设[J].开放导报(3):35-38.

施雅风,曲耀光,1992.乌鲁木齐河流域水资源承载力及其合理利用[M].北京:科学出版社.

史同广,郑国强,王智勇,等,2007.中国土地适宜性评价研究进展[J].地理科学进展,26(2):106-115.

宋如华,齐实,孙保平,等,1996.地理信息系统支持下的区域土地资源适宜性评价[J].北京林业大学学报,18(4):57-63.

宋媛,2013.聚类分析中确定最佳聚类数的若干问题研究[D].延吉:延边大学.

宋志强,2010.加强国土空间开发战略促进区域协调发展[J].区域经济(5):15-16.

孙雷,2010.城市规划环评中大气环境容量计算应用及实例分析[D].合肥:合肥工业大学.

孙晓雪,2009.人为干扰对汉江流域生态安全的影响[D].武汉:华中师范大学.

泰安,2012.营养食物热量盘点[J].健与美,2(4):88.

唐旭,2017.《土地评价》讲义[EB/OL].[2019-12-14].http://mooc1.mooc.whu.edu.cn/course/207222264.html.

唐旭,薛志娇,胡石元,等,2018.基于耕地产能的区域人口承载压力研究——以广东省潮州市潮安区为例[J].国土资源科技管理,35(6):72-82.

田学斌,2016.实现人与自然和谐发展新境界——认真学习领会习近平总书记生态文明建设理念[J].社会科学战线(8):1-14.

王海超,焦文玲,邹平华,2010.AERMOD大气扩散模型研究综述[J].环境科学与技术,33(11):115-119.

王浩,陈敏建,何希吾,等,2004.西北地区水资源合理配置与承载能力研究[J].中国水利(22):43-45.

王红旗,王国强,杨会彩,等,2017.中国重要生态功能区资源环境承载力评价指标研究[M].北京:科学出版社.

王奎峰,李娜,2015.基于AHP和GIS耦合模型的山东半岛地质环境承载力评价[J].中国人口、资源与环境,25(S1):224-227.

王莉芳,陈春雪,2011.济南市水环境承载力评价研究[J].环境科学与技术,34(5):199-202.

王泠一,杨征帆,2005.有限资源无限活力——提高上海资源环境承载能力的分析和对策[J].上海企业(6):5-7.

王文娟,2018.规则格网DEM的地形特征线提取研究[D].西安:长安大学.

王小艳,冯跃华,李云,等,2015.黔中喀斯特山区村域稻田土壤理化特性的空间变异特征及空间自相关性[J].生态学报,35(9):2926-2936.

王亚飞,樊杰,周侃,2019.基于"双评价"集成的国土空间地域功能优化分区[J].地理研究,38(10):2415-2429.

王彦文,秦承志,2017.地貌形态类型的自动分类方法综述[J].地理与地理信息科学,33(4):16-21.

王迎宾,虞聪达,俞存根,等,2010.浙江南部外海底层渔业资源量与可捕量的评估[J].集美大学学报(自然科学版),15(2):8-12.

王治国,2003.关于生态修复若干概念与问题的讨论[J].中国水土保持(10):8-9.

魏子新,周爱国,王寒梅,等,2009.地质环境容量与评价研究[J].上海地质(109):40-44.

文扬,周楷,蒋姝睿,等,2018.陆水流域水环境与水资源承载力研究[J].干旱区资源与环境,32(3):126-132.

吴传钧,侯峰,1990.国土开发整治与规划[M].南京:江苏教育出版社.

吴次芳,潘文灿,2003.国土规划的理论与方法[M].北京:科学出版社.

吴次芳,叶艳妹,吴宇哲,等,2019.国土空间规划[M].北京:地质出版社.

吴唯佳,吴良镛,石楠,等,2019.空间规划体系变革与学科发展[J].城市规划,43(1):17-24.

吴志强,李德华,2010.城市规划原理[M].4版.北京:中国建筑工业出版社.

武廷海,周文生,卢庆强,等,2019.国土空间规划体系下的"双评价"研究[J].城市与区域规划研究,11(2):5-15.

夏军,石卫,2016.变化环境下中国水安全问题研究与展望[J].水利学报,47(3):292-301.

夏章英,2014.海洋环境管理[M].北京:海洋出版社.

肖金成,欧阳慧,2015.优化国土空间开发格局研究[M].北京:中国计划出版社.

肖杨,毛显强,马根慧,等,2008.基于ADMS和线性规划的区域大气环境容量测算[J].环境科学研究,21(3):13-16.

谢保鹏,朱道林,陈英,等,2014.基于区位条件分析的农村居民点整理模式选择[J].农业工程学报,30(1):219-227.

谢俊奇,1997. 中国土地资源的食物生产潜力和人口承载潜力研究[J]. 浙江学刊(2):41-44.

谢云,符素华,邱扬,等,2009. 自然资源评价教程[M]. 北京:北京师范大学出版社.

新华社,2015. 图表:数说生态文明 2020 年主要目标[EB/OL].[2019-10-30]. http://big5. gov. cn/ gate/big5/www. gov. cn/xinwen/2015-05/06/content_2857473. htm.

邢丽霞,罗跃初,李亚民,等,2011. 我国地质环境监测现状及对策研究[J]. 资源与产业,13(3): 110-115.

徐大海,朱蓉,1989. 我国大陆通风量和雨洗能力分布的研究[J]. 中国环境科学,9(5):367-374.

徐维祥,张全寿,2000. 基于 WSR 方法论的信息系统项目评价研究[J]. 系统工程与电子技术, 22(10):4-6.

徐征,2012. 依兰露天煤矿深部资源开采方案研究[D]. 辽宁:辽宁工程技术大学.

许明军,杨子生,2016. 西南山区资源环境承载力评价及协调发展分析——以云南省德宏州为例 [J]. 自然资源学报,31(10):1726-1738.

许有鹏,1993. 干旱区水资源承载能力综合评价研究:以新疆和田河流域为例[J]. 自然资源学报, 8(3):229-337.

薛澜,翁凌飞,2017. 中国实现联合国 2030 年可持续发展目标的政策机遇和挑战[J]. 中国软科学 (1):1-12.

严金明,张雨榴,马春光,2017. 新时期国土综合整治的内涵辨析与功能定位[J]. 土地经济研究 (1):14-24.

杨长辉,2015. 铁路四电工程设计信息模型分类与编码研究[J]. 铁道标准设计(8):160-163.

杨晓英,李纪华,田壮,等,2013. 城镇化进程中的农民生活用水研究[J]. 长江流域资源与环境, 22(7):880-886.

尤孝才,2002. 矿山地质环境容量问题探讨[J]. 中国地质矿产经济(3):38-40.

于广华,孙才志,2015. 环渤海沿海地区土地承载力时空分异特征[J]. 生态学报,35(14): 4860-4870.

喻忠磊,张文新,梁进社,等,2015. 国土空间开发建设适宜性评价研究进展[J]. 地理科学进展, 34(9):1107-1122.

岳文泽,代子伟,高佳斌,等,2018. 面向省级国土空间规划的资源环境承载力评价思考[J]. 中国土 地科学,32(12):66-73.

曾素林,陈上仁,王从华,2015. 哲学思维方式变革视域下知识与经验的关系新探——从"实体思 维"到"关系思维"[J]. 教育学术月刊(10):10-14.

张奇,王清,阙金声,等. 2014. 基于凝聚层次聚类分析法的岩体随机结构面产状优势分组[J]. 岩土 工程学报(8):1432-1437.

张维宸,2018. 为何成立自然资源部? 代表自然资源管理发展趋势[EB/OL].[2019-11-05]. http://www. chinanews. com/sh/2018/05-09/8509557. shtml.

张尧,樊红,李玉娥,2013. 一种基于等高线的地形特征线提取方法[J]. 测绘学报,42(4):574-580.

张小红,朱凌,2017. LCCS 地表覆盖分类系统简介及图例翻译[J]. 北京建筑大学学报,33(4): 45-52.

张晓玲,赵雲泰,贾克敬,2017. 我国国土空间规划的历程与思考[J]. 中国土地(1):15-18.

张晓明,胡长军,李华昱,等,2009.从关系数据库到本体映射研究综述[J].小型微型计算机系统,30(7):1366-1375.

张引,杨庆媛,闵婕,2016.重庆市新型城镇化质量与生态环境承载力耦合分析[J].地理学报,71(5):817-828.

张颖,2017.资源资产价值评估研究最新进展[J].环境保护,45(11):27-30.

张永勇,夏军,王中根,2007.区域水资源承载力理论与方法探讨[J].地理科学进展,26(2):126-132.

张志锋,索安宁,杨正先,2019.海洋资源环境承载能力评价预警技术与实践[M].北京:海洋出版社.

张志良,睦金娥,原华荣,1990.河西地区土地人口承载能力研究[J].西北人口(2):19-25.

郑瑾,2016.海洋资源承载能力和海洋环境保护的综合分析[J].地球(8):387-388.

郑景云,尹云鹤,李炳元,2010.中国气候区划新方案[J].地理学报,65(1):3-12.

郑振源,1996.中国土地的人口承载潜力研究[J].中国土地科学,10(4):33-38.

智研咨询集团,2019.2019—2025年中国水资源利用行业市场运营态势及发展前景预测报告[R].北京:智研咨询集团.

中共中央办公厅,2019.关于建立以国家公园为主体的自然保护地体系的指导意见[EB/OL].[2020-01-10].http://www.gov.cn/zhengce/2019-06/26/content_5403497.htm.

中华人民共和国生态环境部,2016.环境空气质量指数(AQI)技术规定(试行):HJ 633—2012[EB/OL].[2019-12-15].http://www.mee.gov.cn/ywgz/fgbz/bz/bzwb/jcffbz/201203/t20120302_224166.shtml.

中华人民共和国生态环境部,2019.2018年中国海洋生态环境状况公报[EB/OL].[2020-01-10].http://hys.mee.gov.cn/dtxx/201905/P020190529532197736567.pdf.

中华人民共和国生态环境部,2020a.2019年中国生态环境公报[R].北京:生态环境部.

中华人民共和国生态环境部,2020b.关于推进生态环境监测体系与监测能力现代化的若干意见(征求意见稿)[EB/OL].[2020-03-15].http://www.mee.gov.cn/hdjl/yjzj/wqzj_1/202003/W020200311655981892728.pdf.

中华人民共和国外交部,2019.中国落实2030年可持续发展议程进展报告(2019)[R].北京:中华人民共和国外交部.

中华人民共和国外交部,联合国驻华系统,2015.中国实施千年发展目标报告[R].北京:中华人民共和国外交部.

中华人民共和国中央人民政府,2019.中共中央国务院关于建立国土空间规划体系并监督实施的若干意见[EB/OL].[2020-01-10].http://www.gov.cn/zhengce/2019-05/23/content_5394187.htm.

中华人民共和国住房和城乡建设部,2010.城市、镇控制性详细规划编制审批办法[EB/OL].[2019-12-15].http://www.gov.cn/flfg/2010-12/16/content_1767209.htm.

中华人民共和国自然资源部,2018.7月1日起自然资源部全面启用2000国家大地坐标系[EB/OL].[2019-12-15].http://www.mnr.gov.cn/dt/ywbb/201810/t20181030_2290825.html.

中华人民共和国自然资源部,2019a.中国矿产资源报告2019[EB/OL].[2020-01-10].http://www.mnr.gov.cn/sj/sjfw/kc_19263/zgkczybg/201910/t20191022_2473040.html.

中华人民共和国自然资源部,2019b.自然资源统一确权登记暂行办法[EB/OL].[2020-01-10].

http://www.gov.cn/xinwen/2019-07/23/content_5413117.htm.

中华人民共和国自然资源部,2020a.2019 年中国海洋经济统计公报[R].北京:自然资源部.

中华人民共和国自然资源部,2020b.自然资源调查监测体系构建总体方案[EB/OL].[2020-01-20].http://gi.mnr.gov.cn/202001/t20200117_2498071.html.

周成虎,程维明,钱金凯,等,2009.中国陆地 1:100 万数字地貌分类体系研究[J].地球信息科学学报,11(6):707-724.

周刚,雷坤,富国,等,2014.河流水环境容量计算方法研究[J].水利学报,45(2):227-234.

周侃,樊杰,2015.中国欠发达地区资源环境承载力特征与影响因素——以宁夏西海固地区和云南怒江州为例[J].地理研究,34(1):39-52.

周曲波,1999.环境管理八项制度[J].包钢科技(2):103-106.

周翟尤佳,张惠远,郝海广,2018.环境承载力评估方法研究综述[J].生态经济,34(4):164-168.

朱红钧,赵志红,2015.海洋环境保护[M].东营:中国石油大学出版社.

庄贵阳,丁斐,2020.新时代中国生态文明建设目标愿景、行动导向与阶段任务[J].北京工业大学学报(社会科学版),20(3):1-8.

左东启,戴树声,袁汝华,等,1996.水资源评价指标体系研究[J].水科学进展(4):88-95.

AGRAWAL R,GEHRKE J E,GUNOPULOS D,et al,1998. Automatic subspace clustering of high dimensional data for data mining applications[J]. Data Mining and Knowledge Discovery, 27(2):94-105.

CLIGGETT L,2001. Carrying capacity's new guise: folk models for public debate and longitudinal study of environmental change[J]. Africa Today,48(1):2-19.

COCKBURN A,2001. Agile software development[M]. Boston:Addison Wesley.

COHEN J E,1995. How many people can the earth support[M]. New York: W. W. Norton & Company, Inc.

CONG Z,FERNANDEZ A,BILLHARDT H,et al,2015. Service discovery acceleration with hierarchical clustering[J]. Information Systems Frontiers, 17 (4): 799-808.

CULTER J K,TRUITT C,1997. Artifical reef construction as a soft bottom habitat restoration tool[R].[s.l.]:Mote Marine Laboratory Technical Report.

DEANE P,1980. The first industrial revolution[M]. Cambridge:Cambridge University Press.

DHONDT A A,1988. Carrying capacity: a confusing concept[J]. Acta Oceologica, 9 (4): 337-346.

DING C,HE X,SIMON H D,2005. On the equivalence of nonnegative matrix factorization and spectral clustering [C]//The 2005 SIAM International Conference on Data Mining. Philadelphia, PA: Society for Industrial and Applied Mathematics:1-16.

ESTER M,KRIEGEL H P,SANDER J, 1996. A density-based algorithm for discovering clusters in large spatial databases with noise [C]//The 2nd International Conference on Knowledge Discovering in Databases and Data Mining. New York:AAAI Press:226-231.

FAO,1976. A framework for land evaluation FAO soils bulletin:No. 32[R]. Rome:FAO.

FOOD N,2011. The economics of adapting fisheries to climate change[M/OL].[2019-12-15]. Paris:OECD,https://doi.org/101787/9789264090415-en.

GUHA S, RASTOGI R, SHIM K, et al, 1998. CURE: an efficient clustering algorithm for large database[J]. Information System, 26(1):35-58.

HADWEN I A S, PALMER L J, 1922. Reindeer in Alaska[M]. Washington: US Department of Agriculture.

HAN J, KAMBER M, 2007. 数据挖掘概念与技术[M]. 北京: 机械工业出版社.

HOLLING C S, 1973. Resilience and stability of ecological systems[J]. Annual Review of Ecology and Systematics, 4:1-23

IPCC, 2013. Climate change 2013: The physical science basis[M/OL]. [2019-12-15]. Cambridge: Cambridge University Press, https://www.ipcc.ch/report/ar5/wg1/.

MALTHUS T R, 1798. An essay on the principle of population[M]. London: St Paul's Church-Yard.

METROPOLIS N, ROSENBLUTH A W, ROSENBLUTH M N, et al, 1953. Equation of state calculations by fast computing machines[J]. Journal of Chemical Physics, 21(6):1087.

PARK R F, BURGESS E W, 1923. An introduction to the science of sociology[M]. Chicago: University of Chicago Press.

POSTEL S, 1994. Carrying capacity: Earth's bottom line[J]. Challenge, 37(2):4-12.

SACHS J D, 2012. From millennium development goals to sustainable development goals[J]. Lancet, 379(9832):2206-2211.

SCHNEIDER W A, 1978. Integral formulation for migration in two and three dimensions[J]. Geophysics, 43(1):49-76.

SCHNEIDER D M, GODSCHALK D R, AXLER N, 1978. The carrying capacity concept as a planning tool[M]. Chicago: American Planning Association.

SORRELL S, SPEIRS J, BENTLEY R, et al, 2009. Global oil depletion [M/OL]. [2019-12-15]. https://doi.org/ISBN number 1-903144-0-35.

UN, 2014. Secretary-General's remarks at General Assembly thematic debate on Water, Sanitation and Sustainable Energy in the Post-2015 Development Agenda [EB/OL]. [2019-12-15]. https://www.un.org/sg/en/content/sg/statement/2014-02-18/secretary-generals-remarks-general-assembly-thematic-debate-water.

VERHULST P F, 1838. Notice sur la loi que la population suit dans son accroissement[J]. Correspondance mathématique et physique publiée par A, Quetelet, 10: 113-121.

WANG W, YANG J, MUNTZ R R, 1997. STING: a statistical information grid approach to spatial data mining[C]//International Conference on Very Large Data Bases. NewYork: ACM Press:186-195.

WARD B, DUBOS R J, 1983. Only one Earth: the care and maintenance of a small planet[M]. New York: W. W. Norton and Company, Inc.

ZHANG T, RAMAKRISHNAN R, LIVNY M, 1996. An efficient data clustering method for very large databases[J]. ACM SIGMD, 25(2):103-114.

附录 A　自然资源与环境承载能力评价相关指标

附录 A.1　资源承载能力评价相关指标示例

表 A.1　土地资源的自然性状指标

数据层	指标名称	指标描述	指标参考
地表 基质层	用地类型	根据土地的性状特征,适合土地资源开发利用的不 同的活动区分类型	《城市用地分类与规划建设用地标准》(GB 50137— 2011)
	土地障碍因素	土体中妨碍作物生长等活动的不良影响因素	《耕地质量等级》(GB/T 33469—2016)
	pH 值	土壤酸碱性强弱程度	《耕地质量等级》(GB/T 33469—2016)
	土地盐渍化程度	土壤盐渍化的程度,多以含盐量的质量百分数表示	《耕地质量等级》(GB/T 33469—2016)
	土地健康状况	土地作为一个完整系统维持其功能持续的能力	《耕地质量等级》(GB/T 33469—2016)
	耕层厚度	经耕种熟化形成的土壤表层厚度	《耕地质量等级》(GB/T 33469—2016)
地表 覆盖层	用地面积	某种用途的土地资源的面积	《城市用地分类与规划建设用地标准》(GB 50137—2011)
	规划面积	某种用途的土地资源在进行设计规划时,拟占据的 面积	《城市用地分类与规划建设用地标准》(GB 50137— 2011)
	气候类型	进行某种用途的土地所在区域的气候类型	《城市用地分类与规划建设用地标准》(GB 50137— 2011)
	人均可利用居住 用地面积	以居民人居为用途时,人均可用的面积	《城市用地分类与规划建设用地标准》(GB 50137— 2011)
	植被覆盖指数	评价区域内林地、草地、农田、建设用地和未利用地 五种类型的面积占被评价区域面积的比重	《生态环境状况评价技术规范》(HJ 192—2015)

指标类型	指标名称	指标描述	指标参考
地表覆盖层	不透水面积比例	硬化表面,如水泥之类的硬化物覆盖面积占被评价区域面积的比值	《海绵城市建设技术指南——低影响开发雨水系统构建(试行)》(建城函〔2014〕275 号,中华人民共和国住房和城乡建设部 2014 年 10 月 22 日发布)
	农田林网化率	护林带面积与农田总面积之比	《耕地质量等级》(GB/T 33469—2016)
土地资源	地类代码	《土地利用现状分类》地类代码	《土地利用现状分类》(GB/T 21010—2017)
	图斑面积	最新土地利用变更调查确定的二级地类图斑面积	《第二次全国土地调查技术规程》(TD/T 1014—2007)
分类	地类名称	《土地利用现状分类》规定的地类名称,如耕地、园地、林地、草地等	《土地利用现状分类》(GB/T 21010—2017)

表 A.2　土地资源开发利用适宜性评价指标

指标类型	指标名称	指标描述	开发利用类型				指标参考
			建设用地	耕地	林地	草地	
环境限制性指标	地震动峰值加速度(地震基本烈度)	与地震动加速度反应谱最大值相应的水平加速度	○				《国土资源环境承载力评价技术要求(试行)》(国土资厅函〔2016〕1213 号,国土资源部办公厅 2016 年 7 月 22 日发布)
	地面沉降累计沉降量	地面沉降历年沉降量之和				○	《国土资源环境承载力评价技术要求(试行)》(国土资厅函〔2016〕1213 号,国土资源部办公厅 2016 年 7 月 22 日发布)
	滑坡崩塌	滑坡易发程度	○				《城乡用地评定标准》(CJJ 132—2009)
	泥石流	泥石流发生频率	○				《城乡用地评定标准》(CJJ 132—2009)
	断裂活动性	活动断裂的活动时代	○				《国土资源环境承载力评价技术要求(试行)》(国土资厅函〔2016〕1213 号,国土资源部办公厅 2016 年 7 月 22 日发布)
	地表洪水重现期	洪水发生频率	●			○	《防洪标准》(GB 50201—2014)
	洪水淹没程度	某一区域可能遭受洪水淹没的范围	●			○	《城乡用地评定标准》(CJJ 132—2009)

续表

指标类型	指标名称	指标描述	开发利用类型				指标参考
			建设用地	耕地	林地	草地	
	生态退化可能性	衡量土地开发后，引起土地本身和异地生态质量退化可能性的一种定性综合程度，如土壤结构退化(如沙化)等的可能性及其大小		○			《耕地后备资源调查与评价技术规程》(TD/T 1007—2003)
	地貌地形态	评价区域地形复杂程度，可通过地貌类型数据，结合景观指数算法，计算景观多样性指数得到	○		○	○	《城乡用地评定标准》(CJJ 132—2009)
环境限制性指标	积温	某一时间内逐日平均气温大于等于某一温度持续期间日平均气温的总和，如大于等于10℃积温、大于等于0℃积温		○	○	○	《农用地定级规程》(GB/T 28405—2012)
	降水量	一段时间内从天空降落到地面上的液态或固态(经融化后)水，未经蒸发、渗透、流失，而在水平面上积聚的深度，以毫米为单位，如日降水量、月降水量、年降水量，多年平均降水量等			○		《农用地定级规程》(GB/T 28405—2012)
	蒸发量	在一定时段内，蒸发的水层厚度的毫米数		○			《农用地定级规程》(GB/T 28405—2012)
	无霜期	一地春天最后一次霜至秋季最早一次霜之间的天数		○		○	《农用地定级规程》(GB/T 28405—2012)
	风速	空气相对于地球某一固定地点的运动速率		○			《耕地后备资源调查与评价技术规程》(TD/T 1007—2003)

类别	指标	含义					标准
环境限制性指标	灾害性天气	造成地面严重毁损的灾害性天气在10年内发生的次数				●	《城乡用地评定标准》（CJJ 132—2009）
	灾害发生频率	造成地面严重毁损的自然灾害在10年内发生的次数			○	●	《耕地后备资源调查与评价技术规程》（TD/T 1007—2003）
	各类保护区	饮水水源保护地、湿地自然保护区、野生动物保护区、地表水环境功能区等				●	《城乡用地评定标准》（CJJ 132—2009）
	各类控制区	永久基本农田保护红线、城镇开发边界线、生态保护红线				●	《城乡用地评定标准》（CJJ 132—2009）
	地表水生态空间	森林、草原、湿地等生态空间			○	●	《水流产权确认试点方案》（水利部、国土资源部2016年11月4日联合印发）
	土壤质量等级	土壤环境地球化学综合等级				○	《国土资源环境承载力评价要求（试行）》（国土资发〔2016〕1213号，国土资源部办公厅2016年7月22日发布）
	矿藏	矿产资源的保有储量		○	○	○	《城乡用地评定标准》（CJJ 132—2009）
条件适宜性指标	高程（海拔）	某点沿铅垂线方向到绝对基面的距离			○	●	《农用地质量分等规程》（GB/T 28407—2012）
	坡度	坡度小于2°，坡度2°~6°等	●	●	●	●	《农用地质量分等规程》（GB/T 28407—2012）
	坡向	坡面法线在水平面上的投影的方向		○	○		《农用地质量分等规程》（GB/T 28407—2012）
	石漠化程度	土壤有机质、全氮、酸水解性总氮、氨基态氮和碱解氮含量				●	《喀斯特石漠化山地经济林栽培技术规程》（LY/T 2829—2017）
	地基承载能力	地基土单位面积上随荷载增加所发挥的承载潜力，常用单位为kPa，是评价地基稳定性的综合性用词				●	《城乡用地评定标准》（CJJ 132—2009）
	最大冻土深度	冬季该地区最冷时被冰冻的土和未被冰冻的土的分界线埋深最大值				○	《城乡用地评定标准》（CJJ 132—2009）

续表

指标类型	指标名称	指标描述	开发利用类型				指标参考
			建设用地	耕地	林地	草地	
	地下水埋深	地下水水面到地表的距离	○	○	○		《环境影响评价技术导则 地下水环境》(HJ 610—2016)
	地下水腐蚀性	地下水对混凝土的侵蚀能力,以地下水腐蚀介质(如 HCO₃⁻、SO₄²⁻ 等)含量评价	○				《城乡用地评定标准》(CJJ 132—2009)
	土壤类型	根据地域环境和土壤性质对土壤进行的分类,如铁铝土、淋溶土、岩性土等		○	○	○	《中国土壤分类与代码》(GB/T 17296—2009)
	有效土层厚度	从自然地表到障碍层或石质接触面的土壤厚度		●	●	●	《耕地后备资源调查与评价技术规程》(TD/T 1007—2003)
	母岩(质)	母岩(质)划分类型,如黄土性母质、易风化的泥质岩类、中性、酸性结晶岩类等		●			《耕地后备资源调查与评价技术规程》(TD/T 1007—2003)
条件适宜性指标	土壤质地(岩土类型)	土壤中不同大小直径的矿物颗粒的组合状况	○	●	●	●	《国际制土壤质地分级标准》
	土壤 pH 值	土壤酸度和碱度的总称,由氢离子和氢氧根离子在土壤溶液中的浓度决定		●		●	《关于开展全国耕地后备资源调查评价工作的通知》(国土资厅发〔2014〕13 号,国土资源部办公厅 2014 年 4 月 23 日发布)
	土壤污染程度	以土壤污染指数表征,即土壤中 Pb、Cr、Cu、Zn、Cd 五种重金属含量综合指数	○	○		○	《环境影响评价技术导则 土壤环境(试行)》(HJ 964—2018)
	土壤质量等级	《土壤环境质量 农用地土壤污染风险管控标准(试行)》(GB 15618—2018)《土壤环境质量 建设用地土壤污染风险管控标准(试行)》(GB 36600—2018)明确的土壤质量等级					《国土资源环境承载力评价技术要求(试行)》(国土资厅函〔2016〕1213 号,国土资源部办公厅 2016 年 7 月 22 日发布)
	盐碱化程度	土壤含盐量		●	●	●	《耕地后备资源调查与评价技术规程》(TD/T 1007—2003)

	指标	含义				标准/依据
条件适宜性指标	地表水水质等级	水域功能和标准分类	●		○	《全国水资源综合规划技术大纲》《水规计〔2002〕330 号）
	浅层地下水水质等级（地下水水质）	水域功能和标准分类	○	○	○	《地下水水质标准》(DZ/T 0290—2015)
	生物多样性	区域内国家级与省级保护对象及其数量，评价区物种数量	○	○	○	《城乡用地评定标准》(CJJ 132—2009)
	污染风向区位	利用污染普查数据，结合国家气象信息中心全球地面气象站定时观测资料确定	○			《城乡用地评定标准》(CJJ 132—2009)
	积水深度	常年或作物生长期间积水的平均深度		○		《耕地后备资源调查与评价技术规程》(TD/T 1007—2003)
	灌溉水源保证率	灌溉工程在长期运行中，灌溉用水得到充分满足的年数占总年数的百分数	●	●	○	《耕地后备资源调查与评价技术规程》(TD/T 1007—2003)
	地下水取用水量	区域地下水面积占土地总面积的比例	○		○	《地下水管理条例（征求意见稿）》（水利部 2017 年 5 月 19 日发布）
	土地使用强度	建设用地面积占土地总面积的比例	○			《城乡用地评定标准》(CJJ 132—2009)
	工程设施强度	评价区单位面积工程设施数量，即工程设施密度	○			《城乡用地评定标准》(CJJ 132—2009)
	自然岸线保有率	天然的海陆分界线保有率	○			《海岸线保护与利用管理办法》《国家海洋局 2017 年 3 月 31 日发布）
	植被覆盖指数	评价区域内林地、草地、耕地、建设用地和未利用地五种类型的面积占评价区域面积的比重	●		○	《生态环境状况评价技术规范》(HJ 192—2015)
	草地退化程度	草地退化程度级别			○	—
	土源保证率	对达到拟种植作物一等地要求的有效土层厚度所需土方量的满足程度，以 % 表示	○			《耕地后备资源调查与评价技术规程》(TD/T 1007—2003)

续表

指标类型	指标名称	指标描述	开发利用类型				指标参考
			建设用地	耕地	林地	草地	
经济适宜性指标	交通可达性	某地点到达其他地点拥有的容易程度	●				《城市综合交通体系规划标准》(GB/T 51328—2018)
	距社会经济活动中心距离	评估对象与中心城镇(省级、地市级、县市级、乡镇级)、市场、工厂、电站、风景名胜区的距离	●				—
	距交通节点距离	评估对象与火车站、汽车站、港口等级公路、机场等交通设施的距离	●		○		—
	水源距离	评估对象与河流、湖泊、水库、中型灌渠及地下水等水资源载体的距离		●	●	●	《关于开展全国耕地后备资源调查评价工作的通知》(国土资厅发〔2014〕13号、国土资源部办公厅 2014年4月23日发布)
	灌排水条件	评估对象与灌区之间的距离		●		●	《地下水管理条例(征求意见稿)》(水利部 2017年5月19日发布)
	供水工程布局	现状综合生活供水量与设计综合生活供水量之比,以%的形式表示		○			《关于开展全国耕地后备资源调查评价工作的通知》(国土资厅发〔2014〕13号、国土资源部办公厅 2014年4月23日发布)
	耕作便利度	构建耕作便利度评价指标体系,采用层次分析法确定指标权重,利用加权指数和方法计算耕作便利度		○			—
	建筑面积	建筑物各层水平面积的总和,包括使用面积、辅助面积和结构面积	○				—
	房价	建筑物连同其占用土地在特定时间段内房产的市场价值	○				—

指标类型	指标	含义			参考标准
	建筑材料价格	建筑工程中所使用的各种材料及其制品价格	○		—
	农作物产量	一定时期（通常是一年）内在作物播种面积上收获的农产品总量		○	—
	农作物价格	农、牧、副、渔等产品单位价格		○	—
	机械投入费用	单位面积耕、播、收的机械投入费用		○	《农用地质量分等规程》(GB/T 28407—2012)
	能源费用	单位面积的水、电、柴油等费用		○	《农用地质量分等规程》(GB/T 28407—2012)
	运输费用	商品从消费者原使用场所运至经营者修理、更换、退货地及返回过程中所需支付的运费		○	《农用地质量分等规程》(GB/T 28407—2012)
经济适宜性指标	劳动力价格	当地支付给劳动者的劳动报酬水平，即劳动力工资		○	《农用地质量分等规程》(GB/T 28407—2012)
	种子费用	单位面积的种子费用		○	《农用地质量分等规程》(GB/T 28407—2012)
	化肥费用	单位面积的化肥费用		○	《农用地质量分等规程》(GB/T 28407—2012)
	农药费用	单位面积的农药费用		○	《农用地质量分等规程》(GB/T 28407—2012)
	地膜费用	单位面积的地膜费用		○	《农用地质量分等规程》(GB/T 28407—2012)
	林产品产量	从人工栽培的竹木上不经砍伐竹木的根而取得的各种林产品数量	○		—
	林木成本	林木培育过程投入人的费用，包含造林费、管理费、地租等	○		—

续表

指标类型	指标名称	指标描述	开发利用类型				指标参考
			建设用地	耕地	林地	草地	
经济适宜性指标	林木市价	林木买卖或成木卖价			○	○	—
	旅游观光游客数量	一定时期内旅游景点接待游客数目			○	○	—
	门票价格	经营性旅游景点收取的单位费用			○	○	—
	运营成本	旅游景点日常运营支付的成本，如管理费、维护费等			○	○	—
评价输出指标	限制性类型	制约土地开发利用的程度，如强限制、弱限制、无限制等	■	■	■	■	—
	条件适宜性等级	土地进行某类开发利用的条件适宜性程度，如高度适宜、一般适宜、不适宜等	■	■	■	■	—
	经济适宜性等级	土地进行某类开发利用的经济适宜性程度，如高度适宜、一般适宜、不适宜等	■	■	■	■	—

注：●表示推荐输入指标，○表示自选输入指标，■表示输出结果指标。

表 A.3　土地资源承载能力评价指标

开发利用方向	指标类型	指标名称	指标描述	指标参考
建设用地	输入指标	建设用地可利用面积	扣除基本农田面积、生态用地面积的建设用地适宜用地面积	《镇规划标准》(GB 50188—2007)，《城市用地分类与规划建设用地标准》(GB 50137—2011)
	参数指标	规划人均建设用地	规划确定的人均建设用地面积	
	输出指标	建设用地承载能力	建设用地可利用面积/规划人均建设用地面积	《国土资源环境承载力评价技术要求（试行）》(国土资厅函〔2016〕1213号，国土资源部办公厅 2016年7月22日发布)

耕地	输入指标	耕地可利用面积	扣除自然保护区面积，部分生态用地面积，以及土地利用总体规划划定的建设用地、林地、草地、其他农用地等面积的耕地适宜性面积	—
	参数指标	平均粮食单产	在农业生产条件得到充分保证，且光、热、水、土等环境因素均处于最优状态时，技术因素决定的农作物所能达到的单位面积面积最高年产量	《农用地产能核算技术规范》
		人均标准粮消耗	人均一年消耗的粮食总量，如每年人均 400 kg	唐旭,薛志娇,胡石元,等. 基于耕地产能的区域人口承载压力研究——以广东省潮州市潮安区为例[J]. 国土资源科技管理,2018,35(6):72-82.
	输出指标	耕地承载能力	耕地可利用面积×平均粮食单产/人均标准粮消耗	《国土资源环境承载力评价技术要求（试行）》（国土资环厅〔2016〕1213号，国土资源部办公厅2016 年 7 月 22 日发布）
林地	输入指标	林地可利用面积	扣除基本农田面积，部分生态用地面积，以及土地利用总体规划中划定的建设用地、草地及其他农用地面积的林地适宜性面积	—
	参数指标	单位面积蓄积量	单面面积的林木材积	《森林资源规划设计调查技术规程》（GB/T 26424—2010）
		人均年木材消耗量	人均一年消耗的林木材积	
	输出指标	林地承载能力	林地可利用面积×单位面积蓄积量/人均年木材消耗量	《国土资源环境承载力评价技术要求（试行）》（国土资环厅〔2016〕1213号，国土资源部办公厅2016 年 7 月 22 日发布）
草地	输入指标	草地可利用面积	扣除部分生态用地，规划划定的建设用地、林地、其他农用地等面积的草地适宜性面积	—

续表

开发利用方向	指标类型	指标名称	指标描述	指标参考
草地	参数指标	标准羊单位全年牧草采食量	657公斤/只	《草原载畜量及草畜平衡计算规范》(DB51/T 1480—2012)
		单位面积可食鲜草量	单位面积和新鲜同草产量	—
		牧草干鲜比	不同类型的草地标准干草质量与可食鲜草质量的比率	—
		草地畜牧利用率	实际牧草采食率	《草原载畜量及草畜平衡计算规范》(DB51/T 1480—2012)
	输出指标	标准干草产量	转化为标准干草的总草产量(单位面积可食鲜草量×草地可利用面积×牧草干鲜比)	《草原载畜量及草畜平衡计算规范》(DB51/T 1480—2012)
		草地承载能力(理论载畜量)	标准干草产量×草地畜牧利用率/标准羊单位全年牧草采食量	《国土资源环境承载力评价技术要求(试行)》(国土资厅函〔2016〕1213号、国土资源部办公厅2016年7月22日发布)、《天然草地合理载畜量的计算》(NY/T 635—2015)

表 A. 4　土地资源承载压力评价指标

开发利用方向	指标类型	指标名称	指标描述	指标参考
建设用地	输入指标	建设用地承载能力	—	《国土资源环境承载力评价技术要求(试行)》(国土资厅函〔2016〕1213号、国土资源部办公厅2016年7月22日发布)
		现状建设用地面积	评价区域建设用地面积总量	《国土资源环境承载力评价技术要求(试行)》(国土资厅函〔2016〕1213号、国土资源部办公厅2016年7月22日发布)
		区域国土总面积	评价区域土地面积总量	《国土资源环境承载力评价技术要求(试行)》(国土资厅函〔2016〕1213号、国土资源部办公厅2016年7月22日发布)

类别	指标类型	指标名称	现状人口规模	来源
建设用地	输入指标	现状人口规模	现状人口总量	《国土资源环境承载力评价技术要求（试行）》（国土资厅函〔2016〕1213号，国土资源部办公厅2016年7月22日发布）
	参数指标	建设用地开发程度阈值	基于发展阶段分析测算的建设开发程度阈值	《国土资源环境承载力评价技术要求（试行）》（国土资厅函〔2016〕1213号，国土资源部办公厅2016年7月22日发布）
	输出指标	现状开发强度	现状建设用地面积/区域国土总面积	《国土资源环境承载力评价技术要求（试行）》（国土资厅函〔2016〕1213号，国土资源部办公厅2016年7月22日发布）
	输出指标	极限开发强度	（建设用地适宜与较适宜面积∪现状建设用地面积）/区域国土面积	《国土资源环境承载力评价技术要求（试行）》（国土资厅函〔2016〕1213号，国土资源部办公厅2016年7月22日发布）
	输出指标	现状开发程度	现状开发强度/极限开发强度	《国土资源环境承载力评价技术要求（试行）》（国土资厅函〔2016〕1213号，国土资源部办公厅2016年7月22日发布）
	输出指标	现状建设用地布局匹配度	（建设用地适宜面积+较适宜面积+适宜性差面积）/现状建设用地面积	《国土资源环境承载力评价技术要求（试行）》（国土资厅函〔2016〕1213号，国土资源部办公厅2016年7月22日发布）
	输出指标	建设用地承载压力（建设用地开发压力状态指数）	（现状开发程度/（1−现在开发程度））−建设用地开发程度阈值/（建设用地开发程度阈值×（1−建设用地开发程度阈值）），或（现状规模−建设用地承载能力）/建设用地承载能力	《国土资源环境承载力评价技术要求（试行）》（国土资厅函〔2016〕1213号，国土资源部办公厅2016年7月22日发布）
耕地	输入指标	耕地承载能力	—	《国土资源环境承载力评价技术要求（试行）》（国土资厅函〔2016〕1213号，国土资源部办公厅2016年7月22日发布）
	输入指标	现状耕地总面积	评价区域耕地面积总量	《国土资源环境承载力评价技术要求（试行）》（国土资厅函〔2016〕1213号，国土资源部办公厅2016年7月22日发布）

续表

开发利用方向	指标类型	指标名称	指标描述	指标参考
耕地	输入指标	耕地后备资源面积	评价区域后备耕地面积总量	《国土资源环境承载力评价技术要求（试行）》（国土资厅函〔2016〕1213 号，国土资源部办公厅 2016 年 7 月 22 日发布）
		现状人口规模	现状人口总量	—
	参数指标	人均耕地生产能力	评价区域内人均耕地粮食生产总量	《国土资源环境承载力评价技术要求（试行）》（国土资厅函〔2016〕1213 号，国土资源部办公厅 2016 年 7 月 22 日发布）
		人均耕地生产能力预警阈值	德尔菲法确定的人均耕地粮食生产总量最低值	《国土资源环境承载力评价技术要求（试行）》（国土资厅函〔2016〕1213 号，国土资源部办公厅 2016 年 7 月 22 日发布）
	输出指标	耕地开发利用程度	现状耕地总面积/（现状耕地总面积＋耕地后备资源面积）	《国土资源环境承载力评价技术要求（试行）》（国土资厅函〔2016〕1213 号，国土资源部办公厅 2016 年 7 月 22 日发布）
		耕地承载压力（耕地开发力状态指数）	（人均耕地生产能力－人均耕地生产能力预警阈值/人均耕地生产能力预警阈值）×耕地开发利用程度，或（现状人口规模－耕地承载能力）/耕地承载能力	《国土资源环境承载力评价技术要求（试行）》（国土资厅函〔2016〕1213 号，国土资源部办公厅 2016 年 7 月 22 日发布）
林地	输入指标	现状林地总面积	评价区域林地面积总量	《第二次全国国土地调查术规程》（TD/T 1014—2007）
		林地可利用面积	扣除基本农田面积，部分生态用地面积及土地利用总体规划中划定的建设用地、草地及其他农用地面积的林地适宜性面积	—
		单位面积蓄积量	单位面积的林木材积	《森林资源规划设计调查技术规程》（GB/T 26424—2010）

地类	指标类型	指标	计算方法	数据来源
林地	参数指标	单位面积蓄积量预警阈值	特尔菲法确定的单位面积的林木材积最低值	—
林地	输出指标	林地开发利用程度	现状林地总面积/林地可利用面积	《国土资源环境承载力评价技术要求(试行)》(国土资环厅函〔2016〕1213号,国土资源部办公厅2016年7月22日发布)
林地	输出指标	林地承载压力(林地开发压力状态指数)	(单位面积蓄积量-单位面积蓄积量预警阈值)/单位面积蓄积量预警阈值,或(现状林地总面积-林地可利用面积)/林地可利用面积	《国土资源环境承载力评价技术要求(试行)》(国土资环厅函〔2016〕1213号,国土资源部办公厅2016年7月22日发布)
草地	输入指标	草地承载能力(理论载畜量)	—	—
草地	输入指标	现状草地总面积	评价区域草地面积总量	《草地资源空间信息共享数据规范》(GB/T 24874—2010)
草地	输入指标	草地可利用面积	扣除部分生态用地面积,以及土地利用总体规划划定的建设用地、林地、其他农用地等面积的草地适宜性面积	—
草地	参数指标	实际载畜量	折算为标准单位的全年草地实际承载的性畜总量	《天然草地合理载畜量的计算》(NY/T 635—2015)
草地	输出指标	草地开发利用程度	现状草地总面积/草地可利用面积	《国土资源环境承载力评价技术要求(试行)》(国土资环厅函〔2016〕1213号,国土资源部办公厅2016年7月22日发布)
草地	输出指标	草地承载压力(草地开发压力状态指数)	(实际载畜量-理论载畜量)/理论载畜量×草地开发利用程度	《国土资源环境承载力评价技术要求(试行)》(国土资环厅函〔2016〕1213号,国土资源部办公厅2016年7月22日发布)

表 A.5　水资源的自然状况指标

数据层	指标名称	指标描述	指标参考
地下资源层	地下水资源量	地下水蕴藏的水量大小	《全国水资源综合规划技术大纲》《水利部水规计〔2002〕330号文件》
	地下水可开采量	地下水蕴藏的水量中具备开采可能的水量的大小	《全国水资源综合规划技术大纲》《水利部水规计〔2002〕330号文件》
	地下水水质等级	反映地下水的清洁程度及质量	《全国水资源综合规划技术大纲》《水利部水规计〔2002〕330号文件》
	地下水开采率	地下水的开采量占总量的比重	《城市饮用水水源地安全状况评价技术细则》（2005年10月，水利部水利水电规划设计总院发布）
地下资源层	地下水取用水量	地下水中，被人为利用的水量	《地下水管理条例（征求意见稿）》（水利部2017年5月19日发布）
	地下水埋深	地下水储藏的深度	《地下水质量标准》（GB/T 14848—2017）
	入渗补给量	降水或径流等方式补给地下水的水量	《地下水质量标准》（GB/T 14848—2017）
	载体类型	地表水资源存在的载体的类型	—
	天然河川径流量	天然河川中某断面单位时间内通过的水量	《全国水资源综合规划技术大纲》《水利部水规计〔2002〕330号文件》
地表覆盖层	水库蓄水量	水库中积蓄的水资源量	《水库调度规程编制导则（试行）》（2012年水利部印发）
	湖泊水量	湖泊水体中蕴含的水量	中国科学院南京地理与湖泊研究所. 湖泊调查技术规程[M]. 北京：科学出版社，2015.
	丰枯性	包括水量的载体在丰水期、枯水期的性质（水量，水位等）	《地表水环境质量标准》（GB 3838—2002）
	地表水水质等级	反映地表水的清洁程度及质量	《城市饮用水水源地安全状况评价技术细则》（2005年10月，水利部水利水电规划设计总院）
	硬度	主要描述水中钙离子和镁离子的含量	《地下水质量标准》（GB/T 14848—2017）
	含盐量	衡量天然水中一般含有可溶性物质和悬浮物多少	《地下水质量标准》（GB/T 14848—2017）

	菌群数	单位水量中能够检出的大肠杆菌等菌群的数目	《地下水质量标准》(GB/T 14848—2017)
地表覆盖层	地表水可利用量	地表水资源中能够为人所利用的水量	《全国水资源综合规划技术大纲》(水利部规计〔2002〕330号文件)
	平均单位面积产水量(流域产水模数)	描述流域水资源总量(包括与地表水不重复的地下水资源量)在降水中的比例,反映降水量转化为水资源的能力	《全国水资源综合规划技术大纲》(水利部规计〔2002〕330号文件)
	供水工程布局	供水的相关工程在空间上的位置分布关系与模式	《地下水管理条例(征求意见稿)》(水利部 2017 年 5 月 19 日发布)
	工程供水能力	达到设计供水能力时能够提供的水量	《城市饮用水水源地安全状况评价技术细则》(2005 年 10 月,水利部水利水电规划设计总院)
	生态环境需水量	一个特定区域内的生态系统的需水量	《河湖生态环境需水计算规范》(SL/Z 712—2014)
	地表水生态空间	能够实现水生态系统的综合生态服务功能的地表空间	《水流产权确权试点方案》(2016 年水利部、国土资源部印发)
	地表水生态空间比例	能够实现生态系统的综合生态服务功能的地表空间占一定地表空间范围的比例	《城市蓝线管理办法》(建设部令第 145 号)
	饮用水水源保护地	作为提供饮用水的水资源的载体及其所在地	《自然保护区功能区划技术规程》(GB/T 35822—2018)
管理层	许可取水量	按照一定政策,在保证可持续发展等要求的前提下,能够使用的水资源量	《水流产权确权试点方案》(2016 年水利部、国土资源部印发)
	取用水户	获取水资源的个人或团体等实体	《水流产权确权试点方案》(2016 年水利部、国土资源部印发)

表 A.6　水资源开发利用适宜性评价指标

指标类型	指标名称	指标描述	开发利用类型				指标参考
			灌溉用水	生活用水	工业用水	水力资源开发	
	降水量	一段时间内从天空降落到地面上的液态或固态（经融化后）水，而在水平面上积聚未经蒸发、渗透、流失，以毫米为单位，如日降水量、月降水量、年降水量、多年平均降水量等	●	○	○		《农用地定级规程》(GB/T 28405—2012)
	土壤质地	土壤中不同大小直径的矿物颗粒的组合状况				○	《国际制土壤质地分级标准》
	平均温度	一段时间内气温的平均值	○				《农用地定级规程》(GB/T 28405—2012)
	无霜期	春天最后一次霜至秋季最早一次霜之间的天数	○				《农用地定级规程》(GB/T 28405—2012)
环境限制性指标	地貌类型	地貌形态成因类型的简称，即从形态成因上进行地貌分类	○			●	中国科学院地理研究所. 中国 1：1000000 地貌图制图规范（试行）[M]. 北京：科学出版社,1987.
	水源灌溉区相对高程	灌溉用水水源与被灌溉地区的相对高程	○				《农用地质量分等规程》(GB/T 28407—2012)
	地表洪水重现期	洪水发生频率	○			○	《防洪标准》(GB 50201—2014)
	洪水淹没程度	某一区域可能遭受洪水淹没的范围	○			○	《城乡用地评定标准》(CJJ 132—2009)
	地形起伏度	在一个特定的区域内，最高点海拔高度与最低点海拔高度的差值	○			●	《城市居住区规划设计规范》(GB 50180—2018)
	地基承载能力	地基土单位面积上随荷载增加所发挥的承载潜力，常用单位为 kPa，是评价地基稳定性的综合性指标				○	《城乡用地评定标准》(CJJ 132—2009)

类别	指标	指标含义					依据
环境限制性指标	地下水埋深	地下水水面到地表的距离	○	○	○	○	《环境影响评价技术导则 地下水环境》(HJ 610—2016)
	地层岩性	岩性地层单位是指由岩性、岩相或变质程度均一的岩石构成的地层体,即以岩性、岩相为主要划分依据的地层单位				●	《固体矿产地质勘查规范总则》(GB/T 13908—2020)
	崩塌、滑坡、泥石流易发程度	崩塌、滑坡、泥石流等地质灾害发生的可能性				○	《固体矿产地质勘查规范总则》(GB/T 13908—2020)
	断裂活动性	活动断裂的活动时代				○	《国土资源环境承载力评价技术要求(试行)》(国土资厅函〔2016〕1213号,国土资源部办公厅2016年7月22日发布)
	地震动峰值加速度	与地震动加速度反应谱最大值相应的水平加速度				○	《国土资源环境承载力评价技术要求(试行)》(国土资厅函〔2016〕1213号,国土资源部办公厅2016年7月22日发布)
	各类保护区	饮水水源保护地、湿地自然保护区、野生动物保护区、地表水环境功能区等	●	○	○	●	《城乡用地评定标准》(CJJ 132—2009)
	各类控制区	永久基本农田保护红线、生态保护红线,城镇开发边界等	●	○	○	●	《城乡用地评定标准》(CJJ 132—2009)
	地表水生态空间	森林、草原、湿地等生态储量	○	○		○	《水流产权确认试点方案》(水利、国土资源部2016年11月4日联合印发)
	矿藏	矿产资源的保有储量	○				《城乡用地评定标准》(CJJ 132—2008)
条件适宜性指标	天然河川径流量	天然河川中某断面单位时间内通过的水量	○	○	○	○	《全国水资源综合规划技术大纲》(水利部〔2002〕330号文件)
	水库蓄水量	水库中积蓄的水资源量	○			○	—
	湖泊水量	湖泊水体中蕴含的水量	○				中国科学院南京地理与湖泊研究所.湖泊调查技术规程[M].北京:科学出版社,2015.

续表

指标类型	指标名称	指标描述	开发利用类型				指标参考
			灌溉用水	生活用水	工业用水	水力资源开发	
	中型灌渠水量	中型灌区渠道水量	○				中国科学院南京地理与湖泊研究所.湖泊调查技术规程[M].北京:科学出版社,2015.
	水塘水量	水塘的储水量	○				—
	地表水水质等级	反映地表水的清洁程度及质量	●	●			《城市饮用水水源地安全状况评价技术细则》(2005年10月,水利部水利水电规划设计总院)
	灌溉用水水质标准	符合一定要求标准的水才能用于农业灌溉	○				《农田灌溉水质标准》(GB 5084—2005)
	取水空间用地类型	取水地的用地类型	○				《土地利用现状分类》(GB/T 21010—2017)
	取水空间耕地规模	取水地的耕地面积	○				《第二次全国土地调查技术规程》(TD/T 1014—2007)
条件适宜性指标	取水空间排污口密度	排污口密度过大会造成污染			●		《污水综合排放标准》(GB 8978—1996)
	坡度	坡度小于2°,坡度2°~6°等				●	《农用地质量分等规程》(GB/T 28407—2012)
	天然河川径流量	天然河川中某断面单位时间内通过的水量			○	○	《全国水资源综合规划技术大纲》(水利部水规计〔2002〕330号文件印发)
	地表水质等级	水域功能和标准分类		○	○		《饮用水水源保护区划分技术规范》(HJ 338—2018)
	枯水期水流量保证率	河水低流量出现的一种概率限值,进行给水工程规划设计时,掌握取水河流枯水期径流过程的概率特性是必要的基础工作				○	《自然资源统一确权登记办法(试行)》(国土资发〔2016〕192号印发)

分类	指标	指标含义					数据来源
条件	工程供水能力	达到设计供水能力时能够提供的水量				○	《城市饮用水水源地安全状况评价技术细则》(2005 年 10 月，水利部水利水电规划设计总院)
适宜性指标	饮用水水源保护区用地类型	各类用地类型			○		《土地利用现状分类》(GB/T 21010—2017)
	饮用水水源保护区耕地规模	保护区的耕地面积			○		《第二次全国土地调查技术规程》(TD/T 1014—2007)
	饮用水水源保护区建设用地规模	保护区建设用地面积			○		《第二次全国土地调查技术规程》(TD/T 1014—2007)
	饮用水水源保护区排污口密度	排污口密度过大会造成污染			○		《饮用水水源保护区划分技术规范》(HJ 338—2018)
	工业或生活排污口污染物浓度	污染物浓度过大对水造成污染		●	●	○	《饮用水水源保护区划分技术规范》(HJ 338—2018)
	饮用水水源保护区矿产资源储量	影响水质中的矿物质含量			○		《饮用水水源保护区划分技术规范》(HJ 338—2018)
经济适宜性指标	交通可达性	某地点到达其他地点拥有的容易程度		●	○	○	《城市综合交通体系规划标准》(GB/T 51328—2018)
	距社会经济活动中心距离	评估对象与中心城镇(省级、地市级、县市级、乡镇级)、市场、工厂、风景名胜区的距离		●	●		—
	距交通节点距离	评估对象与火车站、汽车站、港口、等级公路、机场及交通设施的距离		●	●		—
	水源距离	评估对象与河流、湖泊、水库、中型灌渠及地下水等水资源载体的距离	●			○	
	灌排水条件	评估渠与灌区之间的距离	○				《关于开展全国耕地后备资源调查评价工作的通知》(国土资厅发〔2014〕13 号，国土资源部办公厅 2014 年 4 月 23 日发布)

续表

指标类型	指标名称	指标描述	开发利用类型				指标参考
			灌溉用水	生活用水	工业用水	水力资源开发	
	供水工程布局	现状综合生活供水量与设计综合生活供水量之比,以%的形式表示		○			《地下水管理条例(征求意见稿)》(水利部2017年5月19日发布)
	建筑材料价格	建筑工程中使用的各种材料及其制品价格				○	—
	农作物产量	一定时期(通常是一年)内在农作物播种面积上收获的农产品总量	○				—
	农作物价格	农、牧、副、渔等产品单位价格	○				—
	机械投入费用	单位面积播、收的机械投入费用	○	○	○	○	《农用地质量分等规程》(GB/T 28407—2012)
	能源费用	单位面积的水、电、柴油等费用				○	《农用地质量分等规程》(GB/T 28407—2012)
经济适宜性指标	运输费用	商品从消费者原使用场所运至经营者修理、更换、退货地及返回过程中所需支付的运费		○	○		《农用地质量分等规程》(GB/T 28407—2012)
	劳动力价格	当地支付给劳动者的劳动报酬水平,即劳动力工资	○	○		○	《农用地质量分等规程》(GB/T 28407—2012)
	灌溉用水价格	单位灌溉用水的平均价格	○				—
	饮用水价格	单位饮用水的平均价格		○			—
	工业用水价格	单位工业用水的平均价格			○		—
	电力价格	用电价格				○	—
评价输出指标	限制性类型	制约水资源开发利用的程度,如强限制、弱限制、无限制等	■	■	■	■	—

| 评价输出指标 | 条件适宜性等级 | 进行某类水资源开发利用的条件适宜程度，如高度适宜、一般适宜、不适宜等 | ■ | ■ | ■ | — |
| | 经济适宜性等级 | 进行某类水资源开发利用的经济适宜程度，如高度适宜、一般适宜、不适宜等 | ■ | ■ | ■ | — |

注：●表示推荐输入指标，○表示自选输入指标，■表示输出结果指标。

表 A.7　水资源承载能力评价指标

开发利用方向	指标类型	指标名称	指标描述	指标参考
生活用水	输入指标	现状合格综合生活供水量	合格综合生活供水量为适宜性评价得到的适宜程度高内高度适宜、基本适宜、比较适宜水资源登记单元的水量之和	—
	参数指标	城市居民生活用水定额	国家标准确定的人均日用水量定额，取下限值将日用水量换算为年数据	《城市居民生活用水量标准》(GB/T 50331—2002)
	参数指标	第三产业需水量	现状第三产业需水量数据来自水源地管理现状调查成果	《城市饮用水水源地安全状况评价技术细则》(2005 年 10 月，水利部水利水电规划设计总院)
	输出指标	生活用水承载能力	(合格综合生活供水量—现状第三产业需水量)/居民生活用水定额	《城市饮用水水源地安全状况评价技术细则》(2005 年 10 月，水利部水利水电规划设计总院)
灌溉用水	输入指标	灌溉可用水量	将高度适宜、基本适宜、比较适宜水资源量作为灌溉可用水量	
	参数指标	渠系水利用系数	灌溉渠系的净流量和毛流量之比值为渠系水利用系数，它是反映灌区各级渠道的运行状况和管理水平的综合性指标	《灌溉用水定额编制导则》(GB/T 29404—2012)、《节水灌溉工程技术标准》(GB/T 50363—2018)

续表

开发利用方向	指标类型	指标名称	指标描述	指标参考
灌溉用水	参数指标	综合灌溉用水定额	某区域内某种作物在各种实际灌溉条件（工程类型、取水方式、灌区规则、灌溉用水等）下的灌溉用水定额按灌溉面积的加权平均值	《灌溉用水定额编制导则》（GB/T 29404—2012）
		作物熟制	一定时间内，作物正常生长收获的次数	《全国种植业结构调整规划（2016—2020年）》
	输出指标	灌溉用水承载能力	灌溉可用水量×灌溉用水定额规定位置以上渠系水利用系数/（综合灌溉用水定额×作物熟制）	《灌溉用水定额编制导则》（GB/T 29404—2012）
工业用水	输入指标	工业用水可供水资源量	将高度适宜、基本适宜、比较适宜水资源水量作为工业用水可供水资源量	—
	参数指标	工业用地用水量指标	规划确定的工业用水量额度	《城市给水工程规划规范》（GB 50282—2016）
	输出指标	工业用水承载能力	工业用水可供水资源量/工业用地用水量指标	《城市给水工程规划规范》（GB 50282—2016）
水力资源开发	输入指标	水力可开发电总量	区域内的水力发电总量	—
		水力发电量占比	区域内用电量中水力发电量占比	—
		用电总量需求	区域内一、二、三产业的用电总需求量	—
	输出指标	水力资源开发承载能力	水力发电量占比×用电总量/（水力发电量占比×用电总需求量）	—

表 A.8　水资源承载压力评价指标

开发利用方向	指标类型	指标名称	指标描述	指标参考
生活用水	输入指标	生活用水承载能力	—	《城市饮用水水源地安全状况评价技术细则》（2005年10月，水利部水源地安全状况评价技术细则）
		现状总供水人口	评价区域内建设用地面积总量	《城市饮用水水源地安全状况评价技术细则》（2005年10月，水利部水源地安全状况评价技术细则）

数据层		指标名称	指标描述	指标参考
生活用水	参数指标	生活用水承载状况评价标准	对生活用水承载状况进行判别：大于 1,超载；等于 1,临界；小于 1,可载	—
	输出指标	生活用水承载压力（生活用水开发压力状态指数）	现状总供水人口/生活用水承载能力	《灌溉用水定额编制导则》(GB/T 29404—2012)
灌溉用水	输入指标	灌溉用水承载能力	—	《国土资源环境承载力评价技术要求（试行）》(国土资厅函〔2016〕1213 号,国土资源部办公厅 2016 年 7 月 22 日发布)
		现状乡镇灌溉面积	现状乡镇（街道）单元需灌溉面积（采用综合灌溉定额换算为特定作物灌溉面积）	—
	参数指标	灌溉用水承载状况评价标准	对灌溉用水承载状况进行判别：大于 1,超载；等于 1,临界；小于 1,可载	—
	输出指标	灌溉用水承载压力（灌溉用水开发压力状态指数）	现状乡镇灌溉面积/灌溉用水承载能力	—
工业用水	输入指标	工业用水承载能力	区域内工业用水规模大小的现状数据	《城市给水工程规划规范》(GB 50282—2016)
		现状乡镇工业用水规模	—	《城市给水工程规划规范》(GB 50282—2016)
	参数指标	工业用水承载状况评价标准	对工业用水承载状况进行判别：大于 1,超载；等于 1,临界；小于 1,可载	—
	输出指标	工业用水承载压力（工业用水开发压力状态指数）	现状乡镇工业用地规模/工业用水承载能力	—

表 A.9　矿产资源的自然性状指标

数据层	指标名称	指标描述	指标参考
地下资源层	固体矿产保有储量	已探明存在的储量减去已经动用的储量	《固体矿产资源储量分类》(GB/T 17766—2000)
	固体矿产基础储量	经勘探所获控制的、探明的，并通过可行性研究、预可行性研究,认为属于经济或边际经济的部分	《固体矿产资源储量分类》(GB/T 17766—2000)
	固体矿产资源量	一定矿区内所有固体矿产的总量	《固体矿产资源储量分类》(GB/T 17766—2000)

续表

数据层	指标名称	指标描述	指标参考
地下资源层	固体矿产品级	反映固体矿产的质量优劣	《固体矿产地质勘查规范总则》（GB/T 13908—2020）
	固体矿产可采厚度	固体矿产可开采范围的上界与下界之间的距离	《固体矿产地质勘查规范总则》（GB/T 13908—2020）
	油气资源地质储量	地质勘探部门根据地质和成矿理论及相应调查方法所预测的矿产储量	《油气矿产资源储量分类》(GB/T 19492—2020)
	埋藏深度	矿产资源分布的地层位置距地表的距离	《石油天然气储量计算规范》(DZ/T 0217—2020)
	含硫量	矿产中的硫含量，衡量对环境污染的一个重要指标	《石油天然气储量计算规范》(DZ/T 0217—2020)
	化学物质构成	矿产资源中含有的化学物质类型	《矿产资源综合勘查评价规范》（GB/T 25283—2010）
	结构构造、赋存形式	矿产的结构构造及在相应地层中存在的形式	《矿产资源综合勘查评价规范》（GB/T 25283—2010）
地表覆盖层	分布位置	矿产资源分布的区域在水平地表对应的位置	《矿产资源综合勘查评价规范》（GB/T 25283—2010）
	矿区规模	矿产资源分布范围所包含的面积	《矿产资源综合勘查评价规范》（GB/T 25283—2010）
管理层	油气资源剩余可采储量	按照一定开采速率，能够采取的所有资源量	《油气矿产资源储量分类》(GB/T 19492—2020)
	矿产资源探明可采储量	通过技术手段明确存在的矿产资源量	《矿产资源综合勘查评价规范》（GB/T 25283—2010）

表 A.10 矿产资源开发利用适宜性评价指标

指标类型	指标名称	指标描述	开发利用类型				指标参考
			煤炭资源开发利用	金属、非金属矿石资源开发利用	天然气资源开发利用	石油资源开发利用	
环境限制性指标	地貌地形态	评价区域地形复杂程度，可通过地貌类型数量数据，结合多景观指数算法，计算指数样性指数得到	○	○	○	○	《城乡用地评定标准》(CJJ 132—2009)
	污染风向区位	利用污染源普查数据，结合国家气象信息中心全球地面气象站定时观测资料确定	○	○	○	○	《城乡用地评定标准》(CJJ 132—2009)
	崩塌、滑坡、泥石流易发程度	崩塌、滑坡、泥石流等地质灾害发生的可能性	○	○	○		《城乡用地评定标准》(CJJ 132—2009)
	断裂活动性	活动断裂的活动时代	○	○	○	○	《国土资源环境承载力评价技术要求(试行)》(国土资环厅函〔2016〕1213号，国土资源部办公厅 2016 年 7 月 22 日发布)
	地面沉降累计沉降量	地面历年沉降量之和	○	○	○	○	《国土资源环境承载力评价技术要求(试行)》(国土资环厅函〔2016〕1213号，国土资源部办公厅 2016 年 7 月 22 日发布)

续表

指标类型	指标名称	指标描述	开发利用类型				指标参考
			煤炭资源开发利用	金属、非金属矿石资源开发利用	天然气资源开发利用	石油资源开发利用	
	地基承载能力	地基土单位面积上随荷载增加所发挥的承载潜力，常用单位为 kPa，是评价地基稳定性的综合性用词	○		○	○	《工程岩体分级标准》(GB/T 50218—2014)
	地层岩性	岩性地层单位是指由岩性、岩相或变质程度均一的岩石构成的地层体，即以岩性、岩相为主要划分依据的地层单位		○			《固体矿产地质勘查规范总则》(GB/T 13908—2020)
	岩石质量等级	特定体积的岩石的坚硬程度	○	○			《煤矿床水文地质、工程地质及环境地质勘查评价标准》(MT/T 1091—2008)
环境限制性指标	地表水水质等级	反映地表水的清洁程度及质量	○		○	○	《城乡用地评定标准》(CJ 132—2009)
	地下水水质等级	反映地下水的清洁程度及质量	○		○	○	《地下水质量标准》(GB/T 14848—2017)
	各类保护区	饮水水源保护地、湿地保护自然保护区、野生动物保护区、地表水环境功能区等	●	●	●	●	—
	各类控制区	永久基本农田保护红线、城镇开发边界生态保护红线、界等	●	●	●	●	—

	指标	说明						标准
环境限制性指标	矿藏	矿产资源的保有储量	○	○	○		○	《城乡用地评定标准》(CJJ 132—2009)
	固体矿产储量规模	分为大型、中型、小型三类	○	○	○	○	○	《矿产资源储量规模划分标准》的通知(国土资发〔2000〕133号)
	固体矿产品级	反映固体矿产的质量优劣	●	●	●			《固体矿产地质勘查规范总则》(GB/T 13908—2020)
	固体矿产可采厚度	固体矿产可开采范围内的上界与下界之间的距离	○	○	○			《固体矿产地质勘查规范总则》(GB/T 13908—2020)
	埋藏深度	矿产资源分布的地层位置距地表的距离	●	●	●	●	●	《城乡用地评定标准》(CJJ 132—2009)
	含硫量	矿产中硫含量,衡量对环境污染的一个重要指标	○		○	○	○	《城乡用地评定标准》(CJJ 132—2009)
	油气资源剩余可采储量	按照一定开采速率,能够获取的所有资源量			○	○	○	其他特征约束评分、《城乡用地评定标准》(CJJ 132—2009)
条件适宜性指标	储层孔隙度	又称储层孔隙率,衡量油气储层岩石中所含孔隙体积多少的一种参数,反映岩石储存流体的能力	○		○	○	○	《城乡用地评定标准》(CJJ 132—2009)
	环境水文地质条件	有关地下水形成、变化规律等条件的总和,包括地下水的补给、径流、排泄,水质和水量等	○		○	○	○	《城乡用地评定标准》(CJJ 132—2009)
	交通可达性	某地点到达其他地点的容易程度	○	○	○	○	○	—
	距社会经济活动中心距离	评估对象与中心城镇(省级、地市级、县市级、乡镇级)、市场、工厂、电站、风景名胜区的距离	○	○	○	○	○	—

续表

指标类型	指标名称	指标描述	开发利用类型				指标参考
			煤炭资源开发利用	金属、非金属矿石资源开发利用	天然气资源开发利用	石油资源开发利用	
经济适宜性指标	距交通节点距离	评估对象与火车站、汽车站、港口、等级公路、机场等交通设施的距离	○	○	○	○	—
	建筑面积	建筑物各层水平面积的总和，包括使用面积、辅助面积和结构面积	○	○	○	○	—
	建筑材料价格	建筑工程中使用的各种材料及其制品价格	○	○	○	○	—
	机械投入费用	单位面积耕、播、收的机械投入费用	○	○	○	○	《农用地质量分等规程》(GB/T 28407—2012)
	能源费用	单位面积的水、电、柴油等费用	○	○	○	○	《农用地质量分等规程》(GB/T 28407—2012)
	运输费用	商品从消费者经营者使用场所运货至原场、退货地及返回过程中需支付的运费	○	○		○	《农用地质量分等规程》(GB/T 28407—2012)
	煤炭价格	单位煤炭的价格	●				—
	煤炭储量	煤炭的开发利用储量	●				—
	矿石价格	单位矿石的价格		●			—
	矿石开采量	矿石的开发利用开采量		●			—
	天然气价格	单位面积的天然气价格			●		—

指标类型	指标名称	指标描述						指标参考
经济适宜性指标	天然气储量	天然气开发利用的体积				●		—
	石油价格	单位面积石油的价格				●	●	—
	石油储量	开发利用的石油储量			●			—
	天然气运输管道建设成本	单位长度的天然气管道建设成本						
	劳动力价格	当地支付给劳动者的劳动报酬水平,即劳动力工资		○				—
评价输出指标	限制性类型	制约矿产开发利用的程度,如强限制、弱限制、无限制等	■	■	■			
	条件适宜性等级	矿产进行某类开发利用的条件适宜性程度,如高度适宜、一般适宜、不适宜等	■	■	■			
	经济适宜性等级	矿产进行某类开发利用的经济适宜性程度,如高度适宜、一般适宜、不适宜等	■	■	■			

注:●表示推荐输入指标,○表示自选输入指标,■表示输出结果指标。

表 A.11　矿产资源承载能力评价指标

开发利用方向	指标类型	指标名称	指标描述	指标参考
金属与非金属类矿产/煤炭	输入指标	固体矿产保有储量	至目前还实际存在的探明矿产储量,指基础储量中的经济可采部分;在实际工作中,用累计探明储量减去历年开采、损失的储量即为保有储量	《国土资源环境承载力评价技术要求(试行)》(国土资厅函〔2016〕1213号,国土资源部办公厅 2016 年 7 月 22 日发布)
	参数指标	人均固体矿产消费量	用地区固体矿产消耗量与地区总人口的比值表示	—
	输出指标	金属与非金属类矿产/煤炭承载能力	固体矿产保有储量与单位人均固体矿产消费量的比	

续表

开发利用方向	指标类型	指标名称	指标描述	指标参考
石油/天然气	输入指标	油气资源剩余可采量	一个油气田投入开发，并达到某一开发阶段，探明储量减去动用储量所剩余的储量	—
		油气资源持续增长率	r 为油气资源持续增长率，用 $R_t = R_0 e^{rt}$ 计算，其中 t 为年期，e 为自然常数，R_0 为初始消费量	"增长的极限"项目
	参数指标	人均油气资源消费量	用地区油气资源消耗量与地区总人口的比表示	—
	输出指标	资源持续开采年限	$Y = \ln(rs+1)/r$，其中，Y 为油气资源持续增长率，r 为油气资源持续增长率，s 为静态储量，为储量和年消耗量之比 或者为储量和年消耗量之比	"增长的极限"项目

表 A.12　矿产资源承载压力评价指标

开发利用方向	指标类型	指标名称	指标描述	指标参考
金属与非金属类矿产、煤炭	输入指标	矿业经济占比指数	根据矿业开发工业增加值、地区生产总值等数据描述	《国土资源环境承载力评价技术要求（试行）》（国土资厅函〔2016〕1213号，国土资源部办公厅 2016 年 7 月 22 日发布）
		矿业就业指数	根据矿业就业的情况描述	《国土资源环境承载力评价技术要求（试行）》（国土资厅函〔2016〕1213号，国土资源部办公厅 2016 年 7 月 22 日发布）
		采矿破坏指数	根据采矿破坏面积等指标计算	《国土资源环境承载力评价技术要求（试行）》（国土资厅函〔2016〕1213号，国土资源部办公厅 2016 年 7 月 22 日发布）
		废物排放强度	评价区域内单位面积实际排放的工业废气、工业废水、固体废弃物、有害元素等在评价期内的排放量之和	《国土资源环境承载力评价技术要求（试行）》（国土资厅函〔2016〕1213号，国土资源部办公厅 2016 年 7 月 22 日发布）

类别	指标类型	指标名称	描述	依据
金属与非金属类矿产、煤炭	输入指标	开发限制指数	矿产开发指数的约束性指标,指根据评价区域内因矿产开发出现的严重影响人居生活可持续发展的事项,如重特大事故等,对矿产开发进行限制或调节	《国土资源环境承载力评价技术要求(试行)》《国土资厅函[2016]1213号,国土资源部办公厅2016年7月22日发布)
	参数指标	固体矿产资源年消费量	年度区域固体矿产资源的消费量情况	—
		固体矿产开采总量控制指标	依据《开采总量控制矿种指标管理暂行办法》的规定和计算方法,规定由上级国土管理部门将年度开采指标向下级部门进行分解传达	《开采总量控制矿种指标管理暂行办法》(国土资发[2012]44号)
	输出指标	固体矿产资源开发压力指数、固体矿产资源供需比例(金属矿产、煤炭承载能力)	固体矿产资源开发压力状态指数$=0.2×$矿业经济占比指数$+0.3×$矿业就业指数$+0.25×(100-$采矿破坏指数$)+0.25×(100-$废物排放强度$)+$开发限制指数	《国土资源环境承载力评价技术要求(试行)》《国土资厅函[2016]1213号,国土资源部办公厅2016年7月22日发布)
		非金属类矿产、煤炭承载能力)	固体矿产资源供需比例$=$固体矿产资源年消费量/固体矿产开采总量控制指标(省、市、县、乡镇)	—
石油、天然气	输入指标	矿业经济占比指数	根据矿业开发工业增加值,GDP等数据描述	《国土资源环境承载力评价技术要求(试行)》《国土资厅函[2016]1213号,国土资源部办公厅2016年7月22日发布)
		矿业就业指数	根据矿业就业的情况描述	《国土资源环境承载力评价技术要求(试行)》《国土资厅函[2016]1213号,国土资源部办公厅2016年7月22日发布)
		采矿破坏指数	根据采矿破坏面积等指标计算	《国土资源环境承载力评价技术要求(试行)》《国土资厅函[2016]1213号,国土资源部办公厅2016年7月22日发布)
		废物排放强度	评价区域内单位面积实际排放的工业废气、工业废水、固体废弃物,有害元素等在评价期内的排放量之和	《国土资源环境承载力评价技术要求(试行)》《国土资厅函[2016]1213号,国土资源部办公厅2016年7月22日发布)

续表

开发利用方向	指标类型	指标名称	指标描述	指标参考
石油、天然气	输入指标	开发限制指数	矿产开发的约束性指标，指根据评价区域内因矿产开发出现的严重影响人居生活可持续发展的事项，如重大事故等，对矿产开发进行限制或调节	《国土资源环境承载力评价技术要求（试行）》(国土资厅函〔2016〕1213号，国土资源部公厅2016年7月22日发布)
	参数指标	油气资源年消费量	年度区域固体矿产资源的消费表达	—
		油气资源开采总量控制指标	依据《开采总量控制矿种指标管理暂行办法》的规定和计算方法，规定由上级国土管理部门将年度开采指标向下级部门进行分解传达	《开采总量控制矿种指标管理暂行办法》(国土资发〔2012〕44号)
	输出指标	油气资源开发压力状态指数、油气资源供需比例（石油、天然气资源承载压力）	油气资源开发压力状态指数＝0.2×矿业经济占比指数+0.25×(100-采矿破坏指数)+0.3×矿业就业指数+0.25×(100-废物排放强度)+开发限制指数 油气资源供需比例＝油气资源年消费量/油气开采总量控制指标(省、市、县、乡镇)	《国土资源环境承载力评价技术要求（试行）》(国土资厅函〔2016〕1213号，国土资源部公厅2016年7月22日发布) —

表 A.13 海洋资源的自然性状指标

数据层	指标名称	指标描述	指标出处
海岸带	自然岸线保有率	自然形成海岸线得以完好存在的长度占总长度比重	《海岸线保护与利用管理办法》（国家海洋局2017年印发）
	人工岸线长度	人工营造或改造的岸线总长度	《海洋资源环境承载能力监测预警指标体系和技术方法指南》
海岛	海岛总岸线长度	海岛所包含岸线的总长度	《海洋资源环境承载能力监测预警指标体系和技术方法指南》
	海岛面积	海岛出露海水面部分占据的面积	《海洋资源环境承载能力监测预警指标体系和技术方法指南》
	海岛用岛类型面积	用于不同活动（如建设）目的的海岛土地面积	《海洋资源环境承载能力监测预警指标体系和技术方法指南》

指标类型		指标名称	指标描述	指标参考
海域		海域面积	海域占据的水平区域的面积	《海籍调查规范》(HY/T 124—2009)
		水温	海水的温度	《海洋渔业资源调查规范》(SC/T 9403—2012)
		盐度	海水中全部溶解固体与海水重量之比	《海洋渔业资源调查规范》(SC/T 9403—2012)
		水质	反映海水受污染的严重程度	《海洋渔业资源调查规范》(SC/T 9403—2012)
		各类鱼类渔获量	获取的所有物种的海洋渔业生物的总量	《海洋渔业资源调查规范》(SC/T 9403—2012)
		各类鱼类营养级	各类生物体在海洋生态系统食物链中所处的层次	《资源环境承载能力监测预警技术方法(试行)》
		鱼卵种类组成	海洋生物产卵的类型、种类	《海洋渔业资源调查规范》(SC/T 9403—2012)
		鱼卵数量分布	各种海洋生物的产卵的数量情况	《海洋渔业资源调查规范》(SC/T 9403—2012)
		仔稚鱼种类组成	具备生长生殖潜能的幼鱼的物种情况	《海洋渔业资源调查规范》(SC/T 9403—2012)
		仔稚鱼数量分布	各物种中具备生长生殖潜能的幼鱼的数量	《海洋渔业资源调查规范》(SC/T 9403—2012)
管理层		海域代码	不同的海域的类型、种类	《海域使用分类》(HY/T 123—2009)
		海域名称	不同海域的名称	《海域使用分类》(HY/T 123—2009)
		海区面积	一定范围和功能的海域构成的海区的面积	《近海预报海区划分》(HY/T 0292—2020)

表 A.14　海洋资源开发利用适宜性评价指标

指标类型	指标名称	指标描述	开发利用类型			指标参考
			海洋空间资源开发	海洋渔业资源开发	无人岛礁开发	
环境限制性指标	降水量	一段时间内从天空降落到地面上的液态或固态(经融化后)水,未经蒸发、渗透、流失,而在水平面上积聚的深度,以毫米为单位,如日降水量、月降水量、年降水量、多年平均降水量等	○	○		《农用地定级规程》(GB/T 28405—2012)
	平均温度	一段时间内气温的平均值	○			《农用地定级规程》(GB/T 28405—2012)
	断裂活动性	近数万年内仍有活动迹象的断层的活动剧烈性	○			《国土资源环境承载力评价技术要求(试行)》(国土资厅函〔2016〕1213号,国土资源部办公厅 2016 年 7 月 22 日发布)

续表

| 指标类型 | 指标名称 | 指标描述 | 开发利用类型 | | | 指标参考 |
			海洋空间资源开发	海洋渔业资源开发	无人岛礁开发	
环境限制性指标	地震动峰值加速度	地震震动过程中,地表质点运动的加速度最大绝对值	○			《国土资源环境承载力评价技术要求(试行)》(国土资厅函〔2016〕1213号,国土资源部办公厅 2016 年 7 月 22 日发布)
	海洋水动力条件	海洋水动力状况比较复杂,受到风、河流、波浪、潮汐和海流等作用,其中、波浪和潮汐是最重要的动力因素	●			《海域评估技术指引》(国家海洋局 2013 年 11 月 13 日发布)
	台风和风暴潮频率	风暴潮和台风都属于气旋,两者都会带来强降水,是一种灾害性的自然现象	○	○	○	《2017 年中国海洋生态环境状况公报》
	海岸侵蚀	表示海岸受自然和人为等综合影响受损的剧烈程度	●			《2017 年中国海洋生态环境状况公报》
	海平面上升	由全球气候变暖、极地冰川融化、上层海水变热膨胀等原因引起的全球性现象,可淹没一些低洼的沿海地区,使风暴潮强度加剧海洋次增多	○			《2017 年中国海洋生态环境状况公报》
	赤潮发生频率	指赤潮在一定时间内发生的频次		○	○	《2017 年中国海洋生态环境状况公报》
	海岛地震基本烈度	发生在无人岛礁的地震引起的地面震动及其影响的强弱程度			○	《国土资源环境承载力评价技术要求(试行)》(国土资厅函〔2016〕1213号,国土资源部办公厅 2016 年 7 月 22 日发布)

指标类型	指标名称	指标含义			参考标准
环境限制性指标	海岛地基承载力	无人岛礁地基土单位面积上随问载增加所发挥的承载潜力		○	《国土资源环境承载能力评价技术要求（试行）》（国土资厅函〔2016〕1213号，国土资源部办公厅2016年7月22日发布）
	各类保护区	饮水水源保护地、野生动物保护区、湿地自然保护能区等	●		《城乡用地评定标准》（CJJ 132—2009）
	各类控制区	永久基本农田保护红线、城镇开发边界等	●		《城乡用地评定标准》（CJJ 132—2009）
	地表水生态空间	红线、城镇开发边界等森林、草原、湿地等生态空间	●		《水流产权确认试点方案》（水利部、国土资源部2016年11月4日联合印发）
	矿藏	矿产资源的保有储量	○	○	《城乡用地评定标准》（CJJ 132—2008）
	泥沙输移特征	用泥沙输移比表示，具体是指在某一时段内通过沟道或河流某一断面的输沙总量与该断面以上流域产沙量的比值	○		《海域评估技术指引》（国家海洋局2013年11月13日发布）
	港口吞吐量	一段时期内经水运输出、输入港作业的货物总量并经过装卸作业的货物总量	○		《城镇土地分等定级规程》（GB/T 18507—2014）
条件适宜性指标	港口等级	分为特大型港口（年吞吐量大于3 000万吨）、大型港口（年吞吐量为1 000万吨～3 000万吨）、中型港口（年吞吐量为100万吨～1 000万吨）及小型港口（年吞吐量小于100万吨）	●		《海域评估技术指引》（国家海洋局2013年11月13日发布）
	码头通过能力	在给定的水域、陆域的泊位和设施设备条件下，采用合理的生产组织，通过合理的泊位利用率，在单位时间内所通过的货运量	●		《海域评估技术指引》（国家海洋局2013年11月13日发布）

续表

指标类型	指标名称	指标描述	开发利用类型			指标参考
			海洋空间资源开发	海洋渔业资源开发	无人岛礁开发	
条件适宜性指标	码头设计吨位	在特定条件下，码头预期通过的船舶吨位情况	○			《海域评估技术指引》(国家海洋局2013年11月13日发布)
	码头作业天数	在一定的运行条件下，码头实际提供通航停泊服务的天数	○			《海域评估技术指引》(国家海洋局2013年11月13日发布)
	基础设施齐全性	对人民生产生活的必要设施在土地经济区位和物化劳动投入量的量度，反映设施类型齐备性、设施水平与使用的保证率等情况	○			《城镇土地分等定级规程》(GB/T 18507—2014)
	集疏运方式	货物集运和从集中地分散到各节点的方式衡量	○			《海域评估技术指引》(国家海洋局2013年11月13日发布)
	海域水深	海域的垂直深度	●			《海域评估技术指引》(国家海洋局2013年11月13日发布)
	渔业用海规模	为开发利用渔业资源，开展海洋渔业生产所使用的海域规模		○		《海籍调查规范》(HY/T 124—2009)
	自然岸线保有率	自然形成海岸线得以完好存在的长度占总体比重	○			《海岸线保护与利用管理办法》(国家海洋局2017年印发)
	岸线类别	按照构成物质，可将海岸分为岩石海岸和沙砾海岸；按其成因，可分为侵蚀海岸和堆积海岸	○			《海岸线保护与利用管理办法》(国家海洋局2017年印发)
	各类鱼类渔获量	获取的所有物种的海洋渔业生物的总量		●		《资源环境承载能力监测预警技术方法(试行)》

指标类型	指标名称	指标含义			参考标准/依据
条件适宜性指标	渔获物营养级状况	各类生物在海洋生态系统食物链中所处的层次	○		《资源环境承载能力监测预警技术方法（试行）》
	鱼卵密度	一定海域内鱼卵的密度	○		《资源环境承载能力监测预警技术方法（试行）》
	仔稚鱼密度	具备生长繁殖潜能的幼鱼的物种情况	○		《资源环境承载能力监测预警技术方法（试行）》
	海岛面积	无人岛礁的海岛面积		●	《海洋资源环境承载能力监测预警指标体系和技术方法指南》
	海水水质类别	反映海水受污染的严重程度		○	《海水水质标准》（GB 3097—1997）
	人工岸线比例	人为建造的海岸线的比例		○	《海洋资源环境承载能力监测预警指标体系和技术方法指南》
	交通可达性	某地点到达其他地点拥有的容易程度	●		《城市综合交通体系规划标准》（GB/T 51328—2018）
	距社会经济活动中心距离	评估对象与中心城镇（省级、地市级、县市级、乡镇级）、市场、工厂、电站、风景名胜区的距离	●		—
	距交通节点距离	评估对象与火车站、汽车站、港口、等级公路、机场等交通设施的距离	●		—
经济适宜性指标	建筑材料价格	建筑工程中使用的各种材料及其制品价格	○		—
	机械投入费用	单位面积港口建设、海岛建设的机械投入费用		○	《农用地质量分等规程》（GB/T 28407—2012）
	能源费用	单位面积的水、电、柴油等费用		○	《农用地质量分等规程》（GB/T 28407—2012）
	运输费用	商品从消费者原使用场所运至经营修理、更换、退货地及返回过程中所需支付的运费		○	《农用地质量分等规程》（GB/T 28407—2012）

续表

指标类型	指标名称	指标描述	开发利用类型			指标参考
			海洋空间资源开发	海洋渔业资源开发	无人岛礁开发	
经济适宜性指标	劳动力价格	当地支付给劳动者的劳动报酬水平,即劳动力工资	○		○	—
	海洋鱼类产品价格	单位海洋鱼类的平均价格		○		—
	旅游观光游客数量	一定时期内旅游景点接待游客数目			○	—
	门票价格	经营性旅游景点收取的单位费用			○	—
	运营成本	旅游景点日常日营支付的成本,如管理费、维护费等			○	—
	运输车票价格	港口乘客乘船的收费及运输货物的收费价格	○			—
	建筑物房价	无人岛礁建设假居民楼或居民楼的房价			○	—
评价输出指标	限制性类型	制约海洋资源开发利用的程度,如强限制、弱限制、无限制等	■	■	■	—
	条件适宜性等级	进行某类海洋资源开发利用的条件适宜程度,如高度适宜、一般适宜、不适宜等	■	■	■	—
	经济适宜性等级	进行某类海洋资源开发利用的经济适宜程度,如高度适宜、一般适宜、不适宜等	■	■	■	—

注:●表示推荐输入指标,○表示自选输入指标,■表示输出结果指标。

表 A.15　海洋资源承载能力评价指标

开发利用方向		指标类型	指标名称	指标描述	指标参考
海洋空间	岸线资源	输入指标	岸线适宜开发长度	岸线适宜性单元为海洋空间适宜性评价中最适宜单元。基本适宜性单元由两类单元形成的适宜性单元，叠加可得到其毗邻的岸线适宜开发长度	—
			海洋功能区范围	表示海洋功能区划的工作范围，与岸线图斑求解岸线适宜开发长度	《海洋功能区划技术导则》(GB/T 17108—2006)
			海洋功能区类型	表示海洋功能区的分类结果	《海洋功能区划技术导则》(GB/T 17108—2006)
			岸线长度	表示区域岸线长度大小的指标	《海洋资源环境承载能力监测预警指标体系和技术方法指南》
			岸线代码	描述岸线的代码指标	—
			岸线名称	描述岸线的名称指标	《海洋资源环境承载能力监测预警指标体系和技术方法指南》
		参数指标	岸线允许开发程度	表示海洋功能区允许的海岸线开发程度，遵循海洋主体功能区规划的管控要求	《资源环境承载能力监测预警技术方法（试行）》
		输出指标	岸线资源承载能力	资源承载能力 l_i 为第 i 类海洋功能区毗邻的海岸适宜开发长度，w_i 为第 i 类海洋功能区允许的海岸开发程度，$l_\text{总}$ 为海岸线总长度（包括自然岸线长度） $$P_{C0} = \frac{\sum_{i=1}^{n} w_i l_i}{l_\text{总}}，式中，P_{C0} 为岸线$$	《资源环境承载能力监测预警技术方法（试行）》

续表

开发利用方向	指标类型	指标名称	指标描述	指标参考
海洋空间	输入指标	海域适宜开发面积	由海洋空间适宜性评价中最适宜、基本适宜两类单元合并形成	—
		海域名称	描述海域名称的指标	《海域使用分类》(HY/T 123—2009)
		海域代码	描述海域代码的指标	《海域使用分类》(HY/T 123—2009)
		海域面积	表示某海域面积大小的指标	《海籍调查规范》(HY/T 124—2009)
		海洋功能区范围	表示海洋功能区划的工作范围，与岸线图斑叠加可得其毗邻的岸线长度	《海洋功能区划技术导则》(GB/T 17108—2006)
海域资源	参数指标	海洋功能区类型	表示海洋功能区的分类结果	《海洋功能区划技术导则》(GB/T 17108—2006)
		海域允许开发程度	表示海洋功能区允许的海域开发程度，遵循海洋主体功能区规划的管控要求	《资源环境承载能力监测预警技术方法》(试行)
	输出指标	海域资源承载力	$P_{M0} = \dfrac{\sum_{i=1}^{n} h_i a_i}{S}$，式中，$P_{M0}$ 为海域资源承载能力，a_i 为第 i 类用海海域适宜开发面积，h_i 为第 i 类海洋功能区允许的海洋开发程度，S 为四类海域适宜性开发面积之和	—
海洋渔业	输入指标	现存资源量	进行渔获量调查与统计，利用扫海面积法、断面法或方区法估算海区渔业资源总量	—

		指标	说明/计算式	来源
海洋渔业	参数指标	主要经济种类平均自然死亡系数	在农业生产条件得到充分保证，光、热、水、土等环境因素均处于最优状态时，技术因素所决定的农作物单位面积最高年产量	—
		年平均渔获量	我国渔业统计数据以逐级上报方式获得，最初始的数据来自渔民记录的渔捞日志，年平均渔获量需要计算每年平均的渔获量	《海洋渔业资源调查规范》(SC/T 9403—2012)
	输出指标	最大持续产量（海洋渔业承载能力）	Cadima 模式：最大可持续产量=（年平均渔获量+现存资源量×主要经济种类平均自然死亡系数）/2 简单估算模式：最大可持续产量=现存资源量/2	浙江南部外海底层渔业资源量与可捕量的评估
		可捕量（海洋渔业承载能力）	可捕量=0.97×最大可持续产量	浙江南部外海底层渔业资源量与可捕量的评估
无人岛礁	输入指标	无人岛礁人工岸线长度	表征自然岸线改变的长度	《海洋资源环境承载能力监测预警指标体系和技术方法指南》
		无人岛礁开发利用规模	表征海岛开发利用空间的开发利用规模即面积大小	《海洋资源环境承载能力监测预警指标体系和技术方法指南》
	输出指标	无人岛礁人工岸线比例	指评价单元所在区域的无人岛礁的人工岸线长度占总岸线长度的比例	《海洋资源环境承载能力监测预警指标体系和技术方法指南》
		无人岛礁开发用岛规模指数	无人岛礁开发利用的总规模在海岛总面积的占比	《海洋资源环境承载能力监测预警指标体系和技术方法指南》
		无居民海岛开发强度阈值（无人岛礁承载能力）	区域内依无居民海岛人工岸线比例、无居民海岛用岛面积对资源环境影响系数归一化后，占该区域内无居民海岛总面积比例	《海洋资源环境承载能力监测预警指标体系和技术方法指南》

表 A.16　海洋资源承载压力评价指标

开发利用方向	指标类型	指标名称	指标描述	指标参考
岸线资源	输入指标	岸线资源承载能力	—	《资源环境承载能力监测预警技术方法（试行）》
		岸线人工化指数	选取围堤坝（围海养殖、渔港等）、防护堤坝、工业与城镇、港口码头等四类主要岸线开发利用类型，根据各类海岸开发活动对海洋资源环境影响程度的差异，计算岸线人工化指数	《海洋资源环境承载能力监测预警指标体系和技术方法指南》
	输出指标	岸线开发强度（岸线资源承载压力）	岸线人工化指数与岸线资源承载能力之比	《海洋资源环境承载能力监测预警指标体系和技术方法指南》
海域资源	输入指标	海域资源承载能力	—	《资源环境承载能力监测预警技术方法（试行）》
		海域开发资源效应指数	选取造地工程用海、交通运输用海、渔业用海、旅游娱乐用海四种海域使用类型，根据各种使用类型对海域资源的耗用程度和对其他用海的排他性强度差异，分别计算其海域开发资源效应指数	《海洋资源环境承载能力监测预警指标体系和技术方法指南》
	输出指标	海域开发强度（海域资源承载压力）	海域开发效应指数与海域资源承载能力之比	《海洋资源环境承载能力监测预警指标体系和技术方法指南》
海洋渔业	输入指标	渔获物经济种类比例	根据近海渔业资源监测调查获取的渔获物中经济渔业种类所占比例与近三年平均值的差值，得到经济种类比例的变化幅度	《海洋资源环境承载能力监测预警指标体系和技术方法指南》

		指标	说明	参考文献
海洋渔业	输入指标	渔获物营养级状况	通过近海渔获物平均营养级指数的变化情况，表征近海区域海洋生态系统结构和功能的稳定性	《海洋资源环境承载能力监测预警指标体系和技术方法指南》
		鱼卵密度	根据近海渔业资源监测调查值与近三年平均值的差值，得到鱼卵密度变化幅度	《海洋资源环境承载能力监测预警指标体系和技术方法指南》
		仔稚鱼鱼密度	根据近海渔业资源监测调查值与近三年平均值的差值，得到仔稚鱼密度变化幅度	《海洋资源环境承载能力监测预警指标体系和技术方法指南》
	输出指标	游泳动物指数	$F_1=(ES+TL)/2$，式中，ES 为渔获物经济种类比例，TL 为近海平均营养级指数	《海洋资源环境承载能力监测预警指标体系和技术方法指南》
		鱼卵仔稚鱼指数	$F_2=F_E×0.2+F_L×0.8$，式中，F_E 为鱼卵密度，F_L 为仔稚鱼密度	《海洋资源环境承载能力监测预警指标体系和技术方法指南》
		海洋渔业资源综合承载指数（海洋渔业承载压力）	Cadima 模式：最大可持续产量=（年平均渔获量+现存资源量×主要经济种类平均自然死亡系数）/2；简单估算模式：最大可持续产量=现存资源量/2	《海洋资源环境承载能力监测预警指南》
无人岛礁	输入指标	无居民海岛开发强度阈值（无人岛礁承载能力）	确定无居民海岛开发强度的阈值	《海洋资源环境承载能力监测预警指南》
		无人岛礁人工岸线比例	评价单元所在区域的无人岛礁的人工岸线长度占总岸线长度的比例	《海洋资源环境承载能力监测预警指南》
		无人岛礁开发用岛规模指数	无人岛礁开发利用的总规模在海岛总面积中的占比	《海洋资源环境承载能力监测预警指南》
	输出指标	无居民海岛开发强度（无人岛礁承载压力）	根据岛屿评估结果，按标准岛规模指数等级进行评价和赋分，以判断超载情况	《海洋资源环境承载能力监测预警指标体系和技术方法指南》

附录 A.2 环境承载力评价相关指标示例

表 A.17 大气环境特征指标

指标名称	指标解释	指标参考
总悬浮颗粒物浓度	悬浮在空气中、空气动力学当量直径不大于 100 微米的颗粒物的浓度	《环境空气质量标准》(GB 3095—2012)
二氧化氮浓度	空气中二氧化氮的浓度值	《环境空气质量标准》(GB 3095—2012)
一氧化碳浓度	空气中一氧化碳的浓度值	《环境空气质量标准》(GB 3095—2012)
臭氧浓度	空气中臭氧的浓度值	《环境空气质量标准》(GB 3095—2012)
PM_{10} 浓度	空气中直径小于 10 微米的悬浮颗粒物的浓度值	《环境空气质量标准》(GB 3095—2012)
$PM_{2.5}$ 浓度	空气中直径小于 2.5 微米的悬浮颗粒物的浓度值	《环境空气质量标准》(GB 3095—2012)
铅浓度	空气中含铅的各类物质的浓度值	《环境空气质量标准》(GB 3095—2012)
氟化物浓度	空气中各类含氟化合物的浓度值	《环境空气质量标准》(GB 3095—2012)
1 小时平均污染物浓度	地面上某一特定点大气中污染物在 1 小时内的平均浓度	《环境空气质量标准》(GB 3095—2012)
8 小时平均污染物浓度	地面上某一特定点大气中污染物在 8 小时内的平均浓度	《环境空气质量标准》(GB 3095—2012)
24 小时平均污染物浓度	地面上某一特定点大气中污染物在 24 小时内的平均浓度	《环境空气质量标准》(GB 3095—2012)
月平均污染物浓度	地面上某一特定点大气中污染物在 1 个月内的平均浓度	《环境空气质量标准》(GB 3095—2012)
季平均污染物浓度	地面上某一特定点大气中污染物在某个季度内的平均浓度	《环境空气质量标准》(GB 3095—2012)
年平均污染物浓度	地面上某一特定点大气中污染物在特定自然年内的平均浓度	《环境空气质量标准》(GB 3095—2012)
温度	空气的温度,用摄氏度或华氏度度量	国际标准大气(ISA)
湿度	表示大气干燥程度的物理量	国际标准大气(ISA)
风速	空气相对于地球某一固定地点的运动速率,常用单位是米每秒	国际标准大气(ISA)
气压	气压是作用在单位面积上的大气压力	国际标准大气(ISA)
降水	落到地面上的液态或固态水,未经散失而在水平面积聚的深度	国际标准大气(ISA)

表 A.18　大气环境承载能力评价指标

指标名称	指标描述	指标参考
二氧化硫浓度限值	空气中二氧化硫的浓度限值	《环境空气质量标准》(GB 3095—2012)
二氧化氮浓度限值	空气中二氧化氮的浓度限值	《环境空气质量标准》(GB 3095—2012)
一氧化碳浓度限值	空气中一氧化碳的浓度限值	《环境空气质量标准》(GB 3095—2012)
臭氧浓度限值	空气中臭氧的浓度限值	《环境空气质量标准》(GB 3095—2012)
PM_{10} 浓度限值	空气中直径小于 10 微米的悬浮颗粒物的浓度限值	《环境空气质量标准》(GB 3095—2012)
$PM_{2.5}$ 浓度限值	空气中直径小于 2.5 微米的悬浮颗粒物的浓度限值	《环境空气质量标准》(GB 3095—2012)

表 A.19　大气环境承载压力评价指标

指标类型	指标名称	指标描述	指标参考
输入指标	二氧化硫浓度限值	空气中二氧化硫的浓度限值	《环境空气质量标准》(GB 3095—2012)
	二氧化氮浓度限值	空气中二氧化氮的浓度限值	《环境空气质量标准》(GB 3095—2012)
	一氧化碳浓度限值	空气中一氧化碳的浓度限值	《环境空气质量标准》(GB 3095—2012)
	臭氧浓度限值	空气中臭氧的浓度限值	《环境空气质量标准》(GB 3095—2012)
	PM_{10} 浓度限值	空气中直径小于 10 微米的悬浮颗粒物的浓度限值	《环境空气质量标准》(GB 3095—2012)
	$PM_{2.5}$ 浓度限值	空气中直径小于 2.5 微米的悬浮颗粒物的浓度限值	《环境空气质量标准》(GB 3095—2012)
	二氧化硫浓度	空气中二氧化硫的浓度	《环境空气质量标准》(GB 3095—2012)
	二氧化氮浓度	空气中二氧化氮的浓度	《环境空气质量标准》(GB 3095—2012)
	一氧化碳浓度	空气中一氧化碳的浓度	《环境空气质量标准》(GB 3095—2012)
	臭氧浓度	空气中臭氧的浓度	《环境空气质量标准》(GB 3095—2012)
	PM_{10} 浓度	空气中直径小于 10 微米的悬浮颗粒物的浓度	《环境空气质量标准》(GB 3095—2012)
	$PM_{2.5}$ 浓度	空气中直径小于 2.5 微米的悬浮颗粒物的浓度	《环境空气质量标准》(GB 3095—2012)

续表

指标类型	指标名称	指标描述	指标参考
输出指标	大气污染物浓度超标指数（大气环境承载压力）	测算主要大气污染物浓度现值，与大气环境承载阈值进行比较，求算单项大气污染物浓度超标指数，依据"短板理论"集成单项指标，将区域内污染程度最严重的污染物的浓度超标指数作为区域大气污染物浓度超标指数	《资源环境承载能力监测预警技术方法（试行）》

表 A.20　土壤环境特征指标

指标名称	指标描述	指标参考
土壤类型	土壤根据一定的分类标准而确定的类型	《中国土壤分类与代码》（GB/T 17296—2009）
土壤质量等级	根据土壤中污染物的最高容许含量进行分级	《国土资源环境承载力评价技术要求（试行）》（国土资厅函[20161213号，国土资源部办公厅 2016 年 7 月 22 日发布）
土壤侵蚀模数	单位面积土壤及土壤母质在单位时间内侵蚀量的大小	《环境影响评价技术导则 土壤环境（试行）》（HJ 964—2018）
土壤颜色	土壤呈现的外观颜色	《环境影响评价技术导则 土壤环境（试行）》（HJ 964—2018）
土壤结构	土壤颗粒（包括团聚体）的排列与组合形式	《环境影响评价技术导则 土壤环境（试行）》（HJ 964—2018）
土壤质地	土壤中不同大小直径的矿物颗粒的组合状况	《环境影响评价技术导则 土壤环境（试行）》（HJ 964—2018）
沙砾含量	沙子和碎石的混合物在土壤中的含量	《环境影响评价技术导则 土壤环境（试行）》（HJ 964—2018）
异物含量	异物在土壤中的含量	《环境影响评价技术导则 土壤环境（试行）》（HJ 964—2018）
pH值	由氢离子和氢氧根离子在土壤溶液中的浓度决定的土壤酸碱度	《环境影响评价技术导则 土壤环境（试行）》（HJ 964—2018）
阳离子交换量	土壤胶体所能吸附的各种阳离子的总量	《环境影响评价技术导则 土壤环境（试行）》（HJ 964—2018）
氧化还原电位	土壤浸出液中所有物质表现的宏观氧化还原性	《环境影响评价技术导则 土壤环境（试行）》（HJ 964—2018）
饱和导水率	土壤被水饱和时，在单位水势梯度下，单位时间内通过单位面积的水量	《环境影响评价技术导则 土壤环境（试行）》（HJ 964—2018）
土壤容重	一定容积土壤（包括土粒及粒间孔隙）烘干后质量与烘干前容积体积的比值	《环境影响评价技术导则 土壤环境（试行）》（HJ 964—2018）

指标名称	指标描述	指标参考
孔隙度	土壤孔隙容积占土体容积的百分比	《环境影响评价技术导则 土壤环境（试行）》（HJ 964—2018）
土壤盐渍化等级	按土壤全盐量及作物产量，因盐渍化而降低的程度	《环境影响评价技术导则 土壤环境（试行）》（HJ 964—2018）
酸化或碱化等级	土壤中碱性（或酸性离子）淋失的程度	《环境影响评价技术导则 土壤环境（试行）》（HJ 964—2018）

表 A.21　土壤环境承载能力评价指标

指标名称	指标描述	指标参考
重金属和无机物管制值	土壤污染物中重金属和无机物的管制值	《土壤环境质量 建设用地土壤污染风险管控标准（试行）》（GB 36600—2018）
挥发性有机物管制值	土壤污染物中挥发性有机物的管制值	《土壤环境质量 建设用地土壤污染风险管控标准（试行）》（GB 36600—2018）
半挥发性有机物管制值	土壤污染物中半挥发性有机物的管制值	《土壤环境质量 建设用地土壤污染风险管控标准（试行）》（GB 36600—2018）

表 A.22　土壤环境承载压力评价指标

指标类型	指标名称	指标描述	指标参考
输入指标	重金属和无机物含量	土壤污染物中重金属和无机物的含量	《土壤环境质量 建设用地土壤污染风险管控标准（试行）》（GB 36600—2018）
	挥发性有机物含量	土壤污染物中挥发性有机物的含量	《土壤环境质量 建设用地土壤污染风险管控标准（试行）》（GB 36600—2018）
	半挥发性有机物含量	土壤污染物中半挥发性有机物的含量	《土壤环境质量 建设用地土壤污染风险管控标准（试行）》（GB 36600—2018）
输入指标	重金属和无机物管制值	土壤污染物中重金属和无机物的管制值	《土壤环境质量 建设用地土壤污染风险管控标准（试行）》（GB 36600—2018）
	挥发性有机物管制值	土壤污染物中挥发性有机物的管制值	《土壤环境质量 建设用地土壤污染风险管控标准（试行）》（GB 36600—2018）
	半挥发性有机物管制值	土壤污染物中半挥发性有机物的管制值	《土壤环境质量 建设用地土壤污染风险管控标准（试行）》（GB 36600—2018）

续表

指标类型	指标名称	指标描述	指标参考
输出指标	土壤污染物含量超标指数（土壤环境承载压力）	测算土壤污染物基本项目含量现状值，与土壤环境承载阈值进行比较，求算单项土壤污染物含量超标指数，依据"短板原理"集成单项污染物的含量超标指数，将区域内污染程度最严重的污染物的含量超标指数作为区域土壤污染物含量超标指数	《资源环境承载能力监测预警技术方法（试行）》

表 A.23　水环境特征指标

指标名称	指标描述	指标参考
水温	水的温度	《地表水环境质量标准》(GB 3838—2002)，《地下水质量标准》(GB/T 14848—2017)
pH 值	水中氢离子的总数和总物质的量的比	《地表水环境质量标准》(GB 3838—2002)，《地下水质量标准》(GB/T 14848—2017)
溶解氧	溶解在水中的空气中的分子态氧含量	《地表水环境质量标准》(GB 3838—2002)，《地下水质量标准》(GB/T 14848—2017)
高锰酸盐指数	在酸性或碱性介质中，以高锰酸钾为氧化剂，处理水样时所消耗的氧化剂的量	《地表水环境质量标准》(GB 3838—2002)，《地下水质量标准》(GB/T 14848—2017)
化学需氧量(COD)	以化学方法测量水样中需要被氧化的还原性物质的量	《地表水环境质量标准》(GB 3838—2002)
五日生化需氧量(BOD_5)	微生物在最适宜的温度下，5 日内氧化分解过程的需氧量	《地表水环境质量标准》(GB 3838—2002)
氨氮	水中以游离氨(NH_3)和铵离子(NH_4)形式存在的氮	《地表水环境质量标准》(GB 3838—2002)，《地下水质量标准》(GB/T 14848—2017)
总磷(以 P 计)	水样经消解后，将各种形态的磷转变成正磷酸盐后测定的结果	《地表水环境质量标准》(GB 3838—2002)，《地下水质量标准》(GB/T 14848—2017)
总氮(湖、库，以 N 计)	水中各种形态无机和有机氮的总量	《地表水环境质量标准》(GB 3838—2002)
重金属(地表水环境中铜、锌、汞、镉等)	地表水中各种形态的有害金属含量	《地表水环境质量标准》(GB 3838—2002)

指标	含义	标准
氟化物（以 F⁻ 计）	含负价氟的有机或无机化合物在水中的含量	《地表水环境质量标准》（GB 3838—2002）、《地下水质量标准》（GB/T 14848—2017）
无机物污染（砷、硒等）	地表水中砷、硒等对人有害的元素形成的化合物	《地表水环境质量标准》（GB 3838—2002）、《地下水质量标准》（GB/T 14848—2017）
氰化物	水中氰化物的含量	《地表水环境质量标准》（GB 3838—2002）、《地下水质量标准》（GB/T 14848—2017）
挥发酚	水中具有挥发性的酚类物质的含量	《地表水环境质量标准》（GB 3838—2002）、《地下水质量标准》（GB/T 14848—2017）
石油类	与石油相关的物质在水中的含量	《地表水环境质量标准》（GB 3838—2002）
阴离子表面活性剂	阴离子表面活性剂在水中的含量	《地表水环境质量标准》（GB 3838—2002）
菌群数	一般指一升水样中能检出的大肠菌群数	《地表水环境质量标准》（GB 3838—2002）
色嗅味	水的外观颜色和感官气味等特征	《地下水质量标准》（GB/T 14848—2017）
浑浊度	表征水中悬浮物质阻碍光线透过的程度	《地下水质量标准》（GB/T 14848—2017）
肉眼可见物	水中存在的、能以肉眼观察到的颗粒或其他悬浮物质	《地下水质量标准》（GB/T 14848—2017）
总硬度（以碳酸钙计）	主要描述钙离子和镁离子的含量	《地下水质量标准》（GB/T 14848—2017）
溶解性总固体	水中溶解组分的总量，包括溶解于水中的各种离子、分子、化合物的总量	《地下水质量标准》（GB/T 14848—2017）
硫酸盐	硫酸盐在水中的含量	《地下水质量标准》（GB/T 14848—2017）
重金属（地下水环境中铁、锰、铜、镉、汞等）	地下水中各种形态的有害重金属含量	《地下水质量标准》（GB/T 14848—2017）
阴离子合成洗涤剂	阴离子合成洗涤剂中的各种物质在水中的含量	《地下水质量标准》（GB/T 14848—2017）
硝酸盐、亚硝酸盐（以 N 计）	水中硝酸盐和亚硝酸盐的含量	《地下水质量标准》（GB/T 14848—2017）
碘化物	水中金属碘化物和非金属碘化物的含量	《地下水质量标准》（GB/T 14848—2017）
滴滴涕	水中滴滴涕的含量	《地下水质量标准》（GB/T 14848—2017）
六六六	水中六六六的含量	《地下水质量标准》（GB/T 14848—2017）
放射性	地下水中因含放射性元素而具有的物理特性	《地下水质量标准》（GB/T 14848—2017）
地下水埋深	地下水储存的深度	《环境影响评价技术导则　地下水环境》（HJ 610—2016）

表 A.24　水环境承载能力评价指标

指标名称	指标描述	指标参考
溶解氧浓度限值	水环境中溶解氧的浓度限值	《地表水环境质量标准》（GB 3838—2002）、《重点流域水污染防治规划》（2016—2020）》
高锰酸盐指数浓度限值	水环境中高锰酸盐的浓度限值	《地表水环境质量标准》（GB 3838—2002）、《重点流域水污染防治规划》（2016—2020）》
化学需氧量浓度限值	水环境中化学需氧量的浓度限值	《地表水环境质量标准》（GB 3838—2002）、《重点流域水污染防治规划》（2016—2020）》
五日生化需氧量浓度限值	水环境中五日生化需氧量的浓度限值	《地表水环境质量标准》（GB 3838—2002）、《重点流域水污染防治规划》（2016—2020）》
氨氮浓度限值	水环境中氨氮的浓度限值	《地表水环境质量标准》（GB 3838—2002）、《重点流域水污染防治规划》（2016—2020）》
总磷浓度限值	水环境中总磷的浓度限值	《地表水环境质量标准》（GB 3838—2002）、《重点流域水污染防治规划》（2016—2020）》
总氮浓度限值	水环境中总氮的浓度限值	《地表水环境质量标准》（GB 3838—2002）、《重点流域水污染防治规划》（2016—2020）》

表 A.25　水环境承载压力评价指标

指标类型	指标名称	指标描述	指标参考
输入指标	溶解氧浓度限值	水环境中溶解氧的浓度限值	《地表水环境质量标准》（GB 3838—2002）、《重点流域水污染防治规划》（2016—2020）》
	高锰酸盐指数浓度限值	水环境中高锰酸盐指数的浓度限值	《地表水环境质量标准》（GB 3838—2002）、《重点流域水污染防治规划》（2016—2020）》
	化学需氧量浓度限值	水环境中化学需氧量的浓度限值	《地表水环境质量标准》（GB 3838—2002）、《重点流域水污染防治规划》（2016—2020）》
	五日生化需氧量浓度限值	水环境中五日生化需氧量的浓度限值	《地表水环境质量标准》（GB 3838—2002）、《重点流域水污染防治规划》（2016—2020）》

输入指标	氨氮浓度限值	水环境中氨氮的浓度限值	《地表水环境质量标准》（GB 3838—2002）、《重点流域水污染防治规划（2016—2020）》
	总磷浓度限值	水环境中总磷的浓度限值	《地表水环境质量标准》（GB 3838—2002）、《重点流域水污染防治规划（2016—2020）》
	总氮浓度限值	水环境中总氮的浓度限值	《地表水环境质量标准》（GB 3838—2002）、《重点流域水污染防治规划（2016—2020）》
	溶解氧浓度	水环境中溶解氧的浓度	《地表水环境质量标准》（GB 3838—2002）、《重点流域水污染防治规划（2016—2020）》
	高锰酸盐指数浓度	水环境中高锰酸盐的浓度	《地表水环境质量标准》（GB 3838—2002）、《重点流域水污染防治规划（2016—2020）》
	化学需氧量浓度	水环境中化学需氧量的浓度	《地表水环境质量标准》（GB 3838—2002）、《重点流域水污染防治规划（2016—2020）》
	五日生化需氧量浓度	水环境中五日生化需氧量的浓度	《地表水环境质量标准》（GB 3838—2002）、《重点流域水污染防治规划（2016—2020）》
	氨氮浓度	水环境中氨氮的浓度	《地表水环境质量标准》（GB 3838—2002）、《重点流域水污染防治规划（2016—2020）》
	总磷浓度	水环境中总磷的浓度	《地表水环境质量标准》（GB 3838—2002）、《重点流域水污染防治规划（2016—2020）》
	总氮浓度	水环境中总氮的浓度	《地表水环境质量标准》（GB 3838—2002）、《重点流域水污染防治规划（2016—2020）》
输出指标	水污染物浓度超标指数	测算水污染物基本项目含量现状值，与水环境承载阈值进行比较，求算单项水污染物含量超标指数，依据"短板理论"集成单项指标，将区域内污染程度最严重的污染物的含量超标指数作为区域水污染物含量超标指数	《资源环境承载能力监测预警技术方法（试行）》

表 A.26 地质环境特征指标

指标名称	指标描述	指标参考
断裂活动性	近数万年内仍有活动迹象的断层的活动剧烈性	《国土资源环境承载力评价技术要求（试行）》（国土资源厅函〔2016〕1213 号，国土资源部办公厅 2016 年 7 月 22 日发布）
断裂产状与规模	特定区域内地质环境中断裂的产状类型与分布面积	—
发育的岩石类型	特定区域内地质环境中发育的岩石类型	—
构造的形态与样式	特定区域内地质环境中发育的地质构造形态和样式	—
地面放射性	特定区域内地面所发出的放射强度	《国土资源环境承载力评价技术要求（试行）》（国土资源厅函〔2016〕1213 号，国土资源部办公厅 2016 年 7 月 22 日发布）
地面沉降累计沉降量	一定时间内某地面下沉的累计总量	《国土资源环境承载力评价技术要求（试行）》（国土资源厅函〔2016〕1213 号，国土资源部办公厅 2016 年 7 月 22 日发布）
地裂缝发育程度	地表产生裂缝的大小等特征，以及发展的趋势	《国土资源环境承载力评价技术要求（试行）》（国土资源厅函〔2016〕1213 号，国土资源部办公厅 2016 年 7 月 22 日发布）
浅层地下水质量背景	浅层地下水的地球化学特征与质量情况	《国土资源环境承载力评价技术要求（试行）》（国土资源厅函〔2016〕1213 号，国土资源部办公厅 2016 年 7 月 22 日发布）
土壤质量背景	在不受或很少受人类活动影响和不受现代工业污染或很少受破坏的情况下，土壤原来固定有的化学组成和结构特征	《国土资源环境承载力评价技术要求（试行）》（国土资源厅函〔2016〕1213 号，国土资源部办公厅 2016 年 7 月 22 日发布）
土壤地球化学背景	地质环境下土地中有益、有害元素含量与分布情况	《城市地区区域地质调查工作技术要求（1∶50 000）》（DZ/T 0094—1994）
隔水层稳定性	地下水储存的隔水地层的稳定程度	《地下水水质标准》（DZ/T 0290—2015）
最大矿坑涌水量	开采系统在丰水期的最大涌水量	《地下水水质标准》（DZ/T 0290—2015）
地下水腐蚀性	地下水对混凝土的侵蚀破坏能力	《城乡用地评定标准》（CJJ 132—2009）
地质遗迹类型	地质活动所产生的痕迹按照一定分类标准所属的类型	《国土资源环境承载力评价技术要求（试行）》（国土资源厅函〔2016〕1213 号，国土资源部办公厅 2016 年 7 月 22 日发布）

指标名称	指标描述	指标参考
地质公园类型与级别	地质公园按照一定分类标准所属的类型和等级	《国土资源环境承载力评价技术要求（试行）》（国土资厅函〔2016〕1213号，国土资源部办公厅 2016 年 7 月 22 日发布）
地层温度	简称地温，随着深度的增加而增高	《常规原油油藏试采地质技术要求》(SY/T 5387—2000)
地层压力	作用在岩石孔隙内流体（油气水）上的压力	《常规原油油藏试采地质技术要求》(SY/T 5387—2000)
地基承载力	地基土单位面积上随荷载增加所发挥的承载潜力	《城乡用地评定标准》(CJJ 132—2009)
地层岩性	地层岩石特性，分类，成分、颜色及性质等	《固体矿产地质勘查规范总则》(GB/T 13908—2020)
含水层富水性	含水层的出水能力，一般以规定某一口径井孔的最大涌水量表示	《煤矿防治水规定》（国家安全生产监督管理总局令第 28 号）
岩石质量等级	特定体积岩石的坚硬程度	《煤矿床水文地质、工程地质及环境地质勘查评价标准》(MT/T 1091—2008)
岩体质量等级	反映一定规模岩体的坚硬程度	《煤矿床水文地质、工程地质及环境地质勘查评价标准》(MT/T 1091—2008)

表 A.27　地质环境承载能力评价指标

指标名称	指标描述	指标参考
崩塌、滑坡、泥石流易发程度	对一个地区已经发生或者可能发生的崩塌、滑坡、泥石流的类型、体积（或者面积）及空间分布的定量或定性评价	《国土资源环境承载力评价技术要求（试行）》（国土资厅函〔2016〕1213号、国土资源部办公厅 2016 年 7 月 22 日发布）
断裂活动性、地震动峰值加速度	断裂活动性以活动断裂的活动时代表征；地震动峰值是与地震动加速度反应谱最大值相对应的水平加速度，与地震烈度具有紧密的联系	《国土资源环境承载力评价技术要求（试行）》（国土资厅函〔2016〕1213号、国土资源部办公厅 2016 年 7 月 22 日发布）
地面塌陷易发程度	对一个地区已经发生或者可能发生的地面塌陷的类型、面积及空间分布的定量或定性评价	《国土资源环境承载力评价技术要求（试行）》（国土资厅函〔2016〕1213号、国土资源部办公厅 2016 年 7 月 22 日发布）
地面沉降累计沉降量、地裂缝发育程度	地面沉降累计沉降量主要反映地面沉降的历史情况，地裂缝发育程度包括了地裂缝位置、延伸长度、影响范围（1 km 范围内）等一系列空间属性	《国土资源环境承载力评价技术要求（试行）》（国土资厅函〔2016〕1213号、国土资源部办公厅 2016 年 7 月 22 日发布）

表 A.28　地质环境承载压力评价指标

指标类型	指标名称	指标描述	指标参考
输入指标	崩塌、滑坡、泥石流易发程度	对一个地区已经发生或者可能发生的崩塌、滑坡、泥石流的类型、体积(或者面积)及空间分布的定量或定性评价	《国土资源环境承载力评价技术要求(试行)》(国土资环厅函〔2016〕1213 号,国土资源部办公厅 2016 年 7 月 22 日发布)
	断裂活动性、地震动峰值加速度	断裂活动性以活动断裂的活动时代表征;地震动峰值加速度与地震动加速度反应谱最大值相对应的水平加速度,与地震烈度具有紧密的联系	《国土资源环境承载力评价技术要求(试行)》(国土资环厅函〔2016〕1213 号,国土资源部办公厅 2016 年 7 月 22 日发布)
	地面塌陷易发程度	对一个地区已经发生或者可能发生的地面塌陷的类型、面积及空间分布的定量或定性评价	《国土资源环境承载力评价技术要求(试行)》(国土资环厅函〔2016〕1213 号,国土资源部办公厅 2016 年 7 月 22 日发布)
	地面沉降累计沉降量、地裂缝发育程度	地面沉降累计沉降量主要反映地面沉降的历史情况,地裂缝发育程度包括了地裂缝位置、延伸长度、影响范围(1 km 范围内)等一系列空间属性	《国土资源环境承载力评价技术要求(试行)》(国土资环厅函〔2016〕1213 号,国土资源部办公厅 2016 年 7 月 22 日发布)
	崩塌、滑坡、泥石流风险性	为状态评价指标,主要表征区域地质灾害发生的可能性与破坏损失程度,通过崩塌、滑坡、泥石流危险性和易损性综合反映	《国土资源环境承载力评价技术要求(试行)》(国土资环厅函〔2016〕1213 号,国土资源部办公厅 2016 年 7 月 22 日发布)
输出指标	损毁土地程度、地面塌陷风险性	损毁土地程度是指已经发生地面塌陷,无法继续利用的土地总面积,不仅包括塌陷坑范围,也包括未发生塌陷但地面变形的范围;地面塌陷风险性主要表征区域地面塌陷发生的可能性与破坏损失程度,通过地面塌陷危险性和易损性综合反映	《国土资源环境承载力评价技术要求(试行)》(国土资环厅函〔2016〕1213 号,国土资源部办公厅 2016 年 7 月 22 日发布)
	区域地面沉降速率、沉降中心地面沉降速率	区域地面沉降速率是指区域地面沉降年均沉降量、范围内每年发生地面沉降的总面积与区域面积的比值表示;沉降中心地面沉降速率是指沉降中心每年的沉降量、用区域内每年的最大沉降量表示	《国土资源环境承载力评价技术要求(试行)》(国土资环厅函〔2016〕1213 号,国土资源部办公厅 2016 年 7 月 22 日发布)
	地质环境承载压力	根据单项地质环境承载压力超载程度的测算分级,依据"短板理论"集成单项指标表征区域地质环境承载压力状况	—

表 A.29　自然气候特征指标

指标名称	指标描述	指标参考
行政区划代码	具备特定气候特征区域的行政区划代码	《中华人民共和国行政区划代码》(GB/T 2260—2007)
行政单元名称	具备特定气候特征区域的行政区划名称	《中华人民共和国行政区划代码》(GB/T 2260—2007)
行政单元面积	具备特定气候特征区域的行政区划的面积	《行政区域界线测绘规范》(GB/T 17796—2009)
≥0℃积温	某一段时间内逐日平均气温大于等于0℃持续期间日平均气温的总和	《农用地定级规程》(GB/T 28405—2012)
≥10℃积温	某一段时间内逐日平均气温大于等于10℃持续期间日平均气温的总和	《农用地定级规程》(GB/T 28405—2012)
降水量	从天空降落到地面上的液态或固态（经融化后）水，未经蒸发、渗透、流失而在水平面上积聚的深度	《农用地定级规程》(GB/T 28405—2012)
蒸发量	一定时段内，水分经蒸发散布到空气中的量	《农用地定级规程》(GB/T 28405—2012)
无霜期	一年中终霜后至初霜前的一整段时间	《农用地定级规程》(GB/T 28405—2012)
平均温度	一段时间内气温的平均值	《农用地定级规程》(GB/T 28405—2012)
最大冻土深度	历年冻土深度最大值中的最大值	《城乡用地评定标准》(CJJ 132—2009)
风速	空气相对于地球某一固定地点的运动速度，一般指一定时期内的平均风速	《耕地后备资源调查与评价技术规程》(TD/T 1007—2003)
洪水淹没程度	洪水淹没地表的范围和深度	《城乡用地评定标准》(CJJ 132—2009)
污染风向区位	风将污染物吹向的区域的空间分布范围	《城乡用地评定标准》(CJJ 132—2009)
灾害性天气	能够致灾的天气类型	《城乡用地评定标准》(CJJ 132—2009)

表 A.30　地形地貌特征指标

指标名称	指标描述	指标参考
高程（海拔）	某点沿铅垂线方向到基准面的距离，也称对绝对高程，通常把绝对高程简称为高程	《农用地质量分等规程》(GB/T 28407—2012)
坡度	地表单元陡缓的程度，通常把坡面的垂直高度和路程的比值称为坡度	《农用地质量分等规程》(GB/T 28407—2012)

续表

指标名称	指标描述	指标参考
地形起伏度	在一个特定的区域内，最高点海拔高度与最低点海拔高度的差值	《城市居住区规划设计标准》（GB 50180—2018）
坡向	坡面法线在水平面上的投影方向（也可以通俗理解为由高及低的方向）	《农用地质量分等规程》（GB/T 28407—2012）
地貌类型	地貌形态成因类型的简称，指从形态成因上进行地貌分类	中国科学院地理研究所. 中国1:1 000 000 地貌图制图规范（试行）[M]. 北京：科学出版社，1987.
地貌地形形态	主要是由形状和坡度不同的地形面、地形线和地形特征点等形态基本要素构成一定的地表形态几何形态特征	《城乡用地评定标准》（CJ 132—2009）

表 A.31　交通区位特征指标

指标名称	指标描述	指标参考
港口年吞吐量	一段时期内经水运输出、输入港区并经过装卸作业的货物总量	《城镇土地分等定级规程》（GB/T 18507—2014）
港口等级	分为特大型港口（年吞吐量大于3 000万吨）大型港口（年吞吐量1 000万吨～3 000万吨）、中型港口（年吞吐量100万吨～1 000万吨）及小型港口（年吞吐量小于100万吨）	《海域评估技术指引》《国家海洋局2013年11月13日发布》
码头通过能力	在给定的水域、陆域和设施生产条件下，采用合理的泊位利用率，通过合理的生产组织，在单位时间内所通过的货运量	《海域评估技术指引》《国家海洋局2013年11月13日发布》
码头设计吨位	特定条件下，码头预期通过的船舶吨位情况	《海域评估技术指引》《国家海洋局2013年11月13日发布》
码头作业天数	在一定的运行条件下，码头实际提供通航停泊服务的天数	《海域评估技术指引》《国家海洋局2013年11月13日发布》
道路通达度	衡量路网中点之间移动的难易程度的指标	《城镇土地分等定级规程》（GB/T 18507—2014）
道路网密度	在一定区域内，道路网的总长度与该区域面积的比值	《城市综合交通体系规划标准》（GB 51328—2018）
交通可达性	表示交通难易程度的一项技术指标	《城市综合交通体系规划标准》（GB 51328—2018）
耕作便利度	反映从居民点到所耕农耕生产地的便捷程度	《全国耕地后备资源调查评价技术方案》

公交便捷度	反映以城市公交构成的交通网络中通达度的指标	《城镇土地分等定级规程》(GB/T 18507—2014)
基础设施完善度	对人民生产生活的必要设施在土地经济区位和物化劳动投入量的量度，反映设施类型齐备性、设施水平与使用的保证率等情况	《城镇土地分等定级规程》(GB/T 18507—2014)
集疏运方式	衡量货物集中地和从集中地分散到各节点的方式	《海域评估技术指引》(国家海洋局 2013 年 11 月 13 日发布)
城镇交通条件指数	综合反映路网通畅或拥堵的一种概念性指数	《城镇土地分等定级规程》(GB/T 18507—2014)
城镇对外辐射能力指数	反映城镇吸引周边地区人口及带动周边发展的能力	《城镇土地分等定级规程》(GB/T 18507—2014)
中心城镇影响度	衡量作为区域中心的城镇所起的中心职能的作用大小	《农用地定级规程》(GB/T 28405—2012)
农贸中心影响度	衡量作为农贸功能中心的地点所起的服务作用的范围大小	《农用地定级规程》(GB/T 28405—2012)

表 A.32　灾害特征指标

指标名称	指标描述	指标参考
灾害类型	—	—
灾害发生概率	较长时间序列中，某种灾害前后两次发生的平均间隔	《耕地后备资源调查与评价技术规程》(TD/T 1007—2003)
干旱等级	反映干旱灾害造成的影响的严重程度	《气象灾害分级指标》(DB63/T 372—2018)
雪灾等级	反映雪灾造成的影响的严重程度	《气象灾害分级指标》(DB63/T 372—2018)
雷电灾害等级	反映雷电灾害造成的影响的严重程度	《气象灾害分级指标》(DB63/T 372—2018)
冷灾等级	反映冷、冻灾害造成的影响的严重程度	《气象灾害分级指标》(DB63/T 372—2018)
连阴雨灾害等级	反映连阴雨灾害造成的影响的严重程度	《气象灾害分级指标》(DB63/T 372—2018)
高温热害等级	反映高温热害造成的影响的严重程度	《气象灾害分级指标》(DB63/T 372—2018)
暴雨灾害等级	反映暴雨灾害造成的影响的严重程度	《气象灾害分级指标》(DB63/T 372—2018)
风灾等级	反映风灾造成的影响的严重程度	《气象灾害分级指标》(DB63/T 372—2018)
霜冻害等级	反映霜冻灾害造成的影响的严重程度	《气象灾害分级指标》(DB63/T 372—2018)
风暴灾害等级	反映风暴风灾害造成的影响的严重程度	《海洋灾情调查评估和报送规定（暂行）》(国海预字[2013]363号，国家海洋局 2013 年 6 月 17 日印发)
海浪灾害等级	反映海浪灾害造成的影响的严重程度	《海洋灾情调查评估和报送规定（暂行）》(国海预字[2013]363号，国家海洋局 2013 年 6 月 17 日印发)

续表

指标名称	指标描述	指标参考
海冰灾害等级	反映海冰灾害造成的影响的严重程度	《海洋灾情调查评估和报送规定（暂行）》（国海预字〔2013〕363号，国家海洋局2013年6月17日印发）
其他海洋灾害等级	反映其他海洋灾害造成的影响的严重程度	《海洋灾情调查评估和报送规定（暂行）》（国海预字〔2013〕363号，国家海洋局2013年6月17日印发）
地面沉降年均速率	一定时间序列内，地面每年沉降速率的平均值	《地质灾害危险性评估规范》（DZ/T 0286—2015）
沉降中心地面沉降年均速率	一定时间序列内，在地面沉降的中心，地面每年沉降速率的平均值	《地质灾害危险性评估规范》（DZ/T 0286—2015）
崩塌、滑坡、泥石流易发程度	崩塌、滑坡、泥石流等地质灾害发生的可能性	《国土资源环境承载力评价技术要求（试行）》（国土资厅函〔2016〕1213号，国土资源部办公厅2016年7月22日发布）
崩塌、滑坡、泥石流风险性	崩塌、滑坡、泥石流等灾害可能造成的破坏大小	《国土资源环境承载力评价技术要求（试行）》（国土资厅函〔2016〕1213号，国土资源部办公厅2016年7月22日发布）
地震动峰值加速度（地震设防烈度）	地震震动过程中，地表质点运动的加速度最大绝对值	《国土资源环境承载力评价技术要求（试行）》（国土资厅函〔2016〕1213号，国土资源部办公厅2016年7月22日发布）
地面塌陷易发程度	地面塌陷灾害可能发生的概率	《国土资源环境承载力评价技术要求（试行）》（国土资厅函〔2016〕1213号，国土资源部办公厅2016年7月22日发布）
损毁土地程度	土地受地质灾害影响而损毁的程度	《国土资源环境承载力评价技术要求（试行）》（国土资厅函〔2016〕1213号，国土资源部办公厅2016年7月22日发布）
地面塌陷风险性	地面塌陷灾害的潜在破坏性	《国土资源环境承载力评价技术要求（试行）》（国土资厅函〔2016〕1213号，国土资源部办公厅2016年7月22日发布）
地面沉降累计沉降量	一定时间内地面累计沉降的深度	《国土资源环境承载力评价技术要求（试行）》（国土资厅函〔2016〕1213号，国土资源部办公厅2016年7月22日发布）
损毁土地程度等级	土地受灾害损毁程度的等级量化表达	《县市地质灾害调查与区划基本要求》实施细则（修订稿）（国土资源部2006年4月发布）
突水系数	含水层中的静水压力与隔水层厚度的比值，用于表征矿井水灾害的危险程度	《煤矿床水文地质、工程地质及环境地质勘查评价标准》（MT/T 1091—2008）

表 A.33　海洋环境特征指标

指标名称	指标描述	指标参考
海洋功能区类型	按照一定环境特征确定的海域功能区	《全国海洋功能区划（2011—2020年）》
海洋水质类别	反映海水的清洁程度和污染等级	《海水水质标准》（GB 3097—1997）
活珊瑚覆盖度	浅海地区具有生物活性的珊瑚的覆盖程度和比例情况	《近岸海洋生态健康评价指南》（HY/T 087—2005）
红树林分布面积	沿海地区红树林分布的面积	《近岸海洋生态健康评价指南》（HY/T 087—2005）
海草分布面积	特定海域内海草分布的面积	《近岸海洋生态健康评价指南》（HY/T 087—2005）
海洋赤潮灾害年均发生频次	自然年内赤潮发生的次数	《海洋资源环境承载能力监测预警指标体系和技术方法指南》
海洋生物多样性	表达海洋生物的丰富程度	《2017年中国海洋生态环境状况公报》
海洋环境放射性水平	表现海洋环境中放射性物质产生的放射强度	《2017年中国海洋生态环境状况公报》
海洋沉积物	海洋中产生的各种沉积物的类型和数量	《2017年中国海洋生态环境状况公报》
海岸侵蚀强度	表示海岸受自然和人为等综合影响受损的剧烈程度	《2017年中国海洋生态环境状况公报》
典型海洋生态系统类型	特定海洋环境区域内具备的重要、典型的生态系统类型	《2017年中国海洋生态环境状况公报》
海水入侵强度	特定时期沿海海区域或受海水入侵后的面积变化情况	《2017年中国海洋生态环境状况公报》
沿海土壤盐渍化强度	沿海发生土壤盐渍化的土地在特定时间内面积变化情况	《2017年中国海洋生态环境状况公报》

表 A.34　海洋环境承载能力评价指标

指标名称	指标描述	指标参考
海洋功能区水质达标率评估阈值标准	各种海洋功能区内水质的评价标准	《海洋资源环境承载能力监测预警指标体系和技术方法指南》
鱼卵仔鱼密度评估阈值标准	海洋鱼卵仔鱼密度评估标准	《海洋资源环境承载能力监测预警指标体系和技术方法指南》
近海渔获物的平均营养级指数变化率评估阈值标准	海洋近海渔获物的平均营养级指数变化率评估标准	《海洋资源环境承载能力监测预警指标体系和技术方法指南》

指标名称	指标描述	指标参考
典型生境的最大受损率评估阈值标准	典型生境的最大受损率评估标准	《海洋资源环境承载能力监测预警指标体系和技术方法指南》
海洋溢油事故风险评估阈值标准	当沿海县级海事行政区所辖海域及海岸带地区有港口、滨海油库等储油设施、油气平台、输油管道等的分布时，参照国际海事组织发布的《IMO 海上船舶运输溢油事故风险评价手册》，考虑海上溢油风险，以及港口、滨海油库、油气平台和管道溢油事故风险，综合评估区域海洋溢油事故风险指数的标准	《海洋资源环境承载能力监测预警指标体系和技术方法指南》

表 A.35　海洋环境承载压力评价指标

指标类型	指标名称	指标描述	指标参考
输入指标	海洋功能区水质达标率评估阈值标准	各种海洋功能区内水质的评价标准	《海洋资源环境承载能力监测预警指标体系和技术方法指南》
	鱼卵仔鱼密度评估阈值标准	海洋鱼卵仔鱼密度评估标准	《海洋资源环境承载能力监测预警指标体系和技术方法指南》
	近海渔获物的平均营养级指数变化率评估阈值标准	海洋近海渔获物的平均营养级指数变化率评估标准	《海洋资源环境承载能力监测预警指标体系和技术方法指南》
	典型生境的最大受损率评估阈值标准	典型生境的最大受损率评估标准	《海洋资源环境承载能力监测预警指标体系和技术方法指南》
	海洋溢油事故风险评估阈值标准	当沿海县级海事行政区所辖海域及海岸带地区有港口、滨海油库等储油设施、油气平台、输油管道等的分布时，参照国际海事组织发布的《IMO 海上船舶运输溢油事故风险评价手册》，考虑海上溢油风险，以及港口、滨海油库、油气平台和管道溢油事故风险，综合评估区域海洋溢油事故风险指数的标准	《海洋资源环境承载能力监测预警指标体系和技术方法指南》

	鱼卵数量分布	鱼卵数量分布状况	《海洋资源环境承载能力监测预警指标体系和技术方法指南》
	仔稚鱼数量分布	仔稚鱼数量分布状况	《海洋资源环境承载能力监测预警指标体系和技术方法指南》
	鱼卵仔鱼密度	鱼卵仔鱼密度状况	《海洋资源环境承载能力监测预警指标体系和技术方法指南》
	各类鱼类渔获量	各类鱼类渔获量状况	《海洋资源环境承载能力监测预警指标体系和技术方法指南》
	各类鱼类营养级	各类鱼类营养级状况	《海洋资源环境承载能力监测预警指标体系和技术方法指南》
	近海渔获物营养级	近海渔获物营养级状况	《海洋资源环境承载能力监测预警指标体系和技术方法指南》
	活珊瑚盖度	活珊瑚盖度状况	《海洋资源环境承载能力监测预警指标体系和技术方法指南》
	红树林分布面积	红树林分布面积情况	《海洋资源环境承载能力监测预警指标体系和技术方法指南》
	海草分布面积	海草分布面积情况	《海洋资源环境承载能力监测预警指标体系和技术方法指南》
输入指标	典型生境最大受损率	典型海洋生境丧失和重要生物栖息地退化是影响海洋资源与环境可持续利用的重要因素	《海洋资源环境承载能力监测预警指标体系和技术方法指南》
输出指标	海洋环境承载压力	根据单项海洋环境承载压力超载程度的测算分级,依据"短板理论"集成单项指标作为区域海洋环境承载压力状况的表征	《海洋资源环境承载能力监测预警指标体系和技术方法指南》

附录 B 国土空间开发适宜性评价相关指标

附录 B.1 陆域空间开发适宜性指标示例

表 B.1 城市化地区开发适宜性评价指标

指标过程分类	指标来源环节	指标类型		要素分类	指标
		逻辑关系分类	单项指标		
输入指标	资源数量与环境特征评价(P0)		单项指标	土地资源	建设用地分布类型区
				水资源	地表水分布类型区
					地下水分布类型区等水资源类型区
				矿产资源	固体矿产分布类型区
					油气分布类型区
				自然气候	气象气候类型区
				大气环境	大气环境类型区
				水环境	地下水水环境类型区
					地表水水环境类型区
				土壤环境	土壤环境类型区
				地形地貌	地形地貌类型区
				交通区位	交通区位类型区
				地质环境	地质环境类型区
				自然灾害	自然灾害类型区

输入指标			
资源数量与环境特征评价（P0）	综合指标	城市生态系统	城市生态地质条件稳定区
			城市生态地质条件敏感区
			城市生态土壤条件稳定区
			城市生态土壤条件敏感区
			城市生态气候稳定区
			城市生态气候敏感区
资源开发利用适宜性评价（P1）	单项指标	土地资源——建设用地	建设用地限制性类型
			建设用地条件适宜性等级
			建设用地经济适宜性等级
			建设用地限制性分区
			建设用地条件适宜性分区
			建设用地经济适宜性分区
		水资源——生活用水	生活用水限制性类型
			生活用水条件适宜性等级
			生活用水经济适宜性等级
			生活用水限制性分区
			生活用水条件适宜性分区
			生活用水经济适宜性分区
		水资源——工业用水	工业用水限制性类型
			工业用水条件适宜性等级
			工业用水经济适宜性等级
			工业用水限制性分区
			工业用水条件适宜性分区
			工业用水经济适宜性分区
		矿产资源——煤炭资源利用	煤炭资源利用限制性类型
			煤炭资源利用条件适宜性等级
			煤炭资源利用经济适宜性等级

指标过程分类	指标来源环节	指标类型		指标
		逻辑关系分类	要素分类	
输入指标	资源开发利用适宜性评价（P1）	单项指标	矿产资源——煤炭资源利用	煤炭资源利用限制性分区
				煤炭资源利用条件适宜性分区
				煤炭资源利用经济适宜性分区
			矿产资源——金属、非金属矿石资源利用	金属、非金属矿石资源利用限制性类型
				金属、非金属矿石资源利用条件适宜性等级
				金属、非金属矿石资源利用经济适宜性等级
				金属、非金属矿石资源利用限制性分区
				金属、非金属矿石资源利用条件适宜性分区
				金属、非金属矿石资源利用经济适宜性分区
			矿产资源——天然气资源利用	天然气资源利用限制性类型
				天然气资源利用条件适宜性等级
				天然气资源利用经济适宜性等级
				天然气资源利用限制性分区
				天然气资源利用条件适宜性分区
				天然气资源利用经济适宜性分区
			矿产资源——石油资源利用	石油资源利用限制性类型
				石油资源利用条件适宜性等级
				石油资源利用经济适宜性等级
				石油资源利用限制性分区
				石油资源利用条件适宜性分区
				石油资源利用经济适宜性分区
			土地资源——建设用地	建设用地承载能力
				建设用地承载能力类型区

输入指标		单项指标	
区域资源环境承载能力评价（P2）		水资源——生活用水	生活用水水承载能力
			生活用水水承载能力分类型区
		水资源——工业用水	工业用水水承载能力
			工业用水水承载能力分类型区
		矿产资源——固体矿产	固体矿产资源人口承载开采年限
			固体矿产资源的持续开采年限
			固体矿产资源承载能力分类型区
		矿产资源——油气资源	油气资源人口承载能力
			油气资源的持续开采年限
			油气资源承载能力分类型区
		大气环境	二氧化硫浓度限值
			二氧化氮浓度限值
			一氧化碳浓度限值
			臭氧浓度限值
			PM_{10} 浓度限值
			$PM_{2.5}$ 浓度限值
			大气环境承载能力分类型区
		水环境	溶解氧浓度限值
			高锰酸盐指数浓度限值
			化学需氧量浓度限值
			五日生化需氧量浓度限值
			氨氮浓度限值
			总磷浓度限值
			总氮浓度限值
			水环境承载能力分类型区

续表

指标过程分类	指标来源环节	指标类型		指标
		逻辑关系分类	要素分类	
	区域资源环境承载能力评价（P2）	单项指标	土壤环境	重金属和无机物管制值
				挥发性有机物管制值
				半挥发性有机物管制值
				土壤环境承载能力易发程度类型区
			地质环境	崩塌、滑坡、泥石流易发程度
				断裂活动性、地震动峰值加速度
				地面塌陷易发程度
				地面沉降累计沉降量、地裂缝发育程度
				地质环境承载能力
				地质环境承载能力类型区
输入指标	区域资源环境承载压力评价（P3）	单项指标	土地资源	建设用地开发压力状态指数（建设用地承载压力）
				建设用地承载压力类型区
			水资源	生活用水开发压力状态指数
				工业用水开发压力状态指数
				生活用水承载压力类型区
				工业用水承载压力类型区
			矿产资源	固体矿产资源开发压力状态指数
				固体矿产资源承载压力类型区
				固体矿产资源承载供需比例
				油气矿产资源开发压力状态指数
				油气矿产资源承载压力类型区
				油气矿产资源承载供需比例
			大气环境	二氧化硫浓度超标指数
				二氧化氮浓度超标指数

输入指标	区域资源环境承载压力评价(P3)	单项指标	大气环境	一氧化碳浓度超标指数
				臭氧浓度超标指数
				PM$_{10}$浓度超标指数
				PM$_{2.5}$浓度超标指数
				大气污染物浓度超标指数
				大气污染物承载压力类型区
			水环境	水污染物浓度超标指数
				水环境承载压力类型区
			土壤环境	重金属和无机物含量超标指数
				挥发性有机物含量超标指数
				半挥发性有机物含量超标指数
				土壤污染承载指数
				土壤环境承载压力类型区
			地质环境	崩塌、滑坡、泥石流风险性
				损毁土地程度、地面塌陷风险性
				区域地面沉降速率、沉降中心地面沉降速率
				地质环境承载压力类型区
输出指标	国土空间开发适宜方向评价(P4)	单项指标	土地资源	城市化地区
				城市化地区土地资源适宜性分区
			水资源	城市化地区水资源适宜性分区
			矿产资源	城市化地区矿产资源适宜性分区
		综合指标	—	城市化地区资源环境综合承载能力
			—	城市化地区资源环境综合承载压力
			—	城市化地区优化开发分区
			—	城市化地区重点开发分区
			—	城市化地区限制开发分区
			—	城市化地区禁止开发分区

表 B.2　种植业地区开发适宜性评价指标

指标过程类型	指标来源环节	逻辑关系分类	要素分类	指标
输入指标	资源数量与环境特征评价(P0)	单项指标	土地资源	建设用地分布类型区
				农田分布类型区
				林地分布类型区
				地表水分布类型区
			水资源	地下水分布类型区等水资源类型区
			矿产资源	固体矿产分布类型区
				油气分布类型区
			自然气候	气象气候类型区
			大气环境	大气环境类型区
			水环境	地下水水环境类型区
				地表水环境类型区
			土壤环境	土壤环境类型区
			地形地貌	地貌地形类型区
			交通区位	交通区位类型区
			地质环境	地质环境类型区
			自然灾害	自然灾害类型区
		综合指标	农田生态系统	农田生态气候稳定区
				农田生态气候敏感区
				农田生态水土流失敏感区
				农田生态水土流失稳定区
				农田生态水源稳定区
				农田生态水源敏感区
				农田生态土壤敏感区
				农田生态土壤稳定区

输入指标			
资源数量与环境特征评价（P0）	综合指标	森林生态系统	森林生态气候稳定区
			森林生态气候敏感区
			森林生态地表特征稳定区
			森林生态地表特征敏感区
			森林生态水土流失敏感区
			森林生态水土流失稳定区
资源开发利用适宜性评价（P1）	单项指标	土地资源——耕地	耕地限制性类型
			耕地条件适宜性等级
			耕地经济适宜性等级
			耕地限制性分区
			耕地条件适宜性分区
			耕地经济适宜性分区
		土地资源——林地	林地限制性类型
			林地条件适宜性等级
			林地经济适宜性等级
			林地限制性分区
			林地条件适宜性分区
			林地经济适宜性分区
		水资源——生活用水	地表生活用水适宜性评分
			地表生活用水限制性类型
			地表生活用水适宜性等级
			地下生活用水适宜性评分
			地下生活用水限制性类型
			地下生活用水适宜性等级
			生活用水限制性分区
			生活用水条件适宜性分区
			生活用水经济适宜性分区

续表

指标过程类型	指标来源环节	指标类型			指标
		逻辑关系分类	要素分类		
输入指标	资源开发利用适宜性评价（P1)	单项指标	水资源——灌溉用水		灌溉用水限制性类型
					灌溉用水条件适宜性等级
					灌溉用水经济适宜性等级
					灌溉用水限制性分区
					灌溉用水条件适宜性分区
					灌溉用水经济适宜性分区
			矿产资源——煤炭资源利用		煤炭资源利用限制性类型
					煤炭资源利用条件适宜性等级
					煤炭资源利用经济适宜性等级
					煤炭资源利用限制性分区
					煤炭资源利用条件适宜性分区
					煤炭资源利用经济适宜性分区
			矿产资源——金属、非金属矿石资源利用		金属、非金属矿石资源利用限制性类型
					金属、非金属矿石资源利用条件适宜性等级
					金属、非金属矿石资源利用经济适宜性等级
					金属、非金属矿石资源利用限制性分区
					金属、非金属矿石资源利用条件适宜性分区
					金属、非金属矿石资源利用经济适宜性分区
			矿产资源——天然气资源利用		天然气资源利用限制性类型
					天然气资源利用条件适宜性等级
					天然气资源利用经济适宜性等级
					天然气资源利用限制性分区
					天然气资源利用条件适宜性分区
					天然气资源利用经济适宜性分区

输入指标			
资源开发利用适宜性评价（P1）	单项指标	矿产资源——石油资源利用	石油资源利用限制性类型
			石油资源利用条件适宜性等级
			石油资源利用经济适宜性等级
			石油资源利用限制性分区
			石油资源利用条件适宜性分区
			石油资源利用经济适宜性分区
		土地资源	耕地承载能力
			耕地承载能力类型区
			林地承载能力
			林地承载能力类型区
		水资源	灌溉用水承载能力
			灌溉用水承载能力类型区
			生活用水承载能力
			生活用水承载能力类型区
区域资源环境承载能力评价（P2）	单项指标	矿产资源	固体矿产资源承载能力
			固体矿产资源的持续开采年限
			固体矿产资源承载能力类型区
			油气资源承载人口承载能力
			油气资源的持续开采年限
			油气资源承载能力类型区
		水环境	溶解氧浓度限值
			高锰酸盐指数浓度限值
			化学需氧量浓度限值
			五日生化需氧量浓度限值
			氨氮浓度限值
			总磷浓度限值
			总氮浓度限值
			水环境承载能力类型区

续表

| 指标过程类型 | 指标来源环节 | 指标类型 | | 指标 |
		逻辑关系分类	要素分类	
	区域资源环境承载能力评价（P2）	单项指标	大气环境	二氧化硫浓度限值
				二氧化氮浓度限值
				一氧化碳浓度限值
				臭氧浓度限值
				PM_{10} 浓度限值
				$PM_{2.5}$ 浓度限值
				大气环境承载能力分类型区
			土壤环境	重金属和无机物管制值
				挥发性有机物管制值
				半挥发性有机物管制值
				土壤环境承载能力分类型区
			土地资源	耕地开发压力状态指数（耕地承载压力）
				林地开发压力状态指数（林地承载压力）
				耕地承载压力分类型区
				林地承载压力分类型区
输入指标	区域资源环境承载压力评价（P3）	单项指标	水资源	生活用水开发压力状态指数
				生活用水承载压力分类型区
				灌溉用水开发压力状态指数
				灌溉用水承载压力分类型区
			矿产资源	固体矿产资源开发压力状态指数
				固体矿产资源承载压力分类型区
				油气矿产资源开发压力状态指数
				油气矿产资源供需比例
				油气矿产资源承载压力分类型区

指标过程类型	指标来源环节		要素分类	指标
输入指标	区域资源环境承载压力方向评价(P3)	单项指标	大气环境	大气污染物浓度超标指数
				大气环境承载压力类型区
			土壤环境	土壤污染物含量超标指数
				土壤环境承载压力类型区
			水环境	水污染物浓度超标指数
				水环境承载压力类型区
输出指标	国土空间开发适宜方向评价(P4)	单项指标	土地资源	种植业地区
				种植业地区土地资源适宜性分区
			水资源	种植业地区水资源适宜性分区
			矿产资源	种植业地区矿产资源适宜性分区
		综合指标	—	种植业地区资源环境综合承载能力
				种植业地区资源环境综合承载压力
				种植业地区优化开发分区
				种植业地区重点开发分区
				种植业地区限制开发分区
				种植业地区禁止开发分区

表 B.3　牧业地区开发适宜性评价指标

指标过程类型	指标来源环节	逻辑关系分类	要素分类	指标
输入指标	资源数量与环境特征评价(P0)	单项指标	土地资源	草地分布类型区
				建设用地分布类型区
			水资源	地表水分布类型区
				地下水分布类型区 等水资源类型区
			矿产资源	固体矿产分布类型区
				油气分布类型区
			自然气候	气象分布类型区
			大气环境	大气环境类型区

续表

指标过程类型	指标来源环节	逻辑关系分类	要素分类	指标
	资源数量与环境特征评价（P0）	单项指标	水环境	地下水水环境类型区
				地表水环境类型区
			土壤环境	土壤环境类型区
			地形地貌	地形地貌类型区
			交通区位	交通区位类型区
			地质环境	地质环境类型区
			自然灾害	自然灾害类型区
		综合指标	草原生态系统	草原生态气候稳定区
				草原生态气候敏感区
				草原生态地表特征稳定区
				草原生态地表特征敏感区
				草原生态水土流失敏感区
				草原生态水土流失稳定区
输入指标	资源开发利用适宜性评价（P1）	单项指标	土地资源——草地	草地限制性类型
				草地条件适宜性等级
				草地经济适宜性等级
				草地条件适宜性分区
				草地经济适宜性分区
			水资源——生活用水	生活用水限制性等级
				生活用水条件适宜性等级
				生活用水限制性分区
				生活用水条件适宜性分区
				生活用水经济适宜性分区

输入指标		单项指标	
资源开发利用适宜性评价（P1）	水资源——灌溉用水利用		灌溉用水限制性类型
			灌溉用水条件适宜性等级
			灌溉用水经济适宜性等级
			灌溉用水限制性分区
			灌溉用水条件适宜性分区
			灌溉用水经济适宜性分区
	矿产资源——煤炭资源利用		煤炭资源利用限制性类型
			煤炭资源利用条件适宜性等级
			煤炭资源利用经济适宜性等级
			煤炭资源利用限制性分区
			煤炭资源利用条件适宜性分区
			煤炭资源利用经济适宜性分区
	矿产资源——金属、非金属矿石资源利用		金属、非金属矿产石资源利用限制性类型
			金属、非金属矿产石资源利用条件适宜性等级
			金属、非金属矿产石资源利用经济适宜性等级
			金属、非金属矿产石资源利用限制性分区
			金属、非金属矿产石资源利用条件适宜性分区
			金属、非金属矿产石资源利用经济适宜性分区
	矿产资源——天然气资源利用		天然气资源利用限制性类型
			天然气资源利用条件适宜性等级
			天然气资源利用经济适宜性等级
			天然气资源利用限制性分区
			天然气资源利用条件适宜性分区
			天然气资源利用经济适宜性分区
	矿产资源——石油资源利用		石油资源利用限制性类型
			石油资源利用条件适宜性等级
			石油资源利用经济适宜性等级

续表

指标过程类型	指标来源环节	指标类型		指标
		逻辑关系分类	要素分类	
	资源开发利用适宜性评价(P1)	单项指标	矿产资源——石油资源利用	石油资源利用限制性分区
				石油资源利用条件适宜性分区
				石油资源利用经济适宜性分区
输入指标	区域资源环境承载能力评价(P2)	单项指标	土地资源	理论载畜量
				草地承载能力
				草地承载能力类型区
			水资源	灌溉用水承载能力
				灌溉用水承载能力类型区
				生活用水承载能力
				生活用水承载能力类型区
			矿产资源	固体矿产资源承载能力
				固体矿产资源的持续开采年限
				固体矿产资源承载能力类型区
				油气资源承载能力
				油气资源的持续开采年限
				油气资源承载能力类型区
			水环境	溶解氧浓度限值
				高锰酸盐指数浓度限值
				化学需氧量浓度限值
				五日生化需氧量浓度限值
				氨氮浓度限值
				总磷浓度限值
				总氮浓度限值
				水环境承载能力类型区

		大气环境	单项指标	二氧化硫浓度限值
				二氧化氮浓度限值
				一氧化碳浓度限值
				臭氧浓度限值
				PM_{10} 浓度限值
				$PM_{2.5}$ 浓度限值
	区域资源环境承载能力评价（P2）			大气环境承载能力类型区
		土地资源		草地开发压力状态指数（草地承载压力）
				草地承载能力类型区
		水资源		生活用水开发压力状态指数
				生活用水承载能力类型区
				灌溉用水开发压力状态指数
				灌溉用水承载能力类型区
输入指标		矿产资源	单项指标	固体矿产资源开发压力状态指数
	区域资源环境承载压力评价（P3）			固体矿产资源承载能力类型区
				油气矿产资源开发压力状态指数
				油气矿产资源承载能力类型区
		大气环境		大气污染物浓度超标指数
				大气环境承载能力超标类型区
		水环境		水污染物浓度超标指数
				水环境承载压力超标类型区
		—		牧业地区
输出指标	国土空间开发适宜方向评价（P4）	土地资源	单项指标	牧业地区土地资源适宜性分区
		水资源		牧业地区水资源适宜性分区
		矿产资源		牧业地区矿产资源适宜性分区

续表

指标过程 类型	指标来源环节	指标类型		指标
		逻辑关系分类	要素分类	
输出指标	国土空间开发适宜 方向评价（P4）	单项指标	—	牧业地区资源环境综合承载能力
			—	牧业地区资源环境综合承载压力
		综合指标	—	牧业地区优化开发分区
			—	牧业地区重点开发分区
			—	牧业地区限制开发分区
			—	牧业地区禁止开发分区

表 B.4　重点生态功能区开发适宜性评价指标

指标过程 分类	指标来源环节	指标类型		指标
		逻辑关系分类	要素分类	
输入指标	资源数量与环境特征 评价（P0）	单项指标	土地资源	建设用地分布类型区
				农田分布类型区
				林地分布类型区
				草地分布类型区
			水资源	地表水分布类型区
				地下水分布类型区
			矿产资源	固体矿产分布类型区
				油气分布类型区
			自然气候	气象气候类型区
			大气环境	大气环境类型区
			水环境	地下水环境类型区
				地表水环境类型区
			土壤环境	土壤环境类型区
			地形地貌	地形地貌类型区

输入指标				
资源数量与环境特征评价(P0)	单项指标	地质环境	地质环境类型区
			自然灾害	自然灾害类型区
	综合指标	森林生态系统	森林生态水土流失敏感区
			森林生态水土流失稳定区
		水域生态系统	水域生态水源稳定区
			水域生态水源敏感区
			水域生态地质构造稳定区
			水域生态地质构造敏感区
			水域生态生物多样性稳定区
			水域生态生物多样性敏感区
		草原生态系统	草原生态水土流失敏感区
			草原生态水土流失稳定区
		农田生态系统	农田生态水土流失敏感区
			农田生态水土流失稳定区
			农田生态水源稳定区
			农田生态水源敏感区
			农田生态土壤敏感区
			农田生态土壤稳定区
资源开发利用适宜性评价(P1)	单项指标	土地资源——林地	林地限制性类型
			林地条件适宜性等级
			林地经济适宜性等级
			林地限制性分区
			林地条件适宜性分区
			林地经济适宜性分区
		土地资源——草地	草地限制性类型
			草地条件适宜性等级
			草地经济适宜性等级

续表

指标过程分类	指标来源环节	逻辑关系分类	要素分类	指标
输入指标	资源开发利用适宜性评价（P1）	单项指标	土地资源——草地	草地限制性分区
				草地条件适宜性分区
				草地经济适宜性分区
			土地资源——耕地	耕地限制性类型
				耕地条件适宜性等级
				耕地经济适宜性等级
				耕地限制性分区
				耕地条件适宜性分区
				耕地经济适宜性分区
			土地资源——建设用地	建设用地限制性类型
				建设用地条件适宜性等级
				建设用地经济适宜性等级
				建设用地限制性分区
				建设用地条件适宜性分区
				建设用地经济适宜性分区
			水资源——水力资源开发	水力资源开发限制性类型
				水力资源开发条件适宜性等级
				水力资源开发经济适宜性等级
				水力资源开发限制性分区
				水力资源开发条件适宜性分区
				水力资源开发经济适宜性分区
			矿产资源——煤炭资源利用	煤炭资源利用限制性类型
				煤炭资源利用条件适宜性等级
				煤炭资源利用经济适宜性等级

（指标类型：要素分类、指标）

输入指标			
资源开发利用适宜性评价（P1）	单项指标	矿产资源——煤炭资源利用	煤炭资源利用限制性分区
			煤炭资源利用条件适宜性分区
			煤炭资源利用经济适宜性分区
		矿产资源——金属、非金属矿石资源利用	金属、非金属矿石资源利用限制性类型
			金属、非金属矿石资源利用条件适宜性等级
			金属、非金属矿石资源利用经济适宜性等级
			金属、非金属矿石资源利用条件适宜性分区
			金属、非金属矿石资源利用经济适宜性分区
		矿产资源——天然气资源利用	天然气资源利用限制性类型
			天然气资源利用条件适宜性等级
			天然气资源利用经济适宜性等级
			天然气资源利用条件适宜性分区
			天然气资源利用经济适宜性分区
		矿产资源——石油资源利用	石油资源利用限制性类型
			石油资源利用条件适宜性等级
			石油资源利用经济适宜性等级
			石油资源利用条件适宜性分区
			石油资源利用经济适宜性分区
区域资源环境承载能力评价（P2）	单项指标	土地资源	建设用地承载能力
			建设用地承载能力类型区
			耕地承载能力
			耕地承载能力类型区
			理论载畜量
			草地承载能力

续表

指标过程分类	指标来源环节	指标类型		
		逻辑关系分类	要素分类	指标
输入指标	区域资源环境承载能力评价(P2)	单项指标	土地资源	草地承载能力类型区
				林地承载能力
				林地承载能力类型区
			水资源	生活用水承载能力
				生活用水承载能力类型区
				工业用水承载能力
				工业用水承载能力类型区
				灌溉用水承载能力
				灌溉用水承载能力类型区
			矿产资源	固体矿产资源人口承载能力
				固体矿产资源的持续开采年限
				固体矿产资源承载能力分类型区
				油气资源人口承载能力
				油气资源的持续开采年限
				油气资源承载能力分类型区
			大气环境	二氧化硫浓度限值
				二氧化氮浓度限值
				一氧化碳浓度限值
				臭氧浓度限值
				PM_{10} 浓度限值
				$PM_{2.5}$ 浓度限值
				大气环境承载能力分类型区
			土壤环境	重金属和无机物管制值
				挥发性有机物管制值

输入指标		单项指标		
区域资源环境承载能力评价（P2）	单项指标	土壤环境	半挥发性有机物管制值	
			土壤环境承载能力类型区	
		水环境	溶解氧浓度限值	
			高锰酸盐指数浓度限值	
			化学需氧量浓度限值	
			五日生化需氧量浓度限值	
			氨氮浓度限值	
			总磷浓度限值	
			总氮浓度限值	
			水环境承载能力类型区	
		地质环境	崩塌、滑坡、泥石流易发程度	
			断裂活动性、地震动峰值加速度	
			地面塌陷易发程度	
			地面沉降累计沉降量、地裂缝发育程度	
			地质环境承载能力类型区	
区域资源环境承载压力评价（P3）	单项指标	土地资源	建设用地开发压力状态指数（建设用地承载压力）	
			建设用地开发压力类型区	
			耕地开发压力状态指数（耕地承载压力）	
			耕地承载压力类型区	
			林地开发压力状态指数（林地承载压力）	
			林地承载压力类型区	
			草地开发压力状态指数（草地承载压力）	
			草地承载压力类型区	
		水资源	生活用水开发压力状态指数	
			生活用水承载压力类型区	
			工业用水开发压力状态指数	
			工业用水承载压力类型区	

续表

指标过程分类	指标来源环节	指标类型		指标
		逻辑关系分类	要素分类	
输入指标	区域资源环境承载压力评价（P3）	单项指标	水资源	灌溉用水开发压力状态指数
				灌溉用水承载压力类型区
			矿产资源	固体矿产资源开发压力状态指数
				固体矿产资源供需比例
				固体矿产资源承载压力类型区
				油气矿产资源开发压力状态指数
				油气矿产资源供需比例
				油气矿产资源承载压力类型区
			大气环境	大气污染物浓度超标指数
				大气环境承载压力类型区
			土壤环境	土壤污染物含量超标指数
				土壤环境承载压力类型区
			水环境	水污染物浓度超标指数
				水环境承载压力类型区
			地质环境	崩塌、滑坡、泥石流风险性
				损毁土地程度、地面塌陷风险性
				区域地面沉降速率、沉降中心地面沉降速率
				地质环境承载压力类型区
输出指标	国土空间开发适宜方向评价（P4）	单项指标	—	水源涵养功能类型区
			—	水土保持功能类型区
			—	防风固沙功能类型区
			—	自然栖息地类型区
			土地资源	重点生态功能区土地资源适宜性分区
			水资源	重点生态功能区水资源适宜性分区

指标类型		单项指标/综合指标	矿产资源	
输出指标	国土空间开发适宜方向评价(P4)	单项指标	—	重点生态功能区矿产资源适宜性分区
			—	重点生态功能区资源环境综合承载能力
			—	重点生态功能区资源环境综合承载压力
		综合指标	—	重点生态功能区资源环境优化开发分区
			—	重点生态功能区重点开发分区
			—	重点生态功能区限制开发分区
			—	重点生态功能区禁止开发分区

附录 B.2　海域空间开发适宜性指标示例

表 B.5　产业与城镇建设用海区开发适宜性评价指标

指标类型	指标来源环节	指标
输入指标	资源数量与环境特征评价(P0)	海洋生态气候稳定区
		海洋生态气候敏感区
		岸线适宜性评分
		岸线限制属性类型
		岸线适宜性等级
	资源开发利用适宜性评价(P1)	造地工程用海适宜性评分
		造地工程用海限制属性类型
		造地工程用海适宜性等级
		交通运输用海适宜性评分
		交通运输用海限制属性类型
		交通运输用海适宜性等级
		渔业用海适宜性评分
		渔业用海限制属性类型
		渔业用海适宜性等级

续表

指标类型	指标来源环节	指标
输入指标	资源开发利用适宜性评价（P1）	旅游娱乐用海适宜性评分
		旅游娱乐用海限制性类型
		旅游娱乐用海适宜性等级
		海洋渔业资源利用适宜性评分
		海洋渔业资源利用限制性类型
		海洋渔业资源利用适宜性等级
	区域资源环境承载能力评价（P2）	岸线资源承载能力
		海域资源承载能力
		可捕量
		海洋功能区水质达标率评估阈值标准
		鱼卵仔鱼密度评估阈值标准
		近海渔获物的平均营养级指数变化率评估阈值标准
		典型生境的最大受损率评估阈值标准
		海洋赤潮灾害评估阈值标准
		海洋溢油事故风险评估阈值标准
	区域资源环境承载压力评价（P3）	岸线开发强度（岸线资源承载压力）
		海域开发强度（海域资源承载压力）
		海洋渔业资源综合承载指数（海洋渔业资源承载压力）
		海洋环境承载状况
		海洋生态环境风险状况
		海洋生态环境承载压力综合承载力
输出指标	国土空间开发适宜方向评价（P4）	产业与城镇建设用海区综合承载压力
		产业与城镇建设用海适宜开发适宜方向

表 B.6　海洋渔业保障区开发适宜性评价指标

指标类型	指标来源环节	指标
	资源数量与环境特征评价（P0）	海洋生态生物多样性稳定区
		海洋生态生物多样性敏感区
		岸线适宜性评分
		岸线限制性类型
		岸线适宜性等级
		造地工程用海适宜性评分
		造地工程用海限制性类型
		造地工程用海适宜性等级
		交通运输用海适宜性评分
		交通运输用海限制性类型
		交通运输用海适宜性等级
	资源开发利用适宜性评价（P1）	渔业用海适宜性评分
		渔业用海限制性类型
输入指标		渔业用海适宜性等级
		旅游娱乐用海适宜性评分
		旅游娱乐用海限制性类型
		旅游娱乐用海适宜性等级
		海洋渔业资源利用适宜性评分
		海洋渔业资源利用限制性类型
		海洋渔业资源利用适宜性等级
	区域资源环境承载能力评价（P2）	岸线资源承载能力
		海域资源承载能力
		可捕量
		海洋功能区水质达标率评估阈值标准
		鱼卵仔鱼密度评估阈值标准

续表

指标类型	指标来源环节	指标
输入指标	区域资源环境承载能力评价（P2）	近海渔获物的平均营养指数变化率评估阈值标准
		典型生境的最大受损率评估阈值标准
		海洋赤潮灾害评估阈值标准
		海洋溢油事故风险评估评估阈值标准
	区域资源环境承载压力评价（P3）	岸线开发强度（岸线资源承载压力）
		海域开发强度（海域资源承载压力）
		海洋渔业资源指数（海洋渔业资源承载压力）
		海洋环境承载状况
		海洋生态环境风险状况
		海洋渔业保障区综合承载压力
输出指标	国土空间开发适宜方向评价（P4）	海洋渔业保障区开发适宜方向

表 B.7　重要海洋生态功能区开发适宜性评价指标

指标类型	指标来源环节	指标
输入指标	资源数量与环境特征评价（P0）	海洋生态气候稳定区
		海洋生态气候敏感区
		海洋生态生物多样性稳定区
		海洋生态生物多样性敏感区
	资源开发利用适宜性评价（P1）	海洋渔业资源利用适宜性评分
		海洋渔业资源利用限制性类型
		海洋渔业资源利用适宜性等级
		可捕量
	区域资源环境承载能力评价（P2）	海洋功能区水质达标率评估阈值标准
		鱼卵仔鱼密度评估阈值标准

输入指标	区域资源环境承载能力评价（P2）	近海渔获物的平均营养级指数变化率评估阈值标准
		典型生境的最大受损率评估阈值标准
		海洋赤潮灾害评估阈值标准
		海洋溢油事故风险评估阈值标准
		海洋渔业资源综合承载指数（海洋渔业资源承载压力）
		海洋环境承载状况
	区域资源环境承载压力评价（P3）	海洋生态环境承载风险状况
		海洋生态环境承载压力状况
输出指标	国土空间开发适宜方向评价（P4）	重要海洋生态功能区综合承载压力
		重要海洋生态功能区开发适宜方向